600MW火力发电机组技术问答丛书

汽轮机运行技术问答

曾衍锋　韩志成　刘树华　编著

中国电力出版社
CHINA ELECTRIC POWER PRESS

内 容 提 要

《600MW 水力发电机组技术问答丛书》共有《锅炉运行技术问答》、《汽轮机运行技术问答》、《电气运行技术问答》3 个分册。

本书采用简明扼要的问答形式介绍了大机组汽轮机运行的知识要点，方便读者的理解和掌握。全书内容包括汽轮机工作原理与本体结构、汽轮机调节与保护装置、汽轮发电机组辅助设备、汽轮机旁路系统等。本书着重解答大机组汽轮机运行中遇到的实际问题，从而使读者达到学以致用的目的，并附有关键的设备图，方便读者掌握。

本书可以作为从事 600MW 火力发电机组生产一线汽轮机运行、维护、管理人员的技能培训教材，也可以作为大机组汽轮机专业技术人员的生产技能指导参考书，以及具有大中专以上文化程度的专业电力生产人员的培训教材。

图书在版编目(CIP)数据

汽轮机运行技术问答/曾洐锋，韩志成，刘树华编著. —北京：中国电力出版社，2013.3（2020.1 重印）
（600MW 火力发电机组技术问答丛书）
ISBN 978-7-5123-3222-5

Ⅰ.①汽… Ⅱ.①曾… ②韩… ③刘… Ⅲ.①火电厂-汽轮机运行-问题解答 Ⅳ.①TM621.4-44

中国版本图书馆 CIP 数据核字(2012)第 137402 号

中国电力出版社出版、发行
（北京市东城区北京站西街 19 号 100005 http://www.cepp.sgcc.com.cn）
北京雁林吉兆印刷有限公司印刷
各地新华书店经售

*

2013 年 3 月第一版 2020 年 1 月北京第三次印刷
850 毫米×1168 毫米 32 开本 17.5 印张 396 千字
印数 4501—6000 册 定价 **48.00** 元

前言

超(超)临界发电技术是目前广泛应用的一种成熟、先进、高效的发电技术，可以大幅提高机组的热效率。自20世纪80年代起，我国陆续投建了大批的600MW级及以上的超(超)临界机组。目前，600MW级火力发电机组已成为我国电力系统的主力机组，对优化电网结构和节能减排起到了关键的作用。随着发电机组单机容量的不断增大，对机组运行可靠性的要求也越来越高，由此对电厂的运行、管理等技术人员提出了更高的要求。为了满足大型火力发电机组运行人员学习专业知识、掌握机组运行技能的专业需要，特组织生产一线的有关专家历时2年多编写了《600MW火力发电机组技术问答丛书》。丛书共有《锅炉运行技术问答》、《汽轮机运行技术问答》、《电气运行技术问答》、《热工控制技术问答》等分册。

本丛书以600MW火力发电机组为介绍对象，以做好基层发电企业运行培训、提高运行人员技术水平为主要目的，采取简洁明了的问答形式，将大型机组新设备的原理结构知识、机组的正常运行、运行中的监视与调整、异常运行分析、事故处理等关键知识点进行了总结归纳，便于读者有针对性地掌握知识要点，解决实际生产中的问题。

本书从实用角度出发，通过总结多年来汽轮机运行的实践经验，根据汽轮机运行的理论知识，将汽轮机运行中诸多实际生产知识贯穿其中，实现理论与实际的紧密结合。

本书由漳州后石电厂曾衍锋高级工程师和内蒙古托克托电厂韩志成高级工程师主编，华北电力大学刘树华博士参与编写。全书由李小军高级工程师审稿。在编写过程中，得到同行刘雪成、张冬两位高级工程师的大力支持，谨此致谢。

限于编者的水平，本书疏漏之处在所难免，恳请广大读者提出宝贵意见，以便今后修订，提高质量。

编　者

2012年12月

目录

第一章

汽轮机工作原理与本体结构

1-1　汽轮机如何分类？

（1）汽轮机按工作原理可分为纯冲动式、带反动度的冲动式、反动式。

（2）按热力特性可分为凝汽式、供热式（背压式、调整抽汽式）、中间再热式。

（3）按主蒸汽参数可分为低压、中压、高压、超高压、亚临界压力、超临界压力、超超临界压力。

（4）按汽流方向可分为轴流式、辐流式。

（5）按结构形式可分为单缸、双缸、多缸、单轴、双轴。

（6）按用途可分为发电用、工业用汽轮机。

1-2　轴流式汽轮机是如何实现热能转换为机械能的？

具有一定压力和温度的蒸汽通过喷嘴膨胀加速，这时蒸汽的压力和温度降低，流速增加，使热能转换为蒸汽动能。对于纯冲动式汽轮机，从喷嘴流进动叶片流道的蒸汽在动叶流道内只改变汽流方向而不加速，动叶片只受冲动力作用而产生使叶轮旋转的力矩带动主轴旋转实现热能与机械能的转换。对于反动式汽轮机，从喷嘴流出进入动叶片流道的蒸汽在动叶流道内除了改变汽流方向外，还继续膨胀加速。动叶片受冲动力与反动力共同作用，产生使叶轮旋转的力矩带动主轴旋转实现热能与机械能的转换。

1-3　什么是辐流式汽轮机？辐流式汽轮机是如何工作的？

辐流式汽轮机是指蒸流流动的总体方向大致与轴中心线垂直的汽轮机，其根据反动原理工作，属于反动式汽轮机的一种。辐流多级反动式汽轮机示意图见图 1-1。

辐流式汽轮机叶轮分别安装在两个转轴上，叶片分别垂直安装在两个叶轮的端面上，组成动叶栅。新蒸汽从新蒸汽管进入汽轮机蒸汽室，然后流经各级动叶栅，逐渐膨胀，利用汽流对叶片的反动力推动叶轮旋转做功，从而将蒸汽的热能转变成机械能。

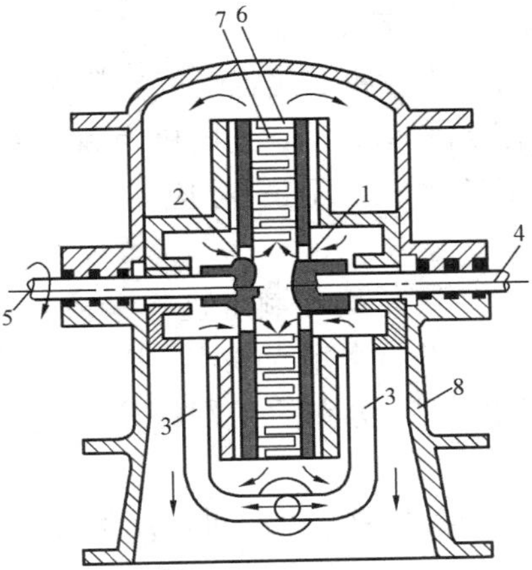

图 1-1 辐流式多级反动式汽轮机示意图

1、2—叶轮；3—新蒸汽管；4、5—汽轮机轴；6、7—工作叶片；8—机壳

辐流式汽轮机的两个转子按相反的方向旋转，可以分别带动两个旋转设备工作。

1-4 什么是中间再热循环？中间再热循环对汽轮机有什么影响？

中间再热循环是指把已在汽轮机高压缸内做了功的蒸汽引入到锅炉的再热器重新加热，使蒸汽温度又提高到初温度，然后再引回汽轮机中、低压缸内继续做功，最后的乏汽排入凝汽器的一种循环。

中间再热循环除可以提高循环热效率外，还有利于降低汽轮机终湿度，减轻湿蒸汽对叶片的冲蚀，提高低压部分的内效率。但是中间再热循环也使热力系统变得复杂。

中间再热循环使得对汽轮机的控制系统要求更高。

1-5 汽轮机额定工况、能力工况、最大保证功率工况、超压5%工况、设计流量工况是如何定义的？各工况有何关系？

汽轮机额定工况、能力工况、最大保证功率工况、超压5%

工况、设计流量工况的定义如下。

（1）额定工况。汽轮机在额定进汽参数和额定背压下，回热系统正常投运，补给水率为零，发电机为额定条件时，在发电机出线端发出额定功率的工况。对应的蒸汽流量为额定蒸汽流量。

（2）能力工况。汽轮机在额定进汽参数和背压为 11.8kPa，回热系统正常投运，补给水率为 3%，发电机为额定条件时，在发电机出线端发出额定功率的工况。该工况也通常称为夏季工况。

（3）最大保证功率工况。汽轮机在额定进汽参数和额定背压下，回热系统正常投运，补给水率为零，发电机为额定条件，通过汽轮机流量为能力工况时的流量时，在发电机出线端发出的功率称为汽轮机最大保证功率，对应的工况称为最大保证功率工况。

（4）超压 5%工况。当调节阀开度相当于能力工况开度，进汽压力为 105%额定压力，而其他进排汽参数均为额定值，回热系统正常投运，补给水率为零，发电机为额定条件时，发电机出线端发出的功率称为汽轮机最大连续功率。该工况称为超压 5%工况，也称为最大计算工况。

（5）设计流量工况。汽轮机制造厂在设计通流部分时，总要考虑通流部分的制造公差和老化对汽轮机通流能力的影响，一般在能力工况流量的基础上再加 3%～5%的裕量作为汽轮机设计流量，该流量对应的工况称为设计流量工况。

（6）上述各工况间的关系如图 1-2 所示。

1-6　汽轮机的级和级组是如何定义的？

由喷嘴叶栅和与之相配合的动叶叶栅及其他几何要素结构组成的汽轮机做功的基本单元称为汽轮机的级。

由流量相等并且流通面积不随工况变化的若干个级串接在一

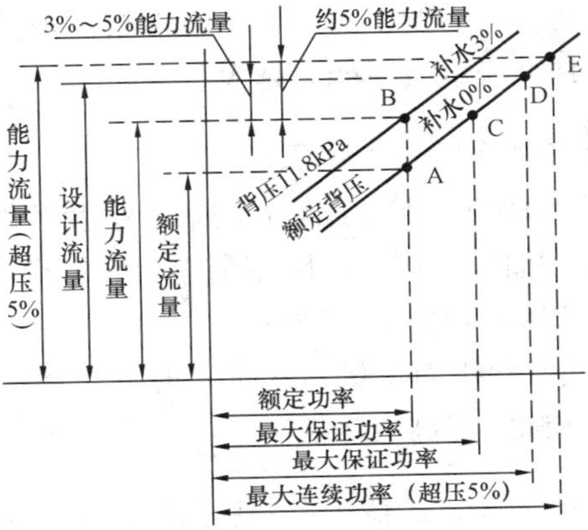

图 1-2　各工况间的关系图

A—额定工况；B—能力工况；C—最大保证功率功况；

D—设计流量工况；E—超压 5%工况

起组成的整体称为级组。

1-7　级组的变工况流通能力特性如何表述?

级组的变工况流通能力特性可由费留格尔公式表述，则

$$\frac{G'}{G}=\frac{\sqrt{T_o^*}}{\sqrt{T_o^{*\prime}}}\cdot\frac{\sqrt{(p_o^{*\prime})^2-(p_n')^2}}{\sqrt{(p_o^*)^2-(p_n)^2}}$$

即

$$\frac{G\sqrt{T_o^*}}{\sqrt{(p_o^*)^2-(p_n)^2}}=\text{常数}$$（当 p_n 小于使级组出现临界状态的 p_{gcr} 时取 p_{gcr}）

式中　G、G'——变工况前、后级组的蒸汽流量，kg/s；

p_o^*、$p_o^{*\prime}$——变工况前、后级组的进口压力；kPa；

T_o^*、$T_o^{*\prime}$——变工况前、后级组进口绝对温度，K；

p_n、p_n'——变工况前、后级组的出口背压，kPa；

p_{gcr}——级组出现临界状态的出口背压，kPa。

该常数称为级组的变工况流通能力常数，表征了级组流通能力特性，常数越大表示流通能力越大。

1-8　级组的效率特性如何表述？

（1）过热区级组在相似工况下，则级组及各级的效率不变。再热凝汽式汽轮机的中压缸、不包括调节级的高压缸、不包括末级或末两级的低压缸均属于此情形。

（2）凝汽式汽轮机当流量不变时，提高（降低）背压则末级和低压缸效率将随之提高（降低）。

1-9　什么是汽轮机的变工况？引起变工况的原因有哪些？

汽轮机的变工况是指偏离其设计工况的运行工况，而电厂汽轮机的变工况一般是指等转速条件下偏离其设计工况的稳态热力特性。

引起变工况的原因可分为内因与外因两部分。

（1）内因：一是影响汽轮机气动参数的几何结构参数发生偏离，如结垢、缺级、磨损等；二是辅助设备未按设计要求投运，如高压加热器切除。

（2）外内：一是接口参数发生变化，如主蒸汽压力、温度、排汽压力等；二是电网要求机组增减负荷。

1-10　什么是汽轮机的配汽？配汽方式有哪些？

为了使汽轮发电机组发出的电功率与外界所需负荷相匹配，必须实时地调整汽轮机功率，而决定汽轮机功率的主要因素及最容易控制的量就是蒸汽流量。所谓汽轮机的配汽就是指为了上述目的要求改变蒸汽流量的方式。

汽轮机的配汽方式主要有喷嘴配汽、节流配汽、滑压配汽、全电液调节阀门管理式配汽等。

1-11　喷嘴配汽、节流配汽、滑压配汽各有何特点？

喷嘴配汽、节流配汽、滑压配汽的主要特点比较见表 1-1。

表 1-1 喷嘴配汽、节流配汽、滑压配汽的主要特点

序号	比较项目	喷嘴配汽	节流配汽	滑压配汽
1	经济性	最高	最差（低载时）	次之或最高
2	调节阀数目	多阀系统	单阀或多阀	单阀或多阀
3	操作方式	阀门依次开启	同步开启	全开或开度不变
4	第一级特点	冲动级，部分进汽	一般压力级	一般压力级
5	一次调频能力	较好	较好	差
6	二次调频能力	较好	较好	差
7	负荷变化适应能力	最差	较好	最好
8	对机组协调控制要求	一般	一般	较高
9	理想的适用场合	均可适用	带基本负荷机组	调峰机组

1-12 汽轮机本体由哪些部分组成？

汽轮机本体主要由定子和转子两大部分组成。

定子部分主要包括汽缸、隔板、隔板套（反动式汽轮机为静叶环和静叶环套）、主汽阀、调节阀、高压进汽管、蒸汽室、喷嘴组、中压进汽管、中低压联通管、排汽缸、轴封环、支持轴承、推力轴承、轴承座以及滑销系统。

转子部分主要包括主轴、叶轮、动叶栅、轴封、平衡盘、联轴器、盘车齿轮、机械超速装置、主油泵等。

1-13 汽缸设计有哪些基本要求？

（1）力求形状简单、对称，以近似于圆形、椭圆或圆锥状的几何体为好，壁厚变化要均匀，避免截面突变。

（2）尽量避免结构中出现平壁和宽而笨重的水平中分面法兰。

（3）受热部分应能自由膨胀和收缩，尽量降低热应力和热

变形。

(4) 应具有足够的强度和刚度，特别是低压缸的刚度和结构稳定性。连接在汽缸上的各种管道应具有良好的柔性，作用在汽缸上的力和力矩必须在允许范围内，满足汽缸的稳定性要求。

(5) 缸内的汽流通道应具有良好的气动性能，减少阻力损失。

(6) 工艺性能良好，要便于制造、安装、检修和运输。

1-14 高参数大功率汽轮机高、中压缸为什么普遍采用双层缸结构？

大功率汽轮机高、中压缸主要基于以下原因普遍采用双层缸结构：

(1) 随着汽轮机初参数的提高，汽缸壁和水平法兰尺寸相应增大，汽轮机在变工况时会使汽缸和法兰内外壁产生很大温差，由此引起较大的热应力。

(2) 采用双层缸结构后内、外缸夹层与蒸汽相通，则内缸与外缸分别承受一部分蒸汽的压差与温差，使内、外缸缸壁及法兰的尺寸都可以减小，热应力也因温差减小而减小，有利于加快启动速度。

(3) 采用双层缸结构后，外缸因为不与高温蒸汽相接触，可以按降低后的温度选择钢材，节约优质贵重合金材料。

1-15 筒形结构的汽缸有哪几种类型？有什么优点？在哪些机组上有应用？

筒形结构的汽缸主要有如下两种类型：

(1) 用热套环紧固的无法兰两半圆筒形内缸，其优点如下：

1) 内缸的外形尺寸比同等容量用中分面法兰螺栓紧固的尺寸小，有利于缩小外缸的尺寸。

2) 内缸形状简单，结构基本对称，变工况时热应力较小。对汽轮机的启停和变负荷运行的适应性好。

(2) 无水平中分面的圆筒形外缸（其一端开口供装入内缸用），其优点如下：

1）该筒形结构汽轮机的内缸为水平或垂直中分面结构，在内外缸之间通以较高压力的蒸汽，因此工作时内缸的中分面受压，水平法兰和螺栓可设计得相当小，外缸径向尺寸也可相应减小。

2）外缸形状简单，结构基本对称，变工况时热应力较小，解决了汽缸热变形和法兰翘曲漏汽等问题。

两种类型的筒形汽缸，采用前者的有 ABB 生产的 D54 型 600MW 超临界汽轮机的高压内缸，采用后者的有上海汽轮机有限公司生产的 N1000-26.25/600/600 型汽轮机的高压外缸、日本富士电机有限公司的 600MW 超临界汽轮机的高压外缸。

1-16　高、中压合缸有什么优、缺点？

高、中压合缸布置的优点如下：

(1) 结构紧凑，省去了高、中压转子间的轴承和轴承座，可缩短机组的总长度。

(2) 高温部分集中在高、中压汽轮机的中段，轴承和调节系统各部套受高温影响较小，两端轴端漏汽也较分缸少。

(3) 高、中压级组反向布置，有利于轴向推力的平衡。

高、中压合缸布置的缺点如下：

(1) 高、中压合缸后结构复杂，动静部分胀差也随之复杂化。

(2) 轴子跨度增大，从而要求更高的转子刚度，相应地增大了部件尺寸。

(3) 高、中压进汽管集中布置在中部，使合缸铸件更为复杂笨重，布置和检修不便。

1-17　大功率汽轮机低压缸有什么特点？

(1) 大功率汽轮机末级的容积流量大，低压缸采用中间进汽两端排汽的双流结构。

(2) 大功率汽轮机低压缸进出口蒸汽温差大，汽缸一般均为多层焊接结构。

(3) 为了便于加工与运输，大功率汽轮机低压缸常分成 4 片或 6 片拼装。

(4) 为了减少排汽损失，排汽部分设计成径向扩压结构。

1-18　汽轮机的汽缸是如何支撑的？

(1) 高、中压外缸前后均借助于两侧伸出的猫爪支撑在轴承座上，轴承座则安装在基础台板上。高、中压外缸或分为上猫爪支撑结构和下猫爪支撑结构。

(2) 高、中压内缸在外汽缸上的支撑有中分面支撑和非中分面支撑两种方式。

(3) 低压外缸由于温度低，尺寸、质量大，一般不采用猫爪结构，而采用将下缸伸出的支撑面直接支撑在基础台板上，也有些汽轮机的低压外缸是直接支撑在凝汽器上的。

(4) 低压内缸一般也支撑在外缸上，也有些汽轮机是通过外伸构件支撑在轴承座上的，外伸构件与外缸之间通过柔性膨胀节连接。

1-19　什么是汽缸安装位置的稳定性？什么是汽缸的稳定性准则？

汽缸除了工作时受到高温、高压蒸汽作用外，不论在冷态还是在热态都会受到与汽缸连接的管道通过接口对其施加的力和力矩的作用。这些作用除了在汽缸的支撑构件内引起应力和变形外，还可能使汽缸相对其安装位置产生位移，严重时可引起机组振动。汽缸凭其自身质量在上述力和力矩作用下保持安装位置稳定的特性称为汽缸安装位置的稳定性。

汽缸的稳定性准则为：所有作用于汽缸上的合力和合力矩的综合效应使其在任一支座处的向下力 R_{min} 不小于汽缸及其部件自

重力 W_c 的 10%。如果汽缸有 4 个支座，其稳定性准则可表示为 $R_{min} \geqslant |W_c/40|$。

1-20 什么是汽轮机的滑销系统？根据滑销的构造形式及安装位置可分为哪些种类？

汽轮机的滑销系统是指当汽缸受热或冷却后，使汽轮机沿着预定方向膨胀，保证其对中良好的一套装置。

根据滑销的构造形式及安装位置可分为 6 种，即横销、纵销、立销、猫爪横销、角销、斜销。

1-21 什么是汽轮机的膨胀死点？通常布置在什么位置？

横销引导轴承座或汽缸沿横向滑动并与纵销配合成为膨胀的固定点，称为“死点”，即纵销中心线与横销中心线的交点。“死点”固定不动，汽缸以“死点”为基准向前后左右膨胀滑动。

对凝汽式汽轮机来说，死点多布置在低压排汽口的中心线或其附近，这样在汽轮机受热膨胀时，对庞大笨重的凝汽器影响较小。

1-22 隔板有什么作用？什么是隔板套？

隔板的作用是用来固定静叶片和阻止级间漏汽，隔板和隔板套将汽轮机内部分隔成若干个压力段，使汽流按规定方向流入动叶。

隔板可以直接装于汽缸内壁的槽中或装于持环中，用于装隔板的持环称为隔板套。

1-23 采用隔板套安装结构有什么优点？

(1) 采用隔板套安装结构时可将汽轮机内部分隔成若干个压力段，段间的汽缸壁上可开设抽汽口，从而缩短抽汽口所占的通流部分长度。

(2) 采用隔板套安装结构可起到减小汽缸壁压差和温差的作用。

(3) 采用隔板套安装结构可以简化汽缸形状，又便于隔板拆装，为汽缸的通用化创造条件。

1-24 曲径式汽封的工作原理是怎样的？按安装位置如何分类？

曲径式汽封的工作原理：一定压力的蒸汽流经曲径式汽封时，必须依次经过汽封齿尖与轴凸肩形成的狭小间隙，当经过第一个间隙时，通流面积减小，蒸汽流速增大，压力降低。随后高速汽流进入小室，通流面积突然变大，流速降低，汽流转向，发生撞击和产生涡流等现象，速度降到近似为零，蒸汽原具有的动能转变成热能。当蒸汽经过第二个汽封间隙时，又重复上述过程，压力再次降低。蒸汽流经最后一个汽封齿后，蒸汽压力降至与大气压力相差甚小，所以在一定的压差下，汽封齿越多，每个齿前后的压差就越小，漏汽量也越小。当汽封齿数足够多时，漏汽量为零。

按安装位置可分为：轴端汽封、围带汽封、隔板汽封，后两者统称为流通部分汽封。

1-25 什么叫汽轮机轴端自密封汽封系统？

在机组启动或低负荷运行阶段，汽封供汽由外来蒸汽提供。随着负荷的增加，高、中压缸轴端汽封漏汽足以作为低压轴端汽封的供汽，此时汽轮机轴端汽封供汽不需外来蒸汽提供。随着负荷的进一步提高，高、中压缸轴端汽封漏汽除供低压轴封外，还有多余的则经过轴封压力控制溢流阀流至低压加热器或凝汽器。该汽轮机轴端汽封系统称为轴端自密封汽封系统。

1-26 什么是主（再热）蒸汽导管？什么是进汽接管？

主（再热）蒸汽导管是指大型汽轮机为了减小主再热蒸汽管道对汽缸的作用力和力矩，其主（再热）蒸汽阀一般采用落地布置。在主（再热）蒸汽阀与汽缸之间的管道称为主（再热）蒸汽导管，该蒸汽导管应有足够的挠性，能承受汽缸及管道自身膨胀差所产生的应力，对汽缸产生的推力也应满足要求。

进汽接管是指连喷嘴室（或内缸）与外缸的进汽管段，它既要补偿两者间的胀差，又要有较好的密封性。按结构分常用的有活塞环密封进汽接管和钟罩密封进汽接管。

1-27　什么是调节级和压力级？调节级对于大型汽轮机是否是必需的？

当汽轮机采用喷嘴调节配汽时，第一级的进汽截面随负荷的变化在相应变化，因此通常称为喷嘴调节配汽汽轮机的第一级为调节级，其他各级称为非调节级或压力级。

调节级对于大型汽轮机也不一定是必需的。当机组采用带部分节流的滑压配汽或全滑压配汽时即可不设调节级，又能保证节流损失小。比如引进西门子技术的 N1000-26.25/600/600 汽轮机就未设置调节级。

1-28　什么是管道安装的冷拉法？冷拉法为什么在主蒸汽管道安装中得到广泛应用？

所谓冷拉法就是安装时按预定量将管子截短，然后在冷态安装时把管子拉到所需的安装点，以达到热态运行时降低或消除主蒸汽管的二次应力及作用在汽轮机上的力和力矩的目的。如图1-3所示，C 点为安装位置，ΔX、ΔY 则分别为热膨胀值。

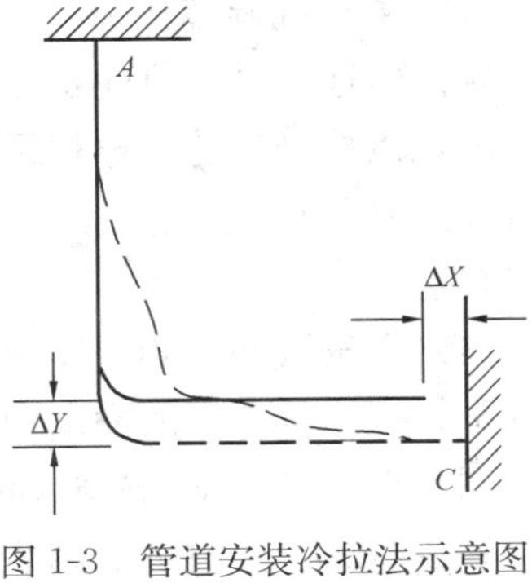

图 1-3　管道安装冷拉法示意图

对于高参数再热机组，主蒸汽管道管壁厚且为价格昂贵的合金材料，所以应尽量缩短管道长度，而采用冷拉法可在不增加管道长度的前提下降低或消除其热态时产生的力和力矩。虽然采用这种方法在冷态也会产生应力，但是由于管道材料的室温强度往往是工作温度时的5～10倍，因此冷拉法在主蒸汽管道安装中得到了广泛应用。

1-29 什么是中低压联通管？其为何必须设置膨胀节？

中低压联通管是指大型汽轮机中把中压缸排汽与低压缸进汽口连接起来的管道，其一般布置在上半缸。

中、低压联通管内的蒸汽温度一般为250～350℃，短的约为4、5m，长的近20m。如果联通管膨胀与中低压汽缸接口间膨胀差值不做处理，则会产生巨大应力，汽缸也将受到巨大弯矩作用。因此，必须设置膨胀节吸收联通管的胀差。联通管膨胀节一般有辐板-挠性链板膨胀节和波纹管膨胀节两种。

1-30 汽轮机本体阀门指哪些阀门？各有什么作用？

汽轮机本体阀门指主蒸汽阀（MSV）、主蒸汽调节阀（GV）、再热蒸汽阀（RSV）、再热蒸汽调节阀（ICV）、高压排汽止回阀、抽汽止回阀。

汽轮机本体阀门的作用如下：

（1）上述汽轮机本体阀门在汽轮机跳闸时能自动迅速关闭，切断进入汽轮机的蒸汽或防止蒸汽倒入汽轮机，使机组停运以避免事故扩大。

（2）主蒸汽调节阀（GV）和再热蒸汽调节阀（ICV）具有在汽轮机转速飞升或汽轮机轴功率与发电机输出功率失衡时会快速关闭，以控制汽轮发电机组转速的功能（OPC功能）。

（3）有些机组的主蒸汽阀（MSV）在机组启动时用来控制机组转速。

（4）主蒸汽调节阀（GV）在机组正常运行时调节汽轮机的进汽量，以维持正常的发电功率及主汽压力。

（5）再热蒸汽调节阀（ICV）在机组启动时也参与转速调节，低负荷时也参与负荷调节。

1-31　主蒸汽阀（MSV）有哪两种典型结构？各有什么优、缺点？

主蒸汽阀（MSV）有立式和卧式两种结构，各自优、缺点如下：

（1）立式主蒸汽阀阀杆垂直设置，装拆起吊方便、阀杆不易变形与卡涩、阀杆等部件自重有助于阀门关闭，安全性比较好。进汽管道和调节阀的布置，使这种主汽阀汽流转折次数较多，会增加附加压力损失。

（2）卧式主蒸汽阀阀杆水平设置，其优点是汽流转折次数较小，附加压力损失小，但阀芯部分拆装不便，阀碟自重在阀杆端部会形成附加力矩，结构设计时须考虑防止其卡涩问题。

1-32　为了减小主蒸汽阀和再热蒸汽阀的开启力矩，在结构设计上有什么措施？

主蒸汽阀和再热蒸汽阀一般均设置直径较小的预启阀或平衡阀来减小其开启时所需的力矩。

（1）主蒸汽阀的预启阀大小一般按启动参数可维持额定转速空转或带15%负荷两种原则来确定。

（2）再热蒸汽阀采用碟阀形式时，则设置气动控制的平衡阀来减小开启力矩，平衡阀的启闭与再热蒸汽阀开启指令及状态连锁。

1-33　主蒸汽调节阀的阀碟和阀座在结构上有哪些特点？

（1）主蒸汽调节阀的阀座都呈扩散形，以降低压力损失。

（2）主蒸汽调节阀阀碟和阀座的线形都要经吹风试验来获得压力损失小、激振力小、稳定性好的线形。

（3）主蒸汽调节阀阀碟和阀座的密封面为了能承受阀门快关的冲击力及小开度时汽流的冲刷，其密封面处一般都需堆焊不锈钢或硬质合金材料，以提高使用寿命。

1-34　对汽轮机主阀（MSV/RSV、GV/ICV）的严密性有什么要求?

对汽轮机主阀严密性的要求是通过主阀的严密性试验结果来判断的。要求在额定主再热蒸汽压力和真空条件下，关闭MSV/RSV或GV/ICV时，汽轮机转速不大于1000r/min。如果主蒸汽压力达不到额定值，但大于50%p_0时，试验结果应不大于（p/p_0）×1000r/min。

1-35　什么类型的机组无法执行汽轮机主阀（MSV/RSV、GV/ICV）的严密性试验?

采用一级大旁路系统的中间再热机组则无法按主阀严密性试验要求执行该试验。该类型机组汽轮机主阀的严密性主要靠制造、检修工艺来保证，其中只有高中压主汽阀冷态时的严密性可在锅炉常规水压试验时检查。

1-36　高压缸排汽止回阀的作用是什么?高压缸排汽止回阀是否是必须的?

高压缸排汽止回阀的作用是防止在特殊情况下再热蒸汽倒流至高压缸，引起高压缸金属温度异常、转速飞升（蒸汽进入高压缸后通过平衡管等漏入中低压缸做功）等。

当机组旁路采用二级旁路时，则高压缸排汽止回阀是必须的；当机组采用一级大旁路时，则高压缸排汽止回阀不一定是必须的。比如有些600MW超临界机组旁路采用的是一级大旁路系统，其汽轮机就未配置高压缸排汽止回阀。

1-37　汽轮机的抽汽止回阀操纵杆与阀碟的连接结构有什么特点?

抽汽止回阀的操纵杆与阀碟间一般不是紧固连接的。即操纵执行器关闭时，止回阀被强制关闭；如果操纵执行器因故障未动作或执行器卡死时，止回阀也可以通过汽流的返流力量使阀碟关闭，即起到相当于普通止回阀的作用。

1-38　汽轮机的抽汽止回阀操纵机构有什么要求?

汽轮机的抽汽止回阀操纵机构在汽轮机跳闸时应能迅速使止回阀关闭，因此操纵机构应按失效保护原则设计。

(1) 止回阀操纵机构应依靠弹簧力关闭，依靠液压或气压开启。当液压或气压失去时，操纵机构应作用于止回阀关闭。

(2) 控制操纵机构液压或气压的电磁阀，也应按失电时“切断并泄放操纵机构液压或气压，使止回阀关闭”的失效保护原则设置。

(3) 止回阀也可以通过汽流的返流力量使阀碟关闭。

(4) 汽轮机跳闸时应可靠连锁操纵机构关闭止回阀，该连锁可以由电气信号实现，也可以由EH安全油压通过引导阀连锁。有电气信号与EH安全油压信号连锁止回阀的冗余配置如图1-4所示。

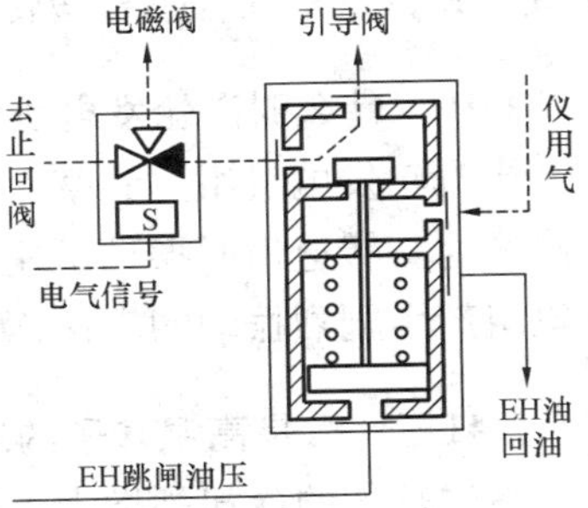

图1-4　有电气信号与EH安全油压信号连锁止回阀的冗余配置

1-39　汽轮机的转子有哪几种形式？各有什么特点?

汽轮机转子的形式及主要特点有以下4种。

(1) 套装叶轮转子。叶轮套装在轴上。其特点是单件加工方便，制造工艺简单；主轴和各级叶轮可分散平行加工，生产周期短；叶轮、主轴等段件尺寸小，质量容易保证。但转子刚性较差、静挠度较大；轮孔应力大，尤其是末几级叶轮键槽处容易产生应力腐蚀；在高温下工作时，叶轮容易松动，不利于机组快速启动。

(2) 整锻转子。由一整体锻件制成，叶轮联轴器、推力盘和主轴构成一个整体。其特点是结构紧凑、装配零件少；刚性好，转子应力低；有利于机组快速启动。但锻件质量大、尺寸大，对锻件质量要求高；制造周期长、成本高。

（3）焊接转子。由若干个实心轮盘和两个端轴拼焊而成。其特点是结构紧凑、质量小、刚性好；可按转子各段区工作温度采用不同钢种的锻件拼焊，以降低成本。但工艺复杂，制造周期长，对材料的焊接性能和焊接工艺技术要求高。

（4）组合转子。在整锻转子的低压部分热套若干个叶轮组装而成。其特点是综合了整锻转子与套装转子的优点。

1-40　什么叫汽轮发电机组转子的临界转速？

当汽轮发电机组达到某一转速时，机组发生剧烈振动，当转速离开这一转速值时振动迅速减弱以致恢复正常，这一使汽轮发电机组产生剧烈振动的转速称为汽轮发电机组的临界转速。

1-41　什么是高温转子的冷却？其目的是什么？

高温转子的冷却是指为了改善在高温区工作转子的热应力和降低转子表面温度，常采用低温蒸汽来冷却转子表面和叶根的结构设计。其目的是改善转子温度分布和叶根与转子的蠕变强度，延长转子使用寿命，并减小转子弯曲的可能性。

1-42　汽轮发电机组的联轴器可分为哪几种形式？各有什么特点？

汽轮发电机组的联轴器的3种形式及特点如下：

（1）刚性联轴器。由两半联轴器法兰上的凸肩来对准中心，用连接螺栓来传递力矩，又可分为整锻式和套装式。刚性联轴器的特点是结构简单、尺寸小、造价低、不需润滑，但是转子的振动、热膨胀都能相互传递，校中心要求高。

（2）半挠性联轴器。由两半联轴器与波形节组成，两半联轴器与刚性联轴器类似，两者中间用波形节连接。其特点是能适当弥补刚性联轴器的不足，校中心要求稍低，但制造复杂，造价较高。

(3) 齿式联轴器。由内齿圈和外齿轴套等主要部件组成，外齿轴套通常热套在轴端。其特点是转子振动和膨胀不互相传递，允许两个转子中心线稍有偏差。但是传递力矩不大，要多装一道推力轴承，并且一定要有润滑油，直径大，成本高，检修工艺要求高。

1-43　刚性联轴器的螺栓连接分为哪两种形式？

(1) 采用铰孔配合螺栓，在电厂安装现场轴系中心校正后，铰准连接螺栓孔，然后按每一螺栓孔的实测尺寸配准螺栓的配合直径，以螺栓的剪切和挤压来传递力矩。

(2) 联轴器上的螺栓孔有 0.04～0.10mm 间隙，电厂现场不再铰孔直接将螺栓装入，在安装时要求有一定的预紧力，通过联轴器法兰接触面间的摩擦力来传递扭矩。

1-44　刚性联轴器的螺栓端部和螺母为什么都埋到凸缘内？

将联轴器的螺栓端部和螺母埋到凸缘内是为了减少高速旋转时的鼓风损失，为此还需在外侧加装挡风板。

1-45　动叶片按形线如何分类？

动叶片按形线可分为：

(1) 等截面直叶片，通常用于小功率汽轮机或大功率汽轮机高压部分。

(2) 变截面直叶片，通常用于小功率汽轮机末级叶片。

(3) 变截面扭叶片，广泛用于大功率汽轮机的中、低压部分。

1-46　调节级叶片在结构上有什么特点？

由于调节级在部分或全部喷嘴打开时，在动叶上将引起比较复杂的激振力和较大的振动应力，因此对于大功率机组的调节级叶片都采取了一些增加叶片强度与刚度的措施，如采用三只叶片连为一体的三联调节级叶片、或者采用自带围带叶片顶部再铆接一层整圈连接围带的双层围带调节级叶片等。

1-47　末级叶片在结构上有什么特点?

(1) 对于大功率机组，末级叶片采用变截面扭叶片，叶根通常采用叉形或枞树形。

(2) 考虑到调频的需要，通常采用两根拉筋成组或一根拉筋加拱形围带或自带围带形成整圈连接等结构。当叶片不需调频时，也可采用自由叶片。

(3) 为了减缓水冲蚀作用，在叶片顶部进汽侧通常采用钎焊硬质合金片、电火花强化、表面淬硬等办法来加强叶片的抗水蚀能力。

1-48　什么叫叶片的调频?

如果通过叶片的振动特性试验，发现某种振型的自振频率不符合安全标准，或在运行中发生叶片振动事故，就应对叶片的自振频率或激振力频率实行调整，以避开共振频率，这就是叶片的调频。

1-49　末级长叶片相对于短叶片需面临哪些特殊问题?

长叶片由于形状复杂、截面变化大、离心应力大，工况变化激烈，同时又工作在湿蒸汽区，因此无论在设计和运行中都存在一些特殊问题。

(1) 颤振。末级长叶片在高背压、小流量工况下运行时，容易在叶片的内弧产生失速脱流区，引起作用在叶片上的气动力改变，这个叶片周围非稳定流场的气动力与叶片振动之间互相耦合就会产生流体与叶片间能量的传递。如果流场的能量不断地输入到叶片中去，则叶片的振幅就会不断增大，这种现象称为叶片的颤振。

(2) 扭转恢复。长叶片从根部到顶部的叶型安装角变化很大。如图 1-5 所示，在离心力的作用下，与径向线偏离的斜杆要发生变形，向径向线靠拢，使叶片产生逆时针方向的转动，这种现象称为叶片的扭转恢复。

图 1-5　叶片的扭转恢复示意图

（3）水冲蚀。汽轮机的末级工作在湿蒸汽区，末级静叶表面形成的水膜被推向静叶出口边达到一定厚度时，就会被蒸汽撕碎成为大水滴。因为水滴的绝对速度远小于蒸汽流速，而且末级叶片顶部圆周速度很高，所以水滴会以很大的速度撞击动叶进汽边背弧面，这样在末级叶片进汽边背弧面形成的冲蚀称为水冲蚀。

1-50　对末级叶片的水冲蚀有哪些防护措施？

（1）积极的防护措施有：

1）级间抽汽去湿。

2）末级静叶后汽缸壁面上开槽去湿。

3）增大静叶和动叶之间的轴向间隙，以加长水滴行程。

4）将静叶做成中空的，在容易集聚水膜的叶片表面开槽抽去水膜，或者不开槽而在中空的静叶中通过蒸汽加热，使静叶表面不能形成水滴。

5）选择合理的设计参数，主要是采用可控涡设计方法和增大级焓降。

6）规定合理的运行方式，避免叶片长期在低温低负荷情况下运行。

（2）消极的防护措施主要是增加叶片受水蚀表面硬度，常采用的方法有钎焊硬质合金片、电火花强化、表面淬硬等。

1-51　什么是小容积流量工况？一般发生在哪些级？

小容积流量工况是指大压比或极小平均出口马赫数工况，是一类流场紊乱、不能用一般变工况计算公式进行级特性计算，而只能借助试验实测的变工况。

小容积流量工况发生在最末级的可能性最大，问题也较为严重，其中以空气冷却机组末级的小容积流量工况最为典型。

1-52　小容积流量工况对经济性与安全性有什么影响?

(1) 小容积流量工况会导致级效率的急剧下降，甚至发生汽轮机工况质变为鼓风机工况，效率由正变负。

(2) 在湿蒸汽区发生根部的蒸汽倒流会使动叶根部背弧受到水冲蚀。

(3) 排汽口不均匀过热会使采用非落地式安装的轴承中心线上抬，引起各轴承载荷的重新分布，因而可能引起机组振动。

(4) 动叶的附加动应力急剧上升。

1-53　为什么排汽缸要装设喷水减温装置? 该喷水减温装置由哪些部件组成?

在汽轮机启动、空载及低负荷时，蒸汽流通量很小，不足以带走蒸汽与叶轮摩擦产生的热量，从而引起排汽温度升高，排汽缸温度也升高。排汽温度过高会引起汽缸较大的变形，破坏汽轮机动静部分中心线的一致性，严重时会引起机组振动或其他事故。所以，大功率机组都装有排汽缸喷水减温装置。

排汽缸喷水减温装置的组成除了管道、隔离阀外，还有喷水减压阀、喷水电磁阀、喷水过滤器、雾化喷头。

1-54　什么是转子的 2 点支撑方式? 什么是转子的 3 点支撑方式?

(1) 每个转子均用 2 个支撑轴承，即支撑轴承个数为 $N=2n$(n 为转子数) 的支撑方式称为两点支撑，两点支撑方式应用较为广泛。

(2) 2 根转子通过刚性联轴器连接后组成 2 根转子由 3 个轴承支撑的方式（即支撑轴承数 $N=n+1$）称为 3 点支撑。3 点支撑以前常用于200MW以下机组，但由西门子技术生产的百万千瓦级汽轮机也采用3点支撑方式。

1-55 轴承座有哪些典型结构?

轴承座主要有如下两种典型结构。

(1) 落地式轴承座。又可分为参与机组的滑销系统和不参与机组的滑销系统两种。前者轴承座的下半部分端面上与高中压缸用工字钢连接，底平面的中心线上装有轴向键，低部两侧装有L形压板（又称角销），以保证与汽缸同步胀缩移动。

(2) 与排汽缸构成一体的轴承座。大型汽轮机低压缸如果采用这种形式则为焊接结构，设计及运行时应注意低压缸温度与真空对相邻转子中心的影响。

1-56 机械设备中的滑动轴承如何分类?

机械设备中的滑动轴承按润滑剂可分为液体润滑滑动轴承、气体润滑滑动轴承和固体润滑滑动轴承。其中，液体润滑滑动轴承按运行时的摩擦状态又可分为全液体摩擦轴承、干摩擦轴承和半干摩擦轴承。全液体润滑滑动轴承按工作原理又可分为动压轴承、静压轴承和动静压轴承。

1-57 汽轮机轴承按作用分为哪两大类? 其作用分别是什么?

汽轮机轴承按作用分为推力轴承和径向轴承两大类，都属于全液体润滑滑动轴承。

(1) 推力轴承的作用是承受转子的轴向载荷，目的是平衡运行状态下汽流给予转子的轴向载荷，确定转子的轴向位置，使机组动静部分保持正常的轴向间隙。

(2) 径向轴承的作用是承受转子的质量及由于转子质量不平衡、部分进汽度、气动和机械原因引起的振动和冲击等因素所产生的附加载荷，以保证转子相对定子部分的径向对中。

1-58　汽轮机轴承的润滑方式有哪几种？

汽轮机轴承的润滑方式分为流体动力润滑、流体静力润滑和边界润滑 3 种。

（1）流体动力润滑。借助轴颈转动所造成的流体动压形成油膜，起到隔离摩擦付的表面接触和润滑作用，并用流体的动压平衡外载荷。

（2）流体静力润滑。借助外界供给的高压油形成油膜，并用流体静压力平衡外载荷。

（3）边界润滑。在转子低速转动并无高压顶轴油时，难以形成动压油膜及静压油膜，轴颈与轴承之间只有几个分子层厚的润滑剂加以分隔的状态。

1-59　动压滑动轴承的基本工作原理是什么？

动压滑动轴承的基本工作原理是流体动压润滑，它是借被润滑的转子轴颈与轴瓦摩擦面间的相对运动，使介于固体摩擦面之间的润滑流体（润滑油）内产生压力，以支持外部作用的载荷而避免摩擦面相互接触，从而起到减少摩擦力和保护摩擦付表面的作用。

1-60　静压滑动轴承的基本工作原理是什么？

由专门的供油装置将具有一定压力的润滑油送至轴承的静压腔内，形成具有压力的润滑油层，利用静压腔之间的压力差形成静压轴承的承载力，将主轴浮升并承受外载荷，从而起到减少摩擦力和保护摩擦付表面的作用。

1-61　动压滑动轴承的基本特性包括哪些内容？

动压滑动轴承的基本特性包括：

（1）润滑膜中的压力分布。

（2）转子轴心的平衡位置和最小润滑膜厚度。

（3）摩擦功耗和发热量。

(4) 润滑流体的流通量。

(5) 润滑膜刚度、阻尼等。

1-62　如何用流量连续性来分析说明半速涡动与油膜振荡现象?

(1) 如图 1-6 所示，为了分析说明方便，对于高速轻载轴承设想：轴承不受外载荷，沿圆周方向的压力梯度很小从而忽略压力梯度引起的流动，并且不计轴承端泄漏。

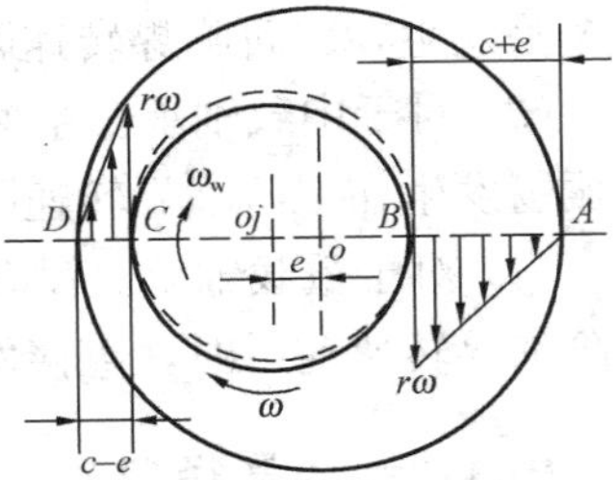

图 1-6　流量连续性说明半速涡动图示

(2) 在连心线 AB 截面处流入油楔的流量为 $r\omega B(c+e)/2$，CD 截面处流入油楔的流量为 $r\omega B(c-e)/2$，进出油楔的油流量差值应等于轴心涡动而引起收敛楔内流体容积的增加值，即

$$\frac{r\omega B(c+e)}{2}-\frac{r\omega B(c-e)}{2}=2rBe\omega_{\mathrm{w}}$$

式中　ω——轴颈角速度，rad/s；

r——轴颈半径，mm；

B——轴承宽度，mm；

c——半径间隙，mm；

e——轴颈偏心量，mm；

ω_{w}——轴心涡动角速度，rad/s。

由上述可得 $\omega_{\mathrm{w}}=\frac{\omega}{2}$，考虑到轴承端泄漏的影响，一般 $\omega_{\mathrm{w}}\leqslant\frac{\omega}{2}$。

(3) 从上述分析可以看出，涡动的频率约为转速频率的 1/2，并且随转速升高而升高。当转速达到临界转速的两倍时，涡动的频率与临界转速频率一致，发生共振，振幅急剧增大，涡动也就变为了油膜振荡。

1-63　轴承的载荷对半速涡动和油膜振荡的现象有什么影响？

（1）对于轻载轴承。半速涡动发生在一阶临界转速以前，油膜振荡发生在二阶临界转速附近。

（2）对于中载轴承。半速涡动发生在一阶临界转速之后，油膜振荡发生在二阶临界转速附近。

（3）对于重载轴承。没有明显的半速涡动现象，当转速到达二阶临界转速前后时，直接发生油膜振荡。

1-64　什么是径向轴承的宽径比？其对轴承性能有什么影响？

宽径比是指径向轴承的宽度 B 与直径 D 的比值。通常汽轮机径向轴承 $B/D=0.5\sim0.8$，发电机径向轴承 $B/D=0.8\sim1.5$。

宽径比是轴承设计的主要参数，对轴承的稳定性、轴承尺寸、端泄漏量、摩擦阻力、瓦温及宽度方向上的偏载均有影响。

1-65　汽轮机径向轴承如何分类？

汽轮机径向轴承可分为固定瓦轴承与可倾瓦轴承两大类。

（1）固定瓦径向轴承又可分为圆柱轴承、椭圆轴承、多油楔和多油叶轴承。

（2）可倾瓦径向轴承按瓦块的布置又可分为瓦间受载和瓦上受载两种。

1-66　圆柱轴承、椭圆轴承、多油楔和可倾瓦径向轴承依承载能力、稳定性和摩擦阻力如何由大到小排序？

（1）依轴承的承载能力排序：圆柱轴承；椭圆轴承；多油楔轴承；可倾瓦轴承。

（2）依轴承的稳定性排序：可倾瓦轴承；多油楔轴承；椭圆

轴承；圆柱轴承。

（3）依轴承的摩擦阻力排序：可倾瓦轴承；多油楔轴承；椭圆轴承；圆柱轴承。

1-67　汽轮机径向轴承供油方式的设计有什么原则？

为了降低轴承的耗功和减少润滑油耗量，径向轴承供油方式设计应遵循：

（1）承载区应该实行直接供油。

（2）承载区出口处应该采用直接排油。

（3）非工作区不要充油。

1-68　汽轮机的轴向推力是如何产生的？有哪些平衡措施？

汽轮机的轴向推力是由叶轮、凸肩、汽封处的差压作用产生的。

汽轮机轴向推力的平衡措施如下：

（1）高压轴封两端以反向压差设置平衡活塞。

（2）高中压合缸反向布置或高中压分缸时，中压缸分流布置。

（3）低压缸采用分流布置结构。

（4）纯冲动汽轮机在叶轮上开平衡孔。

（5）余下的轴向推力由推力轴承承受。

1-69　汽轮机推力轴承是如何分类的？

汽轮机推力轴承可分为固定瓦块式推力轴承和可倾瓦块式推力轴承两种。

（1）固定瓦块式推力轴承由多个扇形推力瓦块组成刚性整圈的固定推力瓦，每个瓦块由斜面-平面组成。运行时由斜面与推力盘形成油楔，动压油膜与轴向载荷平衡。这种形式的推力轴承承载能力为0.5～1.0MPa，多用于小功率汽轮机。

（2）可倾瓦块式推力轴承又可分为密切尔（Michell）式和金斯伯里（Kinsbury）式两种。这两种推力轴承的瓦块运行时均能自动倾斜形成油楔，使瓦块与推力盘之间建立动压油膜。而金斯伯里式的优点在于能将由于瓦块高低不齐产生的载荷不均进行自动的调整，达到各瓦块均匀承载的要求。

1-70　什么是可倾瓦推力轴承瓦块的 t_{75-75} 温度？

对于可倾瓦推力轴承的瓦块，最高瓦温区域通常落在瓦块沿径向高度及顺转向的圆弧上各 75％的交点处，如图 1-7 所示。这一区域的温度称为可倾瓦推力轴承瓦块的 t_{75-75} 温度。

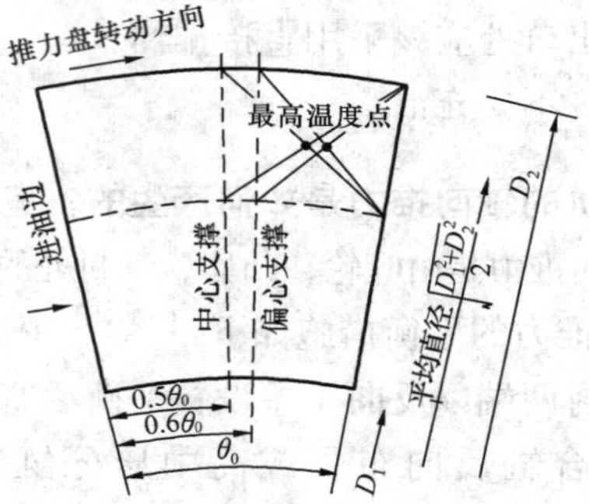

图 1-7　推力瓦块最高温度区域

1-71　可倾瓦推力轴承润滑油有哪几种供油方式？

(1) 从轴瓦的内径处进油，排油口设在轴承顶上，轴瓦浸没在油中工作。

(2) 润滑油通过喷嘴直接喷在推力盘表面以形成油膜，轴瓦没有直接浸在油中。

(3) 在各瓦块进口边设单独进油槽来实现瓦块有组织的供油。

1-72　轴瓦材料应具备哪些性能？有哪些材料用来作为轴瓦材料？

轴瓦材料应具备良好的减摩性、耐磨性、摩擦相容性、嵌入性、摩擦顺应性、抗疲劳性、亲油性、耐蚀性。

用来作为汽轮机轴瓦材料应用最为广泛的是锡锑轴承合金（或称锡基巴氏合金），另外还有铅基巴氏合金。铅基巴氏合金一般只用于承受中等载荷、工作中冲击力不大、轴颈圆周速度较低的轴承。

1-73　汽轮机为什么要设置盘车装置？其有什么作用？

汽轮机冲动转子前或停机后，进入或积存在汽缸内的蒸汽使上缸温度比下缸温度高，从而使转子不均匀受热或冷却，产生弯曲变形，因而在冲转前和停机后，必须使转子以一定的速度连续转动，以保证其均匀受热或冷却。

盘车的作用是冲转前和停机后保持转子连续转动，可以消除转子热弯曲；同时，还有减少上、下汽缸的温差和减少冲转力矩的功用；另外，还可在启动前检查汽轮机动静之间是否有摩擦等。

1-74　什么是高速盘车？什么是低速盘车？各有什么特点？

高速盘车指汽轮发电机组各轴承在盘车转速下即可建立完整的动压油膜的盘车装置，通常为了能建立完整的动压油膜高速盘车的转速，应满足轴颈圆周速度不小于0.5m/s的要求。

低速盘车指盘车转速为2～5r/min的盘车装置，盘车时汽轮发电机组各轴承的润滑由顶轴油系统建立静压油膜来实现。

两种盘车装置的特点如下：

（1）采用高速盘车时，顶轴油系统只在盘车启动之初运行，达到正常盘车转速之后，顶轴油系统可停运。

（2）在其他条件相同时，高速盘车时所需的驱动功率比低速盘车大。

（3）低速盘车可以避免转子产生热弯曲的异常，高速盘车除了可以避免转子热弯曲外还更有利于减小汽缸、隔板套等高温部件的上下温差。

1-75　盘车装置的驱动形式有哪几种?

（1）盘车装置一般采用异步三相电动机驱动，大部分汽轮发电机组均采用该种驱动方式。

（2）采用液压马达装置驱动的盘车装置，如上海汽轮机有限公司引进西门子技术生产的百万千瓦级汽轮机的盘车装置。

1-76　盘车的啮合装置主要有哪些形式?

典型的盘车啮合装置分为具有螺旋轴的盘车啮合装置、具有摆动齿轮的盘车啮合装置和具有 SSS（synchronous-self-shifting）离合器盘车啮合装置。

1-77　具有螺旋轴的盘车是如何投退的?

（1）螺旋轴电动盘车装置由电动机、联轴器、小齿轮、大齿轮、啮合齿轮、螺旋轴、盘车齿轮、保险销、手柄等组成。啮合齿轮内表面铣有螺旋齿与螺旋轴相啮合，啮合齿轮沿螺旋轴可以左右滑动。

（2）当需要投入盘车时，先拔出保险销，推手柄，手盘电动机联轴器直至啮合齿轮与盘车齿轮全部啮合。当手柄被推至工作位置时，行程开关触点闭合，接通盘车电源，电动机起动至全速后，带动汽轮机转子转动进行盘车。

（3）当汽轮机起动冲转后，转子的转速高于盘车转速时，使啮合齿轮由原来的主动轮变为被动轮，即盘车齿轮带动啮合齿轮转动，螺旋轴的轴向作用力改变方向，啮合齿轮与螺旋轴产生相对转动，并沿螺旋轴移动退出啮合位置，手柄随之反方向转动至停用位置，断开行程开关，电动机停转。

（4）若需手动停止盘车，可手按盘车电动机停按钮，电动机停转，啮合齿轮退出，盘车停止。

1-78　具有摆动齿轮的盘车是如何自动投退的?

（1）典型的带摆动齿轮的盘车结构如图 1-8 所示，电动机

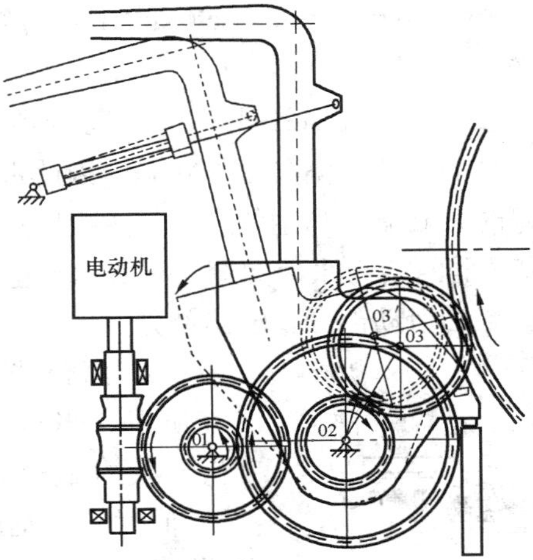

图 1-8 带摆动齿轮的盘车结构

（涡杆）的转速为 1000r/min，涡轮（01）转速降至 66.7r/min，中间固定直齿轮（02）转速为 18.6r/min，摆动直齿轮（03）转速为 13.2r/min，汽轮机主轴盘动转速为 2.9r/min。

（2）盘车的自动投入。当停机转速降至 0 并延时 30s 后 DCS 发点动盘车电动机指令，使摆动壳和摆动轮向下摆动，同时推杆执行器也推向啮合位置。当摆动轮与盘车齿轮进入啮合状态时，啮合状态行程开关闭合接通电动机电源，齿轮组开始转动。由于转子尚处于静止状态，摆动齿轮带动摆动壳继续顺时针摆动，直到被顶杆顶住。此时摆动轮与盘车齿轮完全啮合并开始传递力矩，使转子转动起来。

（3）盘车装置自动脱开过程。冲动转子以后，盘车齿轮的转速突然升高，而摆动齿轮由主动轮变为被动轮，被迅速推向左方并带着摆动壳逆时针摆起。当啮合状态行程开关断开后，DCS 发出指令断开盘车电动机开关，同时推杆执行器也推向脱开位置，直至摆轮壳完全到达脱开位置时，脱开状态行程开关闭合，盘车又恢复到投用前脱开状态。

1-79 具有SSS（synchronous-self-shifting）离合器的盘车是如何自动投退的？

（1）SSS（synchronous-self-shifting）离合器可以自动地根据主动轴和从动轴的转速调整其工作状态，因此带有SSS离合器盘车在机组启停时，其驱动马达的启停与主机转速连锁。

（2）SSS离合器的结构原理如图1-9所示，主要由3部分组成：输入部分；螺旋滑动部分；输出部分。

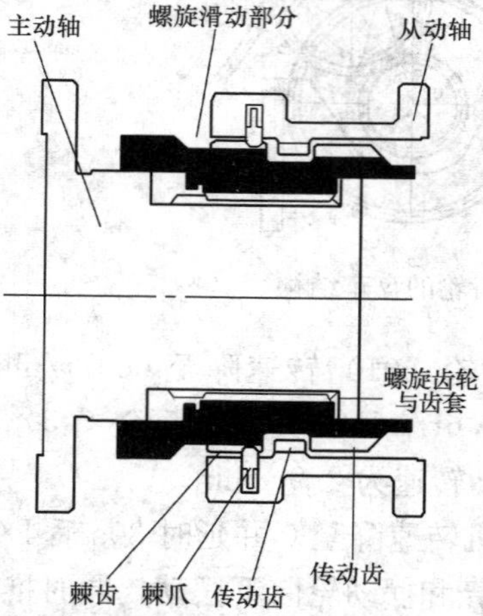

图1-9 SSS离合器的结构原理

（3）离合器脱开位置如图1-9所示。当机组停运从动轴（汽轮发电机轴）转速下降至某一值时，主动轴（盘车）驱动装置自动启动。随着从动轴转速进一步下降，棘爪受离心减小而弹出与棘齿咬合，使螺旋滑动部分与从动轴转速一致。当从动轴转速小于主动转速时，螺旋滑动部分在螺旋齿轮与齿套的作用下左移，螺旋滑动部分与从动轴上的传动齿啮合，离合器处于传递转矩的工作状态，即盘车开始工作。

（4）当机组启动从动轴（汽轮发电机轴）转速上升至大于主动轴转速时，螺旋滑动部分在螺旋齿轮与齿套的作用下右移，传动齿脱离。随着从动轴转速的进一步提升，棘爪在离心力的作下与棘齿脱离。当从动轴（汽轮发电机轴）转速到达设定值后，主动轴（盘车）驱动装置自动停止，即盘车装置完全停止工作。

第二章

汽轮机调节与保护装置

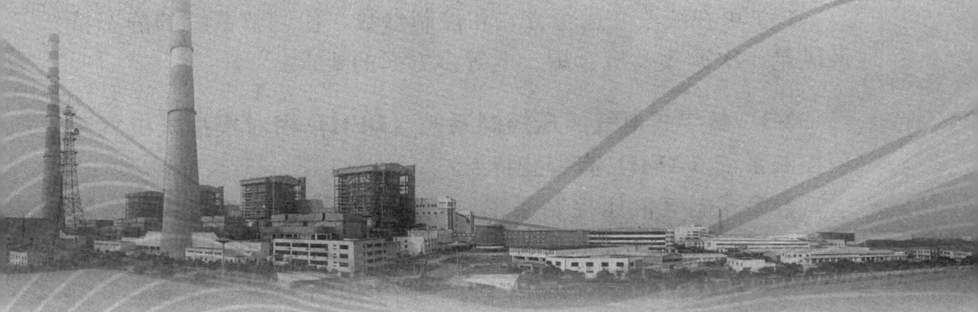

2-1　汽轮机调节装置经历了怎样的发展过程？

汽轮机调节装置的发展经历了机械液压控制系统（MHC）、电气液压控制系统（EHC）（MHC与EHC并存）、模拟式电气液压控制系统（AEH）、数字式电气液压控制系统（DEH）4个阶段。

2-2　电气液压控制系统（EHC）相对机械液压控制系统（MHC）有哪些优点？

（1）电气液压控制系统的电气部分具有快速性、准确性和灵敏度高的特点，从而增加了整个控制系统的控制精度，减小了迟缓率。

（2）电气液压控制系统为多回路、多变量控制系统，PID（比例—积分—微分）的综合运算能力强，具有较强抗内扰及适应外界负荷的能力。

（3）电气液压控制系统转速或功率实际值能准确地等于给定值，静态特性好。在甩负荷时，由于功率给定切除，可以防止反调，改善了动态调节特性。

（4）实现了转速的全程调节，汽轮机启动升速、定速运行均很平稳。

（5）可在线改变运行方式和控制参数，使调节系统的静态特性满足一次调频及机、炉、电等多方面的要求。

2-3　数字式电气液压控制系统（DEH）相对模拟式电气液压控制系统（AEH）有哪些特点？

数字式电气液压控制系统（DEH）完全具备模拟式电气液压控制系统（AEH）的所有优点，并且具有以下特点：

（1）用计算机取代模拟电液控制中的电子硬件，特别是采用微处理机使功能分散到各处理单元后，可靠性显著提高。

（2）计算机的运算、逻辑判断与处理功能特别强，除控制外还具有数据分析与处理功能。

(3) 控制品质高，系统的静态与动态特性比模拟式电气液压控制系统更好。

(4) 有利于实现机组的协调控制、厂级控制及优化控制。

2-4 汽轮机的自动控制系统由哪些功能系统组成？

汽轮机的自动控制系统由监视系统、保护系统、转速及功率控制系统、热应力在线检测系统、汽轮机自动启停系统、液压伺服系统等功能系统组成。

2-5 什么是汽轮机的速度不等率？电厂汽轮机的速度不等率一般为多少？

汽轮机的速度不等率是其控制系统静态特性曲线的斜率，其表示为

$$\delta = \frac{n_{max} - n_{min}}{n_0} \times 100\%$$

式中 n_{max}、n_{min}——汽轮发电机组孤立运行时空负荷和满负荷时对应的汽轮机转速；

n_0——额定转速。

GB/T 5578—2007《固定式发电用汽轮机规范》对一般的电厂汽轮机的速度不等率提供的参考值为3%～5%，具体按相关单位下达的定值在DEH控制系统逻辑组态中整定。对额定功率超过电网容量5%的汽轮机则应作特殊考虑。

2-6 汽轮机的速度不等率大小对汽轮发电机组的控制有什么意义？

速度不等率从控制原理的角度讲相当于控制系统的比例带，其大小反映了机组一次调频能力和控制系统的稳定性特性。速度不等率越小，一次调频能力越大，控制系统的稳定性下降。反之，一次调频能力就小，控制系统的稳定性就好。

2-7 什么是汽轮机的迟缓率？大型机组对迟缓率有什么

要求?

由于调节系统的各机构中存在摩擦、间隙以及错油门重叠度等原因，使调节系统的动作出现迟缓。在同一功率下，转速上升过程的静态特性曲线和转速下降过程的静态特性曲线之间的转速差与额定转速之比的百分数称为调节系统的迟缓率，即

$$\varepsilon = \frac{\Delta n}{n_0}100\%$$

GB/T 5578—2007 对大型电厂汽轮机（150MW 以上 DEH 调节）的迟缓率要求为小于 0.06%。

2-8 汽轮机的迟缓率过大有什么影响?

迟缓率是汽轮机控制系统的一个重要指标，越小越好。过大的迟缓率对机组稳定、安全运行都十分不利。

（1）过大的迟缓率在机组空载运行时会引起转速不稳定。

（2）过大的迟缓率在机组并网运行时会引起负荷摆动。

（3）过大的迟缓率在机组甩负荷时会造成严重超速，对机组稳定、安全运行都十分不利。

2-9 影响汽轮机调节系统动态特性的因素有哪些?

影响汽轮机调节系统动态特性的主要因素如下：

（1）转子飞升时间常数。转子在额定功率时，在额定主力矩的作用下，转速由零加速到额定转速所需的时间。

（2）中间容积时间常数。蒸汽以额定流量充满整个中间容积并达到额定工况下的密度所需的时间。

（3）油动机时间常数。油动机在最大进油条件下，其活塞走完整个工作行程所需要的时间。

（4）转速不等率和迟缓率。

2-10 机械液压控制系统根据调速器的形式可以分为哪几种类型?

国产机械液压控制系统根据调速器的形式可以分为以下 3 种：

(1) 哈尔滨汽轮机厂生产的具有高速弹性调速器的液压式调节系统。

(2) 上海汽轮机厂生产的具有旋转阻尼调速器的液压式调节系统。

(3) 东方汽轮机厂、北京重型电机厂生产的具有径向钻孔泵调速器的液压式调节系统。

2-11 什么是机械液压控制系统的调速油压？通常该油压是多少？

汽轮机的机械液压控制系统一般用油来传递信号，并作为动力油使油动机动作，从而开、关调节阀和主汽阀。为了保证调整迅速、灵活，需保持一定的调节油压，该油压称为调速油压。

调节油压高则调节系统动作灵敏度高，油动机和错油门结构尺寸缩小，但油压过高易漏油起火。一般常用汽轮机油做调节油的油压有 0.4～0.5MPa；1.2～1.4MPa；1.8～2.0MPa 等几种。

2-12 什么叫功频电液控制？功频电液控制系统的静态特性如何表达？

由于采用了中间再热使机组的汽压波动增大及机组负荷适应性（一次调频能力）变差，为了改善这些不足，需要在汽轮机控制系统电气部分增加一个功率控制器，加上原有的转速（频率）控制器和液压部分就形成了功频电液控制。

功频电液控制系统的静态特性可用表达式表示，即

$$\delta = -(\Delta n/n_0)/(\Delta P/P_0)$$

式中 Δn、n_0——转速变化量与额定转速；

ΔP、P_0——功率变化量与额定功率。功频电液控制系统的静态特性只与测功、测频单元的信号有关，因此该特性可以很方便地进行调整（根据下达的定值单要求整定）。

2-13　功频电液控制系统由哪几部分组成？系统调节原理图是怎样的？

功频电液控制系统由测频单元、测功单元、放大器、PID 校正单元、电液转换器和液压执行机构组成。

功频电液控制系统调节原理如图 2-1 所示。

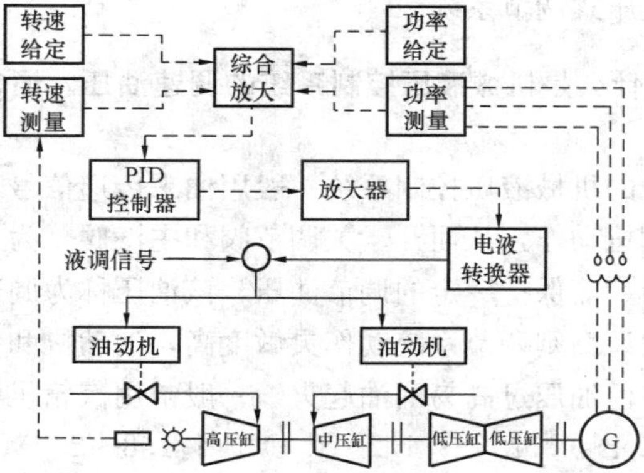

图 2-1　功频电液控制系统调节原理

2-14　电液转换器的作用是什么？有哪两种类型？

电液转换器作为一种控制元件，其作用是将电气液压控制系统的电气部分和液动部分联系起来，同时又把微弱的电信号放大为液动信号，由液动力去控制油动机。

现在常用的电液转换器有动圈式力矩电动机单级液压放大电液转换器和动铁式力矩电动机两级液压放大电液转换器两类。

2-15　油动机行程位置变换器（LVDT）基本结构怎样？工作原理是什么？

LVDT 行程位置变换器是由一个线框和一个铁芯组成，在线框上绕有一组一次绕组作为输入绕组，在同一线框上另绕两组二次绕组作为输出绕组，并在线框中央圆柱孔中放入铁芯。

当一次绕组加以适当频率的电压励磁时，根据变压器作用原理，在两个二次绕组中就会产生感应电势，当铁芯向右或向左移动时，在两个二次绕组内所感应的电势一个增加一个减少。如果输出接成反向串联，则传感器的输出电压 U 等于两个二次绕组的电势差，因为两个二次绕组做得一样，因此，当铁芯在中央位置时，传感器的电压 U 为 0，当铁芯移动时，传感器的输出电压 U 就随铁芯位移 X 成线性增加。如果以适当的方法测量 U，就可以得到与 X 成比例的线性读数，这就是 LVDT 传感器的工作原理。LVDT 行程位置变换器如图 2-2 所示。

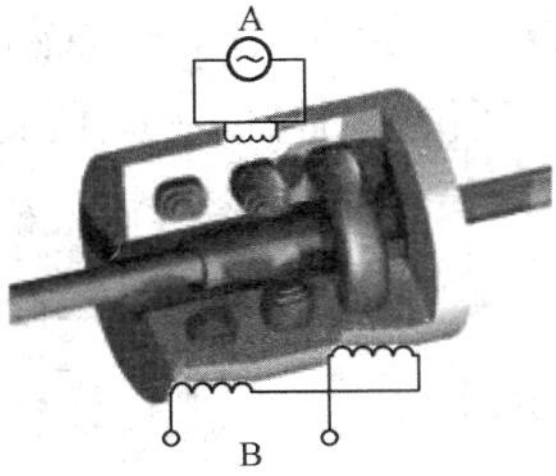

图 2-2　LVDT 行程位置变换器

2-16　什么是电气液压控制系统的伺服控制回路？

（1）电液控制系统的伺服回路指由信号比较和放大电路（伺服卡）、电液转换器（伺服阀）、执行器（油动机）和位置变换器（LVDT）构成的控制回路。电液控制系统的伺服控制回路（伺服阀为 MOOG 阀）简图如图 2-3 所示。

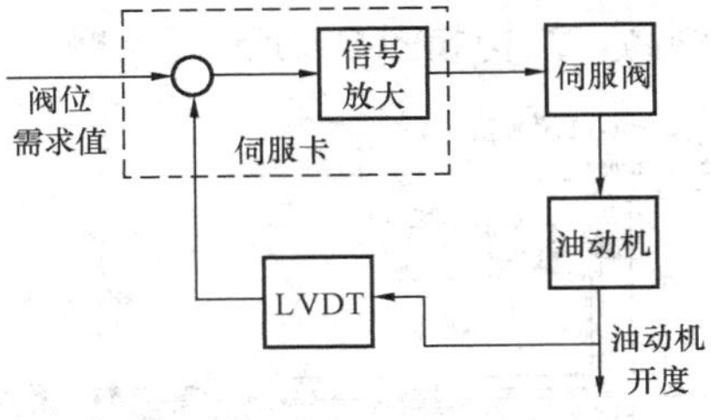

图 2-3　电液控制系统的伺服控制回路

（2）目前也有用直接驱动伺服阀 DDV（direct drive servo valve）与油动机组成伺服控制回路。

2-17 什么是 MOOG 伺服阀？什么是 DDV 伺服阀？各有何应用？

MOOG 伺服阀属于动铁式力矩电动机两级液压放大电液转换器，一般用于高压抗燃油系统，在大型电厂汽轮机上有广泛应用，其价格比 DDV 阀便宜，结构如图 2-4 所示。

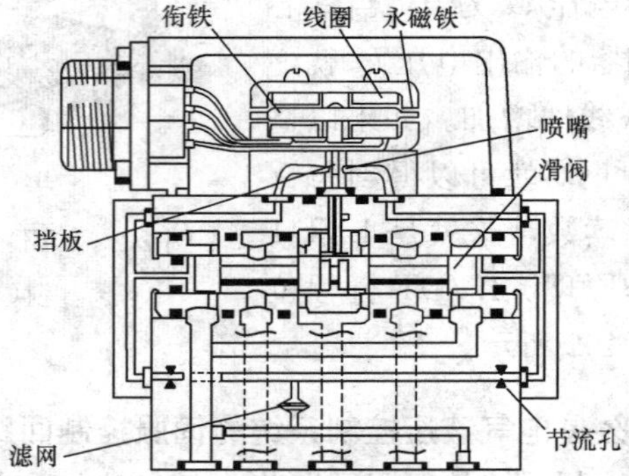

图 2-4　G761 型 MOOG 伺服阀结构

DDV 伺服阀是一种由永磁直线马达直接驱动滑阀的新型伺服阀，其英文全称为 direct drive servo valve。DDV 适用于油压较低的系统，在电厂中多用于给水泵汽轮机的伺服控制回路，其价格较 MOOG 阀高，结构如图 2-5 所示。

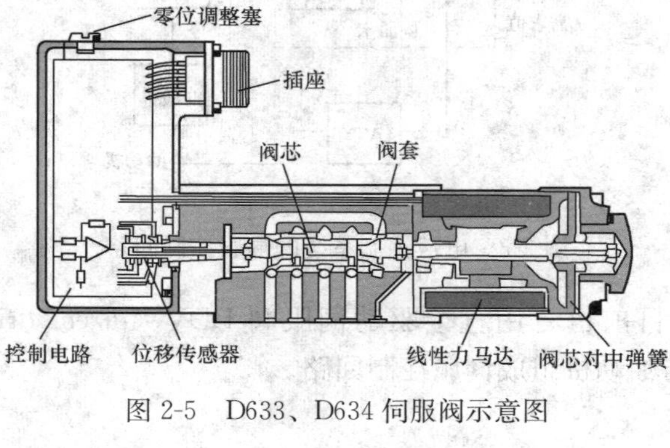

图 2-5　D633、D634 伺服阀示意图

2-18　什么是功频电液控制系统的“反调”？产生“反调”的原因是什么？如何克服？

功频电液控制系统的“反调”指由于采用了发电机实际功率作为负反馈信号，在机组甩负荷过渡过程的初始阶段油动机的运动方向不仅不是关小调节阀，而是开大调节阀，只有在转速升高到一定数值时，调节阀才开始关小的现象。

产生“反调”现象的原因是采用了发电机实际功率作为负反馈信号，而实际上汽轮机实际功率才是真正的反馈信号，发电机实际功率是扰动信号。如图 2-6 所示，转速的变化是由发电机功率的变化引起的，所以转速信号 U_n 的变化要落后于发电机功率信号 U_{pe} 的变化；同理，汽轮机功率的变化是由转速的变化引起的，所以汽轮机功率信号 U_{pt} 的变化要落后于转速信号 U_n 的变化。采用发电机功率信号 U_n 作为反馈时，在过渡过程的初始阶段 $(U_n-U_{pe})<0$，控制系统会开大调节阀。

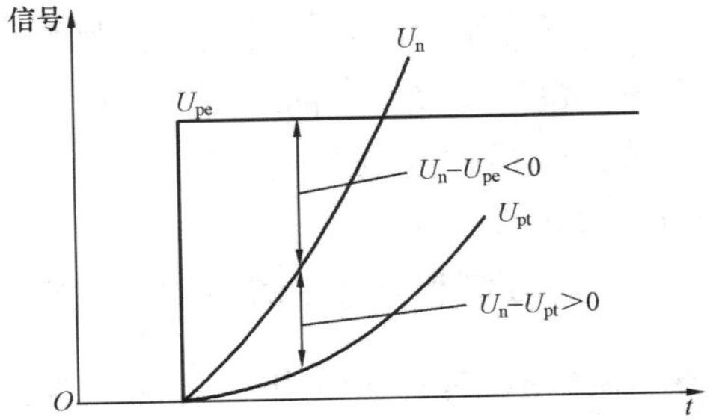

图 2-6　甩负荷时发电机功率信号、转速信号和汽轮机功率信号的变化曲线

在甩负荷时切除功频电液控制系统功率给定值的方法可以克服以发电机功率作为反馈信号引起的反调现象，大大降低转速的飞升值。

2-19　数字式电气液压控制系统的英文全称是什么？其集中了哪两大科技进步成果？

数字式电气液压控制系统的英文全称是 digital electro hydraulic control system。

数字式电气液压控制系统体现了当前汽轮机控制的新发展方向，集成了“固体电子学新技术—数字计算机系统”、“液压新技术—高压抗燃油系统”两大科技进步成果。

2-20　数字式电气液压控制系统（DEH）有哪些基本功能？

DEH 控制系统的总体功能可以概括为汽轮机的自动启停、汽轮机的自动控制、汽轮机的自动保护和汽轮机的运行监控 4 个方面，具体包括转速控制、功率控制、热应力监控、阀门管理、超速限制（OPC）、紧急跳闸（ETS）、系统自检等。

2-21　数字式电气液压控制系统由哪些部件组成？

（1）电子控制器：包括计算机、I/O 接口、电源等。

（2）人机界面：包括操作盘、显示器、打印机等。

（3）油系统：包括油泵、油箱、过滤器、蓄能器等。

（4）执行机构：包括伺服卡、伺服阀、油动机及 LVDT 等。

（5）保护系统：包括跳闸电磁阀、隔膜阀、主/再热蒸汽阀和实现 OPC/ETS 功能的组件。

（6）其他为汽轮机控制和监视用的测量元件等。

2-22　三菱 DEH 系统有什么特点？该 DEH 系统的主要硬件（控制器）有哪些？

三菱的 DEH 系统是该公司 DIASYS-UP/V 分散控制系统的一个子系统，如图 2-7 所示。DEH 系统可以通过以太网与 APC、INT、IOS 等其他系统进行数据通信。该 DEH 系统电源采用双路供电、CPU 冗余设置。由于 DEH 系统属于 DIASYS-UP/V 分散控制系统的一个子系统，因此不必设置专门的 DEH 人机界面，DEH 系统与分散控制系统共用操作站（OPS）。

三菱 DEH 系统的主要硬件有 CPU 卡件（DOCPU01＋DO-

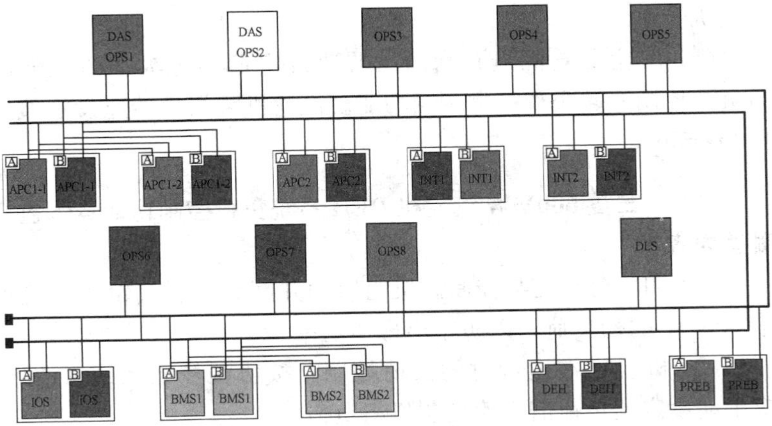

图 2-7 日本三菱 DIASYS-UP/V 系统图

IOC05)、AI 卡（DOAIM01）、AO 卡（DOAOM01）、DI 卡（DODIM01）、DO 卡（DODOM01）、OPC 卡（DOIOC00）、EOST 卡（POEOS01）、扩展卡（DOIFC01）、继电器回路（汽轮机保护）等。

2-23 三菱 600MW 汽轮机 DEH 系统转速控制功能具体包括哪些内容？

（1）汽轮机启动冲转时：按 ATS 或手动设定的目标转速（0、400、2150、3000r/min）、升速率（75、150、300r/min）控制汽轮机转速。

（2）汽轮机启动过程完成 MSV-GV 切换后：转速设定值上、下限功能投入，上限为 3180r/min，下限为 2820r/min。

（3）汽轮发电机组并网操作时：按并网条件要求，自动调整汽轮发电机组转速以满足并网条件。

（4）汽轮发电机组执行机械超速试验 MOST 时：自动“闭锁 OPC 动作”、“转速设定值上限自动改为 3360r/min”、“EOST 动作设定值改为 115%n_0”，然后按试验的目标转速和升速率控制汽轮机转速。

（5）汽轮发电机组并网后：转速设定值固定为 3000r/min，与负荷控制一起实现一次调频功能。汽轮机跳闸后转速设定值选择 0r/min。

2-24　三菱 600MW 汽轮机 DEH 系统负荷控制功能具体包括哪些内容？

（1）初负荷给定与控制。机组启动并网后控制汽轮发电机组带 30MW 的初负荷，以防止出现逆功率。

（2）机组正常运行时的负荷控制。按协调控制系统（CCS）或手动设定的负荷需求值控制机组负荷。

（3）按一次调频需求增减负荷。机组正常运行时，与转速控制一起实现一次调频功能。

（4）调节级压力控制（IMP）。在特殊的运行工况（如主蒸汽调节阀“单阀一顺序阀”切换、主蒸汽阀门全关试验）时，可投入调节级压力控制（IMP），以减少相关操作引起的负荷及主蒸汽压力波动。

（5）给定值上限设定。正常时负荷给定值上限设定，投自动跟踪。

（6）负荷给定值切除。发电机解列时，负荷给定值切除（即负荷给定值设为零），以防止出现反调现象。

2-25　三菱 600MW 汽轮机 DEH 系统阀门管理功能具体包括哪些内容？

（1）汽轮机启动冲转时的转速控制方式。汽轮机启动冲转时的转速是由主蒸汽阀（MSV）控制的，此时调阀 GV 全开。当转速达到或接近额定转速（大于 2870r/min）后切为 GV 控制，MSV 全开。

（2）主蒸汽调节阀 GV 的运行方式。正常的主蒸汽调节阀运行方式是“顺序阀”，需要时也可切换为“单阀”方式。

（3）机组运行中主蒸汽阀门和再热蒸汽阀门全行程关闭试验。

（4）全关阀功能。该功能是通过伺服控制回路关闭所有MSV/GV/ICV，主要用于“汽轮机启动时的听音检查”和“停机时先全关闭再打闸”，以减少对MSV/GV/ICV的冲击。

2-26　三菱600MW汽轮机DEH系统中汽轮机自动启动（ATS）功能具体包括哪些内容？

（1）汽轮机自动启动前各启动条件判断。如疏水阀、盘车状态，主蒸汽参数等。

（2）自动选择启动状态。程序自动根据调节级后金属温度的水平选择机组的启动状态，启动状态分为冷态、温态和热态。

（3）根据启动状态自动选择目标转速和升速率见表2-1。

表2-1　目标转速和升速率选择表　（r/min）

启动状态	目标转速			升速率
	摩擦检查	中速暖机	空载转速	
冷态	400	2150	3000	300
温态	—	2150	3000	300
热态	—	—	3000	300

（4）根据启动状态自动选择启动阶段GV的控制方式。热态时选择单阀，冷态时选择顺序阀。热态启动完成后（大于270MW），GV的控制方式需操作员手动切回正常的顺序阀方式。

（5）冷态启动时进行摩擦检查。即实际转速到400r/min后，自动全关MSV/GV/ICV，以便现场听音检查。检查完后，需操作员确认摩擦检查完成后，ATS才会继续执行。

（6）启动时自动进行中速暖机。冷（温）态启动时，根据开始冲转时调节级后金属温度和当前主蒸汽参数计算中速暖机时间，暖机时间结束后自动升速。

（7）MSV-GV切换。冲转升速至转速大于2870r/min时，发出MSV-GV切换指令，将转速由MSV控制切为GV控制。

（8）发电机励磁升压。自动合励磁开关41E，发电机自动升至额定电压。

(9) ATS并网。当选择ATS并网方式，由操作员确认开始并网后，发出汽轮发电机组自动并网指令。

(10) 盘车、顶轴油泵、本体疏水阀等辅助设备的连锁控制没有设置在ATS功能中，而是由DIASYS-UP/V分散控制系统的INT系统自动控制。

2-27　三菱600MW汽轮机DEH系统热应力监控功能具体包括哪些内容?

热应力监控功能具体有转子热应力监控、调节级蒸汽温度变化率监视、调节级热冲击监视。

在ATS启动过程中，如转子热应力超过限值，则会闭锁下一阶段的升速、阀切换、ATS并网等操作。调节级蒸汽温度变化率、调节级热冲击超过限值，则只发出报警提示，没有相关连锁。

2-28　对汽轮机紧急跳闸（ETS）系统有什么要求?

综合GB/T 5578、DL/T 590《火力发电厂凝汽式汽轮机的检测与控制技术条件》对汽轮机紧急跳闸（ETS）系统的要求如下：

(1) 紧急跳闸系统一旦检测到保护跳闸条件，所有主要蒸汽阀（MSV/GV/RSV/ICV)、高排止回阀、各抽汽管道止回阀及电动阀均应强制关闭。

(2) 保护装置应按失效保护原则设计。比如控制油压失去时，主蒸汽阀应自动关闭、电磁阀失电时，应开启并泄放安全油等。

(3) 当引发保护跳闸的条件消失后，跳闸装置不应自动复位，应设计成只能手动复位，并且只有手动复位后方可开启主蒸汽阀。

(4) 从保护停机信号产生，到各主蒸汽阀全关的动作时间不应大于0.4s。

(5) 汽轮机紧急跳闸（ETS）系统纳入DCS系统时，汽轮机厂家应负责全部跳闸条件与被控设备的接口及连接要求，以及控制装置的安全要求。

2-29　通常汽轮机跳闸条件有哪些？

（1）下列条件一般设置为汽轮机自动跳闸：汽轮发电机组超速、凝汽器真空超低限、润滑油压超低限、轴振动超高限、轴向位移超高限、DEH 重度故障、发电机断水、锅炉或发电机跳闸。

（2）下列条件一般视设备情况设置为汽轮机自动跳闸：

汽轮机相对膨胀超高限、偏心超高限、控制油压超低限、主蒸汽温度超低限、高压缸排汽蒸汽温度超高限、低压缸排汽温度超高限、轴承金属温度超高限、轴承回油温度超高限、主油箱油位超低限。

2-30　汽轮机为什么要装设超速保护装置？

汽轮机是高速转动设备，转动部件的离心力与转速的平方成正比，即转速增高时，离心应力将迅速增加。当汽轮机的转速超过额定转速 20%时，离心应力接近于额定转速下的应力的 1.5 倍，此时不仅转动部件中按紧力配合的部套会发生松动，而且离心应力将超过材料所允许的强度使部件损坏。为此汽轮机均设置超速保护装置，它能在超过额定转速 8%～12%时动作，迅速切断进汽，使汽轮机停止运转。

2-31　机械超速装置由哪些部件组成？是如何动作的？该装置是否必须配置？

机械超速装置由危急保安器、危急遮断错油门和隔膜阀等组成。当机组转速达到超速危急保安器动作转速时，在离心力的作用下危急保安器的飞锤或飞环飞出，击打危急遮断错油门使之动作并放泄安全油压，导致隔膜阀动作，EH 安全油压被释放，使主汽阀和调节阀快速关闭。

随着电超速装置可靠性的提高，机械超速装置不一定必须配置。目前，上海汽轮机有限公司引进的西门子技术制造的汽轮机则没配置机械超速装置，有部分国产机组在调节系统改造时，通过充分论证电超速的可靠性后，也取消了机械超速装置。

2-32　隔膜阀的结构是怎样的？其作用是什么？

隔膜阀分为上、下两部分：上部的接口连接危急遮断油管线，活塞上面是危急遮断油压，活塞下面有弹簧；下部的接口连接EH安全油与回油管线。隔膜阀结构见图2-8。

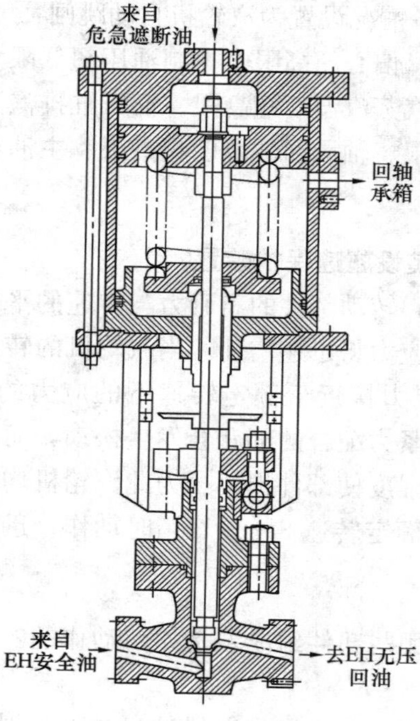

图2-8　隔膜阀结构图

隔膜阀的作用是作为危急遮断油（汽轮机油）压与EH安全油（抗燃油）压之间连锁的接口。正常运行时，危急遮断油进入隔膜阀上腔克服弹簧压力将隔膜阀关闭，堵住EH安全油通向回油的通道，使EH安全油压得以建立和维持。当机械超速遮断机构或跳闸电磁阀动作使危急遮断油压力消失时，在压缩弹簧力作用下隔膜阀打开。EH安全油与回油管接通后，EH安全油迅速失压，进汽阀关闭，切断蒸汽进入汽轮机。

2-33　组成机械超速装置的危急保安器有哪几种形式？是怎样动作的？

危急保安器有飞锤式和飞环式两种。它们都是在转速达到整定的动作值时，飞锤或飞环受到的离心力克服了弹簧的预紧力飞出，打击危急保安器杠杆，使危急保安器滑阀动作，实现迅速停机。

2-34　润滑油压低保护装置有哪些作用？

润滑油油压过低将导致润滑油膜破坏，如没有及时采取有效措施不仅要损坏轴瓦，而且可能造成动静之间摩擦等恶性事故。因此，汽轮机的 ETS 均设置了润滑油压低保护，低油压保护装置一般具有以下作用：

（1）润滑油压低于正常要求数值时，首先发出信号，提醒运行人员注意并及时采取措施。

（2）润滑油压继续下降到某数值时，自动投入备用油泵以提高油压。

（3）备用油泵投入后，润滑油压仍继续跌到某一数值时，应掉闸停机。

（4）润滑油压过低时，跳闸盘车或闭锁盘车启动。

2-35　真空低保护装置的作用是什么？

（1）汽轮机运行中真空降低不仅影响汽轮机的经济性，而且对汽轮机的安全运行也十分不利。

（2）真空降低引起的安全性问题主要有：轴向推力增大可能使轴承过载；排汽温度高，可能会引起汽轮机振动增大，特别是在汽轮机启动蒸汽流量小时，真空降低可能会引起末级叶片损坏。

（3）大功率的汽轮机均设置了低真空保护装置，当真空降低到一定数值时发出报警信号，降至规定的极限时自动停机，以保护汽轮机免受损坏。

2-36　举例说明连续控制油动机的组成，及如何实现快速关闭。

如图 2-9 所示，连续控制油动机是由伺服阀、关断阀、卸载阀、OPC 电磁阀和止回阀、控制块以及液压缸、位移传感器（LVDT）、蓄能器等组成。

当 EH 安全油压泄掉时，卸载阀打开，将油动机活塞下腔室接通油动机活塞上腔室及排油管，在弹簧力及蒸汽力的作用下快速关闭油动机，同时伺服阀将与活塞下腔室相连的排油口也打开

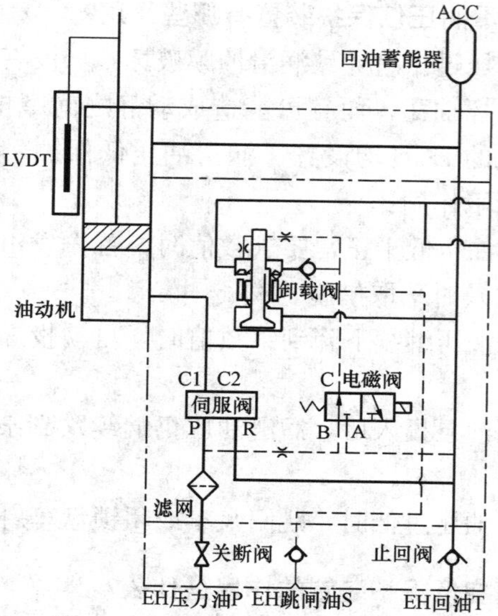

图 2-9 连续控制油动机结构图

接通排油，作为油动机快关的辅助手段。电磁阀是 OPC 动作时起到快速关闭油动机的作用，OPC 电磁阀复位后卸载阀也会通过节流孔充油而复位。

2-37 汽轮机主阀的油动机关闭动作时间是怎么定义的？有什么要求？

高、中压调节阀和高、中压主汽阀油动机的总关闭时间 t 为关闭过程中的动作延迟时间 t_1 和关闭时间 t_2 之和。油动机动作过程时间示意图如图 2-10 所示。

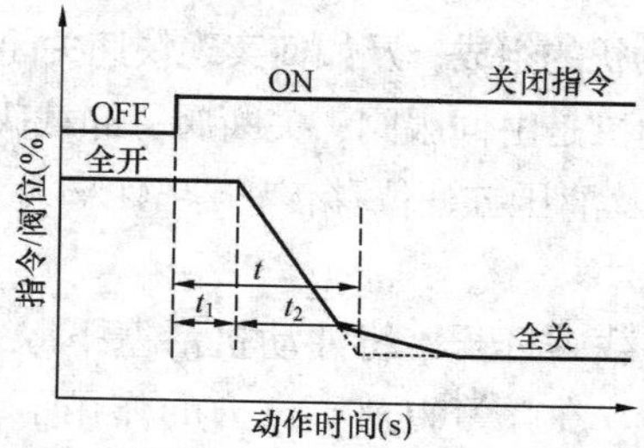

图 2-10 油动机动作过程时间示意图

根据 DL/T 824《汽轮机电液调节系统性能验收导则》对油动机的关闭动作过程时间

要求如下：

（1）机组容量≤100MW：调节阀油动机＜0.6s，主汽阀油动机＜0.5s。

（2）100MW＜机组容量≤200MW：调节阀油动机＜0.5s，主汽阀油动机＜0.4s。

（3）机组容量＞200MW：调节阀油动机＜0.3s，主汽阀油动机＜0.3s。

2-38　油动机的卸载阀结构是怎样的？是如何工作的？

卸载阀的上部接有一个杯状滑阀，滑阀的下部腔室与油动机活塞下部的高压油路相通，并受到高压油的作用。在杯状滑阀的底部中间有一小孔，使少量的压力油通到滑阀上部的油室。该油室有两路油，一路经过止回阀与EH安全油路相通，另一油路经由针形阀控制的缩孔通到油动机活塞上腔，调节针形阀的开度可以调整滑阀上的油压以供调试整定用。油动机的卸载阀结构示意图如图2-11所示。

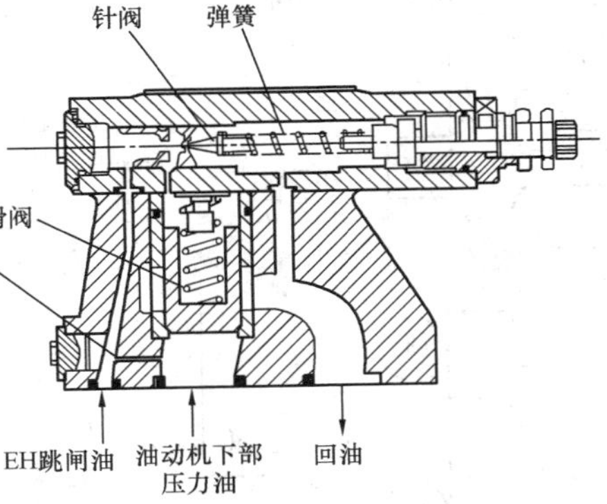

图2-11　油动机的卸载阀结构示意图

正常运行时，滑阀上部的油压作用力加上弹簧的作用力大于滑阀下部高加油的作用力，使杯状滑阀压在底座上，连接回油的油口被关闭。当汽轮机跳闸，电磁阀动作，EH安全油压失压，使该阀上部的油压急剧下降，下部的高压油推动杯状滑阀上移，连接回油的油口被打开，从而使油动机内的高压油失压，并在弹簧力的作用下，迅速关闭主汽阀，使机组停机。

2-39　油动机回油蓄能器安装在什么地方？其作用是什么？

油动机回油蓄能器也称为低压蓄能器，安装在 EH 油系统的有压回油管线上。

油动机回油蓄能器的作用是：在汽轮机跳（打）闸时，稳定有压回油管线内的油压力，防止有压回油管线内油压因各油动机大量泄油而瞬间上升，造成回油管线超压和管线上的滤网差压过大而损坏。

2-40　在锅炉-汽轮机-发电机的大连锁（B-T-G 连锁）中，“汽轮机跳闸”状态是如何判断的？

（1）锅炉-汽轮机-发电机的大连锁中，汽轮机跳闸的信号一般由汽轮机主阀全关的位置信号组成，其中至 BMS 系统去连锁跳闸锅炉的信号需再加上发电机并网条件，具体如图 2-12 所示。这种形式组成的汽轮机已跳闸的信号体现了汽轮机已经跳闸动作并主蒸汽阀门已关闭状态。

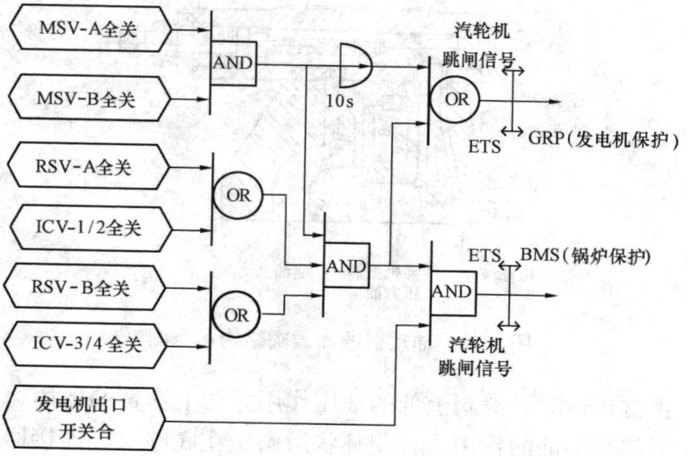

图 2-12　汽轮机跳闸状态判断逻辑图

（2）在有些机组 B-T-G 大连锁逻辑中，送给锅炉 BMS 的汽轮机跳闸信号是取自汽轮机跳闸母线（turbine trip bus），这种形式组成的汽轮机跳闸的信号其实是 ETS 的跳闸指令。但是送给发电机保护 GRP 的汽轮机跳闸的信号，仍是由汽轮机主阀全关的位置信号组成，仍然体现了汽轮机已经跳闸动作并主蒸汽阀门已关闭的状态。

2-41　三菱 600MW 汽轮机设置了哪些超速保护功能？

（1）超速限制（OPC）功能。

1）OPC 是防止机组甩负荷超速的有效手段。其动作结果是通过 OPC 电磁阀放泄 OPC 油压，从而快速关闭所有 GV 和 ICV，以达到防止机组甩负荷超速的目的。

OPC 满足$[n/n_0+f(\Delta N/N_0)]\geqslant 107.5\%$条件时动作，不等式中

$$f(\Delta N/N_0)\begin{cases}=0\%（当\ \Delta N/N_0\leqslant 15\%\ 时）\\ =0.5\%\times(\Delta N/N_0)-7.5\%\\ \quad（当\ 15\%<\Delta N/N_0\leqslant 30\%\ 时）\\ =7.5\%（当\ \Delta N/N_0>30\%\ 时）\end{cases}$$

OPC 动作区域如图 2-13 所示。

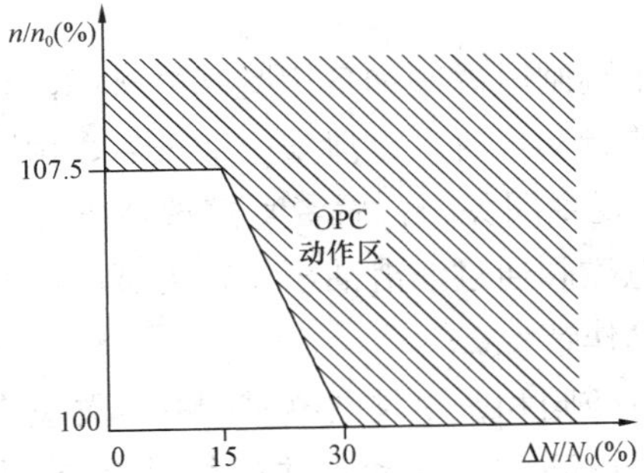

图 2-13　OPC 动作区域图示

说明：n/n_0——汽轮机实际转速与额定转速之比，%；

$\Delta N/N_0$——汽轮机输出功率减去发电机输出功率之差与汽轮机额定功率之比，%。

（2）电超速保护（EOST）功能。

1）电超速保护设有两套转速测量与 EOST 逻辑判断卡件。当两套 EOST 逻辑判断卡件均判断转速达到保护动作转速时，发出汽机跳闸指令。

2）EOST 动作转速正常时设定为 3330r/min，MOST 测试时设定为 3450r/min。

（3）机械超速保护（MOST）功能。

1）该厂三菱汽轮机保留了机械超速保护 MOST 装置及功能，MOST 属于纯机械式的保护，可靠性与任何电气元件或回路无关。

2）MOST 动作转速整定为(3300±30)r/min。

2-42　三菱 600MW 汽轮机 ETS 控制有什么特点？

（1）设置了电超速和机械两种完全独立的超速保护，其中机械超速和就地机械打闸直接泄放安全油实现汽轮机跳闸，不受任何电气元件或回路影响。

（2）重要的保护信号（如润滑油压、轴向位移、真空等）均为冗余设置。TSI 将保护信号开关量送至 ETS 进行跳闸逻辑判断，如图 2-14 所示。

（3）设置了跳闸电磁阀和备用跳闸电磁阀两个电磁阀来实现汽轮机跳闸，前者动作时，放泄安全油压后，由隔膜阀开启放泄 EH 安全油压实现主阀关闭，后者直接放泄 EH 安全油压实现主阀关闭。跳闸电磁阀通过润滑油压低跳闸试验、真空低跳闸试验可以在线测试动作情况。

（4）跳闸电磁阀和备用跳闸电磁阀的设置没有遵循失效保护原则设计，两个电磁阀均为动断式。如果 ETS 系统完全失电则保护无法动作，此时只有就地机械打闸装置与机械超速保护仍有效。

（5）ETS控制逻辑如图2-14所示，跳闸电磁阀在汽轮机跳

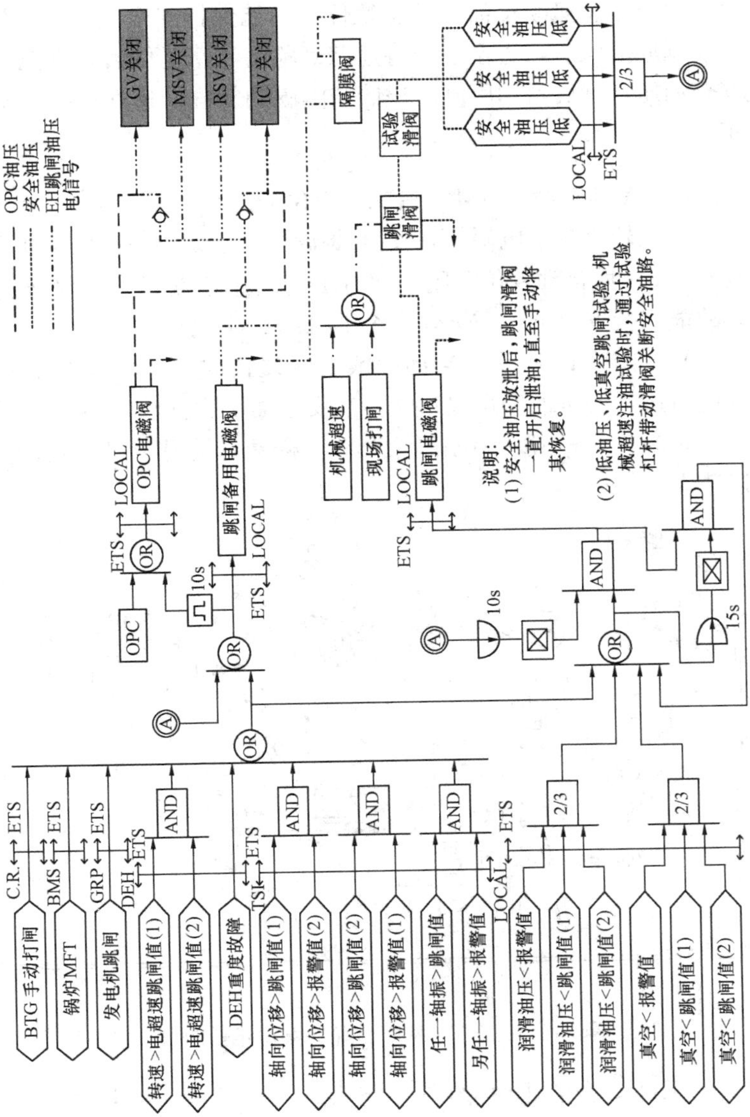

说明：

(1) 安全油压放泄后，跳闸滑阀一直开启泄油，直至手动将其恢复。

(2) 低油压、低真空跳闸试验，机械超速注油试验时，通过试验杠杆带动滑阀关断安全油路。

图 2-14　ETS控制逻辑图

闸（安全油压低，此时危急遮断错油门已开）延时 10s 后复位，但此时由于危急遮断错油门没有复位，故能保持安全油压与 EH 安全油压放泄状态，直至手动将危急遮断错油门复位后，方能建立安全油压，然后备用跳闸电磁阀与隔膜阀复位，建立 EH 安全油压。

2-43 简述三菱 600MW 汽轮机复位的过程。

（1）汽轮机跳闸电磁阀在安全油压全部泄放（由三个压力开关判断）10s 后自动复位关闭，此时由于危急遮断错油门没有复位，故能保持安全油压与 EH 安全油压的放泄状态。

（2）如图 2-15 所示，当远程或现场复位时，危急遮断滑阀被推向右边，安全油压得以建立。当安全油压建立后（由 3 个压力开关判断），备用跳闸电磁阀关闭，隔膜阀关闭，EH 安全油得以建立。

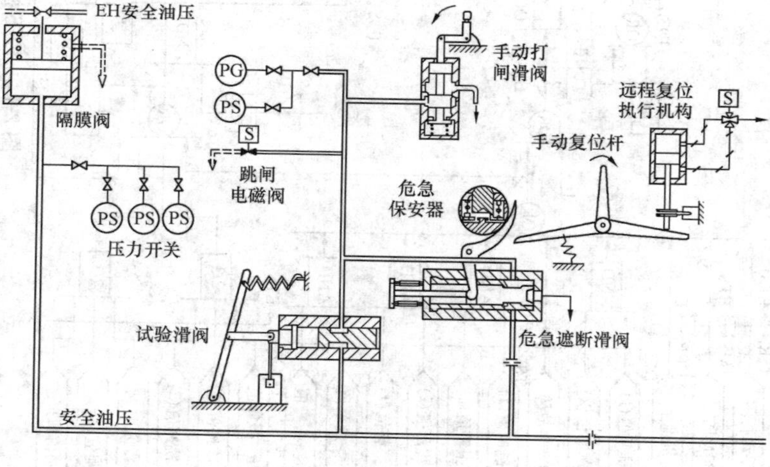

图 2-15　三菱 600MW 汽轮机复位示意图

（3）EH 安全油压建立后，MSV/GV/ICV 伺服阀控制阀门在全关位置，RSV 则自动全开，汽轮机复位完成。

2-44　富士 600MW 汽轮机 ETS 控制有什么特点？

（1）该汽轮机的 ETS 系统与上海汽轮机有限公司引进西门子技术的 ETS 系统类似，取消了机械超速及就地机械打闸装置和相应的安全油管路及阀门构件，使液压油路更为简单。

（2）该汽轮机每个汽轮机主阀（MSV、MCV、RSV、ICV）配置了两个并联的跳闸电磁，MSV、RSV 还有复位电磁阀。汽轮机主阀的全行程关闭试验包括了所有跳闸电磁阀、复位电磁阀及伺服阀的在线动作测试，提高了 ETS 的可靠性。

（3）汽轮机主阀（MSV、MCV、RSV、ICV）的跳闸电磁阀为动合式（带电关闭），当有跳闸保护动作时，向跳闸母线供电的节点断开，跳闸电磁阀失电开启泄放跳闸油压，卸载阀动作开启，油动机迅速关闭。该设计遵循了失效保护原则，确保了 ETS 失电（跳闸母线失电）时汽轮机能自动跳闸。

（4）该汽轮机轴振大跳闸的判断逻辑是：任一轴承处的轴振与相邻轴承处的轴振值至少一个达到跳闸值，另一个至少达到报警值时延时 3s 发出汽轮机轴振大跳闸指令。

（5）重要的保护信号，如转速、润滑油压、轴向位移、真空、主蒸汽温度、高压缸排汽温度、低压缸排汽温度、末级静叶温度等均为三取二的冗余设置，跳闸判断逻辑设置在 ETS 系统中。

2-45　简述富士 600MW 汽轮机复位的过程。

（1）由于该机组取消了机械超速和就地机械打闸装置以及相应的安全油管路、阀门等构件，因此没有传统装置上的危急遮断滑阀。

（2）当所有跳闸条件都不成立时，该汽轮机的复位由操作员在 DEH 操作画面上给出指令，汽轮机跳闸母线重新带电，跳闸电磁阀励磁关闭，此时 GV、ICV 的伺服阀控制阀门在全关位置，MSV、RSV 由各自的复归电磁阀控制在关闭状态（当

MSV/RSV有开启指令时复归电磁阀动作，使油动机开启）。复位后，汽轮机具备重新开启MSV、RSV的条件。

2-46　汽轮机监视仪表TSI系统主要监视哪些参数？对TSI系统有什么要求？

汽轮机监视仪表TSI系统用于汽轮发电机组本体测量信号的转换，为DCS、DEH、ETS提供可靠的监控信号。主要监视的参数有转速（包括零转速）、振动、偏心（盘车时）、轴向位移、汽缸热膨胀、汽缸与转子热膨胀差、键相，有些TSI还监视包括油动机行程、推力轴承与支承轴承温度等参数。

DL/T 590《火力发电厂凝汽式汽轮机的检测与控制技术条件》对TSI系统的要求如下：

（1）制造厂应对汽轮发电机组整个轴系的振动测量负责统一归口设计，发电机振动测量设备由汽轮机厂提供，以便统一测量设备和连锁保护的要求。

（2）用于汽轮机跳闸的测点应设置独立的冗余通道。用于汽轮机保护和控制用的冗余模拟信号或开关量信号应采用不同的监视、控制模件形成，并直接输出可靠的冗余信号至保护或控制系统。

（3）TSI系统应采用冗余的电源模块，电源模块的切换不应引起TSI误发或拒发信号。

（4）汽轮机转速测量除满足远方和就地监视、零转速、键相要求外，还应在不同位置设置3个转速测量发信装置，以满足多点测量及保护的要求。

（5）汽轮发电机组的振动信号用于跳闸时，应有防止单个振动信号故障误跳汽轮机的逻辑，但该逻辑不应造成振动保护的拒动。振动保护的逻辑可以设置在TSI或ETS中，但转送的信号必须是可靠冗余的。

2-47　常用的汽轮机TSI系统有哪些品牌？

（1）我国引进的汽轮机安全监视系统TSI有美国本特利

Bently Nevada（7200、3300、3500）、德国飞利浦 Epro Philips（RMS700、MMS3000、MMS6000）、日本新川 SHINKAWA（VM-5、MP-1）等多种产品。

（2）国产化方面，上海发电设备成套设计研究所相继开发了 8000 系列和 9000 系列 TSI 系统。8000 系列的信号处理基本上属于模拟电路系统，而 9000 系列则采用了英特尔公司的单片机芯片，发展了以微处理机为基础的成套 TSI 系统。

2-48　电涡流传感器的工作原理是什么？在电厂汽轮机上有哪些应用？

电涡流传感器是根据电磁场原理工作的。在电涡流传感器的绕组中通入高频电流后，绕组周围会产生高频磁场，该磁场穿过靠近它的金属表面时，会在其中感应产生一个电涡流。这个变化的电涡流又会在它的周围产生一个电涡流磁场，其方向和原绕组磁场的方向相反，这两个磁场叠加将改变原绕组的阻抗。绕组阻抗在磁导率、励磁电流强度、频率等参数不变时，可看成是探头到金属表面间隙的单值函数，从而通过测量变换电路得到需测量的参数。

电涡流传感器在电厂汽轮机上的应用有转速测量、键相测量、汽缸与转子膨胀差测量、转子轴向位移测量、转子偏心测量、转子轴振动测量。

2-49　汽轮发电机组为什么要设置零转速测量？

汽轮机发电机组跳闸（打闸）惰走结束后，应及时自动地将连续盘车投上，以避免汽轮机转子产生过大的热弯曲。当盘车为非 SSS 离合器结构时，盘车的自动啮合启动过程要求转子完全停转后方可安全、顺利地进行，因此必须设置零转速测量来联动盘车的自动投入，同时零转速测量也可以辅助判断盘车是否工作正常。

2-50　调节系统的液压油采用高压油系统有哪些优缺点？

液压油采用高压油系统有以下优点：

(1) 供油压力高，可以缩小油动机尺寸和加大油动机功率。

(2) 可提高调节系统的动态响应速度，提高动态响应品质。

(3) 封闭式的供油系统可提高供油系统的可靠性。

液压油采用高压油系统有以下缺点：

(1) 压力高容易造成泄漏，需采取相应的防火措施。

(2) 高压油系统的高压油泵一般由电动机驱动，较低压油系统油泵由主轴驱动可靠性低。

2-51　调节系统的液压油为什么大多采用抗燃油？能否不采用抗燃油？

为了提高调节系统的动态响应品质，调节系统液压动力油系统采用较高的工作压力。为避免高压动力油泄漏造成火灾，调节系统液压动力油普遍采用了抗燃油。抗燃油具有良好的抗燃性能和流体稳定性，自燃点为560℃以上。因此，当有高压液压油泄漏时，可以大大降低火灾的可能性。

目前也有使用汽轮机油作为调节液压动力油的系统：早期的如三菱公司生产的宝钢350MW机组（模拟电液调节、油压为2.1MPa），近期的如富士公司生产的600MW机组（数字电液调节、油压为16.5MPa）。但是采用高压油系统时，其液压油的高压管道及部件都采取了一些诸如安装套管、油动机下方装接油盘等防火措施。

2-52　使用抗燃油作为液压油有哪些优缺点？

使用抗燃油作为液压油的优点如下：

(1) 具有高耐热防火性能。

(2) 具有低空气释放和低挥发性。

(3) 具有优良的氧化性和水解稳定性。

(4) 具有很好的润滑性，并且具有优良的抗磨性能。

使用抗燃油作为液压油的缺点如下：

(1) 抗燃油成本价格较高，为一般汽轮机油价格的3～5倍。

（2）三芳基磷酸酯的黏温特性较差，在小于 20℃时，黏度与温度之间的变化关系可以说温度相差 1℃黏度就会相差几倍、几十倍甚至上百倍。

（3）对密封件要求较严格，一般推荐氟橡胶、聚四氟乙烯等。

（4）有微毒性。

2-53　新的抗燃油应符合什么样的标准？

DL/T 571—2007《电厂用磷酸酯抗燃油运行与维护导则》要求新的抗燃油应符合表 2-2 所列各项指标。

表 2-2　　新的抗燃油指标列表

序号	项　目	要　求	试验方法
1	外　观	透明	DL/T 429.1—1991《电力系统油质试验方法—透明度测定法》
2	颜　色	无色或淡黄	DL/T 429.2—1991《电力系统油质试验方法—颜色测定法》
3	密度（20℃，g/cm^3）	1.13～1.17	GB/T 1884—2000《原油和液体石油产品密度实验室测定法（密度计法）》
4	运动黏度（40℃，mm^2/s）	41.4～50.6	GB/T 265—1988《石油产品运动黏度测定法和动力黏度计算法》
5	倾点（℃）	≤−18	GB/T 3535—2006《石油产品倾点测定法》
6	闪点（℃）	≥240	GB/T 3536—2008《石油产品闪点和燃点的测定克利夫兰开口杯法》
7	自燃点（℃）	≥530	DL/T 706—1999《电厂用抗燃油自燃点测定方法》
8	颗粒度（NAS1638）	≤6	DL/T 432—2007《电力用油中颗粒污染度测量方法》
9	水质量分数（mg/L）	＜600	GB/T 7600—1987《运行中变压器油水分含量测定法（库仑法）》

续表

序号	项目		要求	试验方法
10	酸值（mgKOH/g）		≤0.05	GB/T 264《石油产品酸值测定法》
11	氯质量分数（mg/kg）		≤50	DL/T 433—1992《抗燃油中氯含量测定方法（氧弹性）》
12	泡沫特性，（℃，mL/mL）	24	≤50/0	GB/T 12579—2002《润滑油泡沫特性测定法》
		93.5	≤10/0	
13	电阻率（20C，Ω·cm）		$\geqslant 1\times 10^{10}$	DL/T 421—2009《电力用油体积电阻率测定法》
14	空气释放值（50℃，min）		≤3	SH/T 0308—1992《润滑油空气释放值测定法》
15	水解安定性	油层酸值增加（mgKOH/g）	≤0.02	SH/T 0301—1993《液压液水解安定性测定法（玻璃瓶法）》
		水层酸度（mgKOH/g）	≤0.05	
		铜试片失重（mg/cm^2）	≤0.008	

2-54　运行中的抗燃油应符合什么样的标准？常规检测周期如何？

DL/T 571—2007《电厂用磷酸酯抗燃油运行与维护导则》要求运行中的抗燃油应符合表 2-3 所列各项指标。

表 2-3　　运行中的抗燃油指标列表

序号	项目	要求	试验方法
1	外观	透明	DL/T 429.1—1991
2	密度（20℃，g/cm^3）	1.13～1.17	GB/T 1884—2000
3	运动黏度（40℃，mm^2/s）	39.1～52.9	GB/T 265—1988
4	倾点（℃）	≤−18	GB/T 510

续表

序号	项目		要求	试验方法
5	闪点(℃)		≥235	GB/T 3536—2008
6	自燃点(℃)		≥530	DL/T 706—1999
7	颗粒度(NAS1638)		≤6	DL/T 432—2007
8	水质量分数(mg/L)		<1000	GB/T 7600—1987
9	酸值(mgKOH/g)		≤0.15	GB/T 264
10	氯质量分数(mg/kg)		≤100	DL/T 433—1992
11	泡沫特性(℃，mL/mL)	24	≤200/0	GB/T 12579—2002
		93.5	≤40/0	
		24	≤200/0	
12	电阻率(20℃，Ω·cm)		$\geq 6\times 10^9$	DL/T 421—2009
13	矿物油质量分量(%)		≤4	DL/T 571—2007 附录
14	空气释放值(50℃，min)		≤10	SH/T 0308—1992

机组正常运行时，试验室试验常规项目及周期见表 2-4，但是每年至少进行一次油质全分析。

表 2-4　　试验室试验常规项目及周期表

序号	项目	每月一次	3 个月一次	6 个月一次
1	外观	√	√	√
2	颜色	√	√	√
3	密度(20C，g/cm³)			√
4	运动黏度(40C，mm²/s)			√
5	倾点(℃)			√
6	闪点(℃)			√
7	自燃点(℃)			√
8	颗粒度(ISO\NAS\SAE)		√	√
9	水质量分数(%)	√	√	√
10	酸值(mgKOH/g)	√	√	√
11	氯质量分数(%)			√
12	泡沫特性(℃，mL/mL)			√
13	电阻率(20℃，Ω·cm)	√	√	√
14	矿物油质量分量(%)			√

注 √表示执行。

2-55　运行中的抗燃油水分过高的主要原因有哪些？会有哪些影响？

运行中的抗燃油水分过高的主要原因有冷油器泄漏、油箱呼吸器干燥剂失效、油箱不严密等。

抗燃油中水分过高会导致电阻率下降、油老化分解加速而酸值上升、影响泡沫特性和空释值，从而可能造成油动机发生抖动。

2-56　运行中的抗燃油酸值过高的主要原因有哪些？如何处理？

酸值的升高一般是由于油温的升高或水分、杂质超标加速了油的老化分解而产生的，当油中酸值有上升趋势时，应查找原因并确认硅藻土滤网投入且没有失效。

首先应确认硅藻土滤网没有失效且投入连续再生，并检查：

(1)油温的控制情况(特别要注意有无局部过热)并予以调整。

(2)抗燃油水分是否正常，否则予以真空滤油除水。

(3)如果酸值达到 0.4mgKOH/g 无改善时应换油。

2-57　运行中的抗燃油颗粒度过高的主要原因有哪些？

(1)安装、补油等操作不规范造成污染。

(2)运行设备存在磨损，系统存在腐蚀。

(3)矿物油和含氯材料密封件污染。

(4)抗燃油再生滤芯失效后未更换，释放出金属皂类物质。

(5)抗燃油精处理系统运行不正常。

2-58　抗燃油对系统的密封材料、蓄能器皮囊材料有哪些要求？

用于抗燃油系统的密封材料、蓄能器皮囊材料等必须不会与抗燃油发生化学反应，不得使用含有氯元素的材料。抗燃油与矿物油对密封材料的相容性如表 2-5 所示。

表 2-5 抗燃油与矿物油对密封材料的相容性

材　料	抗燃油	矿物油
氯丁橡胶	不适应	适应
丁腈橡胶	不适应	适应
皮革	不适应	适应
橡胶石棉垫	不适应	适应
硅橡胶	适应	适应
乙丙橡胶	适应	不适应
氟化橡胶	适应	适应
聚四氟乙烯	适应	适应
聚乙烯	适应	适应
聚丙烯	适应	适应

2-59 衡量液压油清洁度的常用标准有哪些？具体内容如何？

衡量液压油清洁度的常用标准主要有 ISO 4406 和 NAS 1638 两种。

国际标准化组织制订的 ISO 4406 清洁度标准规定了流体清洁度等级。

(1)当使用自动颗粒计数器时，污染报告包括 3 个数字，比如 22/18/13。第一个数字是指每毫升油中大于 4μm 的颗粒数范围，第二个数字是指大于或等于 6μm 的颗粒数范围，第三个数字范围是指颗粒大于或等于 14μm 的颗粒数范围。

(2)当使用显微镜计数时，污染报告包括两个数字，比如 18/13。第一个数字是指每毫升油中大于 5μm 的颗粒数范围，第二个数字是指大于或等于 15μm 的颗粒数范围。

(3)每毫升油中相应大小的颗粒计数与代号如表 2-6 所列。

表 2-6　每毫升油中相应大小的颗粒计数与代号列表

每毫升油中相应大小的颗粒计数	代号	每毫升油中相应大小的颗粒计数	代号
计数＞2 500 000	＞28	1 300 000＜计数≤2 500 000	28
640 000＜计数≤1 300 000	27	320 000＜计数≤640 000	26
160 000＜计数≤320 000	25	80 000＜计数≤160 000	24
40 000＜计数≤80 000	23	20 000＜计数≤40 000	22
10 000＜计数≤20 000	21	5000＜计数≤10 000	20
2500＜计数≤5000	19	1300＜计数≤2500	18
640＜计数≤1300	17	320＜计数≤640	16
160＜计数≤320	15	80＜计数≤160	14
40＜计数≤80	13	20＜计数≤40	12
10＜计数≤20	11	5＜计数≤10	10
2.5＜计数≤5	9	1.3＜计数≤2.5	8
0.64＜计数≤1.3		0.32＜计数≤0.64	6
0.16＜计数≤0.32		0.08＜计数≤0.16	4

美国航空航天工业联合会发布 NAS1638 标准是分段计数的，有 5 个尺寸段。被测油样的污染度按每 100mL 内的最大颗粒数的最高等级来定，见表 2-7。

表 2-7　NAS1638 油液洁净度等级(100mL 液压油液中颗粒数)　(μm)

污染度等级	颗粒尺寸范围及颗粒计数				
	5～15	15～25	25～50	50～100	＞100
00	125	22	4	1	0
0	250	44	8	2	0
1	500	89	16	3	1
2	1000	178	32	6	1
3	2000	356	63	11	2
4	4000	712	126	22	4
5	8000	1425	253	45	8

续表

污染度等级	颗粒尺寸范围及颗粒计数				
	5～15	15～25	25～50	50～100	>100
6	16 000	2850	506	90	16
7	32 000	5700	1012	180	32
8	64 000	11 400	2025	360	64
9	128 000	22 800	4050	720	128
10	256 000	45 600	8100	1440	256
11	512 000	91 200	16 200	2880	512
12	1 024 000	182 400	32 400	5760	1024

2-60　运行中磷酸酯抗燃油的防劣化措施有哪些？

(1) 抗燃油的精过滤系统应连续运行。定期检查精过滤器差压，发现异常时及时查明原因，及时更换精过滤器滤网。

(2) 抗燃油的再生系统应连续运行，以便及时除去油老化产生的酸性物质、油泥、水分等有害物质。应根据再生系统出口油质情况定期更换再生滤芯及吸附剂。

(3) 油箱人孔等结合面应保持严密，并定期检查油箱空气呼吸器中的干燥剂，失效时及时更换，以免空气中的水分进入油中。

2-61　人体接触到磷酸酯抗燃油后应如何处理？

(1) 误食处理。一旦吞入磷酸酯抗燃油，应立即采取措施将其呕吐出来，然后到医院进一步诊治。

(2) 误入眼内。立即用大量清水冲洗，再到医院治疗。

(3) 皮肤沾染。立即用水、肥皂清洗干净。

(4) 吸入蒸汽。立即脱离污染环境，送医院诊治。

2-62　典型的 DEH 的抗燃油系统由哪些设备组成？

典型的 DEH 的抗燃油系统由管阀、仪表及电气设备及以下装置组成。

(1) 供油装置：高压油箱、高压油泵、滤网、溢流阀、蓄能器。

（2）再生装置：硅藻土滤网、备用过滤器。

（3）净化装置：净化油泵、精滤网。

（4）冷却、加热装置：冷却器、电加热器。

2-63　抗燃油再生装的再生介质有哪些？各有什么特点？

抗燃油再生装的再生介质主要有硅藻土、改性氧化铝、离子交换树脂3种。

（1）硅藻土是应用最早和最广泛的再生介质，具有成熟的应用经验，但是由于硅藻土颗粒尺寸不均，容易被油带走。因此，在其下游均设有后备过滤器（波纹纤维过滤器）。

（2）改性氧化铝是在氧化铝的基础上发展来的，改善了氧化铝会释放钠离子和氧化铝颗粒的缺点。但是由于改性氧化铝过滤介质中加入少量的硅酸盐，因此不能处理已降解的抗燃油。

（3）离子交换树脂除了能除去酸性物质外，还能除去油中的金属离子。但是离子交换树脂在吸收酸性物质的同时要释放出的水分，因此，必须同时加强除水能力。

2-64　简述三菱600MW机组抗燃油液压油站具体由哪些设备组成。

（1）由工作油箱、EH油泵A/B、EH油泵进口和出口滤网、止回阀、压力释放阀、高压蓄能器、隔离阀及管道等组成了EH油的供油系统。

（2）由硅藻土滤网、后备滤网、节流孔件、止回阀、隔离阀及管道等组成了EH油的再生系统。

（3）由回油滤网、冷却器、止回阀、隔离阀及管道等组成了EH油的冷却系统。

（4）由净化油箱、净化油泵、精滤网、压力释放阀、止回阀、四通阀、隔离阀及管道等组成了EH油的净化系统。

（5）设置接口和滤网，供补油时连接补油设备用。

三菱 600MW 机组抗燃油（液压油站）流程图如图 2-16 所示。

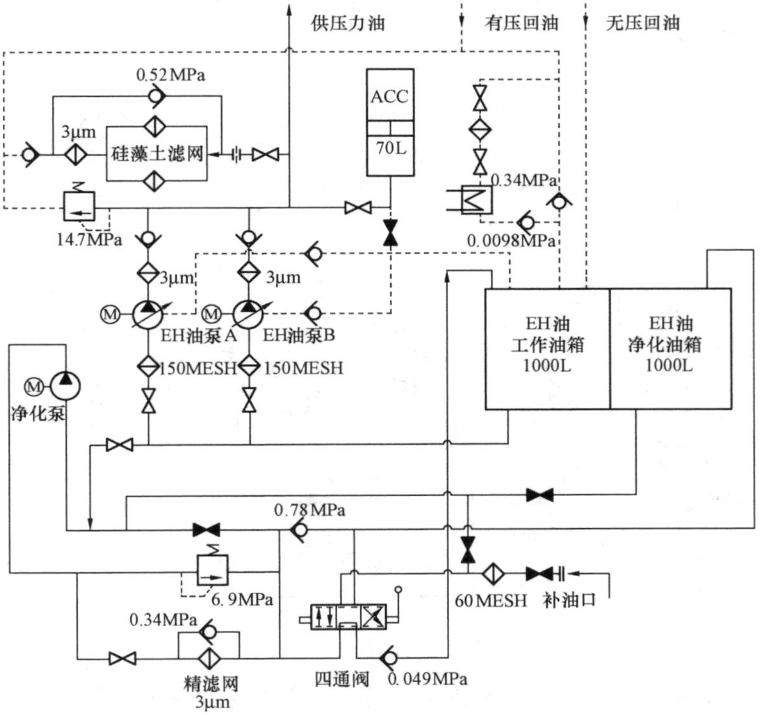

图 2-16　三菱 600MW 机组抗燃油（液压油站）流程图

2-65　三菱 600MW 机组抗燃油系统未设置加热器，气温偏低时如何保证油温？

当偶有抗燃油温度偏低时，则通过关小精滤网入口阀，提高油泵出口油压，增加抗燃油的摩擦来提升油的温度。

2-66　简述富士 600MW 机组控制油液压油站具体由哪些设备组成。

富士 600MW 机组控制油采用汽轮机油，液压油站独立于润滑油系统单独设置，如图 2-17 所示。主要由油箱、控制油泵

A/B、控制油泵A/B进出口滤网、止回阀、压力释放阀、高压蓄能器、节流孔板、精过滤网、冷却器、加热器、隔离阀、管线及套管等组成。

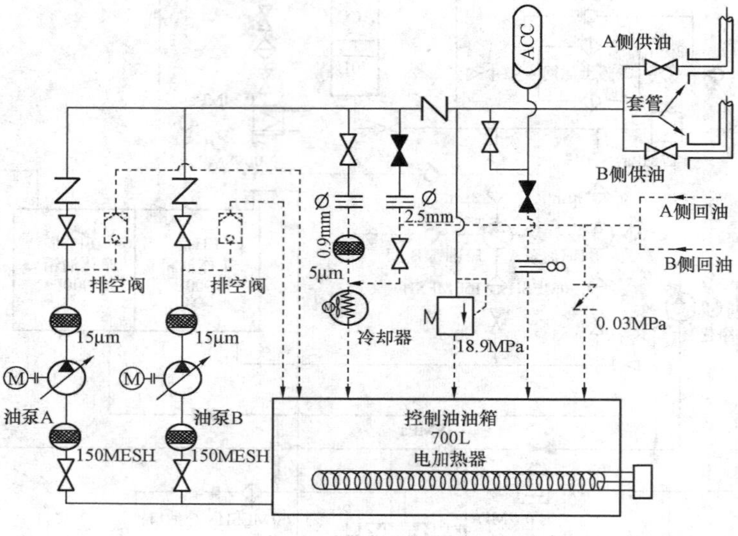

图 2-17　控制油液压油站

2-67　富士600MW机组汽轮机控制油供油系统有哪些特点？

（1）采用汽轮机油作为控制油，并且工作压力较高，额定工作压力为168MPa，因此该油站的布置考虑了防火要求，同时采用供油管线套管安装的方式，防止管线漏油引发火灾。

（2）该控制油系统结构简单，没有设置再生系统。控制油的净化由节流孔板和一只有精过滤作用的过滤器完成。控制油的温度由一个风扇强冷的油冷却器和电加热器联合控制。

2-68　磷酸酯抗燃油箱的呼吸器有什么要求？

（1）为了防止空气中的灰尘通过呼吸器进入油箱，以及防止干燥剂进入油箱造成抗燃油污染，要求呼吸器具有过滤功能，一般应能将大于5μm的微粒过滤在油箱之外。

（2）为了防止空气中的水分通过呼吸器进入油箱造成污染，要求呼吸器具有除湿功能，一般都填充有干燥用吸附剂。

2-69 汽轮机控制油高压油泵一般采用什么类型的油泵？有哪些形式？

高压油泵一般采用容积式油泵，常用的容积式油泵有叶片式油泵和可变斜盘式轴向柱塞泵两种。

叶片式高压泵须与蓄能器、卸载阀配合工作以维持油压在一定的范围内。可变斜盘式柱塞泵可以通过改变斜盘角度自动调整油压，使其在一定的范围内。

2-70 叶片式高压油泵主要由哪些部件组成？

叶片式高压油泵主要由电动机、联轴器、泵壳、前安装端盖、轴封、轴承、轴、叶盘组件等部件组成。

2-71 叶片式高压油泵是如何工作的？

为了经济地提供压力基本稳定的压力油，叶片式高压油泵必须与卸载阀、高压蓄能器一同配合工作，具体工作过程如下：

（1）当叶片式高压油泵出口压力较低时，卸载阀关闭，叶片式油泵加载运行。

（2）当系统压力逐步升高，达到卸载阀设定的卸载压力时，卸载阀开启，叶片式油泵卸载运行。

（3）叶片式油泵卸载运行期间，液压油由高压蓄能器向系统提供。系统压力缓慢下降。

（4）当系统压力逐步下降，达到卸载阀设定的加载压力时，卸载阀关闭，叶片式油泵加载运行。

2-72 可变斜盘式轴向柱塞高压油泵主要由哪些部件组成？

可变斜盘式轴向柱塞高压油泵主要由电动机、联轴器、泵壳、端盖、轴封、轴承、轴、配油盘、柱塞、缸体、斜盘和压力补偿控制器等组成。

可变斜盘式轴向柱塞高压油泵可以通过压力补偿控制器根据系统压力与设定值自动调整斜盘倾斜角度，从而调整油泵的出力。

2-73　可变斜盘式轴向柱塞高压油泵是如何工作的?

可变斜盘式轴向柱塞高压油泵结构示意图如图 2-18 所示。可变斜盘式轴向柱塞高压油泵中的缸体由驱动轴通过电动机驱动，装在缸体孔中的柱塞连着柱塞滑靴和滑靴压板，所以滑靴顶在斜盘上。当缸体转动时，柱塞滑靴沿斜盘滑动，使柱塞绕转轴的轴线旋转并沿轴线作往复运动。配流盘上的油口布置成当柱塞被拉出时掠过进口，完成液压油吸入过程；当柱塞被推入时掠过出口，完成液压油压出过程。

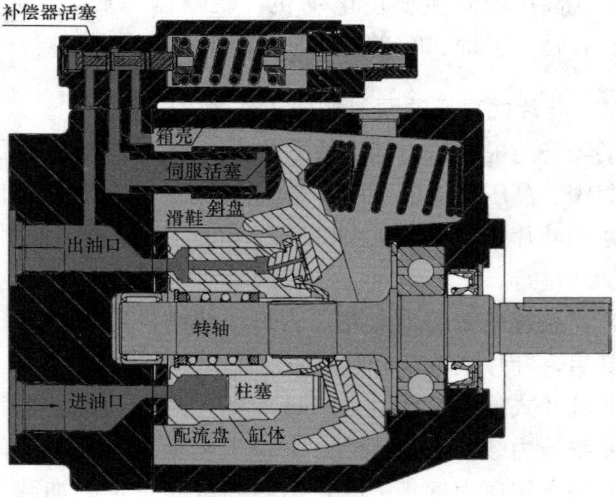

图 2-18　可变斜盘式轴向柱塞高压油泵结构示意图

2-74　可变斜盘式轴向柱塞高压油泵的压力补偿控制器是如何调整出口压力的?

（1）可变斜盘式轴向柱塞高压油泵的排量取决于柱塞的尺寸、数量及行程，而柱塞行程则取决于斜盘倾角，因此改变斜盘倾角就可以加大或减小油泵的排量。

（2）如图 2-18 所示，油泵的出口压力可以通过压力补偿器上的弹簧来整定。整定值（弹簧力）一定时，如果出口压力偏低则补偿器活塞向左移动，伺服活塞与箱壳排油口逐步打开，伺服活塞油压下降，斜盘在弹簧力的作用下加大倾斜角度，油泵出力增加，压力又恢复到原先的平衡点。如果出口压力偏高则补偿器活塞向右移动，伺服活塞与泵出口相通的油口逐步打开，伺服活塞油压上升，斜盘在伺服活塞的作用下减小倾斜角度，油泵出力减少，压力又恢复到原先的平衡点。

2-75　高压蓄能器的作用是什么？一般采用何种形式？

在采用可变斜盘式轴向柱塞高压油泵的控制油系统中，高压蓄能器的作用主要是用来补充系统瞬间增加的油量及减小系统油压脉动。在采用叶片式油泵的控制油系统中，高压蓄能器的作用主要是在叶片式油泵卸载时，向系统提供压力油，同时也兼有稳定、缓冲系统压力的作用。

充气式蓄能器一般有活塞式、气囊式、隔膜式、气液接触式几种，其中前两者使用普遍。在汽轮机控制油系统中多为活塞式和气囊式。

2-76　抗燃油高压蓄能器所需的容积是如何计算的？

根据 DL/T 824—2002《汽轮机电液调节系统性能验收导则》高压蓄能器应该在机组甩负荷并且高压油泵故障停止供油时，仍可维持系统液体压力，保证调节系统正常工作。在异常工况下，一般要求系统液体压力的降低值不大于正常工作压力的 5%，因此高压蓄能器所需的容积可以根据下式计算，即

$$p_2 = p_1 \times [V_1/(V_1 + V_C)]^k$$

式中　p_2——异常工况下系统最低液体压力，取 $p_1 = 95\% p_2$，MPa；

p_1——正常运行时的液体工作压力，MPa；

V_1——高压蓄能器所需的容积，L；

V_C——油动机的容积，L；

k——高压蓄能器中所充气体的绝热指数，氮气 $k=1.4$。

2-77　如何测量汽轮机控制油高压蓄能器的氮气压力？

当高压蓄能器投入运行稳态时，其内部的氮气压力与控制油压力一致。因此，必须先将高压蓄能器退出运行并且放泄完油侧压力后，方可测得其准确的氮气压力。具体步骤如下：

（1）如高压蓄能器未安装监视氮气压力的表计，则先安装临时压力表。

（2）保持机组负荷稳定，关闭高压蓄能器入口阀。

（3）缓慢开启高压蓄能器放油阀门，直至蓄能器内的油压完全泄完。读取此时压力表的读数即为氮气压力数值。根据实测氮气压力决定是否需要补充氮气。

（4）补充氮气（或不用补充氮气）后关闭高压蓄能器放油阀门，缓慢开启高压蓄能器入口阀。

（5）机组负荷恢复正常运行方式，拆除临时压力表。

2-78　抗燃油温度为什么不宜过低或过高？

抗燃油的温黏特性较差，即黏度随温度变化较大。温度低时，黏度过高会影响油的流动性，使油泵过载及影响调节系统品质。过高的抗燃油温度会加速油的老化，使酸值不正常的升高。因此，抗燃油的运行温度应控制在 38～55℃范围之内，方能确保控制系统正常工作。

2-79　汽轮机调节与保护装置在机组正常运行时应进行哪些定期试验？

汽轮机调节与保护装置在机组正常运行时应进行相关保护（润滑油压低、真空低等）在线测试试验、汽轮机主要阀门活动试验、机械超速装置注油试验、控制油压低报警及联启备用泵试验。

2-80 汽轮机调节与保护装置在机组大修后应进行哪些试验?

汽轮机调节与保护装置在机组大修后应进行控制油压低报警及联启备用泵试验、汽阀油动机关闭时间的测定、汽轮机保护及打闸装置动作性能试验、汽轮机调节系统试验、OPC电磁阀动作试验、机械超速装置注油试验、汽轮机主汽阀及调节阀严密性试验、超速保护装置升速动作试验、汽轮机主要阀门活动试验。

2-81 汽轮机控制油系统启动前应检查哪些项目?

(1)汽轮机控制油供油系统、DEH液压伺服系统、ETS紧急遮断系统检修工作结束，工作票终结。

(2)控制油系统所有表计完好，各压力表和差压表已投入，油位计准确可靠。

(3)检查确认控制油箱油位处于偏高位置，油质合格，油温正常，高低压蓄能器充氮压力正常，检查各阀门均处于正确位置。

(4)控制电源投入，各仪表及电气信号正常，确认控制油系统各项试验合格，各连锁保护投入正确。

(5)检查闭式冷却水系统运行正常，开启EH油冷却器冷却水进、出口阀。

(6)测量各油泵电动机绝缘合格，各油泵电动机送电。

2-82 控制油系统运行中应检查哪些项目?

(1)检查油箱油位，不得太高或太低，控制油温度在38~55℃之间，控制油供油压力在正常范围内。

(2)检查控制油有压回油压力，回油压力过高时应及时分析原因处理。

(3)检查控制油供油、精处理及再生系统各滤网差压情况，差压高时及时分析原因，更换滤网。

(4)检查油箱空气呼吸器干燥剂及差压情况，干燥剂失效或差压过高时及时处理。

（5）检查控制油供油、精处理及再生系统的泄漏、噪声及振动情况，不正常时及时分析处理。

2-83　针对控制油箱油位一般设置哪些报警与连锁？

（1）为了防止运行中控制油箱油位过高，当油动机关闭大回油时造成油箱溢流，一般设置了油位高报警。

（2）控制油箱油位一般设置了低报警，以提醒运行人员在油位偏低时及时采取处理措施。

（3）为了防止油位太低时造成系统压力不稳定或控制油泵打空泵，一般设置了油位低时闭锁启动控制油泵，油位低低时运行控制油泵跳闸。

2-84　高压控制油泵一般设置哪些保护与连锁？

（1）油箱油位过低跳闸保护。

（2）控制油温度低，油箱油位低闭锁启动连锁。

（3）供油压力低，备用泵自动启动连锁。

第三章

汽轮发电机组辅助设备

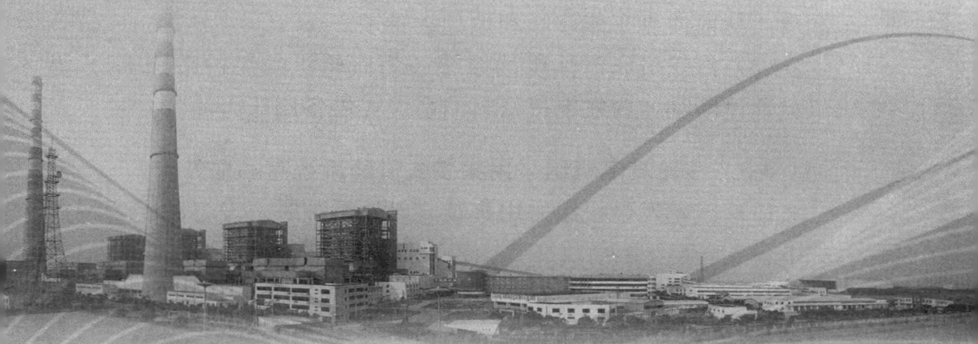

3-1　汽轮发电机润滑供油系统包括哪些系统？由哪些设备组成？

汽轮发电机润滑供油系统包括润滑油系统、顶轴油系统、危急遮断油系统。

汽轮发电机润滑供油系统主要由组合油箱、主油泵、射油器或油涡轮泵、溢流阀、电加热器、冷油器、滤网、交流辅助油泵（AOP)、交流润滑油泵（TOP)、直流润滑油泵（EOP)、主油箱排烟风机、油净化装置和冷油器切换阀等相关管阀组成。

3-2　汽轮发电机润滑供油系统的作用是什么？

汽轮发电机润滑供油系统的主要作用如下：

(1) 汽轮发电机组正常运行时，连续向各轴承（径向轴承和推力轴承）提供合格的润滑冷却油，使各轴承能形成良好的动压润滑，并带走轴承摩擦产生的热量和转子热传导传递的热量以保持轴承温度正常。

(2) 汽轮发电机组停止运行时，连续向各轴承、顶轴油系统、盘车装置提供合格的润滑油，即除了向盘车装置提供润滑外，还向顶轴油系统供油，通过顶轴油系统形成转子的液体静压润滑，从而使盘车能够顺利地盘动转子。

(3) 汽轮机润滑油供油系统还为汽轮机的保护系统 ETS 提供危急遮断油，为发电机密封油系统提供备用压力油。

3-3　汽轮发电机组采用集装式供油系统有哪些特点？

(1) 汽轮发电机组采用集装式供油系统时，设备的布置特点如下：

1) 交流辅助油泵（AOP)、交流润滑油泵（TOP)、直流润滑油泵（EOP）集中布置在油箱顶上。

2) 射油器、溢流阀、回油滤网等均安装在主油箱内部。

3) 油管路的安装采用套装管的形式，即系统回油作为外管，其他供油管安装在该管内部。

（2）汽轮发电机组采用集装供油系统主要优缺点如下：

油泵集中布置，便于检查维护及现场设备管理，供油系统的占地空间小。射油器、溢流阀、回油滤网等安装在主油箱内部以及采用套装油管等措施，可以防止压力油外漏而发生火灾事故，但同时也给这些设备检修带来了困难。

3-4　运行中的润滑油应符合什么样的标准？常规检测周期如何？

（1）根据 GB/T 7596—2008《电厂运行中汽轮机油质量》，运行中的润滑油应符合表 3-1 中的质量要求。

表 3-1　　运行中的润滑油质量要求

序号	项　目		要　求		试验方法
1	外观		透明		DL/T 429.1—1991
2	运动黏度（40℃，mm²/s）		32 号	28.8～35.2	GB/T 265—1988
			46 号	41.4～50.6	
3	闪点（开口杯）（℃）		≥180，且比前次测定值不低于 10℃		GB/T 267 GB/T 3536—2008
4	机械杂质（200MW 以下）		无		GB/T 511
5	颗粒度 NAS1638（200MW 以上）		≤8		DL/T 432—2007
6	酸值（mgKOH/g）	未加防锈剂	≤0.2		GB/T 264
		加防锈剂	≤0.3		
7	液相锈蚀		无		GB/T 11143—2008《加抑制剂矿物油在水存在下防锈性能试验法》
8	破乳化度（54℃，min）		≤30		GB/T 7605—2008《运行中汽轮机油破乳化度测定法》
9	水质量分数（mg/L）		≤100		GB/T 7600—1987

续表

序号	项目		要求	试验方法
10	泡沫特性(℃，mL/mL)	24	≤500/10	GB/T 12579—2002
		93.5	≤50/10	
		后 24	≤500/10	
11	空气释放值(50℃，min)		≤10	SH/T 0308—1992
12	旋转氧弹值(min)		报告	SH/T 0193—2008《润滑油氧化安定性的测定 旋转氧弹法》

（2）根据 GB/T 14541—2005《电厂用运行矿物汽轮机油维护管理导则》，运行中润滑油的常规检测周期如表 3-2 所示。

表 3-2　　运行中润滑油的常规检测周期表

序号	项目	每周	每三个月	每六个月	每年或必要时
1	外观	✓			
2	运动黏度(40℃，mm^2/s)			✓	
3	闪点(开口杯,℃)				✓
4	机械杂质(200MW 以下)		✓		
5	颗粒度 NAS1638(200MW 以上)		✓		
6	酸值(mgKOH/g)		✓		
7	液相锈蚀			✓	
8	破乳化度(54℃，min)			✓	
9	水质量分数(mg/L)		✓		
10	泡沫特性(℃，mL/mL)				✓
11	空气释放值(50℃，min)				✓

注　✓表示执行。

3-5　润滑油箱的作用是什么？对油箱的结构与布置有什么要求？

润滑油箱作为一个装油的容器，具有沉淀杂质、分离油烟气体和水分的功能。

对油箱的结构与布置有如下要求：

（1）润滑油箱的大小应满足：

1）供油系统停止运行后，能容纳所有回油。

2）供油系统正常运行时，油在油箱内的滞留时间不少于 8min。

3）当机组失去厂用电时，润滑油系统能保证在无冷却的情况下满足正常停机惰走时轴承不因烧瓦。

（2）大功率机组的润滑油箱应采用集装式油箱，以缩小供油系统的占地空间，减小向系统外漏油的可能性，增加油系统的安全防火性。

（3）润滑油箱应布置在运行平台以下，离汽轮机高温区域有一定的距离，油箱附近通道应宽畅。

3-6　什么是汽轮机油循环倍率？油循环倍率一般是多少？

汽轮机油循环倍率是指每小时流回主油箱的润滑油回油、危急遮断油回油、发电机密封油回油之和与主油箱的容积的比值，即

$$K=(Q_{lub}+Q_c+Q_s)/V$$

汽轮机油循环倍率 K 应小于 10/h，最好是 7.5～8.5/h。

3-7　对汽轮机主油箱润滑油事故放油门有哪些特别要求？

（1）事故放油门应设 2 个钢质截止阀，其操作手轮应设在距油箱 5m 以外的地方，并有 2 个以上的通道可以到达该阀门。

（2）主油箱润滑油事故放油门的操作手轮不允许加锁，应挂有明显的“禁止操作”标志牌。

3-8　润滑油箱排烟风机的作用是什么？为什么润滑油箱内负压应维持在一定的范围内？

润滑油箱排烟风机的作用如下：

（1）保持主油箱及回油管有一定的负压，可避免轴承箱油挡等非密封处冒油烟，并有利于轴承回油的流畅。

（2）排烟风机可将主油箱及回油管内的油烟及时排出去，防止可燃气体在主油箱或回油管内集积。

润滑油箱内负压过低时达不到有效地将油烟排出的目的，负压过高时空气中的灰尘等杂质可能会通过轴承箱油挡等非密封处进入油系统，所以润滑油箱内负压应维持在一定的合理范围内。

3-9　汽轮发电机润滑供油系统中主油泵的作用是什么？

（1）在大多数汽轮机中，主油泵（由汽轮机主轴驱动的离心泵）的作用如下：

1）在机组正常运行时，向危急遮断系统提供压力油，与危急遮断部件一同实现危急遮断功能。

2）向润滑油射油器供应动力油，以保证汽轮发电机组各轴承的润滑油连续供应。

3）向主油泵入口射油器供应动力油，以保证主油泵的正常工作。

4）向发电机密封油系统供应备用压力油，以增加密封油系统的可靠性。

（2）在部分汽轮机中，主油泵（由电动机驱动的离心泵）仅起到向汽轮发电机组各轴承连续供应润滑油的作用。

3-10　对汽轮发电机润滑供油系统的主油泵有什么特别要求？

（1）主油泵是供油系统的关键部套，它的运行可靠性决定着整个机组的运行安全性和可靠性。大型机组的主油泵均为离心式泵，主油泵的动力源必须安全、可靠，一般均采用汽轮机主轴直接带动的方式。

（2）当主油泵采用汽轮机主轴直接带动的离心泵时，主油泵的容量（流量与压力）必须满足在汽轮机95%额定转速以上的不同转速下润滑油系统、危急遮断油系统对流量与压力的要求。

3-11 大型汽轮发电机组主油泵动力源有没有采用电动机的？当主油泵采用电动机驱动时有哪些特殊要求？

上海汽轮机有限公司引进西门子技术生产的大型汽轮发电机组由于取消了机械超速保护装置，其润滑供油系统设置两台电动机驱动的主油泵，一台运行一台备用，仅为径向轴承和推力轴承供润滑油。

当主油泵采用电动机驱动时，特殊要求如下：

(1) 设置两台100%容量的主油泵，动力电源来自保安段。主油泵一台运行一台投自动连锁备用。

(2) 主油泵自动连锁启动的条件为运行主油泵跳闸或运行主油泵出口油压低。

(3) 由于电动主油泵的转动惯性很小，因此润滑油供油系统须设置适当容量的充气式蓄能器，以确保当运行主油泵跳闸，备用泵自动启动的瞬间，各轴承润滑油的供油不中断。

3-12 汽轮机直流润滑油泵（EOP）在连锁与保护设置上有什么要求？

(1) 直流润滑油泵不得设置任何电气或热工跳闸保护，电气回路中的热电偶只作为过载报警信号，但直流润滑油泵的电源应有足够的容量，其各级熔断器（或空开）应合理配置，防止故障时熔断器越级熔断（或空开越级跳脱）使直流润滑油泵失去电源。

(2) 直流润滑油泵一般应设置以下自动启动连锁逻辑：

1) 直流润滑油泵须设置汽轮发电机组润滑油压低自动启动的连锁。

2) 采用汽轮机主轴带动的主油泵时，直流润滑油泵应设置交流润滑油泵（TOP）失电或跳闸时自动启动的连锁。

3) 采用电动机驱动的主油泵时，直流润滑油泵应设置主油泵 A/B（MOP-A/B）均停止运行或主油泵 A/B（MOP-A/B）出口压力均低时自动启动的连锁。

（3）值班员操作画面上不宜设置“闭锁启动直流润滑油泵”的功能按钮，否则应结合“机组已跳闸”、“机组在盘车状态”等允许闭锁启动直流润滑油泵的条件，以确保机组正常运行时直流润滑油泵自动启动功能不会被人为地闭锁。

3-13　考虑到润滑油供油的可靠性，辅助油泵（AOP）、交流润滑油泵（TOP）、直流润滑油泵（EOP）在主油箱内的位置有什么不同？

（1）汽轮机的 AOP、TOP、EOP 均为离心式油泵，一般要求油泵距离油面的距离至少 300mm 以上才可保证油泵运行中不会吸入空气。

（2）在设有主轴驱动主油泵的系统中，一般 AOP 油泵距离油面的距离要小于 TOP/EOP 油泵距离油面的距离，以提高润滑油的供油可靠性。

（3）在采用电动机驱动主油泵的系统中，一般主油泵（MOP）距离油面的距离与直流润滑油泵（EOP）一致。

（4）图 3-1 为某厂 AOP/TOP/EOP 油泵在主油箱内距油面高度的示意图。

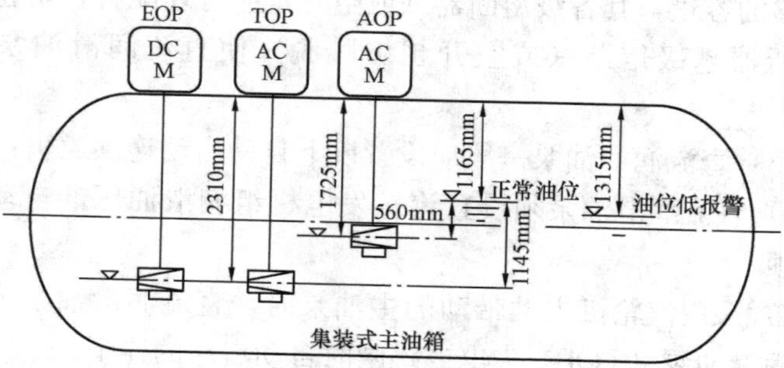

图 3-1　某厂 AOP/TOP/EOP 油泵在油箱内距油面高度示意图

3-14 《防止电力生产重大事故的二十五项重点要求》有关润滑油压低对油泵的相关连锁与试验有哪些具体要求?

《防止电力生产重大事故的二十五项重点要求》有关润滑油压低对油泵的相关连锁与试验的要求如下:

(1) 汽轮机的辅助油泵(AOP/TOP/EOP)及其自启动装置,应按运行规程要求定期进行试验,保证处于良好的备用状态。

(2) 机组启动前辅助油泵(AOP/TOP/EOP)必须处于联动状态。机组正常停机前,应进行辅助油泵(AOP/TOP/EOP)的全容量启动、连锁试验。

(3) 汽轮机润滑油压低时应能正确、可靠地连动交流、直流润滑油泵。为防止在油泵连动过程中瞬间断油,要求当润滑油压降至0.08MPa时报警,降至0.07～0.075MPa时连动交流润滑油泵(TOP),降至0.06～0.07MPa时连动直流润滑油泵(EOP)并停机投盘车,降至0.03MPa时停盘车。

(4) 直流润滑油泵的直流电源系统应有足够的容量,其各级熔断器应合理配置,防止故障时熔断器熔断使直流润滑泵失去电源。交流润滑油泵电源的接触器,应采取低电压延时释放措施,同时要保证自投装置动作可靠。

3-15 汽轮机润滑油系统中,润滑油滤网一般安装在什么位置?

(1) 对于采用套装管的汽轮机润滑油系统,润滑油滤网一般安装在主油箱顶部的回油槽上。为了防止由于滤网堵塞而造成断油事故,在润滑油供油管道上不宜装设滤网,除非采取了可靠的防止滤网堵塞和破损的安全措施。

(2) 对于安装在润滑油供油管道上的滤网,为了减少滤网前后差压、加大流通能力,一般润滑油滤网宜设置在冷油器之前。

3-16 汽轮机直流润滑油泵（EOP）出口润滑油管与润滑油母管的接口应在滤网/冷油器之前还是之后？

（1）在有滤网和滤网/冷油器具备工作侧与备用侧切换功能的润滑油系统中，直流润滑油泵出口润滑油管与润滑油母管的接口应设置在滤网/冷油器之后。以便当滤网堵塞或滤网/冷油器切换阀门故障或误操作时，确保直流润滑油泵仍可正常地向轴承供油。

（2）在没有滤网并且冷油器油侧管线上无任何操作阀门（一台冷油器运行，无备用冷油器）的润滑油系统中，直流润滑油泵出口润滑油管与润滑油母管的接口应设置在冷油器之前，以便既可保证直流润滑油泵供油的可靠性，又可使润滑油得到冷却。

3-17 汽轮机润滑油系统中滤网的过滤精度如何选择？国产金属丝网的规格数据有哪些？

润滑油系统中滤网的网孔直径应小于系统内油流通道中的最小间隙，对于滑动轴承来说，应小于最小油膜厚度。

国产金属丝网的规格数据见表3-3。

表3-3 国产金属丝网的规格数据表

网目号	孔个数 每2.54cm网	孔径 (mm)	丝径 (mm)	材　料	质量 (kg/m^2)
16号	40	0.462	0.173	黄铜	0.60
		0.440	0.193	1Gr18Ni9Ti	0.65
24号	60	0.301	0.122	黄铜	0.50
		0.300		1Gr18Ni9Ti	
32号	80	0.216	0.102	黄铜/1Gr18Ni9Ti	0.40
40号	100	0.172	0.081	黄铜/1Gr18Ni9Ti	0.35
60号	150	0.108	0.061	黄铜/1Gr18Ni9Ti	0.29
80号	200	0.077	0.051	黄铜/1Gr18Ni9Ti	0.29
100号	250	0.061	0.041	磷青铜/1Gr18Ni9Ti	0.24
120号	300	0.054	0.031	磷青铜/1Gr18Ni9Ti	0.16

3-18 射油器由哪些部件组成？是如何工作的？

射油器主要由入口压力油管、喷嘴、吸油室、滤网、止回板、扩散器组成。射油器组成图如图 3-2 所示。

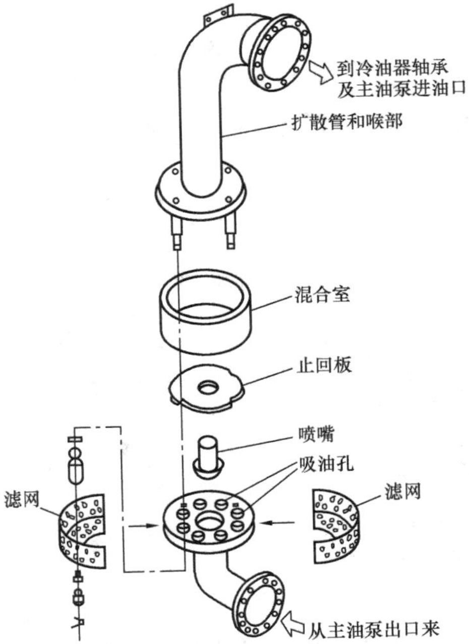

图 3-2 射油器组成图

射油器的工作原理是利用压力油（主油泵出口来）通过喷嘴产生一高速油流，使油流周围产生一负压区以从油箱中吸入大量低压油。此混合油流通过扩散器扩压后达到一定的油压和流量，以满足轴承润滑用油或主油泵吸入油量的要求。

3-19 汽轮机润滑油系统的油涡轮泵是如何工作的？

（1）由油涡轮泵构成的供油系统主要由油涡轮泵、与油涡轮泵同轴的前置油泵（或叫升压泵）及阀门组成。

（2）油涡轮泵利用主油泵出口的压力油注入油涡轮内做功来

驱动与之同轴的前置油泵，前置油泵出口的低压润滑油与油涡轮的排油汇合后供给润滑油系统和主油泵入口，以满足轴承润滑用油和主油泵吸入口油量的要求，见图 3-3。

（3）也有一种油涡轮泵供油系统，其前置油泵出口不与油涡轮排油混合，前置泵出口油只供给主油泵入口，另外在油涡轮泵入口与其排油口之间设有一高压油旁路管，轴承润滑油由该旁路与油涡轮泵排油一并供给。油涡轮泵供油示意图如图 3-3、图 3-4 所示。

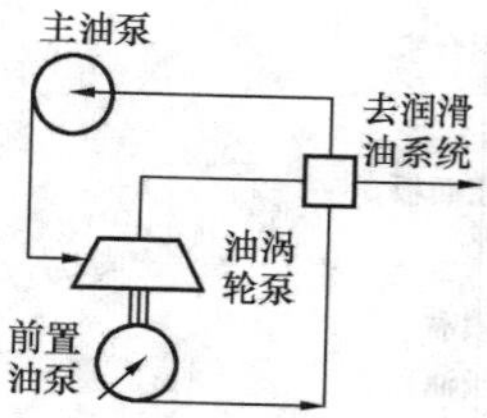

图 3-3　油涡轮泵供油示意图之一

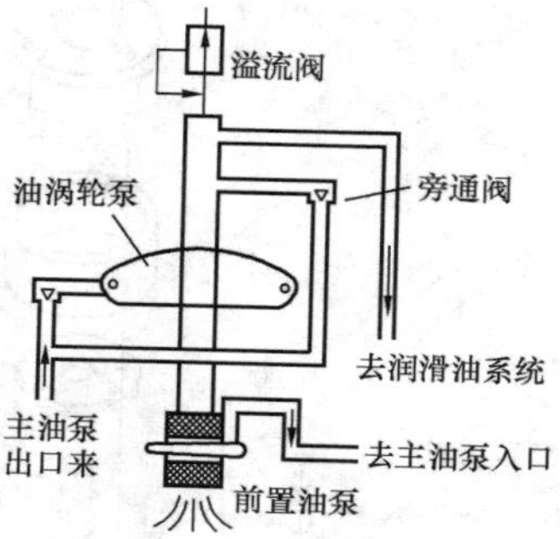

图 3-4　油涡轮泵供油示意图之二

3-20　汽轮机润滑油系统的射油器和油涡轮泵各有什么优、缺点？

射油器具有结构简单、没有旋转部件、维修方便的优点，但射油器效率很低，约为 15%左右，运行噪声大，扩压器后油压不可通过射油器在线调整。

油涡轮泵有比射油器高的效率，运行噪声小，油压调整方便，但结构复杂，加工难度大，有一定的维护工作量，需定期更换备件。

3-21　汽轮机润滑油冷油器的作用是什么？冷油器设计有哪些基本要求？

润滑轴承的润滑油吸收了轴承摩擦耗功所产生的热量而使油

温上升，但是使进入轴承的润滑油温度（黏度）需一直保持在规定的范围内，冷油器的作用就是不断地带走润滑油所吸收的热量，以达到保持润滑油温度（黏度）在一定范围内的目的。

冷油器设计的基本要求如下：

（1）在最恶劣的工作条件下（即夏季水温最高时）仍可把润滑油冷却到规定的温度范围内。

（2）冷油器的冷却水一般采用机组闭冷水，冷油器的水阻应能保证冷却水的顺利流过。

（3）油和水不允许相互渗混，为此冷油器须采用表面式热交换器。通常油侧压力要稍高于水侧压力，防止水漏入油中。

（4）一般要求冷油器有30%～100%的备用容量，但备用冷油器的设置不是必须的。

3-22　目前广泛使用的冷油器按换热元件结构特点可以分为哪两大类？各有什么特点？

冷油器按换热元件结构特点可以分为管壳式冷油器和板式冷油器两大类，两种冷油器的可靠性相当，国产机组管壳式冷油器应用较多，进口机组板式冷油器应用较为普遍。

管壳式冷油器的特点是结构简单，制造安装工艺要求较低，但运行检修占地空间较大，换热效率较低。而板式冷油器换热介质流向较为复杂，制造安装工艺要求比管壳式要求高，其结构紧凑，占地空间小，约为管壳式换热器的1/5～1/10，换热效率高，一般认为是管壳式的3～5倍，阻力损失及末端温差小，所需冷却水流量小。

3-23　简述板式冷油器由哪些构件组成及换热介质的流程。

板式冷油器主要由框架和板片两大部分组成。

（1）框架由固定压紧板、活动压紧板、上下导杆和夹紧螺栓等构成。

(2) 板片由各种材料制成的薄板用各种不同形式的磨具压成形状各异的波纹，并在板片的四个角上开有角孔，用于介质的流道。板片的周边及角孔处用橡胶垫片加以密封。

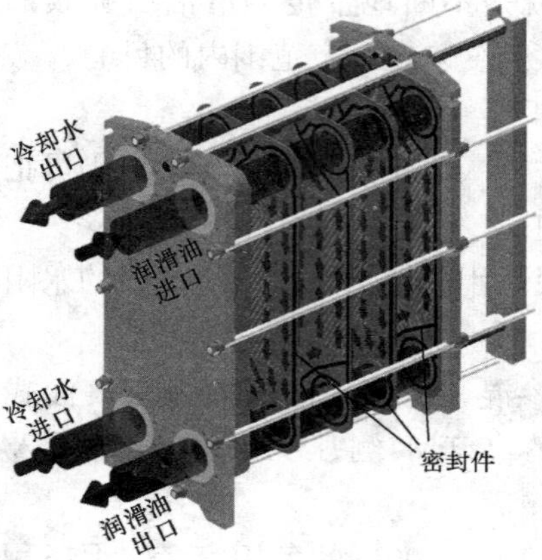

图 3-5 板式冷油器

(3) 板式冷油器是将板片以叠加的形式装在固定压紧板、活动压紧板中间，然后用夹紧螺栓夹紧而成。

板式冷油器换热介质的流程如图 3-5 所示，换热介质的流程由板片及板片上的橡胶密封件决定。为了得到最佳的换热强度，换热介质流程逆流布置。

3-24 汽轮机主油箱为什么要装设排油烟风机?

油箱装设排油烟机的作用是排除油箱中的气体和水蒸气。这样一方面使水蒸气不在油箱中凝结；另一方面使油箱中压力不高于大气压力，使轴承回油顺利地流入油箱。反之，如果油箱密闭，那么大量气体和水蒸气积在油箱中产生正压，会影响轴承的回油。同时，易使油箱油中积水，排油烟机还有排除有害气体使油质不易劣化的作用。

3-25 简述三菱 600MW 汽轮发电机组润滑油供油系统的流程。

三菱 600MW 汽轮发电机组润滑油供油系统流程如图 3-6 所示。

(1) 机组正常运行时，主油泵出口的压力油分为如下 3 路：

1) 向危急遮断系统提供压力油，同时也作为发电机密封油的备用油。

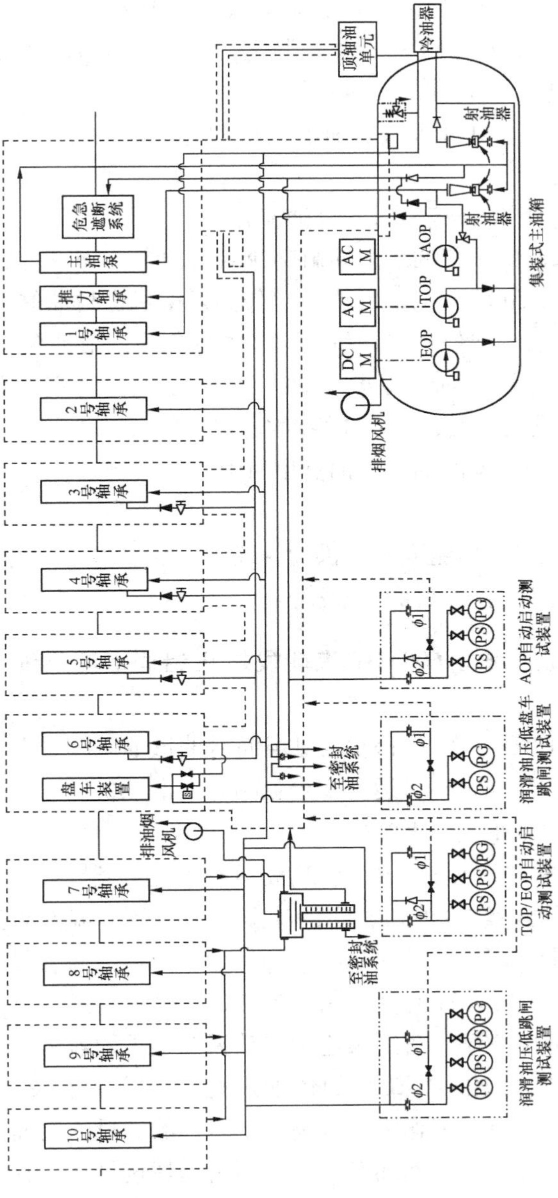

图 3-6　三菱 600MW 汽轮发电机组润滑油供油系统流程图

2）向润滑油射油器提供动力油，润滑油经冷油器后冷却为40℃，润滑油压力由压力调节阀调整为0.15～0.18MPa。润滑油也作为发电机密封油的低压备用油。

3）向主油泵自身入口射油器提供动力油，以维持正常的主油泵入口油压。

（2）机组启动或停机时的供油流程为：

1）危急遮断系统的压力油由交流启动油泵AOP提供，同时交流启动油泵AOP出口的压力油也作为发电机密封油的备用油。

2）机组启动或停机时，机组润滑油由交流润滑油泵TOP提供，同时交流润滑油泵也向主油泵入口注油。直流润滑油泵EOP只能提供润滑油，无法向主油泵入口注油。

3）顶轴油系统的油从冷油器出口引接，只有3～6号轴承设有顶轴油。

（3）汽轮发电机组润滑油供油管线采用套装形式，主油箱顶部的回油槽上装有80目的回油滤网。

3-26　简述富士600MW汽轮发电机组润滑油供油系统的流程。

（1）富士汽600MW轮发电机组润滑油供油系统设置两台电动机驱动的主油泵，一台运行一台备用，润滑油供油系统仅为径向轴承和推力轴承供润滑油。

（2）如图3-7所示，机组正常运行时，润滑油由主油泵MOP提升压力，经冷油器、润滑油压调节装置、滤网后连续供给各轴承润滑冷却用，其中NO.2轴承为径向推力联合轴承。在主油泵MOP出口母管上设置了4台160L的充气式蓄能器，以保证主油泵故障跳闸，备用泵连锁启动瞬间轴承的连续供油。

（3）直流润滑油泵EOP的供油没有经过冷油器及过滤器，因此直流润滑油泵只能作为事故情况下紧急的润滑油供油设备。

（4）润滑油供油及回油管道采用不锈钢焊接管线，在主油箱

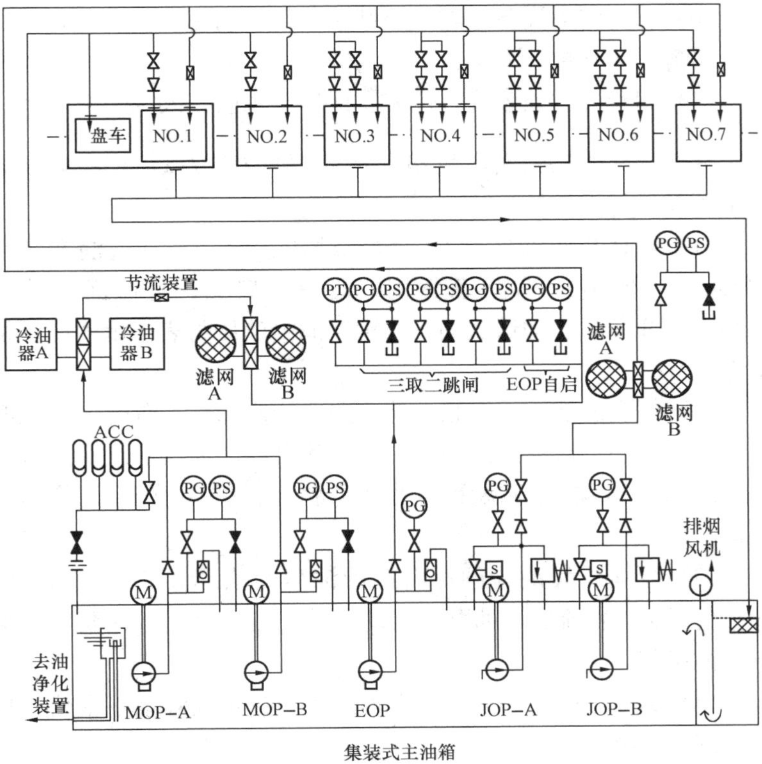

图 3-7　富士 600MW 汽轮发电机组润滑油质油系统流程图

顶部的轴承回油槽上设置了回油滤网。

（5）机组启停时，顶轴油泵直接从主油箱将油压提升至 160kg/cm^2，顶轴油的作用有二：一是供给各径向轴承建立静压油膜；二是给盘车的液压马达提供动力油。

3-27　润滑油供油系统投运前应具备哪些条件？

（1）有关电气、机械方面的检修工作票已结束；油系统经大流量冲洗后，化验油质已合格。

（2）主油箱补油至高限油位；活动油位计无卡涩，试验油位高、低报警信号正常。

（3）有关转动设备送电，经试转确认转向正确；冷油器、滤网已具备投运条件。

（4）润滑油供油系统各仪表、保护装置已投入。

3-28　三菱汽轮发电机组润滑油泵（TOP/EOP）的自动启动试验是如何操作的？

（1）确认机组稳定运行、轴承油压正常，交直流润滑油泵（TOP/EOP）在正常状态备用，缓慢开启交、直流润滑油泵（TOP/EOP）自启动试验阀，并观察润滑油压力表指示值应缓慢下降。

（2）当润滑油压力表指示降至 0.85kg/cm^2 左右时，交流润滑油泵自启动，记录交流润滑油泵实际自启动油压值。将交流润滑油泵由“自动”切换至“手动”状态，并将交流润滑油泵停运。

（3）继续开大试验阀，当润滑油压力表指示降至 0.65kg/cm^2 左右时，直流润滑油泵自启动，并记录直流润滑油泵实际自启动油压值。

（4）关闭试验阀，确认润滑油压力表指示恢复至正常值。将直流润滑油泵停运。

（5）将交直流润滑油泵（TOP）投入“自动”状态备用，试验结束。

3-29　三菱汽轮发电机组交流辅助油泵（AOP）的自动启动试验是如何操作的？

（1）确认机组稳定运行、危急遮断油压正常，交流辅助油泵（AOP）在正常状态备用，缓慢开启交流辅助油泵自启动试验阀，并观察危急遮断油压力表指示值应缓慢下降。

（2）当危急遮断油压力下降至 7.5kg/cm^2 左右时，交流辅助油泵自启动，并记录交流辅助油泵实际自启动油压值。

（3）关闭试验阀，观察危急遮断油压力表指示恢复正常。将交流辅助油泵切换至手动状态，并将交流辅助油泵停运。

（4）将交流辅助油泵投入“自动”状态备用，试验结束。

3-30 三菱汽轮发电机组润滑油压低报警及跳闸试验是如何操作的？

（1）确认机组运行正常、轴承油压低跳闸保护投运正常。在1号轴承箱处将试验手柄扳至试验位置并保持，不得松脱，确认保护装置试验灯亮。

（2）缓慢开启轴承油压低跳闸试验阀，并观察轴承润滑油压力表指示值缓慢下降。当油压下降至0.75kg/cm^{2}左右时，确认低油压报警信号发出。当油压继续下降至0.5kg/cm^{2}时，确认跳闸信号发出、跳闸电磁阀动作、危急遮断油压表指示到零。

（3）关闭轴承油压低跳闸试验阀，并观察轴承润滑油压力表恢复至正常值。在1号轴承箱处将跳闸复归手柄扳至复归位，并观察危急遮断油压恢复正常。

（4）缓慢松开试验手柄，将其恢复至正常运行状态，确认保护装置试验灯灭，试验结束。

3-31 富士汽轮发电机组主油泵（MOP）的自动启动切换试验是如何操作的？

（1）确认机组运行正常，无影响试验的相关缺陷。确认备用主油泵处于自动备用状态，将直流润滑油泵EOP投闭锁（注意：如试验中出现润滑油母管压力低于0.20MPa或出现其他异常事故时，应立即解除直流润滑油泵EOP闭锁）。

（2）将运行主油泵出口至压力表及压力开关隔离阀关小至1/3～1/2开度。缓缓微开运行主油泵出口压力开关排污阀，直至压力开关动作，备用主油泵连锁启动。关闭运行主油泵出口压力开关排污阀，记录备用主油泵连锁启动时压力开关的动作值。检查连锁启动的备用主油泵出口压力，泵运转声音、振动正常。

（3）全开原运行主油泵出口至压力表及压力开关隔离阀，解除直流润滑油泵 EOP 的闭锁。手动停止原运行主油泵运转，并将原运行主轴泵投自动。

（4）检查连锁启动的备用主油泵出口压力，润滑油压力、润滑油温度、轴振、轴承金属温度、轴承回油温度均正常。确认停止运行的主油泵处于自动备用状态，主油泵自启动切换试验完成。

3-32　富士汽轮发电机组直流润滑油泵（EOP）的自动启动试验是如何操作的？

（1）检查机组运行正常且无影响试验的相关缺陷，检查机组动力直流系统运行正常，EOP 处于正常备用状态。将备用主油泵投闭锁（注意：如试验中出现润滑油母管压力低于 0.20MPa 或出现其他异常事故时，应立即解除备用主油泵的闭锁）。

（2）确认直流润滑油泵连锁压力开关及压力表取样排污阀关闭，拆除排污阀堵头。缓慢全关润滑油至直流润滑油泵连锁压力开关及压力表取样一次阀，观察直流润滑油泵连锁启动油压不变或缓慢下降。缓慢微开直流润滑油泵连锁压力开关及压力表取样排污阀，观察直流润滑油泵连锁启动油压缓慢下降，直至压力开关动作，直流润滑油泵连锁启动。

（3）关闭直流润滑油泵连锁压力开关及压力表取样排污阀，开启润滑油至直流润滑油泵连锁压力开关及压力表取样一次阀，将直流润滑油泵连锁压力开关及压力表取样排污阀堵头回装。

（4）检查直流润滑油泵出口压力及运转声音、振动正常。记录直流润滑油泵连锁启动时压力开关的动作值。解除备用主油泵的闭锁，恢复备用主油泵自动备用。

（5）停止直流润滑油泵运行，直流润滑油泵自动启动试验完成。

3-33　汽轮机发电机润滑油冷油器在做运行/备用切换时有哪些注意事项？

（1）投用备用冷油器时需注意：

1）备用冷油器油侧注油排空气必须充分，防止冷油器内积有空气造成润滑油瞬间中断。

2）对于水侧的工作压力小于油侧工作压力的冷油器进行水侧排空气时，应注意观察水侧放气门的水流有无油花，从而确认冷油器有无泄漏。

3）冷油器注油、注水完成后，先投水侧再投油侧。投水侧与油侧操作时，操作对象应确认正确，操作宜缓慢。

（2）退出运行冷油器时需注意：

1）退出运行冷油器操作时操作对象应确认正确，操作宜缓慢。

2）冷油器退出时先退油侧再退水侧。

（3）备用冷油器投入与运行冷油器退出过程中应加强润滑油温自动控制的监视。

（4）为了防止冷油器油侧进出阀操作失误造成润滑油中断，一般冷油器进出口阀采用双连三通换向阀的形式。该阀操作宜缓慢，操作完成后应锁定。

3-34 润滑油供油系统的停运应具备什么条件?

（1）机组停运后，当汽缸温度降至150℃（具体由汽轮机厂规定）以下时，停盘车和顶轴油系统，停盘车8h后，可停运润滑油供油系统。

（2）润滑油供油系统停运后，应监视汽轮机轴承温度不大于75℃，当轴承金属温度达75℃并呈持续上升趋势时，应恢复润滑油供油系统运行。

（3）确认发电机密封油系统已停运或采取了保证密封油系统油位正常的措施。

3-35 汽轮机润滑油中带水的主要原因是什么?

（1）汽轮机轴端汽封间隙大或汽压过高、汽封蒸汽冷却器汽侧负压过低等原因造成轴端汽封蒸汽外冒，外冒蒸汽通过轴承箱油挡进入轴承箱内，污染润滑油。

（2）润滑油供油系统运行中冷油器冷却水压力高于油压或油系统停运后未将冷油器水侧停运，并且冷油器泄漏造成润滑油中带水。

（3）油箱排烟风机故障、油净化装置工作失常等原因，未能及时将油箱中水汽排出及油中的水分除去。

3-36　运行中发现主油箱油位下降应检查哪些设备？

（1）检查油位计是否卡涩，指示是否正常。

（2）检查油净化器油位是否上升，其自动排水器是否有排水或漏油。

（3）检查油净化器放水（油）门、油箱底部放水（油）门是否误开。

（4）对于氢冷发电机，检查密封油箱油位是否升高，发电机油水检测器是否检测到发电机进油。

（5）冷油器及油系统各设备管道、阀门等是否泄漏。

3-37　汽轮发电机润滑油系统检修后应做哪些试验和测试？

（1）润滑油冷油器气密（打压）试验，润滑油系统油冲洗。

（2）润滑油系统各参数越限报警测试。

（3）润滑油供油母管压力调整，各轴承进油量测量与调整。

（4）辅助油泵（AOP）、交流润滑油泵（TOP）、直流润滑油泵（EOP）根据油压自动连锁启动测试。

3-38　汽轮发电机组顶轴油系统的作用是什么？

在汽轮发电机组盘车、启动、停机过程中，顶轴装置所提供的高压油在转子和轴承油囊之间形成静压油膜，强行将转子顶起，避免汽轮机低转速过程中轴颈和轴瓦之间的干摩擦，对转子和轴承的保护起着重要作用。同时，也可以减少盘车力矩，特别是采用高速盘车时，顶轴油的作用可以实现减小盘车的启动力矩。

3-39　汽轮发电机组顶轴油系统有哪两种形式，分别适用于什么场合？

汽轮发电机组顶轴油系统有单元制和母管制两种：单元制顶轴油系统就是每个需要设置顶轴油的轴承采用单独一台顶轴油泵组成的供油系统。母管制顶轴油系统就是采用一台或数台顶轴油泵并联组成母管集中供油的系统。

单元制顶轴油系统适用于小机组，母管制顶轴油系统适用于大型机组。

3-40　各轴承的顶轴油管上的压力表有什么作用？

各轴承的顶轴油管上的压力表除了供监视顶轴油压的作用外，在机组正常运行时还可以通过该压力表来监视润滑油膜的动压大小，从而了解轴系中各轴承承载量大小和轴系载荷分布情况。

3-41　在母管制的顶轴油系统中，为什么要在进入各轴承的顶轴油管上设置针形调整阀？

大型汽轮发电机组顶轴油系统通常采用母管制，每个轴承的载荷大小不同（一般低压汽轮机两端轴承载荷最大），为了使每个设置了顶轴油的轴颈顶起高度在0.06～0.10mm范围内，必须根据各轴承的实际载荷调节各轴承处的顶轴油压力。因此，在进入各轴承的顶轴油管上均设置了针形调整阀。

3-42　为什么顶轴油泵的入口（顶轴油泵入口油来自润滑油）或出口（顶轴油泵入口油来自主油箱）需安装滤网？滤网的精度一般为多少？

为了确保高压顶轴油泵的寿命，减少轴承磨损和轴颈损伤，对顶轴油的供油清洁度要求很高，所以一般在顶轴油泵的入口或出口需安装滤网。滤网的精度按高压顶轴油泵动静最小间隙及轴承最小静压油膜厚度选择，一般可用25～37μm过滤精度的滤网。

3-43　在机组启停过程中，顶轴油泵应根据什么参数停、启？

在机组启停过程中，顶轴油泵应根据各轴承的动力油膜厚度是否满足轴承安全润滑的要求来连锁顶轴油泵的停启，但是动力油膜厚度难以监视。一般在轴承设计时，会考量能够建立完整的动力油膜厚度时所需的轴颈线速度，即汽轮机转速。顶轴油泵在机组启停过程中就依据该汽轮机转速自动停止和自动启动，以保证低转速时轴承润滑良好。

3-44　在机组正常运行中，顶轴油系统应检查哪些项目？

（1）检查顶轴油系统应无漏油渗油现象。

（2）检查顶轴油泵进口润滑油温度、压力应正常。

（3）检查顶轴油泵处于良好的备用状态，定期对顶轴油泵电动机绝缘进行测量。

（4）检查轴瓦（指设置了顶轴油的轴承）的动压油膜压力应正常。

3-45　汽轮发电机顶轴油系统在检修后应做哪些试验和测试？

（1）汽轮发电机顶轴油系统参数越限报警测试。

（2）顶轴油泵出口压力释放阀动作压力测量与调整。

（3）汽轮发电机顶轴油泵自动连锁启动与跳闸测试。

（4）各轴承顶轴油压力、轴劲顶起高度测量与调整。

3-46　汽轮发电机组润滑油油净化装置的作用是什么？

润滑油的油净化装置的作用是将汽轮机主油箱、给水泵汽轮机油箱、润滑油储油箱内以及来自油罐车的润滑油进行沉淀、过滤处理，除去润滑油中的水分和颗粒杂质，使润滑油的油质达到并保持使用要求。

3-47 汽轮发电机组润滑油的油净化装置一般由哪些部件组成？

润滑油的油净化装置一般由储油箱、水沉淀室、初过滤器、精过滤器、加热器、润滑油输送泵、排油烟装置及相关管道、阀门、仪表等组成。工作流程如图 3-8 所示。

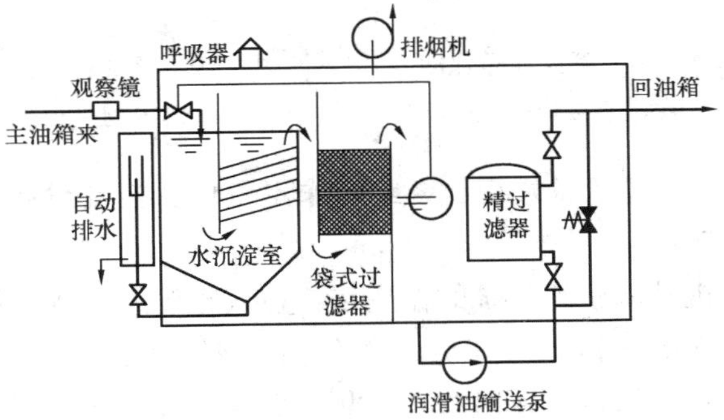

图 3-8 润滑油的油净化装置工作流程图

3-48 油净化装置在运行中应检查哪些项目？

（1）检查油净化装置油箱和主油箱的油位，防止跑油、漏油现象发生。

（2）检查润滑油输送泵及通风机振动、声音等。

（3）检查水沉淀室水位是否在正常范围内，自动排水器工作状况是否良好。

（4）检查初过滤器（布袋式过滤器）室差压，检查精过滤器差压，当差压达上限时及时处理。

3-49 润滑油的油净化装置在主油箱中的吸油位置应如何设置？

润滑油的油净化装置在主油箱中的吸油位置应设置在油箱底

部，但须采取防止油净化装置漏油时造成主油箱润滑油大量漏油的措施。为此，主油箱至油净化装置的接口可采用图 3-9 和图 3-10 的形式。

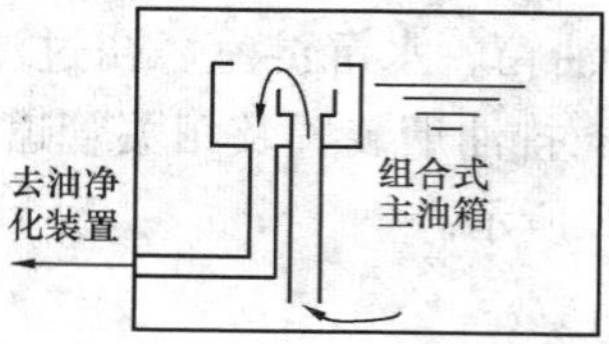

图 3-9　主油箱至油净化净装置的接口一

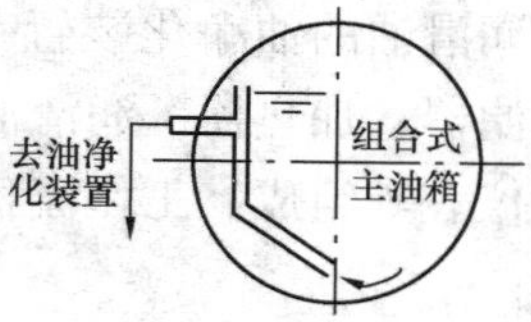

图 3-10　主油箱至油净化净装置的接口二

3-50　汽轮机轴端密封系统的作用是什么？汽封系统由哪些设备组成？

汽轮机轴端密封系统的作用是：在汽轮机组的压力区段，防止汽轮机内的蒸汽从转子穿出汽缸处外漏至汽机房；在真空区段，防止空气从转子穿出汽缸处漏入真空系统，保证凝汽器良好的换热以维持真空正常。另外，汽封系统还有回收高中压主汽阀及调节阀阀杆漏汽的作用。

汽封系统主要由汽封蒸汽供汽调节阀、汽封蒸汽溢流调节阀、汽封蒸汽温度调节阀、喷水减温器、疏水器、滤网以及管线、阀门等组成。

3-51　汽轮机汽封联箱蒸汽压力一般为多少？汽封蒸汽压力过高或过低有什么危害？

汽轮机汽封蒸汽压力一般为 0.125～0.135MPa，具体由汽轮机厂家设定。

汽封蒸汽压力过高容易造成轴封冒汽，从而引起润滑油进水、油质恶化。汽封蒸汽压力过高还将引起汽封联箱安全门动作。

汽封蒸汽压力过低可能引起机组掉真空，冷空气可能进入轴封，甚至汽缸内。冷空气的进入将造成轴封段受冷或汽缸内受冷，严重威胁设备安全。

3-52　对汽轮机汽封蒸汽温度有什么要求？

（1）对于低压缸的汽封蒸汽温度一般要求在121～176℃之间，因此低压汽封供汽应设置喷水减温器或通过其他措施保证其汽封温度合适。

（2）对于高中缸的汽封蒸汽温度一般要求与转子金属的温度差不超过110℃，温差超过110℃的次数应根据制造厂要求予以限制。

（3）向汽轮机汽封供汽的过热度不低于14℃。

3-53　DL/T 834—2003《火力发电厂汽轮机防进水和冷蒸汽导则》中，为了防止汽封系统积水，系统设计方面有哪些要求？

为了防止汽封系统积水，DL/T 834—2003对汽封系统设计方面的要求有：

（1）除汽封系统的供汽管朝汽源方向以一定的坡度倾斜布置外，每种汽源阀门的入口侧均应设置连续疏水。

（2）汽轮机与汽封联箱之间的管道应倾斜布置，以便重力疏水至联箱，如果管道上有低点应设置连续疏水。汽封联箱疏水低点应设置一连续疏水至凝汽器或扩容器。

（3）汽轮机至汽封冷凝器的管道应倾斜布置，以便重力疏水至汽封冷凝器，如果管道上有低点，则应设置U形管密封疏水至集水箱或大气。

（4）如果汽封联箱的供汽管线上设置有喷水减温装置，则应采用动力操作的截止阀，以防止汽封系统未投时水进入汽封联箱。

（5）至低压汽封或给水泵汽封的供汽管线上设置喷水减温装置，则管道的布置使喷水不进入汽封管道，并在减温器之后设置连续疏水装置。连续疏水装置应能排除减温水喷水阀全开时喷入汽封管道内的全部流量。

（6）汽封汽源的连接位置在垂直管上或水平管的顶部接出。汽封汽源各管道、联箱均应设置温度测点。

3-54 对汽轮机汽封汽源控制站、溢流控制站、温度控制站的气动控制阀有什么要求？

（1）对汽封汽源控制站的要求如下：

1）供汽控制阀的参数应与供汽汽源相适应。

2）为了保证汽轮机安全运行，汽封供汽不能中断，供汽气动阀在仪用气失压时应打开，即采用气闭式气动调节阀。

3）阀门的通流能力 C_V 值应比系统计算要求的通流能力高20%～30%，阀门的流量特性以选用等百分比特性为宜。

（2）对汽封溢流控制站的要求如下：

1）溢流控制阀的参数应与汽封联箱的安全阀定值相适应。

2）溢流控制阀的动作形式应采用气开式气动调节阀，以免仪用气失压时大量蒸汽溢流走而使汽封蒸汽中断。

3）阀门的通流能力和特性与供汽阀相同。

（3）对温度控制站的要求如下：

1）温度控制阀的设计压力取凝结水的最大压力。

2）温度控制阀应采用气开式气动调节阀，以免仪用气失压时大量凝结水喷入汽封系统而造成汽轮机进水。

3）阀门的通流能力和特性与供汽阀相同。

3-55 汽封蒸汽联箱的安全阀个数和排放流量应满足什么要求？

汽封蒸汽联箱的安全阀一般设置两个，分别设置为不同的起座排放压力。

汽封蒸汽联箱安全阀的排放量应满足以下要求：

（1）第一个起座的安全阀排放量应在 Q_1 和 Q_2 中取较大者。

（2）第二个起座的安全阀排放量应取 Q_2。

（3）Q_1、Q_2 的计算公式为

Q_1＝高压汽源供汽气动阀全开满压下的通流量＋辅助汽源供汽气动阀全开满压下的通流量－安全阀动作压力下低压汽封的最大排放量

Q_2＝（高压汽源供汽气动阀全开满压下的通流量＋辅助汽源供汽气动阀全开满压下的通流量＋高压汽源供汽气动阀旁路阀全开满压下的通流量－安全阀动作压力下低压汽封的最大排放量）/2

3-56 汽封系统采用自密封形式有哪些优点？

（1）汽封系统采用自密封形式时可减少汽轮机轴封分段数，缩短转子的长度。

（2）克服用一个汽源同时向高、低汽封供汽时流量不均的矛盾，运行安全可靠。

（3）不需要除氧器汽平衡管供汽，有利于除氧器的滑压运行。

（4）有利于提高机组的自动化运行水平和安全可靠性。

3-57 汽封蒸汽冷却器的作用是什么？有哪些措施用来防止汽封蒸汽冷却器汽侧满水至汽轮机轴封？

汽封蒸汽冷却器作为一个表面式热效换器，其主要作用是从轴封来的汽气混合物中回收凝结水，同时也回收部分热量。一般采用凝结水作为冷却介质。

防止汽封蒸汽冷却器汽侧满水至汽轮机轴封的措施主要有：

（1）设置必要的水位监视表计和液位开关报警装置。

（2）选用可靠的疏水装置，一般通过多级水封自流至凝汽器，也有采用浮球式疏水器的形式（疏水器一台运行一台备用）。

（3）由于汽封蒸汽冷却器一般安装在运转平台以下的标高，所以可设置 U 形溢流管来防止汽侧满水至汽轮机轴封（如图 3-11 所示）。

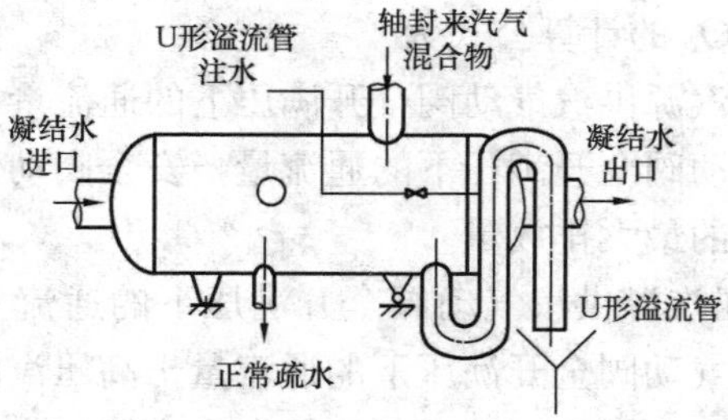

图 3-11 设置 U 形溢流管的汽封蒸汽冷却器

3-58 汽封系统的抽气设备的作用是什么？抽气设备有哪些形式？采用轴封抽风机作为抽气设备有什么优点？

汽封系统的抽气设备的作用是维持汽轮机靠外侧第 1 个轴封腔室内一定的负压值，以防止汽封蒸汽外漏。

汽封系统的抽气设备的形式主要有 3 种，即射汽式汽封抽气器、主射水式抽气器（利用主射水式抽气器扩压管后排水管的余压类抽吸汽封系统中的汽—气混合物）、轴封抽风机。

采用轴封抽风机作为抽气设备具有系统简单、操作方便、运行可靠、经济性好等优点。

3-59 汽封系统抽风机有什么特点？该风机的全压一般为多少？

汽封系统抽风机一般采用离心式通风机，其特点是高扬程、小流量。

汽封蒸汽冷却器内的真空一般为：单缸和双缸——5.33kPa，三缸和四缸——7.11kPa，五缸和六缸——8.89kPa，而汽封系统抽风机的全压一般取 8kPa 为宜。

3-60 汽封系统投入应注意哪些事项？

（1）汽封系统投入前须确认汽轮机处于盘车状态，循环水、凝结水、辅助蒸汽系统已正常投运。

（2）应根据汽轮机的启动状态决定抽真空与投轴封的先后顺序，热态时必须先投轴封再抽真空。

（3）汽封系统管线投入操作应暖管充分、疏水畅通。

（4）注意高中压汽封蒸汽温度与高中压缸轴封段金属温度之差应小于110℃，低压轴封汽温度在121～177℃之间。

（5）汽封系统投入操作时，应确认汽封联箱压力自动控制、汽封蒸汽温度控制品质良好，汽封蒸汽冷凝器负压正常。

3-61 简述冷态时汽封系统投运的具体步骤。

（1）确认汽轮机处于盘车状态，循环水、凝结水、辅助蒸汽系统已正常投运。

（2）检查汽封系统各手动阀的开/关状态应正确，各连续疏水旁路阀已开启。

（3）投汽封前选择汽封供汽温度与高中压缸轴封段金属温度相匹配。

（4）稍开汽封供汽手动阀，对汽封系统进行充分暖管。

（5）启动一台汽封系统抽风机运行，调整轴封加热器负压至规定值。

（6）汽封系统充分暖管结束后关闭各连续疏水旁路阀。通过汽封供汽压力调节阀将汽封联箱压力调整至设定值，并将汽封压力控制投自动。

（7）低压汽封温度达到150℃时，投入低压汽封减温水，并将低压汽封温度自动控制投自动。

3-62 为什么规定真空到零后才可停止汽封供汽？

如果真空未到零就停止汽封供汽，则冷空气将自轴端进入汽缸，致使转子和汽缸局部冷却，严重时会造成汽封摩擦或汽缸变形，所以规定要真空至零方可停止汽封供汽。

3-63 简述汽封系统停运的具体步骤。

（1）检查汽轮发电机组转速已降至盘车转速，真空已破坏到零。

（2）关闭汽封系统汽源站各供汽阀门。

（3）关闭低压汽封减温水隔离阀。

（4）开启汽封联箱、低压汽封减温器后连续疏水旁路阀。

（5）确认汽封供汽完全隔离后停止汽封系统抽风机运行。

3-64 汽轮机疏水系统的作用是什么？对汽轮机疏水系统有哪些要求？

汽轮机疏水系统的作用是在机组启动、停机、升降负荷运行时，将汽轮机本体、本体阀门以及从这些阀门连接到汽缸上的主蒸汽、再热蒸汽管道和轴封管道内的凝结水排泄出去，从而防止由于汽轮机进水而造成严重事故。除此之外，疏水系统还有回收工质的作用。

汽轮机的疏水系统除了能确保在机组不同工况时不至于造成积水现象外，还应具备自动投退和连锁保护的功能，以及在控制室内有运行状态信号显示及遥控操作功能。

3-65 汽轮机疏水系统的设计应遵循哪些原则？

汽轮机疏水系统的设计应遵循以下原则：

（1）汽轮机本体以及与汽轮机相连接的所有管道中都要防止不正常的积水，在机组启停和正常运行工况下都必须将积水排除。

（2）汽轮机本体及其蒸汽管道的每个低点都应设置疏水管，对于没有明显低点的长距离水平管道的疏水管，应设置在沿管道顺流方向的末端。

（3）所有疏水管、节流孔、疏水阀的通流尺寸应保证能排放任何运行工况下的最大疏水流量。

（4）在汽封系统的供汽控制站、溢流控制站、供汽母管低点、汽封联箱的低点都应设置带节流孔的连续疏水装置，在低压汽封供汽管减温器之后也应设置连续疏水装置，连续疏水装置应能排除减温喷水阀全开时喷入汽封管道内的全部流量。

（5）疏水分管应按疏水点位置和疏水压力相近的原则分组接入疏水总管，以减少各疏水间的相互干扰。疏水总管的通流面积应足够大，以确保在任何工况下疏水总管内的压力小于各疏水分管的最低压力。

（6）各疏水分管按压力高低分别汇集于若干疏水总管，通过扩容器扩容、消能后排入凝汽器。如果疏水总管直接接入凝汽器，则应在凝汽器内设置挡板，且挡板处的自由通道面积至少为总管通流面积的 1.5 倍。

（7）汽轮机疏水系统应具备自动投退和连锁保护的功能，以及在控制室内有运行状态信号显示及遥控操作功能。

（8）对于某些重要的蒸汽管道可在管壁上下方设置热电偶，以检测管道是否存在积水，并发出报警信号。但这只能作为一种防止管道积水的辅助手段。

（9）汽轮机主蒸汽管、主汽阀、导汽管的疏水管内径均不应小于 25mm，汽轮机主汽阀前的主蒸汽管上应设置启动暖管用的启动疏水管。

（10）对于经验证容易造成汽轮机进水事故并会导致严重后果的部位的疏水装置，应考虑当任何一个设备或信号故障或失灵时，都不应造成汽轮机进水事故。

（11）对于再热器冷段，应在最靠近汽轮机的低点装设直径不小于 150mm 的疏水罐，疏水罐上应装设 2 个水位传感器，当水位高Ⅰ值时自动开启疏水罐的疏水阀，高Ⅱ值时发高-高报警。与疏水罐连接的疏水管直径不小于 50mm。

（12）加热器满水保护必须完整，包括疏水系统（正常疏水阀和危急疏水阀）自动切换、抽汽系统电动阀自动关闭、加热器水侧自动切除等。而抽汽管道上的止回阀和疏水阀只能作为防止因加热器满水而造成汽轮机进水事故的辅助手段。

3-66　通常有哪些蒸汽管道要设置积水检测热电偶？

通常在各段抽汽止回阀后管壁上、下方设置热电偶，以便根据该管道上、下壁温差来检测管内是否积水，同时发出报警信号，提示运行人员尽早发现并及时采取措施。

3-67　简述三菱600MW汽轮机疏放水系统的组成。

三菱600MW汽轮机疏放水系统由主蒸汽管道低位点疏水、再热蒸汽热段管道低位点疏水、高压排汽管道低位点疏水、汽轮机高压导汽管疏水、汽轮机中压导汽管疏水、汽轮机汽缸本体疏水、汽轮机轴封系统疏水、回热系统抽汽管道疏水、给水泵汽轮机供汽管道疏水、辅助蒸汽及其他辅助系统的疏放水组成。

3-68　简述富士600MW汽轮机疏放水系统的组成。

富士600MW汽轮机疏放水系统由主蒸汽管道低位点疏水、再热蒸汽热段管道低位点疏水、高压排汽管道低位点疏水、汽轮机高压主汽阀后疏水、汽轮机中压主汽阀疏水、汽轮机中压主汽阀后疏水、汽轮机汽缸本体疏水、汽轮机轴封系统疏水、回热系统抽汽管道疏水、给水泵汽轮机供汽管道疏水、辅助蒸汽及其他辅助系统的疏放水组成。

3-69　对汽轮机疏水管道的连接与布置有哪些要求？

（1）各疏水管道的布置应朝疏水流动方向连续倾斜。

（2）连续疏水管上的节流孔板应安装在易于经常清理并且不易被污物堵塞的位置。

（3）接到凝汽器壳体上的疏水管或疏水总管都必须布置在凝汽器热水井的最高水位以上的部位。

（4）接入疏水总管的疏水分管与总管的轴向中心线成45°夹角，并且压力最高的布置在离总管出口最远的地方。

（5）从加热器、汽封冷却器等容器来的疏水不能接至疏水总管，必须直接接至凝汽器。

（6）从汽轮机或其他容器向凝汽器排汽的排汽管不能接至疏水总管，也须直接接至凝汽器，并且朝凝汽器方向设坡度以免低点积水。

3-70 汽轮机疏水阀不严密时内漏的危害有哪些？

（1）汽轮机疏水阀不严密时，内漏会引起不必要的泄漏损失，不利于机组的经济运行。

（2）汽轮机疏水阀不严密时，泄漏蒸汽长期对疏水阀及管线的冲刷，会使阀门及管线寿命大大缩短。

（3）据文献报导，在特定的情况下疏水阀内漏量较大时可能会因气动加热现象而导致疏水管线过热失效。

3-71 汽轮机疏水系统有哪些运行检查、维护项目？

（1）定期对具备试操作条件的、运行中常闭的疏水阀门进行遥控试开关试验。

（2）定期用红外线温度计等仪器检查所有疏水管道和疏水罐上水位取样管线，根据温差来判断管道是否堵塞。

（3）定期用红外线温度计等仪器检查所有连续疏水装置的节流件，根据温差来判断节流件是否堵塞。

（4）检查所有疏水阀阀杆应干净、润滑良好，没有阻碍其运行、操作的障碍物。

（5）机组定期检查时应清理所有疏水罐、疏水器、节流件、水位测量取样装置等。

（6）机组定期检查时所有具有水位动作功能的疏水阀都应进行水位动作机构的试验。

3-72 发电机密封油系统的作用是什么？有哪些形式？

发电机密封油系统的作用是向发电机密封瓦提供压力略高于氢气压力的连续可靠的密封油，以防止发电机内氢气从转子穿出发电机外壳处漏出。同时，密封油也作为密封瓦润滑与冷却的介质。

常见的发电机密封油系统有两种形式：双流环式密封油系统和单流环式密封油系统。另外，阿尔斯通北京电气装备有限公司发电机则采用三流环式密封油系统。

3-73 双流环式密封油系统和单流环式密封油系统各有什么优、缺点？

双流环式密封油系统和单流环式密封油两种系统的优、缺点互补，列表说明见表 3-4。

表 3-4 双流环式密封油系统和单流环式密封油系统的优、缺点比较

序号	比较项目	双流环式密封油系统	单流环式密封油系统
1	密封瓦结构	密封瓦结构较复杂	密封瓦结构简单
2	密封油系统组成	系统组成较复杂	系统组成简单
3	供油可靠性	可靠性高，有多路备用油	可靠性较双流环式略低
4	操作方便性	操作、调整较复杂	操作、调整简单
5	对密封油品质影响	对密封油没有净化作用	真空油箱有净化密封油作用
6	对氢气耗量的影响	耗氢量小	耗氢量大
7	对氢气品质的影响	正常时影响小，空氢侧异常串油时影响较大	影响小

3-74 附简图说明双流环式密封油系统由哪些设备组成。

双流环式密封油系统主要由以下设备组成：

（1）空侧密封油回路。空侧交流密封油泵、空侧直流密封油泵、工作差压阀、空侧冷油器、空侧密封油滤网、空侧密封油回油环形油箱（U形槽）、排烟风机、备用差压阀。

（2）氢侧密封油回路。氢侧交流密封油泵、氢侧直流密封油泵（可减配）、氢侧冷油器、氢侧密封油滤网、平衡阀、氢侧回油消泡箱、氢侧密封油箱。

（3）其他。隔离阀、安全阀、减压阀等阀门以及管线、节流件、滤网、仪表等。

双流环式密封油系统简图见图3-12。

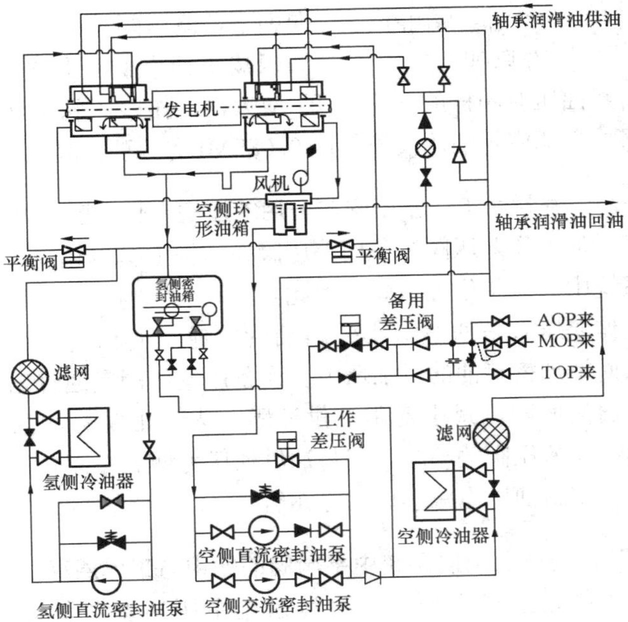

图3-12　双流环式密封油系统简图

3-75　简述密封油系统中工作差压阀的工作原理。

（1）如图3-13所示，工作差压阀阀杆通过波纹管受到氢压作用力 F_1、空侧密封油压力 F_2 和弹簧的作用力 F_3。由于阀芯采

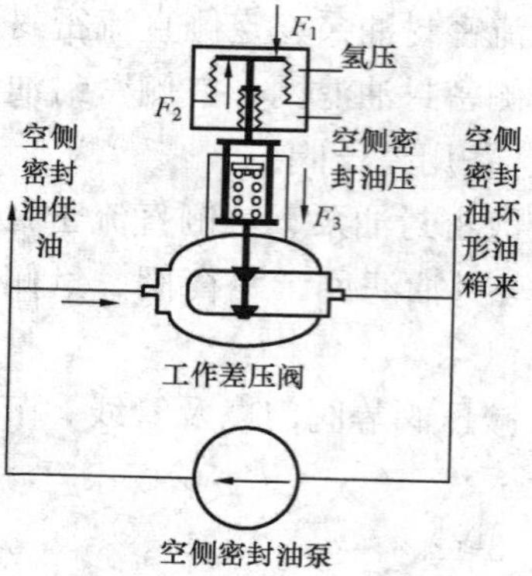

图 3-13 工作差压阀的工作原理图

用了双阀座的结构形式，阀芯前后差压对阀杆的作用力几乎相互抵消，所以当工作差压阀处于稳态时，$F_1+F_3-F_2=0$，只要适当调整弹簧的压缩力就可维持空侧密封油压大于氢压为0.085MPa。

（2）当氢压上升时，氢压对工作差压阀阀杆的作用力 F_1 增大，工作差压阀阀杆所受合力方向朝下，差压阀关小即旁路通流面积减小使空侧密封油压上升，空侧密封油压对阀杆的作用力 F_2 增大，工作差压阀重新恢复稳态并保持空侧密封油压大于氢压0.085MPa。反之亦然。

3-76　密封油工作差压阀与备用差压阀有什么区别？

密封油工作差压阀和备用差压阀在结构上基本相同，但由于在油系统中的安装位置不同，因此，其调节空侧油压的原理不一样。工作差压阀是通过减小旁路油管的通流面积使旁路油量减小，从而增加密封油的供油压力。而备用差压阀是通过增加备用油管线通流面积，减小备用油供油阻力来增加密封油的供油压力，即工作差压阀关小时，密封油供油压力增大；而备用差压阀关小时，密封油压力减小。反之亦然。

3-77　简述密封油系统中平衡阀的作用与工作原理。

平衡阀是指双流环式密封油系统中用来调节氢侧密封油压与空侧密封油压一致的阀门，该阀门安装在汽端和励端的氢侧供油管线上，共两个。平衡阀信号分别取之于各自密封瓦处的空、氢侧油压，通过空、氢侧油压的变化自动调节平衡阀开度的大小，并使之自动跟踪空侧油压，使空、氢侧的密封油压基本相同。

如图 3-14 所示，平衡阀靠上面的信号管接氢侧密封油压，靠下面的信号管接空侧密封油压，弹簧用来整定平衡阀用。当空侧密封油压上升时，平衡阀阀杆受到向上的作用力而开大阀门，氢侧密封油压上升并重新恢复与空侧油压基本相同的稳态，当空侧密封油压下降时亦然。

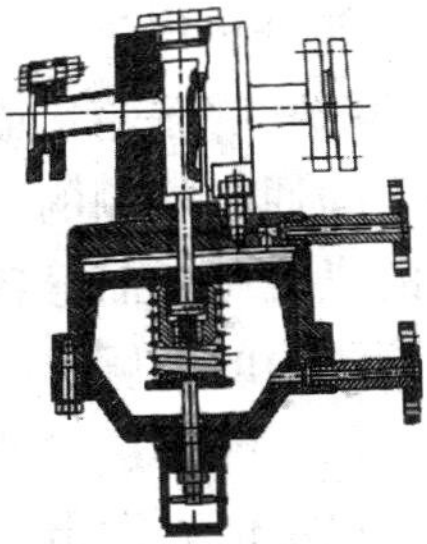

图 3-14 密封油平衡阀结构示意图

3-78 如图 3-15 所示，密封油差压阀信号管上的节流孔板与单向阀有什么作用？

密封油差压阀氢压信号管上的节流孔板的作用是增加空侧密封油压自动调节的阻尼，防止系统调节不稳定而振荡。除此之外，空侧密封油压信号管上还有一针形阀用于现场系统调试时进一步调整空侧密封油压自动调节的阻尼。

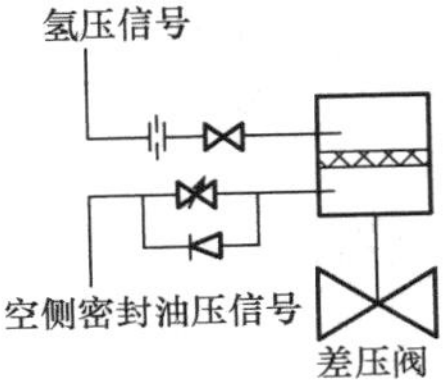

图 3-15 密封油差压阀压力信号管线示意图

密封油差压阀空侧密封油压信号管上有一个止回阀与针形阀并联。该止回阀的作用是消除针形阀开度太小时对空侧密封油压自动调节的不利影响，即保证在空侧密封油压突然下降时空侧密封油压自动调节的快速性。

3-79 什么是氢侧密封油的膨胀箱、消泡箱？简述其作用。

发电机机端和励端的氢侧回油经各自回油管回到一个油槽内扩容，这个油槽称为膨胀箱。

有些发电机的密封油系统没有设置专门的膨胀箱，但其本体机端和励端处的氢侧回油槽有较大容积，称为消泡箱，可起到膨胀箱的作用。

氢侧密封油的膨胀箱（消泡箱）的作用主要有：

（1）来自密封环的氢侧回油在此槽内扩容，以使含有氢气的回油能分离出氢气。

（2）膨胀箱里面有一个横向隔板把油槽分成两个隔间，两隔间之间通过外侧的 U 形管连接。其目的是防止因发电机两端之间的风机压差而导致气体在密封氢侧回油管中循环。在未专门设置膨胀箱的氢侧密封油回油管上也有这样的 U 形管。

（3）膨胀箱（消泡箱）均设有液位高报警装置，当油位升高超过预定值时发出报警信号。

3-80　简述密封油系统中浮动油的作用。

（1）密封油系统中浮动油的作用是用来平衡氢侧氢气密封油对密封瓦的轴向作用力，以免密封瓦受到不平衡推力而卡死。

（2）如图 3-16 所示：（a）为环式密封瓦氢侧密封油、空侧

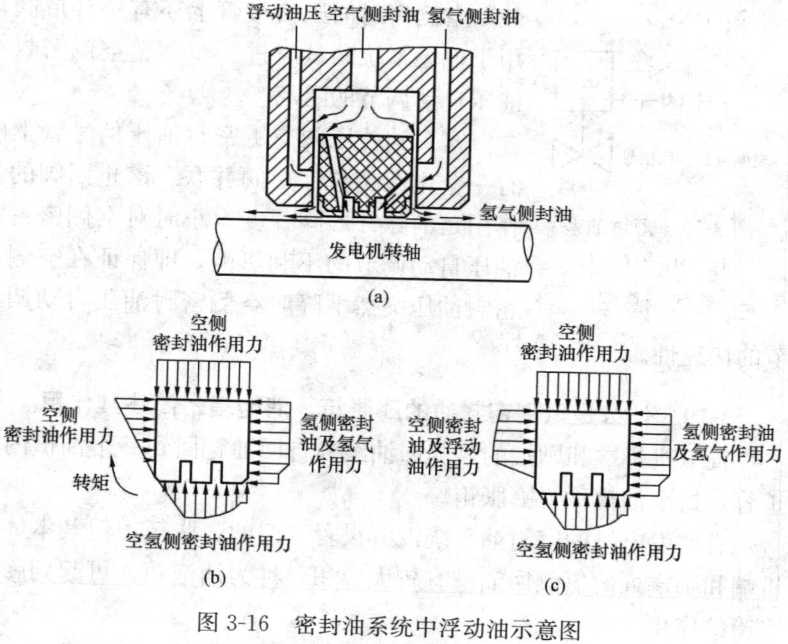

图 3-16　密封油系统中浮动油示意图

（a）氢冷发电机密封瓦油路示意图；（b）无浮动油时密封瓦受力示意图；

（c）有浮动油时密封瓦受力示意图

密封油和浮动油的油路示意；（b）为无浮动油压时作用在密封瓦上的力矩不平衡产生侧向扭力，使靠近氢侧的密封瓦环面与转轴间隙变小，容易发生碰摩的情况示意；（c）为有浮动油压时，作用在密封瓦上的力矩处于平衡状态，消除了不平衡力矩对密封瓦的不利影响的示意。

（3）浮动油和空氢密封油一样对密封环也起着重要的润滑作用。

3-81 发电机密封油系统中的空侧环形回油箱排烟风机有什么作用?

发电机密封油系统中的空侧环形回油箱排烟风机的作用是，在空侧环形回油箱中建立一定的负压，将空侧密封油回油溶解的氢气（氢空侧有串油时）除去，并经排烟风机排出室外，防止空侧密封油回油溶解的氢气随轴承回油在主油箱内聚集产生危险。

3-82 对于双流环式密封油系统，为什么氢压为零时不得只保持空侧油系统运行?

对于双流环式密封油系统，当氢压为零时只保持空侧油系统运行时，氢侧消泡箱很容易满油，进而容易造成发电机内部进油的异常。

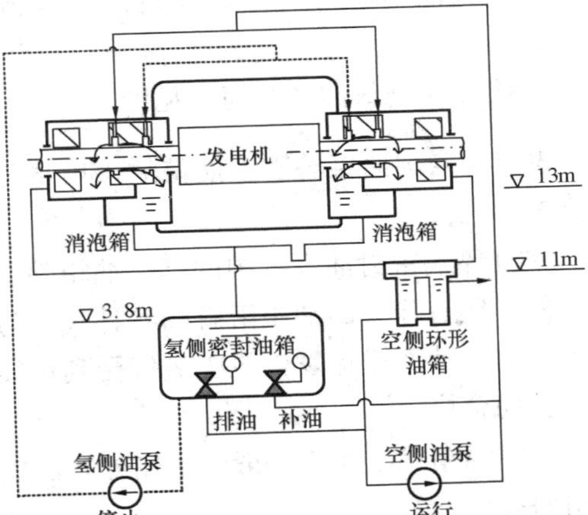

图 3-17 双流环式密封油系统简图

如图 3-17 所示，当氢压降为零后，氢侧密封油箱大多都会因为氢侧密封油箱油位控制浮球阀没有处于完全截止状态，而满油至空侧环形油箱油位高度。此时，如果只保持空侧油系统运行，那么空侧就会有大量空侧密封油串入氢侧，串入氢侧的密封油只在消泡箱油位与空侧环形油箱油位之间高度差的静压下通过排油浮球阀排向空侧。而此静压只有 2～3m，加上排油管通流面积一般只考虑发电机内充压时的排油而设计较小，大量串入氢侧的密封油因而无法及时排出，引起消泡箱油位上升至满油，进而造成发电机内部进油的异常。

3-83　附简图说明单流环式密封油系统由哪些设备组成。

单流环式密封油系统主要由以下设备组成：

（1）密封油泵。交流密封油泵 A 及出口压力调节阀、交流密封油泵 B 及出口压力调节阀、直流密封油泵及出口压力调节阀。

（2）密封油冷油器、滤网、差压阀、流量调节阀。

（3）油箱。环形油箱、排烟风机、氢侧回油中间油箱、真空油箱。

（4）抽真空设备。真空泵、汽水分离器。

（5）其他。隔离阀、安全阀、减压阀等阀门以及管线、仪表等。

单流环式密封油系统简图见图 3-18。

3-84　密封油系统真空油箱的作用是什么？真空油箱有什么特点？

单流环式密封油系统中的真空油箱除了作为密封油回油缓冲容器外，还有除去回油中溶解的各种气体与油中水分，净化密封油的作用，从而避免发电机中氢气受到污染，保持发电机内氢气纯度长期合格。

真空油箱除了作为一般的油箱外，因其特殊的净化密封油的作用而有以下特点：

（1）严密性必须良好，不漏真空。

(2) 为了有效除去油中溶解的各种气体及油中的水分，一般在回油顶部设有填料以保证密封油回到真空油箱有足够的停留时间和表面积。单流环式密封油系统简图如图 3-18 所示。

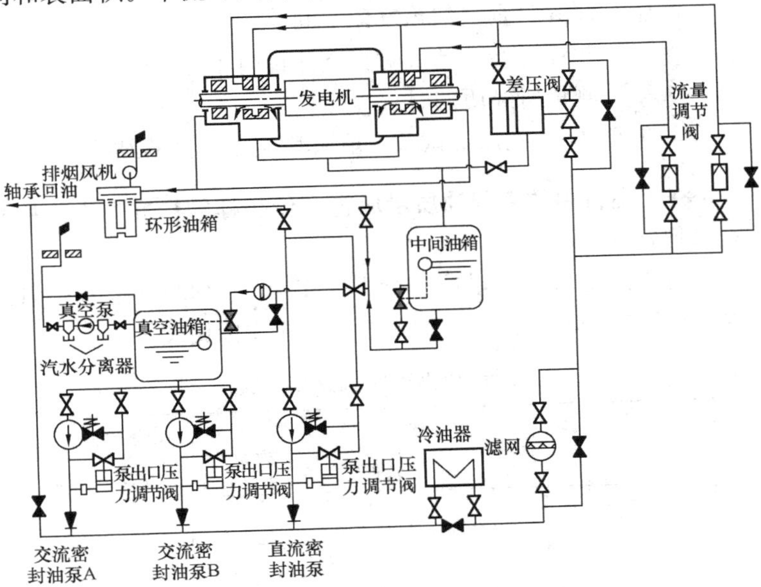

图 3-18 单流环式密封油系统简图

3-85 如何测算真空油箱净化装置所除去密封油溶解的气体(混合)数量?

测算真空油箱净化装置所除去密封油溶解气体（混合）数量的步骤如下：

(1) 检查真空油箱油位、负压正常，保持真空油箱油位不变。停止真空泵运行，并关闭真空油箱至真空泵隔离阀。

(2) 每 30s 记录一次真空油箱油位、负压与时间点。当负压下降至 60kPa 时停止参数记录，并恢复真空泵运行。

(3) 根据参数记录与已知的真空油箱尺寸，利用理想气体状态方程式计算密封油在真空油箱中析出的气体（混合）数量，即

$$V_t = \frac{p_1 - p_2}{101.3 \times 10^3} \cdot V_C \cdot \frac{3600}{t_v}$$

式中 V_t——所除去的密封油溶解气体（混合）数量，L/h；

V_C——试验时真空油箱气体空间体积，L；

p_1、p_2——测量开始、结束时真空油箱内压力，Pa；

t_v——测量所经历的时长，s。

（4）重复3～4次以上试验，取平均值作为试验结果。

3-86 运行中的密封油质量应符合什么样的标准？常规检测周期如何？

运行中的密封油质量应符合DL/T 705—1999《运行中氢冷发电机用密封油质量标准》的要求，具体指标见表3-5。

表3-5 运行中的密封油质量要求表

序号	项目	要求	试验方法
1	外观	透明	DL/T 429.1—1991
2	运动黏度（40℃，mm^2/s）	与新油偏差小于20%	GB/T 265—1988
3	闪点（℃）	不低于新油15℃	GB/T 3536—2008
4	机械杂质	无	目测
5	水质量分数（mg/L）	<50	GB/T 7600—1987
6	酸值（mgKOH/g）	≤0.3	GB/T 264
7	泡沫特性（24℃，mL/mL）	≤600/10	DL/T 705—1999
8	空气释放值（50℃，min）	≤10	SH/T 0308—1992

根据DL/T 705—1999，密封油常规检测周期见表3-6。并要求密封油系统检修启动后3个月内加强水分和机械杂质检测，当

发电机内氢气湿度超标时，应加强水分检测。

表 3-6　　运行中的密封油质量常规检测周期

序号	项　　目	半个月	半年	每年
1	外观	✓		
2	运动黏度（40℃，mm^2/s）		✓	
3	闪点（开口杯，℃）			✓
4	机械杂质（200MW 以下）	✓		
5	酸值（mgKOH/g）		✓	
6	水质量分数（mg/L）	✓		
7	泡沫特性（mL/mL）			✓
8	空气释放值（50℃，min）			✓

3-87　发电机密封油系统检修后应做哪些测试与试验?

发电机密封油系统检修后应做以下测试与试验，并且确认结果符合相关要求：

（1）密封油系统各参数越限报警测试。

（2）密封瓦活动试验，确认密封瓦安装良好。

（3）密封油箱油位自动控制（补油、排油）测试。

（4）密封油差压控制阀、平衡阀调节特性测试。

（5）密封油备用差压阀自动投入、备用密封油泵连锁启动试验。

（6）空侧密封油、氢侧密封油串油量测量。

3-88　密封瓦的活动试验如何执行与判别?

为了鉴定密封瓦的安装质量和确保密封瓦的正常工作，在密封瓦安装完成，油清洗结束，发电机轴承上瓦未盖前，应启动密封油泵做密封环的活动试验。执行步骤与判别标准如下：

（1）如图 3-19 所示，将 3 只百分表通过磁性支架和加长杆装在轴向平面的 1、2、3 的 3 个点上，为了方便读数，可将表原始读数调整在 50 刻度位置上。

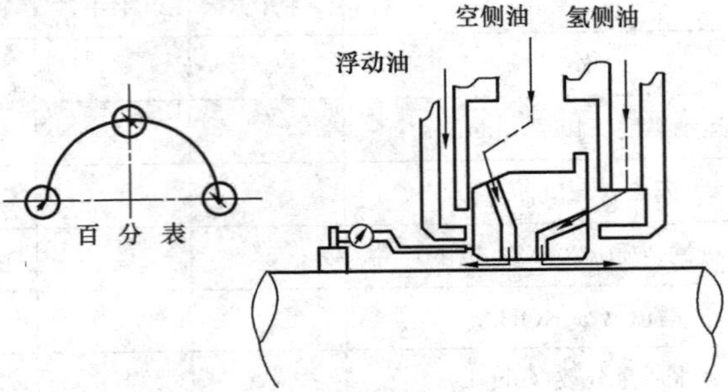

图 3-19　密封瓦活动试验表计安放示意图

（2）依次启动空侧油泵、氢侧油泵，停止氢侧油泵，停止空侧油泵，每次操作停留 3min 以上，油泵运行期间注意各差压应正常，读取 3 个百分表的读数。

（3）所有油泵停止后，百分表应回到原始的刻度位置，误差不大于 0.02mm。

（4）分别计算 3 只百分表的最大值和最小值之差，如差值大于密封环的轴向间隙的 1/2，则说明密封环安装合格，没有卡涩。

3-89　机组大修后，密封油差压控制阀、平衡阀调节特性试验如何执行与判别？

（1）机组大修后，密封油差压控制阀、平衡阀的调节特性试验应在密封油系统和发电机气体系统各参数越限报警测试完成并确认正常后进行。具体步骤如下：

1）检查发电机气体系统具备充仪用气条件，密封油系统油清洗结束并且临时措施已拆除，密封油系统具备启动运行条件。

2）确认发电机内气体压力为零，启动密封油系统运行。检查并调整空侧密封油压力较发电机内气体压力应高（0.085±0.02）MPa，检查并调整空、氢侧油压力差应小于500Pa。

3）向发电机内充仪用气，气压上升过程中注意检查密封油压力跟踪应正常。每上升0.1MPa记录一次气体压力与密封油系统运行参数。

4）发电机内气压充至额定压力后，检查并调整空侧密封油压力较发电机内气体压力应高（0.085±0.01）MPa，检查并调整空、氢侧油压力差应小于500Pa。

5）将发电机内气体压力按每0.1MPa步长从额定压力快速下降至零，检查气压下降过程中密封油压力跟踪应正常，每下降0.1MPa记录一次气体压力与密封油系统运行参数。

6）重新将发电机内气体压力充至额定压力，气压上升过程中注意检查密封油压力跟踪应正常。每上升0.1MPa记录一次气体压力与密封油系统运行参数。

（2）差压控制阀、平衡阀调节特性满足以下要求时，其特性合格。

1）发电机内气体压力为额定压力时，空侧密封油压力较发电机内气体压力高（0.085±0.01）MPa，空氢侧油压力差小于500Pa。

2）发电机内气体压力在下降和上升时，差压控制阀、平衡阀调节密封油压跟踪发电机气体压力良好，即空侧密封油压力较发电机内气体压力高（0.085±0.02）MPa，空氢侧油压力差小于500Pa。

3-90 汽轮发电机组在盘车启动前为什么必须先启动密封油系统运行？

如果汽轮发电机组在密封油系统没有运行的情况下启动其盘车运行，则发电机密封瓦与转轴间会因缺少密封油的润滑而干磨，有可能造成发电机密封瓦的损坏。因此，在汽轮发电机组盘车启动条件中一般都设有密封油与氢气差压不小于 0.035MPa 的条件。

3-91　为什么密封油系统运行时主机润滑油系统应保持运行？

如图 3-20 所示，发电机氢侧密封油箱的油位是由油箱内浮球阀控制的：当油位低时，空侧油泵出口的密封油补入氢侧密封油箱；当油位高时，氢侧密封油箱内的油排向空侧油泵入口。而空侧油在发电机轴承箱与轴承润滑油混合后，通过空侧环形油箱一路供给空侧密封油泵，一路回到主油箱。

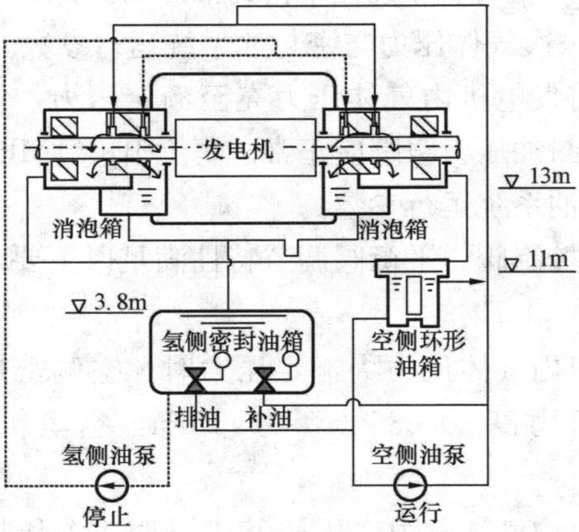

图 3-20　密封油系统简图及主要设备所处标高

如果氢侧油箱油位稳定，润滑油系统停运对密封油系统的运行就不会有影响。但是在某些特定的情况下，润滑油系统的停运会造成密封油系统运行异常，比如发电机内正常氢压时，将润滑油系统停运然后又进行发电机排氢降压则会造成：氢侧密封油箱油位上涨→空侧环形油箱得不到润滑油的补充油位下降→空侧密封油泵吸入高度不足→空侧油泵运转状况恶化，出口压力波动。

3-92　密封油系统哪些异常会导致氢气纯度快速下降？

（1）对于双流环式密封系统，一般为空氢侧密封油在某部位有串油造成氢气纯度下降：

1）因密封瓦制造或装配不良、平衡阀跟踪调整不良或整定不合理等原因，造成空氢密封油在密封瓦处串油量较大。

2）因氢侧密封油箱补油、排油浮球阀关闭不严密或整定不合理等原因，造成空氢侧密封油在氢侧密封油箱处串油。

3）当差压阀的波纹筒破损时，造成空氢侧密封油在破损的波纹筒处串油。

（2）对于单流环式密封系统，一般为真空油箱的净化功能受影响造成氢气纯度下降：

1）真空油箱负压不足。

2）真空油箱油位长期过高。

3）真空油箱内部填料不足或堵塞。

3-93　为了保持氢气纯度不下降，如何根据空氢侧密封油串油量计算每天所需补充的新鲜氢量？

对于双流环式密封油系统，如果已知空氢侧密封油串油量，则可以通过以下经验公式估算为了保持当前氢气纯度不下降所需补充的新鲜氢气量。

（1）根据空氢侧密封油串油量 Q_{in}，计算其带入发电机氢气系统的空气量 A，即

$$A = 24 \times 60 \times 10^{-3} kQ_{in}$$

式中　A——带入发电机氢气系统的空气量，m^3/天；

k——空气在密封油中的溶解度，%，其大小与密封油的绝对压力、温度有关，取 5.4～8.7；

Q_{in}——空氢侧的串油，L/min。

（2）根据带入发电机氢气系统的空气量 A，计算为了保持当前氢气纯度不下降所需补充的新鲜氢量 q，即

$$q=\frac{AZ}{S-Z}$$

式中 q——新鲜氢气的供应量，m^3/天；

S——新鲜氢气的纯度，%；

Z——当前发电机内氢气的纯度，%。

3-94 密封油系统正常运行中应做好哪些检查维护工作？

（1）密封油系统正常运行中应经常检查差压阀、平衡阀动作是否灵敏，跟踪性能是否良好，空侧密封油压较氢压高0.085MPa（按厂家规定），空氢侧密封油差压小于500Pa，浮动油供油压力符合要求。

（2）经常检查密封油系统中油箱的油位是否正常，冷却器、过滤器的运行参数是否符合要求。

（3）发电机充氢运行中应保持空侧密封油环形回油箱排烟风机连续运行；单流环式密封油系统应保持真空泵连续运行，真空油箱真空不低于70kPa。

（4）定期进行备用密封油泵自启动试验、备用差压阀投运试验，确保各备用油源随时可以投入运行。

（5）定期对密封油进行取样，分析油质指标。

3-95 发电机密封油系统停运应具备哪些条件？密封油系统停运后如何维持发电机内干燥？

（1）当具备下列条件时，发电机密封油系统可停运：

1）发电机内气体已置换为仪用气操作完成，并且发电机内气体压力小于0.05MPa。

2）汽轮机盘车装置已停止运行，转子已静止。

（2）发电机密封油系统停运后，可以通过保持向发电机内连续充少量仪用气，维持发电机内气压在0.015～0.025MPa的微正压，以防止发电机内部受潮。

3-96 汽轮发电机的冷却方式有哪些？

（1）空冷方式。定子绕组、转子绕组、定子铁芯均采用空气冷却，简称空冷。空冷又分空外冷和空内冷两种形式。

（2）全氢冷方式。定子绕组、转子绕组、定子铁芯均采用氢气冷却，简称全氢冷。全氢冷又分为氢外冷和氢内冷两种形式。

（3）水氢氢冷方式。定子绕组采用水内冷，转子绕组、定子铁芯均采用氢气冷却，简称水氢氢冷。

（4）双水内冷方式。定子绕组、转子绕组采用水内冷，定子铁芯采用气体冷却，简称双水内冷。双水内冷又根据定子铁芯采用的冷却介质分为水水空冷和水水氢冷两种形式。

（5）全水冷方式。定子绕组、转子绕组、定子铁芯均采用水气冷却，简称全水冷。

3-97　汽轮发电机定子内冷水系统由哪些设备组成？

汽轮发电机定子内冷水系统主要由内冷水箱、2 台内冷水泵、2 台水—水冷却器、过滤器、离子交换器、补水电磁阀及管线、阀门和仪表组成。

3-98　简述发电机定子冷却水系统的工作原理。

（1）发电机定子冷却水系统采用闭式循环方式，使连续的高纯水流通过定子绕组空心导线，带走绕组损耗产生的热量；内冷水箱内水通过内冷水泵升压后送入管式冷却器、过滤器，然后再经过进水集水环、绝缘引水管进入发电机定子绕组，将发电机定子绕组的热量带出来后经出水引水管和集水环再回到水箱，完成一个闭式循环。

（2）系统补水由化学除盐水通过电磁阀、过滤器，最后进入内冷水箱。

（3）开机前管道、阀门、集水环等所有元件和设备要多次冲洗排污，直至水质取样化验合格后方可向发电机定子绕组充内冷水。

（4）为了改善进入发电机定子绕组的水质，将进入发电机总水量的 5%～10%的水不断地经过离子交换器进行处理，然后回到水箱。

3-99 汽轮发电机转子冷却水系统由哪些设备组成?

汽轮发电机转子冷却水系统由转子水箱、冷却水泵、热交换器以及补水装置、管线、阀门和仪表组成。

3-100 简述发电机转子冷却水系统的工作原理。

(1) 发电机转子冷却水系统与定子冷却水系统一样采用闭式循环方式。转子水箱内的水经转子冷却水泵升压后送到热交换器进行冷却,冷却后的冷却水经过进水室、绝缘引水管、水电接头和引水弯脚后送到转子绕组,冷却水再将发电机转子绕组的热量带出来后经过出水引水弯脚、水电接头、绝缘引水管及出水室回到水箱,完成一个闭式循环。

(2) 转子水箱有一补充水接口,来自化学系统的除盐水可以手动维持水箱水位。

(3) 转子冷却水温度可用手动调节流经热交换器的闭式冷却水流量来进行控制。

3-101 对汽轮发电机内冷水水质有什么要求?

GB/T 7064—2008《隐极同步发电机技术要求》对发电机的内冷水水质要求如下:

(1) 发电机的内冷水用于冷却空心铜线时见表 3-7。

表 3-7 冷却空心铜线时的要求

序号	项目	贫氧系统	富氧系统
1	外观	透明纯净、无机械混杂物	
2	电导率(25℃,μS/cm)	0.4～2.0	<0.3
3	pH 值(25℃)	8.0～9.0	7.0～8.0
4	硬度(μmol/L)	<2	—
5	含铜量(μg/L)	≤20	≤20
6	含量氧(μg/L)	—	>2000

(2) 发电机的内冷水用于冷却不锈钢空心线时见表 3-8。

表 3-8　　冷却不锈钢空心线时的要求

序号	项　　目	参　　数
1	外　　观	透明纯净，无机械混杂物
2	电导率（25℃，μS/cm）	0.5～1.2
3	pH 值（25℃）	6.5～7.5

3-102　发电机冷却水对铜导线的腐蚀有哪些影响因素？

（1）当 pH 值超出 7～10 的范围时，对铜导线的腐蚀显著加剧，如图 3-21 所示。

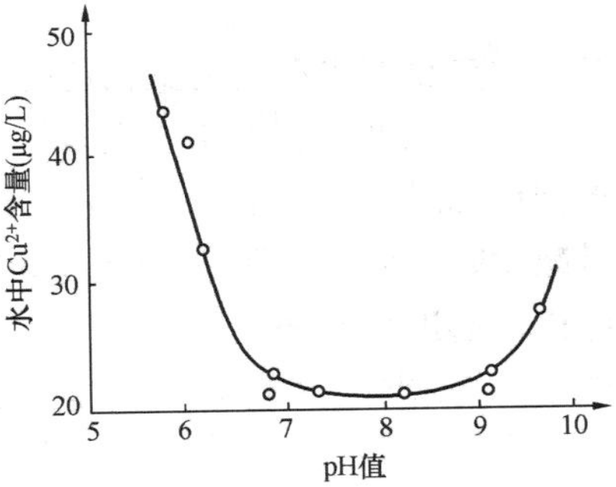

图 3-21　pH 值对铜腐蚀的模拟试验结果

（2）发电机冷却水中溶解的氧、二氧化碳，以及水中含有氨对铜导线腐蚀都有显著的不利影响。

（3）发电机冷却水的运行温度在 64℃左右，流速过快、水纯度低对铜导线腐蚀也有不利影响。

3-103　汽轮发电机内冷水箱的氮封有什么作用？

汽轮发电机内冷水箱的氮封作用有二：一是机组正常运行中可将内冷水与空气隔离，减少水中氧和二氧化碳的溶解量；二是机组停机后，水箱内充满氮气可以保护水箱金属表面不受腐蚀。

3-104　定子内冷水系统有哪些正常运行维护工作？

（1）严格控制定子水压力，保持水压低于氢压。

（2）定期对定子内冷的水质进行化验，以确定内冷水的电导率及所含杂质的种类和含量，以便分析处理并进行适当的排污。

（3）定期对定子内冷水系统和发电机下油水检测电器处积水情况进行检查，若有泄漏要及时处理。

（4）定期对定子内冷水流量、压力、水温等参数的检查和调整。

（5）发电机断水保护须正确投入，水内冷发电机允许的断水运行持续时间为30s，在此期间若不能恢复内冷水流量，则发电机必须跳闸。

（6）发电机并网后根据回水温度的变化适时投入内冷水热交换器，以维持发电机进水温度不超过40℃且不低于15℃。

（7）注意根据同样的进水压力下冷却水量的变化判断有无堵塞现象。冷却水量减少时，应及时调节、维持流量正常，待有机会停机时，对发电机内部进行冲洗。

（8）做好发电机内冷水泵、内冷水热效换器等设备的定期轮换与试验。

3-105　为什么规定发电机定子水压力不能高于氢气压力?

若发电机定子水压力高于氢气压力，则在发电机内定子水系统有泄漏时，水会漏入发电机内，造成发电机定子接地，给发电机安全运行带来威胁，所以应维持发电机定子水压力低于氢压一定值，一旦发现超限时，应立即调整。

3-106　为什么要进行定子冷却水系统的冲洗？机外冲洗时应注意什么?

（1）当机组安装或者管路检修后，为避免管道发生堵塞，需要对发电机的定子冷却水系统进行冲洗。

（2）当进行机外正、反冲洗时，冲洗水并不进入机内定子冷却水管，只需对机外冷却水管路进行冲洗，由于冲洗水很脏，必须排入地沟。机外正、反冲洗时，机内管应充满干净水或充有一定压力的空气，以防脏水流入。

3-107 发电机定子冷却水系统的冲洗可分为哪几种方式?

（1）按照冲洗水的流动方向可分为定子冷却水管的正冲洗和反冲洗，正冲洗即冲洗方向与正常运行时的定子冷却水流动方向相同，反冲洗则与之相反。

（2）按照冲洗时是否对发电机定子冷却水管进行冲洗又可分为机内冲洗与机外冲洗，机内冲洗对发电机的定子冷却水管也要进行冲洗。

3-108 国标对工业用氢气，纯氢、高纯氢、超高纯氢的质量标准是如何规定的?

（1）国标对工业用氢气的质量标准如表 3-9 所示，工业用氢按质量标准可分为合格品、一等品、优等品三种。

表 3-9　中国工业氢质量技术指标*

项目		指标		
		优等品	一等品	合格品
氢纯度（v/v，$\times10^{-2}$）		≥99.95	≥99.50	≥99.00
氧含量（v/v，$\times10^{-2}$）		≤0.01	≤0.20	≤0.40
氮+氩含量（v/v，$\times10^{-2}$）		≤0.04	≤0.30	≤0.60
氯①		符合检验	符合检验	符合检验
碱		符合检验	符合检验	符合检验
水分	露点（℃）	≤−43	—	—
	游离水（mL/瓶）	—	无	≤100

① 水电解法制取的氢不规定氯。

* GB/T 3634.1—2006《氢气第 1 部分：工业氢》。

（2）纯氢、高纯氢、超高纯氢的质量标准如表 3-10 所示。

表 3-10　中国纯氢、高纯氢和超纯氢质量技术指标*

项目	指标		
	超纯氢	高纯氢	纯　氢
氢纯度（v/v，$\times10^{-2}$）	≥99.9999	≥99.999	≥99.99
氧（氩）含量（v/v，$\times10^{-6}$）	≤0.2	≤1	≤5

续表

项目	指标		
	超纯氢	高纯氢	纯氢
氮含量（v/v，$\times10^{-6}$）	≤0.4	≤5	≤60
一氧化碳含量（v/v，$\times10^{-6}$）	≤0.1	≤1	≤5
二氧化碳含量（v/v，$\times10^{-6}$）	≤0.1	≤1	≤5
甲烷含量（v/v，$\times10^{-6}$）	≤0.2	≤1	≤10
水分（v/v，$\times10^{-6}$）	≤1.0	≤3	≤30

* GB/T 7445—1995《纯氢、高纯氢和超纯氢》。

3-109　什么是可燃气体的爆炸极限？

可燃气体与空气的混合物中可燃气体浓度接近化学反应式的化学计量比时，燃烧最快、最剧烈。若浓度减小或增加，火焰蔓延速率则降低，当浓度低于或高于某个极限值，火焰便不再蔓延。可燃气体与空气的混合物能使火焰蔓延的最低浓度，称为该气体的爆炸下限；反之，能使火焰蔓延的最高浓度则称为爆炸上限。两者统称为爆炸极限，爆炸极限一般用可燃气体（粉尘）在空气中的体积百分数表示（%）。

3-110　氢气和空气、一氧化碳、氧气混合时的爆炸极限为多少？

氢气和上述气体混合后的爆炸极限（燃烧范围）及其他一些与安全有关的性质如表 3-11 所示。

表 3-11　与安全有关的氢气性质

性质	数值	性质	数值
在空气中的扩散系数（cm^2/s）	0.61	氧气中的爆炸范围（vol，$\times10^{-2}$）	15.0～90.0
空气中的燃烧范围（vol，$\times10^{-2}$）	4.0～75.0	一氧化碳中的爆炸范围（vol，$\times10^{-2}$）	13.5～49.0
氧气中的燃烧范围（vol，$\times10^{-2}$）	4.5～94.0	氧中的引燃温度（℃）	560
空气中的爆炸范围（vol，$\times10^{-2}$）	18.3～59.0	空气中的引燃温度（℃）	585

续表

性　质	数　值	性　质	数　值
空气中的最大爆炸压力（kPa）	720	火焰辐射出的热能（%）	17～25
火焰温度（℃）	2045	空气中的燃烧速度（cm/s）	265～325
燃烧热（kJ/g）	119.9～141.9	空气中的爆炸速度（km/s）	1.48～2.15

3-111　可燃气体的爆炸上、下限与哪些因素有关？

可燃气体的爆炸极限其实不是一个固定值，它受各种外界因素的影响而变化。影响爆炸极限的因素主要有以下几种：

（1）初始温度。初始温度越高，则爆炸极限范围就越宽。

（2）初始压力。一般爆炸性混合物初始压力在增压的情况下，爆炸极限范围扩大。

（3）惰性介质。爆炸性混合物中惰性气体含量增加，其爆炸极限范围缩小。

（4）容器的材质和尺寸。容器管道直径越小，爆炸极限范围越小。容器材质对爆炸极限范围也很大，比如氢和氟在玻璃器皿中混合，即使在液态空气温度下，置于黑暗中也会产生爆炸；而在银制器皿中，在一般温度下才会发生反应。

（5）能量。火花能量、热表面面积、火源与混合物的接触时间等，对爆炸极限均有影响。

3-112　可燃气体（氢气）检测装置的检定周期如何？应遵循什么标准？

可燃气体（氢气）检测装置的检定应遵循 JJG 693—2011《可燃气体检测报警器》的要求，其检定周期规定如下：

（1）仪器的检定周期一般不超过一年。

（2）仪器非常振动或对示值表示怀疑，以及对主要零部件有更换时应立即送检。

3-113　对氢冷发电机的氢气纯度有什么要求？纯度不合格有哪些危害？

国电发〔1999〕第579号《汽轮发电机运行规程》对氢气纯度的规定如下：

（1）一般发电机内氢气纯度应保持在96%以上，低于此值时应进行排污。

（2）当氢气纯度降低至92%或者气体系统中的氧气超过2%时，必须立即进行排污。

氢气纯度不合格时的危害如下：

（1）氢气纯度下降后，形成爆炸性气体的可能性增加。

（2）氢气纯度下降后，发电机的摩擦和通风损失增大。有资料报告，某一台运行氢压为0.5MPa、907MW容量的氢冷发电机，其氢气纯度从98%降至95%时，摩擦和通风损失大约增加32%，相当于685kW。

3-114　发电机运行时，哪些措施可以保持其内部氢气纯度合格？

（1）当氢气纯度降至低于96%时，应及时排污，保持氢气纯度大于96%。

（2）加强对密封油系统的运行维护，尽量减小空氢侧密封油在任何位置串油；对于单流环式密封油系统，还要保证真空油箱的油净化作用正常。

（3）氢气干燥器应保持连续投入运行，应根据干燥剂的指示剂或定期进行再生，以保持其干燥能力正常。

（4）确保发电机补氢时所用的氢气质量指标合格。

3-115　GB/T 7064—2008《隐极同步发电机技术要求》对氢冷发电机氢气纯度测量装置的配备有什么要求？

GB/T 7064—2008《隐极同步发电机技术要求》第6.11 c）明确指出发电机辅助系统必须配备氢气纯度仪和报警装置。

另外还要求“置换氢气时应监测置换气体的纯度，通常应提供两套独立的指示纯度的方法”。对此解读为配备一套在线氢气纯度仪和报警装置是最低要求，但是在置换氢气时需用另一套设备共同确认气体的纯度，而配备两套独立的在线气体纯度仪并结合报警装置是理想的配置。

3-116　常用的氢气纯度在线检测装置（分析仪）有哪些形式？

（1）常用的气体纯度在线检测装置根据其工作原理可分为基于测量混合气体密度来计算气体纯度（密度式）和基于利用混合气体热导特性来计算气体纯度（导热式）两种形式。

（2）其中密度式气体纯度在线检测装置具体又可以分为如下两种：

1）利用离心式风机进出口差压随工作介质密度变化的特性测量混合气体的密度。

2）利用薄壁圆柱容器的共振频率随环境气体密度变化的特性测量混合气体的密度。

3-117　热导式气体纯度检测装置由哪些部件组成？

热导式气体纯度检测装置由传感单元(传感组件和电路组件)、控制单元(接收器)、采样系统及电源组成，如图3-22所示。

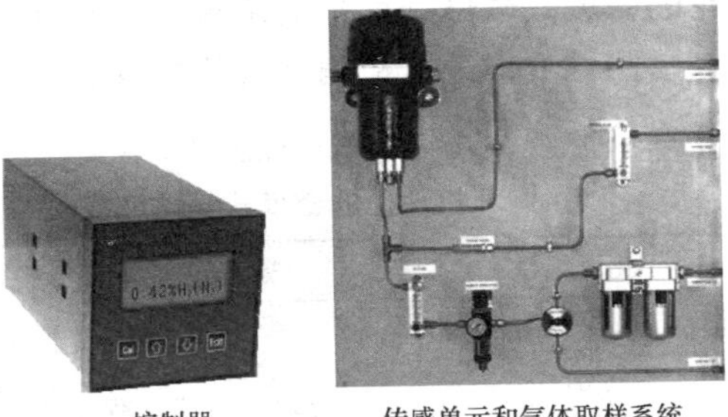

控制器　　传感单元和气体取样系统

图3-22　热导式气体纯度检测装置

3-118　基于离心式风机叶轮理论的密度式气体纯度检测装置由哪些部件组成？

基于离心式风机叶轮理论的密度式气

体纯度检测装置由离心式定速纯度风机和样气压力传感器、纯度风机进出口差压传感器、样气温度传感器以及纯度计算单元等部件组成，如图 3-23 所示（图中包括了气体的纯度与压力测量）。

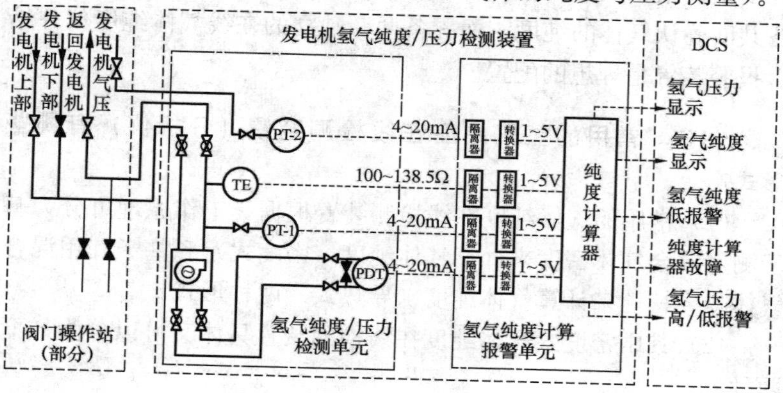

图 3-23　密度式气体纯度检测装置

注：1. PDT：纯度风机进出口差压变送器，输入 0～160mmH_2O，输出 4～20mA。

2. PT-1：纯度风机进口压力变送器，输入 0～10kg/cm^2，输出 4～20mA。

3. TE：纯度风机进口温度变送器，输入 0～100℃，输出 100～138.5Ω。

4. PT-2：发电机气体压力变送器，输入 0～10kg/cm^2，输出 4～20mA。

3-119　热导式气体纯度检测装置与基于离心式风机叶轮理论的密度式气体纯度检测装置比较各有何特点？

两种气体纯度检测装置的特点见表 3-12。

表 3-12　热导式气体纯度检测装置与基于离心式风机理论的密度式气体纯度检测装置的特点

比对项目	热导式	密度式（纯度风机）
传感单元集成化	传感单元集成化程度较高，校验较为方便	传感单元集成化低，由压力、差压和温度传感器及纯度风机组成，校验不方便

续表

比对项目	热导式	密度式（纯度风机）
传感单元稳定性	热导传感器易受污染，污染后其特性会变化	压力、差压、温度传感器特性较为稳定，纯度风机的特性受污染的影响小
对压力、温度等环境的补偿	对压力、温度补偿困难	对压力、温度补偿容易
检测装置的启动	检测装置启动时需预热约 100～150min	检测装置启动不需预热

3-120 氢冷发电机的出线、机座、端盖为什么都按能承受不低于 0.8MPa 表压力设计？

（1）如此设计是使由出线、机座和端盖等部件组成的发电机外壳能承受氢气与空气的混合气体在大气压力下爆炸时的初始压力，而不危及人身安全。

（2）氢气与空气的混合气体在大气压力下爆炸时的最大压力为 0.72MPa。

3-121 氢冷发电机氢气露点的合格范围是多少？露点不合格有哪些危害？

根据 DL/T 651—1998《氢冷发电机氢气湿度的技术要求》规定，氢冷发电机在运行压力下露点的低限为－25℃。露点的高限由发电机内最低温度决定，当发电机内最低温度≥10℃时，露点的高限为 5℃；当发电机内最低温度≤0℃时，露点的高限为－5℃。

氢冷发电机内氢气湿度过高不仅危害发电机定子绕组、转子绕组的绝缘强度，而且会使转子护环产生应力腐蚀裂纹。而氢气湿度过低又可导致对某些部件产生有害的影响，如定子端部垫块的收缩和支撑环的裂纹，故发电机内氢气的露点必须维持在正常的范围之内。

3-122　氢冷发电机氢气露点偏高时应如何检查原因?

(1) 对于采用双流环式密封油系统的发电机，应检查空氢侧密封油是否串油，检测氢侧冷油器后密封油水分含量是否超标。对于采用单流环式密封油系统的发电机，应检测冷油器后密封油水分是否超标。

(2) 检查每个氢冷器是否存在泄漏情况。

(3) 检查氢气干燥器运行状态是否正常，检查氢气干燥器的干燥剂是否失效，干燥能力是否正常。

(4) 确认发电机补充的新鲜氢气露点是否符合要求。

3-123　在用二氧化碳置换仪用空气的过程中，发电机上部二氧化碳纯度至少达多少时方可充入氢气，为什么?

在用二氧化碳置换仪用空气的过程中，发电机上部二氧化碳纯度至少达 75%以上时方可充入氢气。其原因如下:

(1) 根据氢气的爆炸上限 75%可知，在氢气和空气的混合气体中，当空气的体积比小于 25%是安全的。

(2) 在用二氧化碳置换空气的过程中，发电机上部是空气含量最大的地方，该处二氧化碳纯度达 75%，说明发电机内空气含量最大的地方空气体积比小于 25%，此时随着氢气的充入，发电机内空气的体积比只会进一步降低。因此，在 [仪用空气] → [二氧化碳] → [氢气] 的置换过程中，发电机上部二氧化碳纯度达 75%以上时，充入氢气是安全的。

(3) 为了安全起见，一般在 [仪用空气] → [二氧化碳] → [氢气] 的置换过程中，发电机上部二氧化碳纯度应达 85%以上时再充入氢气。

3-124　在用二氧化碳置换氢气的过程中，发电机下部二氧化碳纯度达多少时方可充入仪用空气，为什么?

在用二氧化碳置换氢气的过程中，发电机上部二氧化碳纯度至少达 96%以上时方可充入氢气。其原因如下:

（1）根据氢气的爆炸下限4%可知，在氢气和空气的混合气体中，当氢气的体积比小于4%是安全的。

（2）在用二氧化碳置换氢气的过程中，发电机上部是氢气含量最大的地方，该处二氧化碳纯度达96%，说明发电机内氢气含量最大的地方氢气体积比小于4%，此时随着空气的充入，发电机内氢气的体积比只会进一步降低。因此，在［氢气］→［二氧化碳］→［仪用空气］的置换过程中，发电机上部二氧化碳纯度达96%以上时，充入氢气是安全的。

（3）为了安全起见，一般在［仪用空气］→［二氧化碳］→［氢气］的置换过程中，发电机上部二氧化碳纯度应达98%以上时再充入空气。

3-125　针对发电机氢气的置换操作，安全方面有哪些要求？

相关行业规范对发电机氢气的置换的安全操作要求总结归纳为以下几点：

（1）发电机气体置换过程中纯度检测的取样与测量必须正确，防止误判断。

GB 26164.1—2010《电业安全工作规程第1部分：热力和机械》要求："在置换过程中须注意取样与化验工作的正确性，防止误判断"；GB 4962—2008《氢气使用安全技术规程》要求："氢气系统内氧或氢的含量至少连续2次分析合格，如氢气系统内氧的体积分数小于或等于0.5%，氢的体积分数小于或等于0.4%时置换结束"；GB/T 7064—2008《隐极同步发电机技术要求》要求"置换氢气时应监测置换气体的纯度，通常应提供两套独立的指示纯度的方法"。

（2）发电机气体置换过程中系统阀门操作必须正确，系统隔离可靠。

GB 26164.1—2010要求："氢冷发电机气体的置换操作应按专门的置换操作规程进行"，"发电机氢冷系统检修前，必须将检修部分与相连的部分隔断，加装严密的堵板”；GB/T 7064—2008 对置换系统要求除用空气置换二氧化碳的情形外，需确保空气不能进入发电机内，例如使用可移开的管接头设施。

（3）发电机气体置换过程中所用的惰性气体品质必须合格。

国电发〔1999〕第 579 号《汽轮发电机运行规程》要求：“用二氧化碳作为中间介质时，二氧化碳气体的纯度按容积计不得低于 98%，水分的含量按质量计不得大于 0.1%。用氮气作为中间介质时，氮气的纯度按容积计不得低于 97.5%，水分的含量按质量计不得大于 0.1%，并不得含有带腐蚀性的杂质”；GB 4962—2008 要求：“惰性气体中氧的体积分数不得超过 3%”。

（4）发电机气体置换应彻底，防止死角或末端残留余氢。

国电发〔1999〕第 579 号《汽轮发电机运行规程》要求在惰性气体体积分数合格后，应先打开各死区的放气门、放油门，吹扫死角，然后才可将氢气或空气充入发电机内。

3-126　发电机置换时，二氧化碳最长允许在发电机内停留多长时间？为什么？

发电机置换时，二氧化碳在发电机内允许的停留时间不应超过 24h。

发电机停止时，氢气干燥器进出口没有差压，不能正常运行，发电机内气体湿度会增加。如果发电机内气体为二氧化碳，当湿度增加到一定程度时会生成酸性物质（$CO_2 + H_2O = H_2CO_3$），从而造成发电机内部件的腐蚀。

3-127　如何估算发电机气体置换时二氧化碳的需求量？

（1）发电机气体置换时二氧化碳的需求量的估算条件：

1）当发电机转子静止状态时，置换一次所需的二氧化碳气体至少为发电机气体容积的 1.5 倍（在标准温度和压力下）。在发电机转子转动状态下置换时，所需的二氧化碳气体将接近发电机气体容积的 3 倍。

2）电厂发电机气体置换用二氧化碳一般为液态瓶装工业用二氧化碳。设气瓶体积为 40L，充装系数为 60%，气体密度（0℃，0.101MPa）为 1.977kg/m³，则一瓶二氧化碳气体体积（0℃，0.101MPa）为

$$V_{CO_2} = 40L \times 0.6kg/L \div 1.977kg/m^3 = 12m^3$$

（2）设发电机内气体空间容积 $V=125m^3$，则在转子静止时，置换需二氧化碳共计为

$$1.5 \times 125m^3 \div 12m^3/\text{瓶} \approx 16\text{瓶}$$

在转子转动时，置换需二氧化碳共计 32 瓶。

3-128　发电机氢气控制系统由哪些部件组成？

发电机氢气控制系统主要由气体控制操作站，氢气干燥器，液位信号器，气体纯度、露点、压力等测量仪表及阀门和管线组成。

3-129　简述氢气干燥器的种类与作用。

氢气干燥器可分为冷凝式和吸附式两种。

氢气干燥器的作用是干燥氢冷发电机里的氢气，保证氢气湿度能够满足发电机安全、经济运行的需要。

3-130　简述冷冻式和吸附式氢气干燥器的工作原理。

（1）冷凝式氢气干燥器的工作原理如下：

1）发电机内的氢气靠发电机风扇前后压差的推动不断地流过氢气干燥器，冷凝式氢气干燥器利用制冷系统将流过氢气干燥器的氢气冷却，使其温度降到露点以下，氢气中的水蒸气以结露或结霜的形式分离出来。

2）经过热冲霜过程将霜化成水排出，从而达到降低氢气湿度的目的。

3）被冷却的氢气经换热系统升温后返回发电机。

（2）吸附式氢气干燥器的工作原理如下：

1）当发电机转子上轴流式风扇随着发电机转子一起转动时，

在风扇两侧氢气产生压差，在此压差的作用下，氢气被送进干燥器。

2）在干燥器里，氢气的水分被干燥剂吸收，然后氢气返回发电机。

3）当干燥器干燥剂失效时需进行再生，再生时干燥剂吸收的水分用电加热器加热，使之与干燥剂脱离，再由鼓风机或通过密封油系统里的真空泵排入大气。

3-131　发电机氢气控制系统应做好哪些运行维护工作？

（1）发电机检修后要用仪用气对气体系统的严密性进行测试，严密性合格后才可以进行置换、充氢操作。

（2）运行人员应经常检查发电机氢压，发现氢压异常时应及时补氢或排氢。应定期测试或分析发电机氢气的消耗量，超标或有异常变化时应查明原因处理。

（3）运行人员应经常检查发电机氢气纯度与露点，当氢气纯度与露点变化异常时应查明原因处理。当氢气纯度低于96%或氧含量大于2%时应进行排污，当氢中含水量大于25g/m^{3}时应进行排污。

（4）经常检查氢气干燥器的工作状况，当干燥剂失效时及时再生。

（5）氢气系统置换用二氧化碳气体的备存量应满足置换一次的需求量，并且随时可用。

（6）发电机内氢气系统任何时候都应不低于大气压力，以免空气漏入氢气系统。

（7）运行中对氢气系统的操作要动作缓慢，操作人员着装与使用的工具应符合GB 26164.1—2010要求，对氢气系统的检修应严格按工作票制度办理许可手续。

3-132　发电机气体系统的泄漏量（气密性）如何评级？

通过对照JB/T 6227—2005《氢冷电机气密封性检验方法及

评定》提供的等级评定标准和实际测得的泄漏量数据，可以查得当前发电机整套气体系统泄漏量的评级结果。

（1）发电机整套系统在额定氢压、额定转速下所测得的每天氢气泄漏量与表 3-13 比对如下。

表 3-13　　发电机在额定氢压及转速时气密性等级评定标准

评定等级	额定氢压（MPa）					
	≥0.5	≥0.4	≥0.3	≥0.2	≥0.1	<0.1
	漏氢气量（m^3/24h）					
合格	18.0	16.0	14.5	7.5	5.0	4.0
良	14.5	13.0	11.5	6.0	4.5	3.5
优	11.0	10.0	8.5	4.5	4.0	3.0

（2）发电机整套系统在额定氢压、转子静止或盘车转速下所测得的每天空气泄漏量与表 3-14 比对如下。

表 3-14　　发电机在额定空气压力及停机状态时气密性等级评定标准

评定等级	额定氢压（MPa）					
	≥0.5	≥0.4	≥0.3	≥0.2	≥0.1	<0.1
	漏氢气量（m^3/24h）					
合格	3.6	3.2	2.9	1.5	1.0	0.8
良	2.9	2.6	2.3	1.2	0.9	0.7
优	2.2	2.0	1.7	0.9	0.8	0.6

3-133　用哪些措施来保证发电机气体（氢气）系统的严密性？

对于即定的系统，影响发电机漏氢的因素主要涉及安装调试与运行两方面。

1. 机组新建（大修）安装、调试时

（1）严格按照制造厂图纸说明书和 DJ 57—1979《电力建设施工及验收技术规范》做好以下设备的安装。

1）发电机外端盖安装；

2）氢气冷却器及罩安装；

3）发电机出线罩安装；

4）发电机轴密封瓦装配；

5）发电机气体管道安装。

（2）严格按相关规范要求做好以下现场试验，并确认试验结果合格。

1）发电机定子绕组水路水压试验；

2）发电机转子气密性试验；

3）氢气冷却器水压试验；

4）发电机定子单独气密性试验；

5）发电机整体气密性试验。

2. 机组正常运行时

（1）保持密封油压跟踪氢压良好，防止因密封油压低而漏氢。

（2）定期测量（统计）氢气的泄漏量，及时了解氢气的泄漏率，泄漏率增大时应及时查漏、处理。

（3）机组氢气泄漏侦测装置报警时，应及时确认现场漏氢状况并及时处理。

3-134　简述发电机整体气密性试验的步骤与计算方法。

发电机整体气密性试验在发电机密封油系统已正常运行，发电机气体系统检修完成并具备充仪用气条件后进行。具体步骤如下：

（1）检查氢、油、水控制系统中阀门、仪表的工作状态，应该与发电机正常运行时的实际状态完全一致，严禁为了减少漏气量有意关闭某些阀门和仪表。

（2）检查密封油控制系统已投入工作，空侧油压与机内空气压力差必须符合正常运行要求，氢侧油压与空侧油压必须平衡。

（3）检查发电机内水直接冷却系统和氢气冷却器未充水，且排空气阀打开。

（4）向发电机内充仪用气，气压达到试验要求值（额定值）后必须稳定 2h 才可开始读数并记录。

（5）每小时读数并记录一次发电机内气压、大气压力、发电机内气体温度、氢侧密封油箱油位参数。每次读数记录时，须保持氢侧密封油箱油位相同。

（6）试验进行 4h 后，即可用公式计算空气的泄漏量。如漏气量连续三点相互间差值不超过 15%，可以认为漏气量已趋于稳定。此时可进行初步判断，如漏气量大，可结束试验进行检漏。否则试验时间保持至少 24h。

漏气量计算公式为

$$\Delta V = V\left(\frac{p_1 + p_{B_1}}{273 + \theta_1} - \frac{p_2 + p_{B_2}}{273 + \theta_2}\right)\frac{\theta_0}{p_0}\frac{24}{\Delta t}$$

式中 ΔV——漏气量，m^3/天；

V——发电机充气容积，m^3；

p_0——给定状态下大气绝对压力，p_0=0.1MPa；

θ_0——给定状态下大气绝对温度，θ_0=273+20=293K；

p_1——试验时所取 Δt 段开始时机内气体压力，MPa；

p_{B_1}——试验时所取 Δt 段开始时大气绝对压力，MPa；

θ_1——试验时所取 Δt 段开始时机内气体平均温度，℃；

p_2——试验时所取 Δt 段结束时机内气体压力，MPa；

p_{B_2}——试验时所取 Δt 段结束时大气绝对压力，MPa；

θ_2——试验时所取 Δt 段结束时机内气体平均温度，℃；

Δt——试验进行时的任意段时间段，h。

（7）发电机内气体的平均温度 θ_n 应以发电机内所有气体温度测点的平均值为准，发电机内气体压力 p_n 应用高精度数字式压力计测量。

3-135　对于采用不同形式的密封油系统的发电机，其整体气密性试验结果如何研读？

（1）发电机整体气密性试验计算公式 $\Delta V = V\left(\frac{p_1 + p_{B_1}}{273 + \theta_1} - \frac{p_2 + p_{B_2}}{273 + \theta_2}\right)\frac{\theta_0}{p_0}\frac{24}{\Delta t}$ 所得出的结果其实为发电机每天所消耗的气量，该消耗量由因气体系统不严密造成的泄漏量和由密封油溶解所携带走的量两部分组成。

（2）对于双流环式密封油系统，如果空氢侧串油量很小，则氢侧密封油对气体的溶解经过一段时间就会达到饱和状态，因此该系统“由密封油溶解所携带走的量”很小，因此试验结果可近似认为是“因气体系统不严密造成的泄漏量”。

（3）对于单流环式密封油系统，空氢侧回油都回到真空油箱，氢侧回油所溶解的气体大部分在真空油箱中也被除去，氢侧回油会不断地溶解吸收发电机内的气体并在真空油箱中除去，因此，该系统“由密封油溶解所携带走的量”较双流环式密封油系统大得多。因此，试验结果中“由密封油溶解所携带走的量”不能忽视，不可以将试验结果当做是“因气体系统不严密造成的泄漏量”。

3-136　对于采用单流环式密封油系统的发电机，如何测算氢冷系统因不严密造成的氢气泄漏量？

要测算单流环式密封油系统的发电机气体系统因不严密造成的气体泄漏量，在做气密性试验时，还应记录密封油的流量参数 Q。具体测算步骤如下：

（1）按发电机整体气密性试验方法得出发电机的气体消耗量 ΔV。

（2）通过实验测量得到空氢侧回油在真空油箱中所除去的溶

解气体数量 V_t。

(3) 通过实验测算得氢侧回油流量（关闭中间油箱出口阀，根据其油位变化速度计算氢侧回油流量）Q_{H_2}。

(4) 根据记录的密封油的流量参数 Q 和测算得到的氢侧回油流量 Q_{H_2} 计算出空侧密封油回油量 Q_{air}，即

$$Q_{air} = Q - Q_{H_2}$$

(5) 根据空气在密封油中的溶解性和空氢侧回油量参数，计算得空氢侧密封油溶解气体（处于饱和状态下）数量：

1) 氢侧密封油溶解氢气量（氢侧回油绝对压力为 600kPa）V_{H_2} 为

$$V_{H_2} = 60K_{H_2}Q_{H_2}$$

式中 V_{H_2}——氢侧密封油溶解氢气量，L/h；

K_{H_2}——氢气在密封油中的溶解系数,%，绝对压力为 600kPa 时取 34.4%；

Q_{H_2}——氢侧密封油回油流量，L/min。

2) 空侧密封油溶解空气量（空侧回油绝对压力为 96kPa）V_{air} 为

$$V_{air} = 60K_{air}Q_{air}$$

式中 V_{air}——空侧密封油溶解氢气量，L/h；

K_{H_2}——空气在密封油中的溶解系数,%，绝对压力为 96kPa 时取 8.7%；

Q_{air}——空侧密封油回油流量，L/min。

3) 氢侧密封油溶解氢气数量所占空氢侧两侧密封油溶解气体数量总和之比 K 为

$$K = V_{H_2}/(V_{H_2} + V_{air})$$

(6) 按氢侧密封油溶解氢气数量所占空、氢侧两侧密封油溶解气体数量总和之比 K，估算实际被真空油箱除去的氢气数量 ΔV_{rem} 为

$$\Delta V_{rem} = KV_t$$

（7）发电机气体系统因不严密造成的泄漏量 ΔV_{leak} 计算式为

$$\Delta V_{leak} = \Delta V - \Delta V_{rem}$$

式中 ΔV_{rem}——被真空油箱除去的氢气数量，L/h；

ΔV_{leak}——发电机气体系统不严密造成的泄漏量，L/h；

ΔV——发电机气体消耗量，L/h；

V_t——真空油箱净化装置所除去空氢侧回油溶解的气体数量，L/h。

3-137 发电机气体系统漏点查找有哪些方法？

（1）在发电机内充额定氢气压力运行期间，可用可燃气体检测仪（测氢仪）检测并辅以喷肥皂水的方法确认各可疑点的泄漏情况。

（2）在发电机气体系统充仪用空气进行整体气密性试验时，可向发电机内充示踪气体并用示踪气体检测仪检查各可疑点。常用的示踪气体/检漏仪如下：

1）*R*22/卤素气体检漏仪、*R*134a/卤素气体检漏仪，该示踪剂及检漏仪成本较低，但对环境有影响。

2）He/氦气质谱分析检漏仪，该示踪剂及检漏仪成本较高，但环保。

3-138 发电机气体系统大修后应做哪些测试与试验？

发电机气体系统大修后应做以下测试与试验，并且确认结果符合相关要求：

（1）气体系统各参数越限报警测试。

（2）氢冷器水侧 1.25 倍设计工作压力气密（打压）性试验。

（3）发电机气体系统充仪用气整体气密性试验。

（4）发电机氢冷系统风压值测量试验（需要时）。

3-139 发电机内冷水系统大修后应做哪些测试与试验？

（1）发电机定子内冷水系统、转子内冷水系统气密（打压）

性试验。

（2）发电机内冷水系统各参数越限报警测试。

（3）内冷水箱水位自动控制测试。

（4）内冷水泵自动连锁启动试验。

（5）发电机内冷水断水检测装置动作测试。

第四章

汽轮机旁路系统

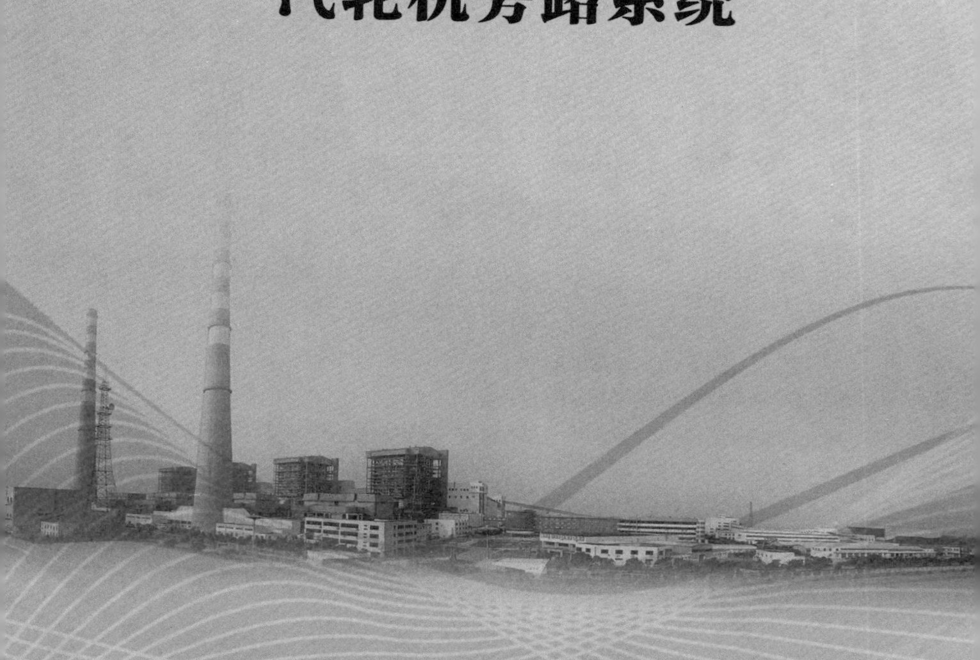

4-1　旁路系统有什么作用？

旁路系统作用如下：

（1）在机组启停过程中调节锅炉与汽轮机之间的工况，使其相匹配。可以加快机组启动速度，改善机组启动条件，回收系统工质，降低机组运行噪声。

（2）在机组启动冲转前，通过旁路系统建立汽水循环，使进入汽轮机前的蒸汽品质合格，满足汽轮机冲转的要求。

（3）旁路系统在下列工况中对机组起到保护作用。

1）在锅炉点火至汽轮机冲转前和停机不停炉的工况下，通过高压旁路向再热器供汽，以冷却再热器。

2）在汽轮机冲转前利用旁路系统对锅炉一、二次蒸汽系统进行吹扫，以减少固体硬质颗粒侵蚀对汽轮机的不利影响。

3）锅炉紧急停炉时通过旁路系统排出剩余的蒸汽，防止锅炉超压。在设有100％容量旁路系统的机组上，旁路系统起到安全阀的作用。

4-2　旁路系统有哪几种常用形式？

（1）高压一级大旁路系统见图4-1。蒸汽在主汽阀前引出，经过减温减压装置后引入凝汽器喉部。

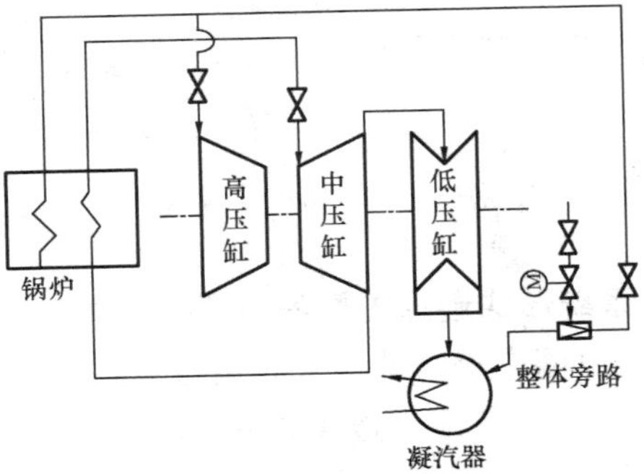

图4-1　高压一级大旁路系统

（2）高低压两级串联旁路系统见图 4-2。蒸汽在主汽阀前引出，首先经过高压旁路减温减压至高压汽轮机的排汽参数，再进入再热器。然后再热后的蒸汽经过低压旁路进一步降低参数后引入凝汽器喉部。

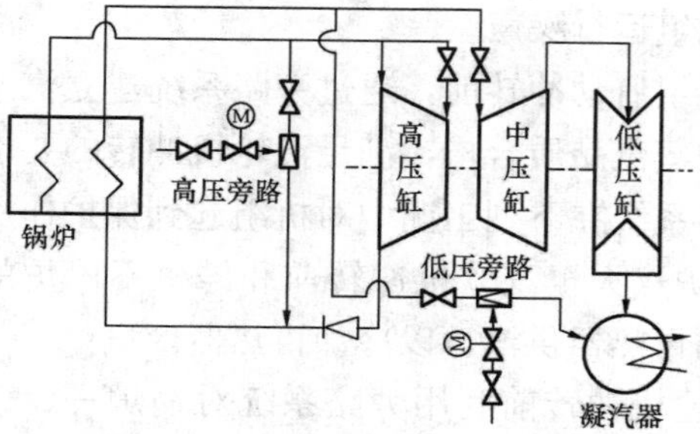

图 4-2　高低压两级串联旁路系统

（3）三级旁路系统见图 4-3。由一级大旁路系统和两级串联旁路系统组合而成。

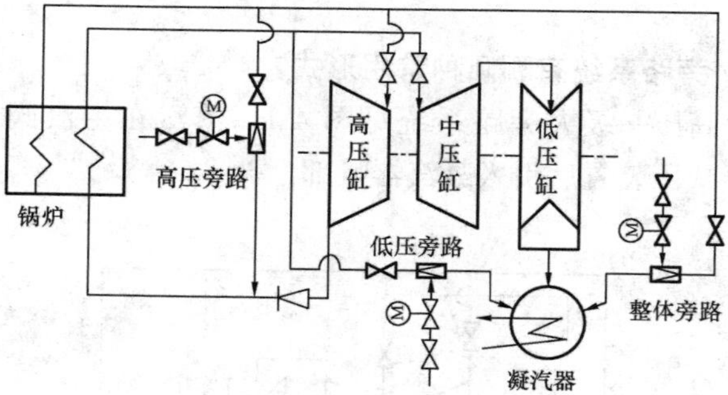

图 4-3　三级旁路系统

4-3　旁路系统形式选择主要考虑哪些因素？

（1）机组在电网中承担的任务和运行方式。

1）基本负荷机组启停次数少，一般可选用一级大旁路系统或不设置旁路系统。

2）调峰机组启停频繁，特别是两班制运行机组应选用启停损失小，便于调节的旁路系统，比如两级串联旁路系统。

（2）再热器在锅炉内布置的位置与所用材料。

再热器在额定负荷时入口烟气温度小于860℃时，只要再热器材质选择适当，旁路系统的选择可以不考虑再热器在机组启停时的保护问题。反之，尤其是布置辐射再热器时，旁路系统的选用应满足机组启停时再热器保护的要求。

（3）机组事故处理的方式。

1）当发生事故时，要求机组停机不停炉或带厂用电运行，则应选择汽水能回收又能保护锅炉的旁路系统，比如两级串联旁路系统。

2）如果发生事故时采用停机必停炉，则可选用一级大旁路系统。

4-4　旁路系统的容量是如何定义的？

（1）通常所说的旁路系统的容量是指高压旁路系统或整体旁路系统的容量，其定义为蒸汽在额定参数下通过高压或整体旁路的最大流量与锅炉最大连续蒸发量之比，以百分数表示。

（2）低压旁路系统容量的定义为再热蒸汽在额定参数下通过低压的最大流量与高压旁路容量为100％时的出口量之比，以百分数表示。

4-5　高压旁路系统或整体旁路系统的容量如何选择？

（1）只为了满足机组的冷态启动，旁路系统的容量可选择15％～20％。

（2）为了满足机组热态启动并减少启动时间，减少汽轮机寿命损耗，旁路系统的容量可选择50％左右。

（3）若要求锅炉旁燃料跳闸（MFT）后主蒸汽压力无明显变化，旁路阀同时起安全阀的作用时，则旁路系统应选择100％的容量。

（4）为了实现停机不停炉的要求，则旁路系统容量须大于锅炉的最低稳定负荷。

(5) 对于再热器布置在辐射或高烟温区，启动过程需进行再热器保护的机组，旁路系统的容量应等于或大于再热器冷却所需的蒸汽流量。

(6) 对于整体旁路系统，如果凝汽器热负荷计算时没有特别考虑旁路系统，整体旁路系统的容量不应大于60%。

4-6　低压旁路系统的容量如何选择？

(1) 如果高压旁路系统的容量不超过60%，则低压旁路系统的容量可以和高压旁路系统保持一致。

(2) 当高压旁路系统的容量选用100%时，在大型机组上低压旁路系统的容量要达到100%是困难的。如果再热器安全阀按程序排汽，当再热蒸汽压力超过中低压旁路设定值时，安全阀立即起跳，那么低压旁路系统的容量可以选择50%～60%。

(3) 低压旁路系统的容量还应根据凝汽系统的经济核算来确定。

4-7　旁路系统的执行机构有哪几种类型？各有什么特点？

(1) 旁路系统的执行机构有液动、气动和电动3种类型。

(2) 液动、气动和电动3种类型的旁路系统的执行机构特点比较见表4-1。

表4-1　3种类型的旁路系统的执行机构特点

序号	比较项目		液　动	气　动	电　动
1	提升力或力矩		提升力大，可根据需要设计	提升力较液动小，可根据需要设计	力矩较小，受电动机功率限制
2	全行程动作时间（s）	快开	1～2	2～3	≥5
		慢开	10～15	10～20	≈40
3	结构		需要一套液压油站，结构复杂	仪用气驱动气缸，执行机构较简单	只需一套电动设备，执行机构较简单
4	维护		液压系统维护复杂	气动机构维护简便	电气系统维护简便

4-8　高压旁路系统有哪些连锁保护？

（1）减压阀和喷水减温阀开启连锁，即减压阀一旦打开，喷水减温阀要跟踪打开，喷水减温阀的开度由模拟量控制。

（2）主蒸汽压力或升压速率超过限值时，旁路连锁开启。

（3）汽轮机跳闸时，减压阀快速开启。

（4）高压旁路阀后温度高Ⅰ值时报警，高Ⅱ值时连锁关闭阀门。

4-9　低压旁路系统有哪些连锁保护？

（1）凝汽器真空低、温度高超过限值时，减压阀快关。

（2）低压旁路减温水压力低时，迅速关闭低压旁路阀。

（3）减压阀后流量超过限值时，减压阀立即关闭。

（4）减压阀和喷水减温阀开启连锁。

（5）减压阀与凝汽器喉部喷水减温阀连锁。

（6）汽轮机跳闸时，减压阀快速开启。

4-10　高、低压旁路系统有哪些连锁保护？

（1）高压旁路减压阀开启，低压旁路减压阀即投自动或有相应开度。

（2）低压旁路减压阀故障，经延时后仍不能开启时连锁关闭高压旁路减压阀。

4-11　举例说明高压旁路阀的构造。

图 4-4 为某 600MW 机组高压旁路阀结构示意图。该高压旁路阀兼有减温减压、

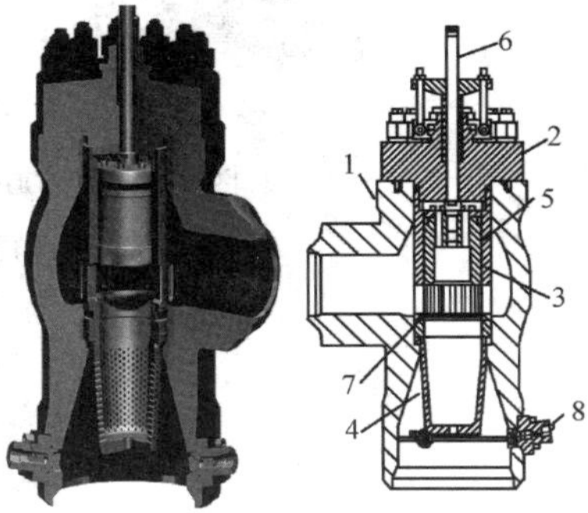

图 4-4　某 600MW 机组高压旁路阀结构示意图

1—阀座；2—阀盖；3、4—节流减压件；5—阀体；6—阀杆；7—阀芯；8—减温水喷嘴

调节、截止的作用。新蒸汽由上部管道进入阀体，在阀体内部流经节流减压件 3、阀芯 7 以及节流减压件 4 后蒸汽达到减压的目的。减压后蒸汽到达喷水减温区域，减温水从阀下部减温水喷嘴进入，高温蒸汽被减温后进入阀后连接管道。

4-12　举例说明低压旁路阀的构造。

图 4-5 为某 600MW 机组低压旁路阀结构示意图。该低压旁路阀与高压旁路阀同样，兼有减温减压、调节、截止的作用。

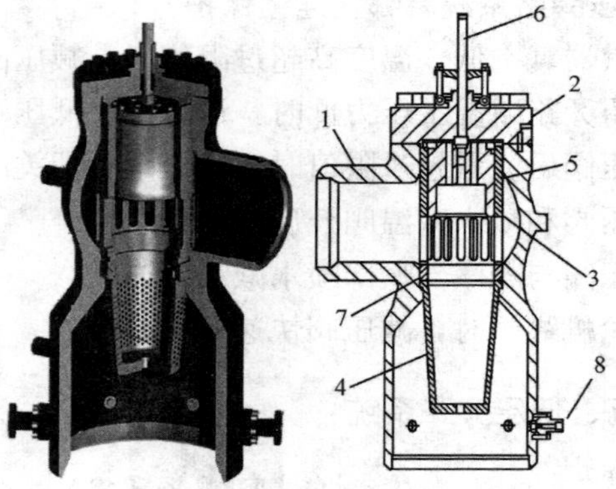

图 4-5　某 600MW 机组低压旁路阀结构示意图

1—阀座；2—阀盖；3、4—节流减压件；5—阀体；6—阀杆；7—阀芯；8—减温水喷嘴

4-13　旁路系统末级减温减压装置有哪些类型？举例说明其构造。

（1）多级膨胀减温减压装置。多级膨胀减温减压装置在国产中小型机组中应用比较多，图 4-6 为国产 100MW 机组所用的多级膨胀减温减压装置，蒸汽在各级中进行临界膨胀，在最后第 2 级出口处进行喷水减温。

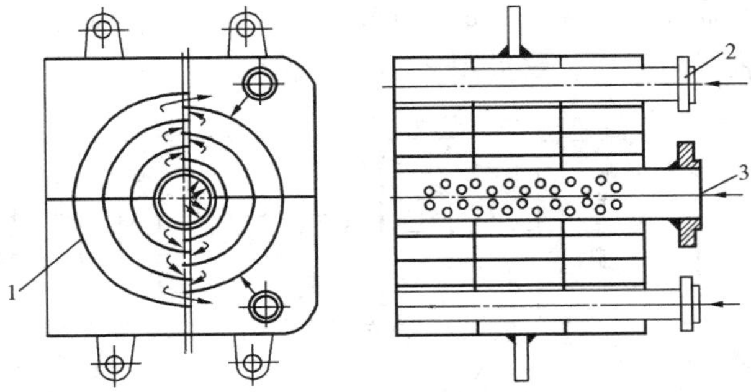

图 4-6　多级膨胀减温减压装置

1—弧形挡板；2—冷却水进口；3—蒸汽进口

（2）二级膨胀减温减压装置见图 4-7。

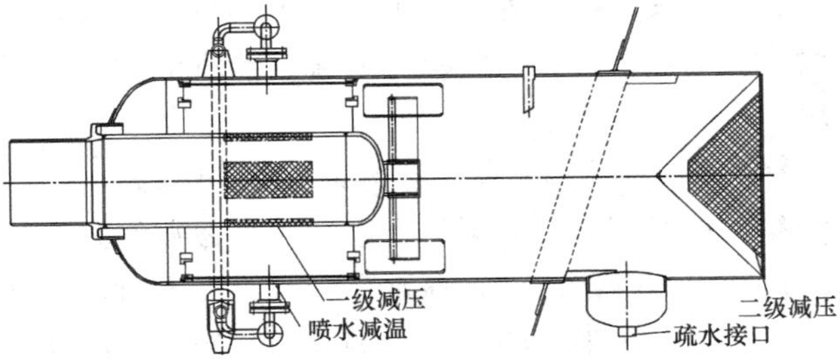

图 4-7　二级膨胀减温减压装置

二级膨胀减温减压装置使用最为普遍，旁路排放的蒸汽经一级减压后进行喷水减温，再进行第二级减压膨胀，两级减压蒸汽都进行超临界膨胀，最后进入凝汽器喉部。

（3）三级膨胀减温减压装置。低旁蒸汽进入减温减压器管末端开孔区，汽流通过蒸汽管末端开孔区上的多个小孔，进行第一次临界膨胀降压，在壳体内壁沿圆周方向均布设有 4 个雾化喷嘴，减温水雾化后与蒸汽充分混合汽化达到减温的目的。经过第一级减温减压后的蒸汽通过壳体内锥形喷网上的数个小孔，进行第二次临界膨胀降压，然后再通过分布在壳体及封头上的小孔进行第三次临界膨胀降压，最终扩散到整个凝汽器区域。低压旁路三级膨胀减温减压装置见图 4-8。

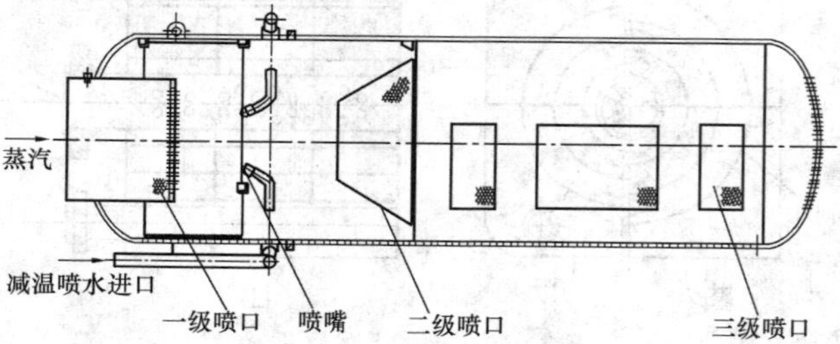

图 4-8　低压旁路三级膨胀减温减压装置

4-14　旁路系统对凝汽器有哪些影响?

(1) 当旁路系统容量达 70%时，凝汽器的冷却面积需要适当增加。凝汽器的热力计算要校核旁路排放蒸汽最大时机组带厂用电的工况。

(2) 旁路系统排入凝汽器的蒸汽虽然经过减温减压，但比正常的排汽参数仍然较高。为了防止这一较高参数的蒸汽对低压缸的影响，在凝汽器喉部需设置喷水。当旁路投入时，喉部喷水自动投入，形成一个水平水膜以防止旁路排汽倒入低压缸。

(3) 应对旁路系统排入凝汽器的蒸汽进行适当的组织，尽量使凝汽器喉部的流汽均匀。

4-15　高压旁路的布置有哪些原则?

(1) 高压旁路的接口应尽量接近汽轮机主汽阀（或主汽电动阀），并且布置在主蒸汽管道的低点。在汽机房位置不允许时，接口也可以布置在锅炉侧，但汽轮机主汽阀（或主汽电动阀）前需要另外设置疏水、暖管系统。

(2) 高压旁路系统管道应尽可能的短，同时应考虑到热膨胀，并且没有垂直的 U 形管等积水区。

(3) 旁路减压阀离主汽管引出点大于 2.5m 时，应设置专用管道来进行加热，以达到旁路系统热备用状态的目的。

（4）旁路减压阀保证严密的条件下，其前面可不设置隔离阀。旁路减压阀应立式布置，以便检修。旁路减压阀不得作为受力支点。

4-16 低压旁路的布置有哪些原则?

（1）低压旁路的接口应尽量接近汽轮机中压主汽阀，以便机组启动时再热蒸汽管道的暖管与疏水。

（2）低压旁路减压阀应尽量靠近凝汽器，以便缩短减压后蒸汽管道。因为该管道蒸汽流速很高，过长易发生振动。

（3）低压旁路系统管道应尽可能的短，同时应考虑到热膨胀，并且没有垂直的U形管等积水区。

（4）旁路减压阀应立式布置，位置不允许时也可以水平布置。

4-17 旁路系统的运行原则是什么?

（1）在机组启、停过程中，应充分利用旁路系统调整锅炉出口的蒸汽参数和流量，使其与汽轮机的启动状态相匹配，并尽可能地回收工质和热量。

（2）在机组正常运行时，旁路系统应始终处于热备用状态，此时减压减温阀应关闭，高压旁路减压阀前隔离阀应开启，减温阀前隔离阀在减温阀关闭严密时也应开启。

（3）在机组发生事故、汽轮机跳闸时，旁路系统应能快速动作。

4-18 举例说明两级串联旁路系统的压力控制。

（1）图4-9为某厂600MW机组高压旁路系统压力控制案例示意。

1）点火至主蒸汽实际压力达到汽轮机冲转压力之前，高压旁路减压阀压力设定值为p_{min}。减压阀最小开度限制在Y_{min}以上，

最大开度限制在 Y_{max} 以下。

2）主蒸汽实际压力达到汽轮机冲转压力之后至并网之前，高压旁路减压阀压力设定值为 p_{sync}。减压阀的开度根据主蒸汽压力偏差演算，不受 Y_{min}、Y_{max} 限制。

3）并网之后高压旁路减压阀压力设定值为机组滑压曲线向上偏移 5%，正常情况下减压阀的开度为零。

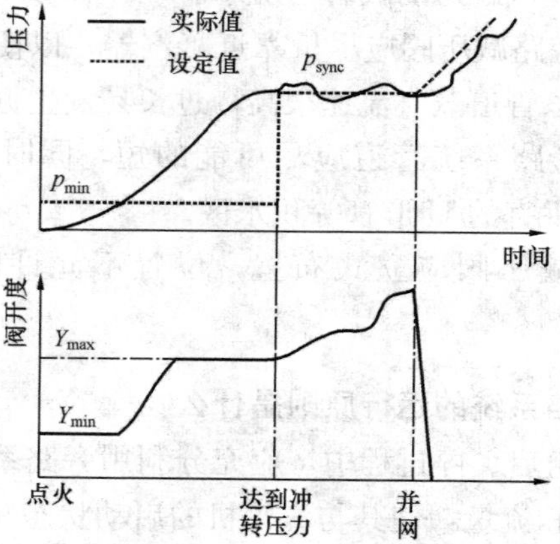

图 4-9　某厂 600MW 机组高压旁路系统压力控制案例示意

（2）低压旁路系统压力控制。

1）锅炉点火初期再热蒸汽压力小于低压旁路最小设定值 p_{min} 时，低压旁路阀一直处于关闭状态。

2）并网前低旁压力设定在自动方式下时，其压力设定值根据汽轮机中压缸第一级压力演算。低压旁路阀的开度根据热段再热蒸汽压力演算。

3）机组接带负荷后，为了维持再热蒸汽压力与机组负荷匹配，低压旁路阀逐渐关小，达到一定负荷高压旁路减压阀关闭后，低压旁路减压阀也全关。

4-19 举例说明整体型旁路系统的压力控制。

图 4-10 为某厂 600MW 机组冷态启动时，整体型旁路系统的压力控制案例示意。

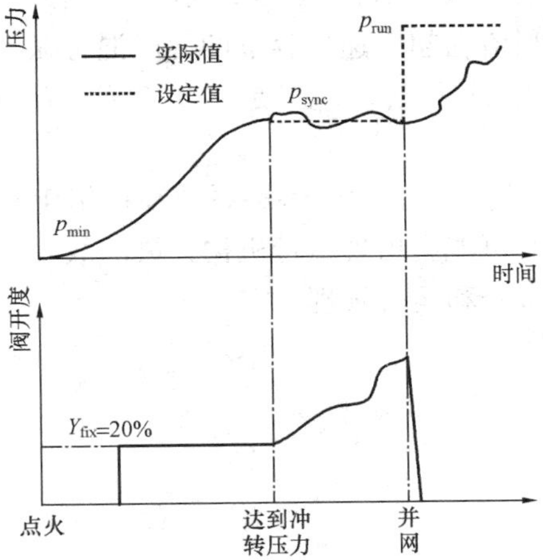

图 4-10 某厂 600MW 机组冷态启动时，整体型旁路系统的压力控制案例示意

(1) 在锅炉主蒸汽压力达到 1.0MPa 以前，旁路减压阀全关。

(2) 主蒸汽压力在 1.0MPa 至汽轮机冲转压力之前，旁路减压阀固定开度为 20%，压力设定值自动跟踪实际值。

(3) 主蒸汽压力达到汽轮机冲转压力之后至并网之前，旁路减压阀压力设定值为压力 p_{sycn}，开度根据主蒸汽压力偏差自动调节。

(4) 并网之后旁路减压阀压力设定值为 105%额定压力，旁路减压阀自动全关。

4-20 旁路系统在运行中有哪些常见故障?

(1) 高压旁路阀门泄漏。减压阀的内漏使机组正常运行中一部分蒸汽未经高压缸就进入了再热器，造成一定的损失。减温水阀的内漏存在减温水倒入主蒸汽管道，影响主蒸汽温度，影响汽轮机安全的危险。

(2) 旁路系统减压阀的振动。减压阀的振动主要有 3 种原因，一是自由射流在超音速扩容下的湍流混合振动；二是阀锥区域不稳定的压缩冲击振动；三是带有串联部件的节流装置的谐振。

(3) 执行机构失灵。由于旁路系统在机组正常运行中长期处于停用状态，有可能会出现执行机构失灵的故障，因此，应加强对旁路系统的维修和运行管理。

第五章

前置锅炉区主要辅助设备

5-1　前置锅炉区由哪些辅助系统及设备组成？

组成前置锅炉区的辅助系统及设备有冷却水供水系统、开式冷却水系统、闭式冷却水系统、仪用空气系统、杂用空气系统、凝结水补水系统、凝汽器及其抽气系统、凝结水系统、凝结水精处理及再生系统、给水加药装置、给水加氧装置、回热系统（低压加热器、除氧器、高压加热器）、电动给水泵组、汽动给水泵组、给水泵汽轮机等系统及设备。

5-2　冷却水供水系统的作用是什么？一般有哪几种基本形式？

冷却水供水系统的作用是将冷却水（循环水）送至凝汽器水侧，以冷却汽轮机低压缸排汽，维持凝汽器的真空，使汽水循环得以继续。另外，冷却水供水系统还向开式冷却水系统、冲灰系统等提供水源。

发电厂冷却水供水有两种基本形式：直流式供水系统和循环式供水系统。也可采用两种方式混合供水。

5-3　什么是冷却水直流供水方式？什么是冷却水循环供水方式？

冷却水直流供水方式：水自江河的上游（某侧海水域）引入，通过火电厂的冷却设备，使用一次后排至江河的下游（另侧海水域）。也称为开式供水系统。

冷却水循环供水方式：温度升高了的冷却水被再送至专门的冷却设备冷却后，又经循环水泵送至凝汽器再次使用，从而构成一个闭式的循环。也称闭式循环供水系统。闭式供水系统按专门的冷却设备不同又可分为冷却水池循环供水系统、冷却水塔循环供水系统和喷水池冷却供水系统。

5-4　如何选择冷却水供水系统的形式？

（1）当水源有足够的水量，并且电厂厂址不高于水源的经常水位 12m，距水源不远于 1km 时，则采用直流供水系统较为有利。

（2）电厂厂址高于水源的经常水位 10～12m 或离水源在 1～2km 的范围内时，则应与闭式循环供水系统比较后决定。如果电厂厂址更高或离水源更远，水泵所需用的电力就要大大增加，则必须采用闭式循环供水系统。

5-5 什么是直流供水系统的热污染？防治方法有哪些？

直流供水系统的冷却水流过凝汽器，温度约升高 8～12℃后又返回原地，而电厂冷却水量又很大，如此大量的较高温度的冷却水排出给水体带来的影响称为直流供水系统的热污染。

直流供水系统热污染的防治方法有以下两种。

（1）先将冷却水排入一条排水明渠，水在流动过程中向大气放出热量，减温后再排入水体。明渠的绕行长度应满足达到减少或避免热污染的效果。

（2）在冷却水排入水体前，先导入湿式冷却水塔中被冷却，降温后再排入水体。这可以有效地防止热污染，但建立庞大的附加冷却水塔增加了电厂的投资。

5-6 附简图说明直流供水系统一般由哪些设备组成。

直流供水系统一般由粗拦污栅、拦污栅、钢闸门、旋转滤网、滤网冲洗泵、循环水泵及冷却装置、凝汽器入口二次滤网和管渠、阀门以及仪表组成，见图 5-1。

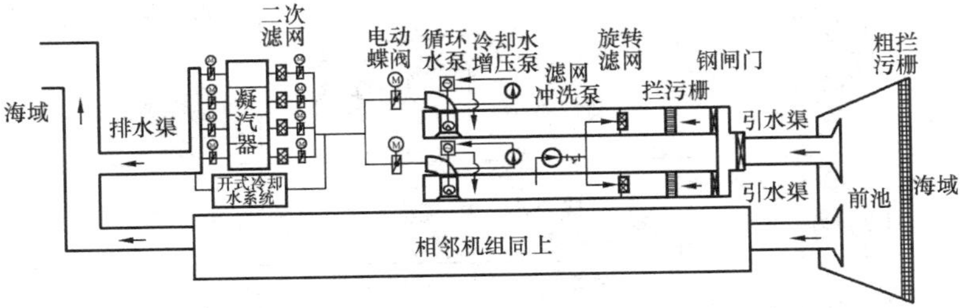

图 5-1 直流供水系统简图

5-7 附简图说明闭式循环供水系统由哪些设备组成。

闭式循环供水系统一般由供水冷却装置、滤网、循环水泵、管渠、阀门以及仪表组成，见图 5-2。

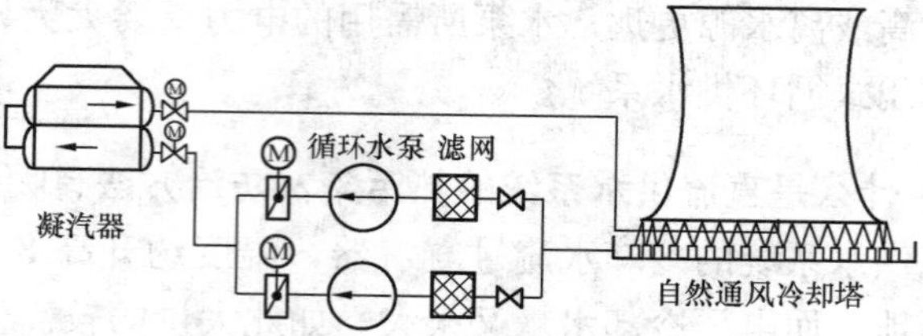

图 5-2 闭式循环供水系统简图

5-8 闭式循环供水的冷却装置有哪些形式？各有什么特点？

闭式循环供水的冷却装置有喷水冷却水池、自然通风冷却水塔、机力通风冷却水塔 3 种，其特点如表 5-1 所示。

表 5-1 闭式循环供水的冷却装置特点

序号	比较项目	喷水冷却水池	自然通风冷却水塔	机力通风冷却水塔
1	冷却效率受风速影响	影响大	影响较小	几乎不受影响
2	冷却水损失量	损失量大	损失量小	损失量较小
3	冷却装置占地面积	占地面积大	占地面积较小	占地面积小
4	冷却装置运行成本	运行成本小	运行成本较小	运行成本大
5	冷却装置运行噪声	运行噪声小	运行噪声小	运行噪声大
6	适用机组	中小机组适用	大型机组适用	大型机组适用

5-9　自然通风冷却水塔由哪些部件组成？是如何工作的？

双曲线自然通风逆流式冷却水塔由配水系统、淋水系统、带支撑结构的风筒和集水池组成。

冷却水进入凝汽器吸热后，沿压力管道进入配水槽中，水沿水槽由塔中心流向四周，再由配水槽下边的滴水孔眼呈线状落到与孔眼同心的溅水碟上，溅成细小的水滴，再落入淋水装置散热后流入集水池。水流在飞溅下落时，冷空气依靠塔身所形成的自拔力由塔的下部吸入并与水流交换热量后向上流动。吸热后的空气由顶部排入大气。

5-10　冷却水塔在运行中应注意哪些问题？

（1）调节冷却水塔集水池的补、排水量应合适，保持集水池水位稳定、循环水盐含量正常。

（2）定期清洗配水系统，使水槽水流均匀，保证水槽不溢水、不漏水。

（3）喷嘴出来的水应垂直落在溅水碟中心，喷嘴或水碟有破损或堵塞时应及时清理、更换。

（4）淋水装置应保持完整，损坏时应尽快更换。

（5）经常检查通风管，发现有渗水或裂纹时应查明原因，并在检修中加以消除。

（6）在冬季运行和停运时都要做好防冻措施。

5-11　冷却供水系统的循环水泵有什么特点？一般采用什么形式的水泵？

冷却供水系统的循环水泵的特点是流量很大、扬程较小。

冷却供水系统设计时，循环水泵可根据实际运行的需要选择离心泵、轴流泵或斜流式泵（混流泵）。一般直流供水时采用轴流泵或斜流泵，而在闭式循环供水系统中可采用斜流泵或离心泵。

5-12　离心泵、轴流泵和混流泵作为循环水泵使用时各有什么特点？适用什么场合？

（1）离心泵。扬程较高、抗气蚀性能好，检修、维护与安装方便，在水源水变动不大，并且需严格控制水泵房占地面积的条件下，可采用卧式离心泵。特别是在闭式循环供水电厂中，循环水泵除要克服凝汽器及供水管道阻力外，还必须将水送上冷却水塔配水槽，而轴流泵扬程较低，所以更宜采用离心泵。

（2）轴流泵。相对离心泵其结构简单、质量轻、制造成本低，轴流泵还可以采用改变叶片装置角度的方法实现流量调节，调节效率高。轴流泵具有流量大、压头低的特点，被广泛用于直流供水系统中。

（3）混流泵。混流泵的比转速介于离心泵与轴流泵之间，兼有离心泵与轴流泵的优点，可适应任何形式的冷却水供水系统。

5-13　闭式循环供水系统为什么要保持一定的排污量？

由于循环水多次进行循环使用，循环水将被浓缩，循环水中的有机杂质及无机盐的比例将大大增加，继续使用而不加强排污或补充新水，循环水中的盐类物质在凝汽器冷却水管内结垢，影响传热效果，使真空下降，机组汽耗增加。因此，应对冷却水塔的运行加强管理，进行连续适量的排污工作。

5-14　海水管道及设备有哪些防腐措施？

海水管道及设备常用的防腐措施如下：

（1）喷涂防腐涂层。常用的防腐涂料有厚浆形环氧煤沥青、环氧砂浆、氯化橡胶、高固体分改性环氧涂料等。

（2）牺牲阳极、阴极保护。常用的牺牲阳极有锌基和铝基两种，其中铝基阳极近年来使用较多。

（3）外加电流阴极保护。通过外加电源来提供所需的保护电流。

（4）衬胶保护。在管道内壁或设备表面衬胶，使海水不直接与金属接触。

（5）采用抗腐蚀材料。常用的抗海水腐蚀材料有玻璃钢、钛等。

5-15　外加电流阴极保护系统由哪几部分组成？各有什么作用？其技术要求应遵循什么标准？

外加电流阴极保护系统的组成部分及作用如下：

（1）直流电源。作用是提供保护电流，广泛使用的有整流器和恒电位仪两种。

（2）辅助阳极。作用是将直流电源输出的直流电流由介质传递到被保护的金属结构上。

（3）参比电极。作用是一方面用于测量被保护结构物的电位，监测保护效果；另一方面，为自动控制的恒电位仪提供控制信号，以调节输出电流，使结构物总处于良好的保护状态。

外加电阴极保护系统的设计、验收、运行与维护应遵循 GB/T 17005—1997《滨海设施外加电流阴极保护系统》。

5-16　海水管道及设备各种防腐措施应用如何？

（1）循环水泵。循环水泵泵壳一般采用喷涂防腐涂层并在泵壳外面装牺牲阳极、阴极保护的联合的保护方式。水泵本体一般采用抗腐蚀性材料，近年也有采用外加电流阴极保护方式，但目前仍有一些困难。

（2）循环水管道。沿海电厂的地下水含盐量高，循环水管道内外壁都须做好防腐蚀措施，一般采用喷涂防腐涂层与牺牲阳极、阴极保护的联合保护方式，也有循环水管采用玻璃钢管解决腐蚀问题的案例。

（3）开式冷却水管道。开式冷却水管在施工条件允许时，通常也采用喷涂防腐涂层与牺牲阳极阴极保护的联合保护方式。当因管径太小施工困难时，可采用外加电流阴极保护方式。

（4）凝汽器水室一般采用衬胶的方式防腐，同时也设置牺牲阴极而冷却水管多采用钛管。

5-17　海水作为循环冷却水时，循环水系统如何抑制海生物的生长？

控制或抑制海生物在循环水系统的滋长一般采用氯化处理，氯化处理可通过如下 3 种方式实现：

（1）直接加氯气。

（2）加次氯酸钠溶液。

（3）注入电解海水产生的次氯酸钠。

5-18　海水循环水的 3 种氯化处理（加氯气、加次氯酸钠溶液、电解海水产生次氯酸钠）有什么特点？应用如何？

（1）直接加氯气处理方法。氯气有毒，万一有氯气泄漏，即使微量泄漏也会造成污染及危害，并且加氯时，需频繁更换氯贮气瓶，要人工或机械搬运。该方法危险性大而不宜使用。

（2）加次氯酸钠溶液处理方法。因为长期、大量地运输、装卸市售次氯酸纳溶液存在着较大的困难，所以该方法较少使用。

（3）电解海水产生次氯酸钠处理方法。利用海水中的氯化钠（NaCl）通过电能将 NaCl 成分变为 NaClO 成分。电解用的海水由循环水系统供应，生成的次氯酸钠被注入到循环水系统加药点，NaClO 分解为 NaCl＋［O］，最后又进入海水。该方法因其安全性好、操作简单而得到广泛应用。

5-19　冷却水直流供水系统运行应做好哪些工作？

（1）定期检查前池（或取水头）、栏污栅处有无积存垃圾，检查栏污栅差压并定期启动清耙机清理栏污栅。

（2）定期检查旋转滤网的差压，旋转滤网应按固定周期自动启动冲洗或按差压自动启动冲洗，定期清理旋转滤网冲洗收集的垃圾。

（3）经常检查循环水泵的出口压力、运行电流、电动机及轴承温度、运转声音及振动情况。

（4）定期检测凝汽器出口循环水余氯，根据检测结果调整加次氯酸钠溶液量。

（5）根据汽轮机冷端优化运行要求，调整好循环水泵的运行方式。

（6）根据定期切换与试验要求做好冷却水直流供水系统的相关定期切换与试验。

5-20　什么叫循环水的冷却倍率？

凝结 1kg 排汽所需要的冷却水量，称为冷却倍率。其数值为进入凝汽器的循环水量与进入凝汽器的所有汽轮机的排汽量之比。

5-21　凝汽器胶球清洗系统的组成、作用和工作过程是怎样的？

胶球自动清洗系统由胶球泵、装球室、收球网、管道阀门及控制系统组成。

其作用是通过胶球与冷却水管内壁的碰撞和水流的冲刷来清除管壁上的沉积物，保证凝汽器铜管的粗糙度，保证传热效率。

清洗时把海绵球（软胶球）填入装球室，启动胶球泵，胶球便在比循环水压力略高的水流带动下，经凝汽器的进水室进入管道进行清洗。流出管道的管口时，随水流到达收球网，并被吸入胶球泵，重复上述过程，反复清洗。

5-22　什么是空气冷却系统，空气冷却系统有什么特点？

空气冷却系统是一种用空气来冷却冷凝汽轮机排汽的系统，依冷却方式可以分为直接空气冷却系统和间接空气冷却系统。空气冷却系统有如下特点：

（1）耗水量小，厂址选择不受水源的限制。

（2）热效率较低。

（3）其造价约为湿式冷却水塔的 2 倍。

（4）空气冷却系统工作时对气候条件的变化敏感。

5-23　简述直接空气冷却系统的组成、工作过程和优点。

直接空气冷却系统由空气冷却凝汽器、空气供应系统、凝汽器抽真空系统及空气冷却散热器清洗系统等组成，见图 5-3。

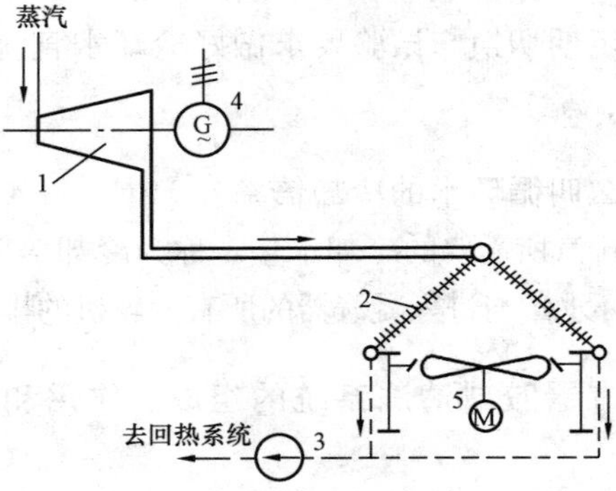

图 5-3　直接空气冷却凝汽系统的示意图
1—汽轮机；2—空气冷却凝汽器；3—凝结水泵；4—发电机；5—轴流风机

工作过程：汽轮机低压缸排汽通过大直径的排汽管进入空气冷却凝汽器，轴流风机将冷空气吸入，通过空气冷却散热器进行表面换热，将排汽冷却为凝结水。凝结水流回到排汽装置水箱，经凝结水泵升压送至回热系统循环使用。

直接空冷系统的主要优点就是节省循环水。

5-24　直接空气冷却系统空气冷却岛系统散热片顺、逆流布置有什么作用？

空气冷却岛系统顺流散热器管束是冷凝蒸汽的主要部分，逆流散热器管束主要是为了将系统内空气和不凝结气体排出，防止运行中在管束内部的某些部位形成死区，另外，还可以避免凝结水过冷度太大或者冬季形成冻结的情况。

5-25 简述混合式间接空气冷却（海勒 Heller）系统的组成、工作过程与优、缺点。

海勒系统由喷射式凝汽器、循环水泵、装有散热器的空气冷却水塔组成，见图 5-4。

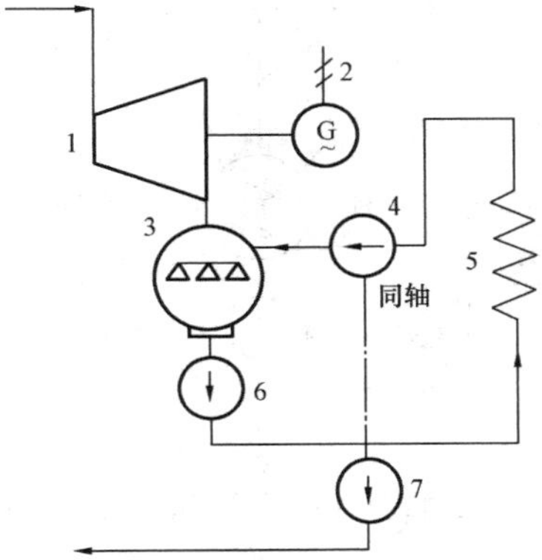

图 5-4 混合式间接空气冷却凝汽系统示意图

1—汽轮机；2—发电机；3—混合式凝汽器；4—水轮机；5—空气冷却器；6—循环水泵；7—给水泵

工作过程：海勒系统中的冷却水进入凝汽器直接与汽轮机乏汽混合并使其冷凝，受热后的冷却水 80%左右由循环水泵送至空气冷却水塔散热器，经与空气换热冷却后再送入喷射式凝汽器冷却汽轮机乏汽。

海勒系统的优点是混合式凝汽器体积小，汽轮机排汽管道短，保持了水冷的长处；其不足是设备多、系统复杂，冷却水量大，增加了水处理费用。

5-26 简述表面凝汽式间接空气冷却（哈蒙 Hamon）系统的组成、工作过程与优、缺点。

表面凝汽式间接空气冷却系统由表面式凝汽器、循环水泵和干式冷却水塔组成，见图5-5。

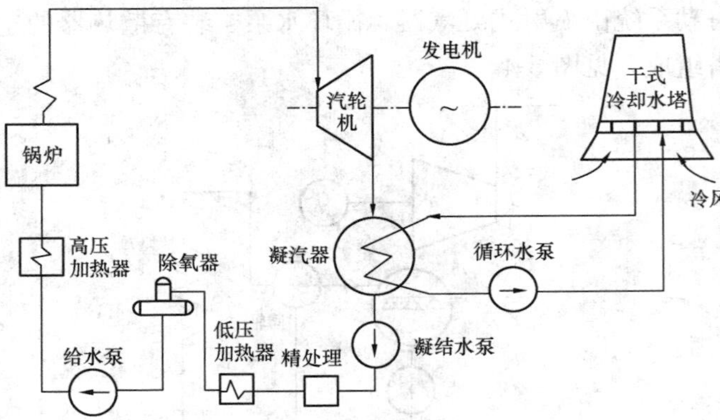

图5-5　表面式间接空气冷却凝汽系统示意图

工作过程：哈蒙系统中的冷却水为密闭式循环，汽轮机乏汽在表面式凝汽器中与循环冷却水换热，循环冷却水吸收乏汽热量后在干式冷却塔中与空气换热，冷却后的循环冷却水又回到凝汽器吸收乏汽的热量。

哈蒙系统优点是设备较少、系统简单，循环冷却水和凝结水分开可按不同的水质要求处理。其不足是经过两次表面式换热，传热效果差，在同样的设计气温下汽轮机背压较高，经济性差。

5-27　开式冷却水系统由哪些设备组成？其主要有哪些用户？

开式冷却水系统一般由开式冷却水升压泵、滤网、热交换器和管道、阀门组成。

开式冷却水取自凝汽器循环冷却水系统，适用于向用水量较大、循环冷却水的水质可以满足要求的设备和闭式循环冷却水热交换器提供冷却水源。

在采用海水作为循环水的电厂中，开式冷却水系统的用户较少，一般只有闭式冷却水热交换器和水环式真空泵热交换器。而采用淡水作为循环水的电厂中，开式冷却水系统的用户一般较多，比如汽轮机、给水泵汽轮机润滑油冷却器、氢气冷却器、定子冷却水热交换器等。

5-28 开式冷却水系统运行应做好哪些工作？

（1）经常检查开式冷却水升压泵出口滤网差压，具有反冲洗功能的旋转滤网应根据其差压自动反冲洗工作正常。

（2）做好开式冷却水升压泵的定期轮换。

（3）经常检查开式冷却水升压泵的出口压力、运行电流、电动机及轴承温度、运转声音及振动情况。

（4）经常检查开式冷却水系统供水压力应正常。

5-29 闭式冷却水系统由哪些设备组成？其主要用户有哪些？

闭式冷却水系统一般由闭式冷却水泵、闭式冷却水泵入口滤网、闭式冷却水热交换器、闭式冷却水膨胀水箱和管道、阀门组成。

闭式冷却水系统一般采用除盐水或凝结水，适用于向用水量较小、水质要求较高的设备提供冷却水源。

5-30 闭式冷却水膨胀水箱有什么作用？

（1）为闭式冷却水泵提供吸入压头。

（2）闭式冷却水量变化时，作为一个调节和缓冲容器，以满足闭式冷却水量波动的需要。

5-31 闭式冷却水一般采用除盐水或凝结水，其水质应符合什么样的要求？

根据 GB/T 12145—2008《火力发电机组及蒸汽动力设备水汽质量》的要求，闭式冷却水水质要求见表 5-2。

表 5-2　闭式冷却水水质

材　质	电导率(25℃，μS/cm)	pH(25℃)
全铁系统	≤30	≥9.5
含铜系统	≤20	8.0～9.2

5-32　闭式冷却水系统运行应做好哪些工作？

（1）经常检查闭式冷却水泵入口滤网差压，差压高时及时调整运行方式并清洗滤网。

（2）做好闭式冷却水泵、闭式冷却水热交换器的定期轮换。

（3）经常检查闭式冷却水泵的出口压力、运行电流、电动机及轴承温度、运转声音及振动情况。

（4）经常检查热交换器后闭式冷却水压力，压力偏高或偏低时及时调整。经常检查热交换器端差及其出口闭式冷却水温度应正常。

（5）经常检查闭式冷却水膨胀水箱水位，定期统计分析闭式冷却水系统的泄漏量和药剂消耗量。

（6）定期检测闭式冷却水水质参数，缓蚀剂和抑制剂的浓度。

5-33　空气压缩机根据其工作原理可分为哪两大类？电厂仪（杂）用气系统用压缩机有哪些常见类型？

空气压缩机的种类很多，按工作原理可分为容积式压缩机和速度式压缩机。

容积式压缩机的工作原理：压缩气体的体积，使单位体积内气体分子的密度增加以提高压缩空气的压力。仪（杂）用气系统常见的容积式压缩机有往复式和螺杆式。

速度式压缩机的工作原理：提高气体分子的运动速度，使气体分子具有的动能转化为气体的压力能，从而提高压缩空气的压力。仪（杂）用气系统常见的速度式压缩机有离心式压缩机。

5-34 简述螺杆式压缩机的优、缺点。

螺杆式压缩机的优点：

（1）可靠性高。零部件少，没有易损件，所以运转可靠，寿命长。

（2）操作维护方便。自动化程度高，操作人员无需长期专业培训即可操作，可实现无人值守运转。

（3）动力平衡好。螺杆式压缩机没有不平衡惯性力，机器可平稳高速运行，可实现无基础运转。

（4）适应性强。容积流量几乎不受排气压力的影响，在宽广的范围内可以保持较高的效率。

螺杆式压缩机的缺点：

（1）造价高。

（2）不能用于高压场合，不能用于微型场合。

5-35 简述离心式压缩机的优、缺点。

离心式压缩机的优点：

（1）生产能力大，供气量均匀，结构紧凑，占地面积少。

（2）结构简单，易损零件少，便于检修，运转可靠，连续运转周期长，一般能连续运转1～2年，所以不需要备机。

（3）转子和定子之间，除轴承和轴端密封外，没有接触摩擦的部分，在气缸内不需要加注润滑油，消除了气体带油的缺点。

（4）离心式压缩机是高速运转的机器，适合采用汽轮机或燃气机直接驱动。

离心式压缩机的缺点：

（1）离心式压缩机的效率一般比较低。偏离设计工况点较大时，会出现“喘振”。如果不及时处理，可导致机器的损坏。

（2）操作的适应性差，气体的性质对操作性能有较大影响。

5-36 容积式压缩机的出口是否必须设置安全阀？

（1）因为压缩机后储气罐（压力容器）上必须装设安全阀，

所以如果容积式压缩机的出口至储气罐的管线上没有装设切断阀，那么容积式压缩机的出口则可以不装设安全阀。

(2) 如果容积式压缩机的出口至储气罐的管线上已装设切断阀，那么根据 GB 50029—2003《压缩空气站设计规范》的要求，容积式压缩机的出口与切断阀之间则必须装设安全阀。

5-37　压缩机的出口止回阀的作用是什么？

(1) 压缩机出口装设止回阀的主要目的是配合排空管实现压缩机的卸载启动，从而减小启动电流。

(2) 对于离心式压缩机因为其自身设计要求不允许反转，并且其轴承的进油口有方向要求，也不允许反转，因此其出口必须设置止回阀。

5-38　离心式压缩机的喘振是怎样发生的？发生喘振的原因是什么？

从离心式压缩机的级来说，喘振是由于叶片扩压器叶道或叶轮叶道中发生边界层分离扩及整个叶道，因而引起冲击，损失急剧增加，使有效能头随气量减少而下降，压缩机的压力很快下降，然而压缩机的出口系统压力并没有改变，这就使得气体倒流，使流道的流量暂时得到补充，从而恢复正常工作。当把倒流进来的气体压出去时，又使流量减少，继而压力又很快下降，系统的气体再次倒流，气体在排气管机器中周而复始地改变流向，会在机器及排气管中产生低频、高振幅的压力脉动。同时机器会发出严重的噪声，整台机器会产生强烈振动，压缩机便发生喘振。

根据离心式压缩机喘振现象的分析，引起离心式压缩机喘振的根本原因就是压缩机的流量过小导致机内出现严重的气体旋转分离，产生较大的冲击损失。外因则是管网的压力高于压缩机所能够提供的排气压力。

5-39 什么是离心式压缩机的自动双重控制方式？自动双重控制方式是如何工作的？

离心式压缩机的自动双重控制是综合了入口节流定压控制与卸载控制的一种工作方式。

当用户用气需求量在机组节流范围内时，采用定压调节方式。当系统用气需求量低于节流调节范围下限时，压缩机自动卸载。当系统压力低于自动加载设定点时，压缩机重新加载运行。该控制方式适用于对压力要求不严格，系统缓冲容量较大的场合，电厂离心式空气压缩机多采用该控制方式。

5-40 什么是离心式压缩机的最大电流、设定压力、最小电流与加载压力？

最大电流：指压缩机满载运行的电流，数值一般为1.1倍的电动机额定电流。压缩机运行时通过入口节流阀调节空压机出力不超载，即运行电流不超过最大电流。

设定压力：指压缩机排出压力的设定点，数值一般为压缩机的额定压力。当系统空气需求量减小（或增大）时压缩机入口节流阀关小（或开大，但受限于最大电流），以维持系统压力基本稳定。

最小电流：指压缩机最小流量工作时对应的电流，最小流量一般取喘振刚要发生时对应流量的1.05～1.10倍。当系统空气需求量减小，压缩机入口节流阀关小至最小电流时，压缩机即完全卸载以免发生喘振现象。

加载压力：指压缩机因系统空气需求量减小卸载后需重新加载的系统压力。一般由空气系统的工艺要求决定。

离心式压缩机最大电流、设定压力、最小电流与加载压力的关系如图5-6所示。

5-41 什么是压缩机的比能（比功率）？

（1）压缩机的比能（比功率）指压缩机的输入功与规定状态

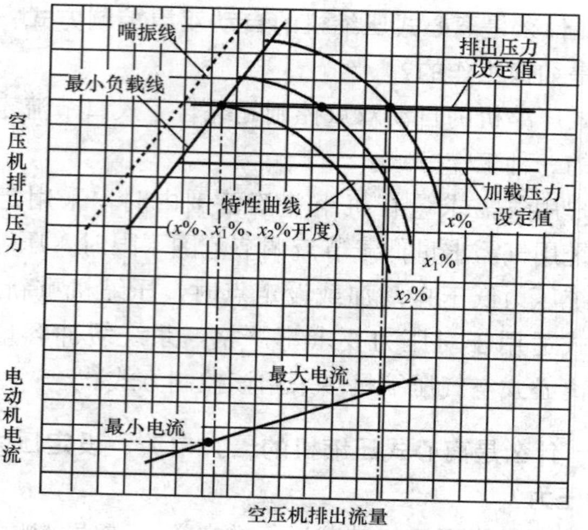

图 5-6　离心式压缩机最大电流、设定压力、最小电流与加载压力的关系图

下的实际排出空气容积流量之比，单位是 kW/(m^3 · min^{-1})。

（2）在 GB/T 4975—1995《容积式压缩机技术 总则》中对实际比能（比功率）的定义是："压缩单位质量或单位容积气体，压缩机驱动轴所需的功，分别称为实际质量比能或实际容积比能"。该定义中压缩机的输入功指的是压缩机驱动轴所需的功。

（3）在 GB 19153—2009《容积式空气压缩机能效限定值及节能等级》中对实际比能（比功率）的定义是："在规定工况下，空气压缩机组的输入功率与空气压缩机实际容积流量之比值"。空气压缩机组的输入功率指的是"在额定供电情况下（如相数、电压、频率）空气压缩机组总的输入功率。输入功率中应计入空气压缩机组内所有装置的影响"。

5-42　压缩空气系统在 0.7MPa 压力时，不同直径的漏点泄漏量为多少？

压缩空气系统在 0.7MPa 压力时，0.5～20mm 泄漏孔径每分钟泄漏的空气流量见表 5-3。

表 5-3　　泄漏的空气流量表

泄漏孔径（mm）	0.7MPa 压力下泄漏量（L/min，ANR 标准状况）
0.5	17
1	68
2	272
4	1088

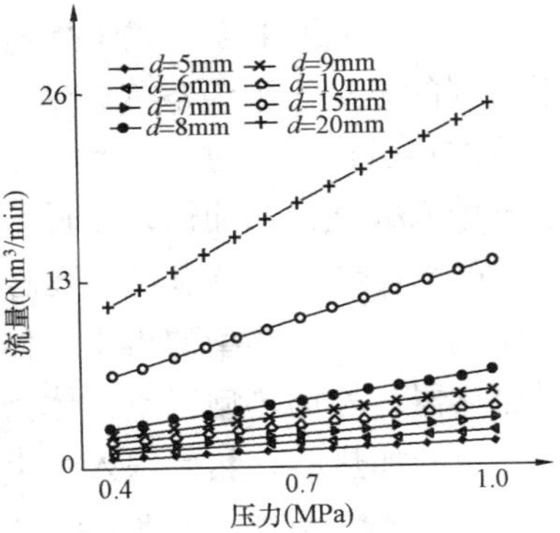

5-43　常用的吸附式仪用气干燥器如何分类?

吸附式干燥器可以分为简易型（一次性）和再生型两大类，电厂用的吸附式仪用气干燥器都为可再生型的。常用的吸附式仪用气干燥器按再生方法又可分为无热再生吸附式干燥器和有热再生吸附式干燥器。前者因再生耗气量大而比较少用。

5-44　简述吸附再生式仪用气干燥器的工作原理。

（1）可再生型吸附式干燥器有两个机筒组成，内面装填水分吸附剂（氧化铝、硅胶、分子筛），两个机筒一个工作，另一个再生或备用。仪用空气流经工作机筒时，水分被吸附剂吸收，其出口得到干燥的仪用气，工作机筒吸附能力下降后投入已再生好的备用机筒，原工作机筒转入再生状态。

（2）无热再生吸附式干燥器是通过“压力变化”来达到再生干燥剂的效果。由于空气容纳水汽的能力与压力呈反比。利用干燥后的一部分干燥空气减压膨胀至大气压，这种压力变化使膨胀空气变得更加干燥，然后让它流过需再生的干燥剂层，并吸收干燥剂里的水分后再排入大气，从而恢复干燥剂性能的干燥能力。无热再生吸附式干燥器再生时一般要消耗15%左右的压缩空气。

（3）有热再生吸附式干燥器是通过“温度变化”来达到再生干燥剂的效果。因为空气容纳水汽的能力与温度呈正比，将再生气体加热后让它流过需再生的干燥剂层，并吸收干燥剂里的水分后再排入大气，从而恢复干燥剂的干燥能力。

（4）有热再生吸附式干燥器按加热方式又可分为内加热型和外加热型。内加热型的再生气体取自干燥的仪用气，在机筒内设置加热器；外加热型再生气体为普通空气，鼓风机将空气鼓入一个外置的加热器，然后送入再生机筒。

（5）无热再生、有热内加热再生、有热外加热再生干燥器的工作流程示意如图5-7所示。

5-45　吸附式干燥器出口空气露点不合格的原因有哪些？

（1）再生时干燥剂吸附能力未得到有效恢复。

（2）干燥器受到油污污染或者干燥剂破碎严重。

（3）干燥器的前置过滤器自动排水失效，积水无法排出并进入干燥器机筒内。

（4）进入干燥器的气体压力偏低、气体温度偏高、气体流量偏高，并且偏离设计值较大。

5-46　影响吸附式干燥器再生效果的因素有哪些？

（1）再生气体流量不足。

（2）再生时机筒内压力偏高。

（3）再生加热器故障，再生气体温度偏低。

5-47　凝汽设备由哪些部件组成？

汽轮机凝汽设备主要由凝汽器、循环水泵、真空泵（抽气

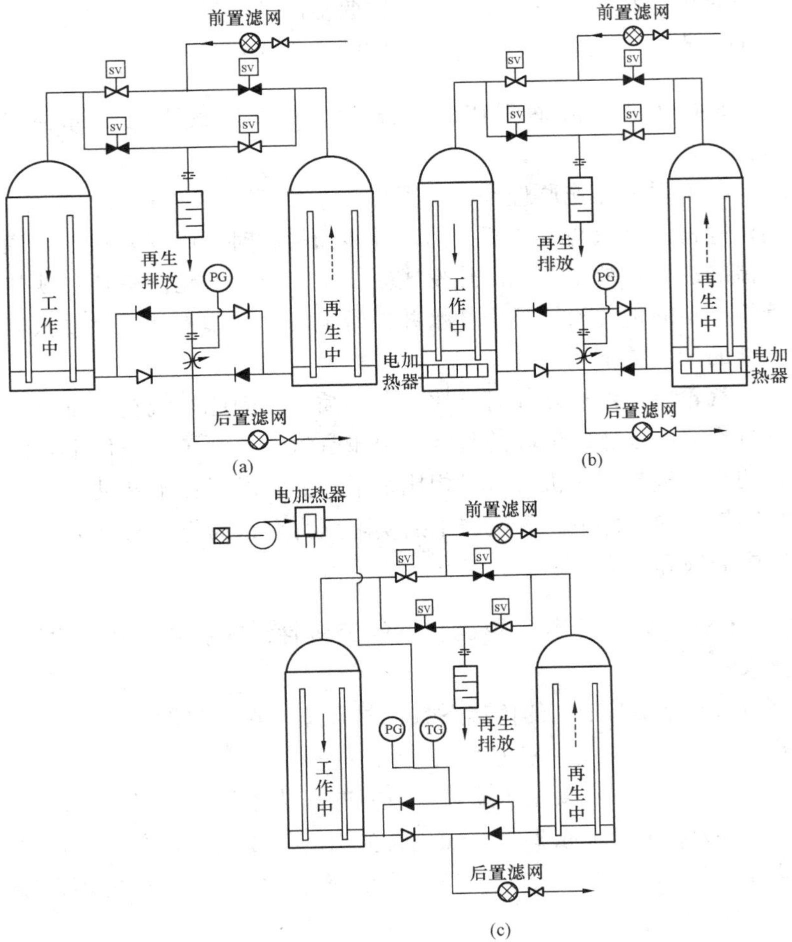

图 5-7　干燥机的工作流程示意图

(a) 无热再生型；(b) 有热内加热再生型；(c) 有热外加热再生型

器)、凝结水泵组成。

5-48　凝汽设备的任务是什么？

凝汽设备的基本任务是在汽轮机的排汽口建立并保持高度真

空，把汽轮机的排汽凝结成水，回收洁净的凝结水和疏水作为锅炉的给水。另外，凝汽器也有一定的真空除氧作用。

5-49 凝汽器的工作原理是什么？凝汽器真空是如何形成的？

凝汽器的工作原理是：在凝汽器换热管中通以循环冷却水，当汽轮机的排汽与凝汽器换热管外表面接触时，因受到换热管内水流的冷却，放出汽化潜热变成凝结水。所放汽化潜热通过换热管管壁不断地传给循环冷却水并被带走，这样排汽就通过凝汽器不断的被凝结下来。

汽轮机排汽被冷却时其比容急剧缩小，因此在汽轮机排汽口下凝汽器内部造成较高的真空。由于凝汽器正常工作条件下，漏入的空气量与汽轮机排汽量相比是很小的，所以在不断抽除不可凝结气体的条件下，凝汽器中的实际压力可认为等于凝结温度相对应的饱和压力。

5-50 为了提高汽轮机装置的经济性，对凝汽设备有哪些要求？

（1）应具有较高的传热系数，并且蒸汽在凝汽器管之间的流动应具有较低的流动阻力。

（2）凝汽器对凝结水应具有较好的回热作用和除氧作用。

（3）尽可能地减少与空气一起抽出的未凝结蒸汽量，以降低抽气设备功耗。但是抽气设备应保证充分抽除凝汽器中的不可凝结气体。

（4）冷却水在换热管中的流动阻力要小，以减少循环水泵功耗。

（5）凝汽设备应有较大的稳定工作范围，以适应汽轮机的变工况要求。

（6）凝汽器的总体结构和布置方式应便于制造、安装、维修与运行。

5-51 水冷式凝汽器如何分类?

按蒸汽凝结方式可分为表面式和混合式两大类。

表面式凝汽器又可分为:

(1) 按循环水流程可分为:单流程、双流程、三流程形式。

(2) 按蒸汽流向可分为:汽流向上、向下、向心、向侧几种形式。

(3) 按凝汽器壳体数量可分为:单壳体凝汽器和双壳体凝汽器。

(4) 按凝汽器压力可分为:单压凝汽器和多压凝汽器。

5-52 通常表面式凝汽器的构造由哪些部件组成?

表面式凝汽器主要由外壳、管板、支承隔板、水室、喉部、热水井、换热管、凝汽器与汽轮机连接的接口件以及管道、阀门等部件组成。

5-53 现代大型凝汽器外壳形状都采用方形有什么优点?

早期的凝汽器外壳形状多为圆形,而现代大型凝汽器外壳形状都采用方形,其主要特点有:

(1) 制造工艺简化,并能充分利用汽轮机下部空间。

(2) 在同样的冷却面积下,凝汽器的高度可以降低,宽度可以缩小,安装也比较方便。

(3) 但方形外壳受压性能差,需要用较多的槽钢和撑杠进行加固。

5-54 凝汽器中间支撑隔板有什么作用?

(1) 中间支撑隔板作为壳体内部支撑件,是真空载荷下的受压元件,以保证壳体的刚度。

(2) 起到支撑管束和其他一些内部构件的作用,灌水试压试验时,灌水的质量也由中间支撑隔板来支承。

(3) 限制换热管的跨距,使换热管在任何时候都不会产生共振。

5-55　什么是凝汽器的双管板结构？其应用如何？

凝汽器双管板结构指为了有效地防止循环泄漏至凝结水系统而采用的一种较为特殊的换热管端部管板结构，其由外板和内板组成，如图 5-8 所示。一般在外板和内板之间充以压力较循环水压高的凝结水。

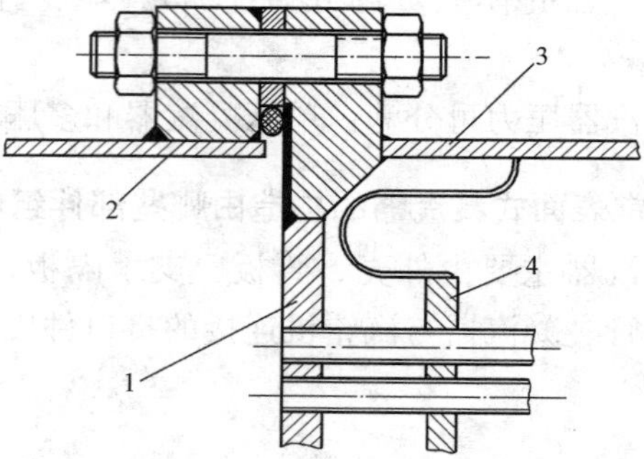

图 5-8　凝汽器双管板结构示意图
1—外管板；2—水室；3—壳体；4—内管板

双管板结构一般只用于对防止循环水泄漏至凝结水系统要求非常高的核电厂凝汽器。但是由于近年来出现的，采用先进焊接工艺的单管板钛管凝汽器的密封性与可靠性也非常高，加之双管板结构有着结构复杂、检查确认漏点困难等缺点，所以双管板结构而没有得到广泛应用。

5-56　钛管凝汽器管板采用钛-钢复合管板有什么优点？

（1）由于钛的价格较贵，采用钛-钢复合管板有利于减少凝汽器的制造成本。

（2）采用钛-钢复合管板的抗腐蚀性等优点与纯钛管板一样。

（3）钛-钢复合管板与凝汽器壳体之间可以采用直接焊接工艺，有利于提高凝汽器的气密性。

5-57　凝汽器换热管损坏的主要形式是什么?

凝汽器换热管损坏的主要形式有两种：一是腐蚀破坏，二是由于振动引起碰磨损坏。其中换热管的振动又可分为由汽轮机组等机械干扰力引起的共振和由高速排汽流冲击引起的激振两种。

5-58　常用的凝汽器换热管管材有哪几种?

(1) 加砷黄铜管（H68A）。适用于溶解固形物含量小于300mg/L、氯离子含量小于50mg/L、悬浮物和含砂量小于100mg/L的清洁淡水，流速要求小于2.0m/s。

(2) 锡黄铜管（HSn70-1A）。适用于溶解固形物含量小于1000mg/L、氯离子含量小于150mg/L、悬浮物和含砂量小于300mg/L的清洁淡水，流速要求小于2.0～2.2m/s。

(3) 铝黄铜管（Hal77-2A）。适用于溶解固形物含量小于1500mg/L且溶解固形物含量稳定、悬浮物和含砂量较小的清洁海水。由于环保要求不允许往冷却水中加注铁离子，而且铝黄铜管易受到氨腐蚀，因此铝黄铜管已被镍白铜管或钛管代替。

(4) 镍白铜管（BFe30-1-1)。适用于清洁的海水，流速要求小于3.0m/s。

(5) 不锈钢管。一般用于淡水中的核电厂凝汽器管材，最高允许流速可达5.0m/s。

(6) 钛管。不管是在淡水、海水或被污染的海水中都适用，具有优良的耐腐蚀性能。最高允许流速可达5.0m/s。

5-59　钛金属作为凝汽器换热管有何优、缺点?

钛金属作为凝汽器换热管的优点有：

(1) 不管是在淡水、海水或被污染的海水中都具有优良的耐腐蚀性能，是目前最耐腐蚀的凝汽器管材。

(2) 钛管允许的循环冷却水流速高，设计时可取2.1～2.4m/s。一般在流速低于5.0m/s时不会出现冲蚀现象。

(3) 由于钛有优良的耐腐蚀性能可以采用0.5～0.7mm的薄

壁钛管，加之其允许的流速较高，因此钛管总体传热系数与铜管总体传热系统相差不多。

钛金属作为凝汽器换热管的缺点有：

（1）纯钛金属价格比较贵。

（2）钛的导热系数要比铜合金低。

（3）在循环冷却水流速较低时，钛金属表面比铜合金表面更容易附着海生物。

5-60　凝汽器本体结构中有哪些部位需要采取热膨胀补偿措施？

（1）凝汽器壳体与换热管间需采取热膨胀补偿措施。

（2）当凝汽器与汽轮机的接口为非焊接时，该接口需采取热膨胀补偿措施。

（3）当凝汽器与汽轮机的接口为直接焊接时，一般在凝汽器底部需设置弹簧作为热膨胀补偿措施，也有凝汽器采用刚性支撑但在低压汽轮机外缸与轴封之间设置补偿器的案例。

（4）凝汽器喉部抽汽管道需设置补偿器。

5-61　大型凝汽器对热水井的布置和容量有什么要求？

大型凝汽器的热水井均采用与壳体做成一体的形式。这种布置在热水井容量相同的情况下较分离型可以有效地降低凝汽器的总高度，从而减少土建和基础工程量。

大型凝汽器对热水井的有效容积要求至少能容纳最大蒸汽负荷下凝汽器在1min内凝结的全部凝结水量。

5-62　大型凝汽器热水井的深度由哪几部分组成？分别如何确定？

（1）凝汽器热水井的深度是指管束最下一排换热管至热水井底部的距离。该距离由热水井底部至最低水位距离、最低水位至正常水位距离、正常水位至最高水位距离、最高水位至最下一排换热管距离组成，如图 5-9 所示。

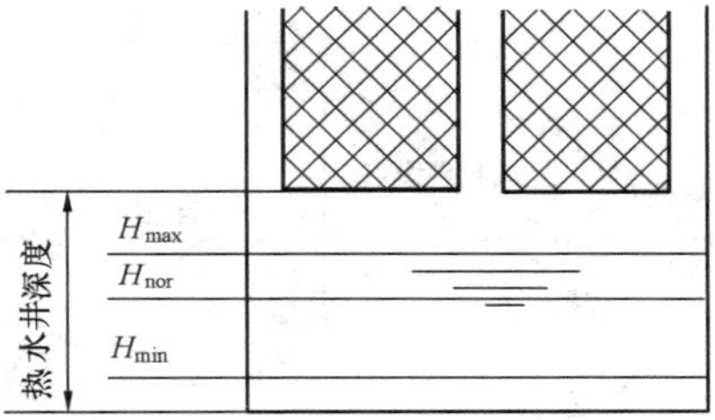

图 5-9 凝汽器热水井的深度示意图

（2）最低水位的确定主要考虑凝结水泵的吸入高度和热水井中凝结水流动落差的要求。

（3）正常水位的确定主要考虑热水井的容量（最低水位与正常水位之间的容积）满足要求。

（4）最高水位定值一般是在正常水位的基础上增加 100～150mm。

（5）最高水位与最下一排换热管距离主要考虑能保证管束下部凝结的蒸汽有足够的流通面积，使管束下部也保持一定的热负荷，并使凝结水得到充分的回热。

5-63 汽轮机背压与凝汽器压力有什么不同?

汽轮机背压指：汽轮机低压缸末级动叶出口的绝对压力（静压）。

凝汽器压力指：排汽进入凝汽器距第一排管束 300mm 处的绝对压力（静压）。

从严格意义上讲汽轮机背压并不一定等于凝汽器压力。如图 5-10 所示，蒸汽以余速从末级动叶排出，经过微呈扩压的低压缸的蜗壳进入凝汽器，在蜗壳中一部分动能恢复成压力，另一部分被损失掉的称为蜗壳损失。蜗壳损失也就是汽轮机背压与凝汽器压力之间的焓降。

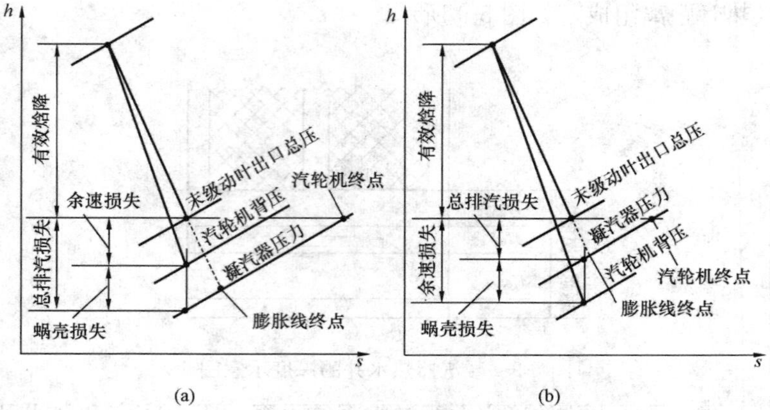

图 5-10 焓熵图上的末级过程线
(a) 蜗壳无余速回收；(b) 蜗壳有余速回收

5-64 什么是凝汽器的极限真空?

(1) 凝汽器极限真空的概念：凝汽器的传热端差与冷却面积、热负荷及传热系数有关，在一定的热负荷和传热系数条件下，传热端差随冷却面积增加而减小，当冷却面积趋于无限大时，其传热端差等于零。此时，凝汽器压力只与冷却水进水温度和冷却倍率有关，是在该冷却水进水温度与冷却倍率条件下，凝汽器所能达到理想的最低压力，而事实上凝汽器不可避免的存在着传热端差，凝汽器压力总是高于这一理想情况下的压力。

(2) 不同冷却水温度与循环倍率下的凝汽器极限压力如图5-11所示。

5-65 什么是汽轮机的极限真空?

随着凝汽器真空的提高，汽轮机末级叶片斜切部分蒸汽达到膨胀极限时对应的真空，或汽轮机末级叶片斜切部分蒸汽未达到膨胀极限，但真空下降所增加的有效焓降等于余速损失的增量时对应的真空称为汽轮机的极限真空。当凝结器的真空超过汽轮机的极限真空后，汽轮机的出力将不再随真空的提高而增加。凝汽

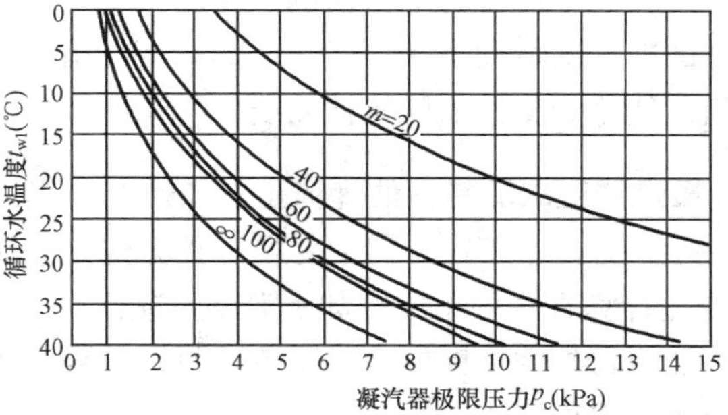

图 5-11 凝汽器极限压力

器极限压力如图 5-11 所示。

5-66 什么是机组最佳运行真空？

如果循环水温度不是很低，要达到汽轮机的极限真空就必须增加大量的循环水流量，在此之前可能循环水泵的耗功增加 ΔP_p 量已大于汽轮机功率的增加量 ΔP_t，继续增加循环水流量提高真空反而会使机组出力减小。如图5-12所示，随着冷却水流量增加，汽轮机功率的增量与循环水泵耗功的增量之差（$\Delta P_t-\Delta P_p$）达到最大时，对应的凝汽器真空称为最佳运行真空。

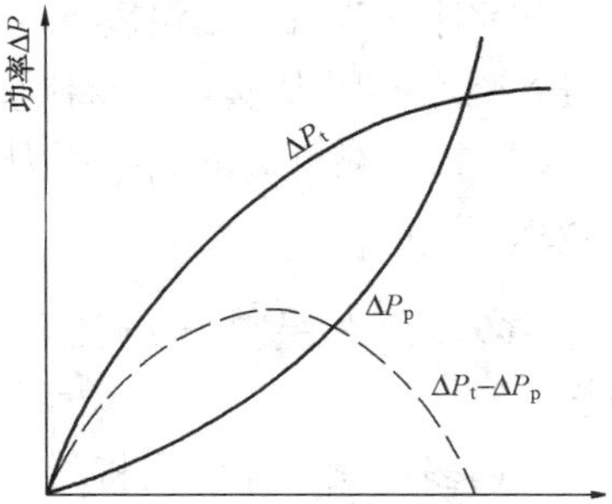

图 5-12 汽轮机功率增量及水泵耗功增量与冷却水流量的关系曲线

5-67 什么是凝汽器的变工况及凝汽器特性曲线？

凝汽器运行中其热负荷（凝结蒸汽流量）G_s，循环冷却水进口温度 t_{w1}、流量 W 等参数都随机组负荷、季节和循环水泵运行方式的不同而变化，一般都不能完全符合设计条件。凝汽器在非设计条件下工作的工况称为凝汽器的变工况。

凝汽器的变工况特性 $p_c=f$（G_s，t_{w1}，W）用一组曲线来表示时，这组曲线称为凝汽器的特性曲线。

5-68 凝汽器变工况特性的计算步骤如何?

在 $p_c=f$（G_s，t_{w1}，W）三个变量中首先选定一个量（一般选 W）不变，计算在各种不同冷却水温度下凝汽压力随热负荷变化的曲线。然后再根据不同的冷却水流量可以计算得到一组相似的曲线。具体步骤如下：

（1）计算不同进汽量下的凝汽器热负荷 Q。

（2）计算冷却水流量 W 下的水流速 V_w。

（3）在一定冷却水流量和热负荷下选定不同的冷却水进水温度 t_{w1}，计算总体传热系数 K。

（4）计算凝汽器对数平均温差 Δt_m。

（5）计算凝汽器冷却水温升 Δt，冷却水出口温度 t_{w2}。

（6）计算蒸汽凝结温度 t_s，根据蒸汽凝结温度 t_s 查饱和蒸汽表得到凝汽器压力 p_c，并绘制 $p_c=f$（G_s，t_{w1}）曲线。

（7）根据凝汽器的极限压力对上述 $p_c=f$（G_s，t_{w1}）曲线进行修正。

5-69 什么是多压凝汽器?多压凝汽器一般适用于什么场合?

所谓多压凝汽器就是将凝汽器的汽室分隔成 2 个或 2 个以上互不相通的部分，汽轮机各排汽口的排汽分别接入各自的汽室中，冷却水则串联通过各汽室的管束。由于各汽室的冷却水进口温度不同而使各汽室的压力也不同。

多压凝汽器比相同冷却面积和冷却水流量的单压凝汽器具有更低的平均凝汽器压力，而这种优势在冷却水进口温度较高，冷却倍率较小时更为明显。因此多压凝汽器也多用在高温缺水地区的电厂。

5-70 为什么多压凝汽器可以提高汽轮机装置的效率?

在冷却面积和冷却水流量相同的条件下，采用多压凝汽器一般可以提高汽轮机装置的效率为0.15%～0.25%，其原因有：

(1) 采用多压凝汽器可使热负荷更加均匀，整个冷却面积能更充分有效的发挥作用。

(2) 在多压凝汽器高压区段中凝结水得到加热而水温较高，使进入低压加热器的凝结水温度提高，减少了抽汽量，从而使循环效率进一步提高。

5-71 多压凝汽器低压侧凝结水输送至高压侧回热的输送方式有哪些?

多压凝汽器低压侧凝结水输送至高压侧回热的输送方式有输送泵输水方式和重力输水方式两种。输送泵输水方式的优点是可以降低高压段热水井高度，缺点是增加了设备投资与运行成本。而重力输水方式不会增加运行成本，设备投资也少，但需要增加高压段热水井高度。

5-72 什么是凝汽器的运行监督? 凝汽器的运行监督主要包括哪些内容?

凝汽器的运行监督是指将实际运行参数与从经验得来的、设备处于良好状态下的正常参数经常进行比较，及时发现和消除凝汽器设备运行中的故障或隐患，使汽轮机装置保持良好的经济性和安全可靠性。

凝汽器的运行监督主要包括凝汽器压力与端差监督、凝结水过冷度监督、凝结水水质监督等内容。

5-73 凝汽器汽侧抽气设备的作用是什么? 有哪些形式?

在机组启停阶段，抽气设备的作用是不断地将真空系统的空气抽出，保持凝汽器所规定的真空。在机组正常运行时，抽气设备的作用是不断的抽除凝汽器中的不凝结气体，以保持凝汽器正常的真空度与过冷度。

凝汽器的汽侧抽气设备主要有射汽式抽气器、射水式抽气器、水环式真空泵三种形式。

5-74　水环式真空泵相对于射水（射汽）式抽气器有什么优点？

射水（射汽）式抽气器都存着效率低、噪声大的缺点。采用水环式真空泵就可以大大提高效率，降低能耗，水环式真空泵在正常的设计吸入压力范围内可以经济运行，与前面两种抽气装置相比节能约在70%以上。同时，抽气设备的水耗及噪声污染也能得到改善。

5-75　对真空系统的严密性有什么具体要求？

DL/T 932—2005《凝汽器与真空系统运行维护导则》对真空系统严密性要求：

(1) 对容量＜100MW 机组，严密性试验结果应小于400Pa/min。

(2) 对容量≥100MW 机组，严密性试验结果应小于270Pa/min。

5-76　凝汽器汽侧抽气设备所需的容量如何确定？

凝汽器汽侧抽气设备所需的容量应该根据真空系统漏入的空气量确定，其计算方法较多，计算的结果也相差很大。一般比较通用的方法是按美国 HEI《表面式凝汽器》标准，根据机组排汽流量、排汽口数目和凝汽器壳体数目参数查表得出抽气设备所需的容量。

5-77　真空系统漏入空气对机组安全经济运行有什么危害？

(1) 真空系统漏入空气不利于机组的经济运行。

1) 真空系统漏入空气增加凝汽器换热的热阻，使凝汽器压力升高、端差增大、过冷度增加。

2）真空系统漏入空气量增大时，为了及时将空气抽出也会使抽气设备（真空泵）功耗增加。

（2）真空系统漏入空气不利于机组的安全运行。

1）真空系统漏入空气会使凝结水溶解氧增加，会造成热力设备腐蚀。

2）漏入低压缸的空气中的二氧化碳会对低压汽轮机叶片造成应力腐蚀（SCC）。

5-78　机组正常运行中如何估算真空系统漏入的干空气量？

机组正常运行中真空系统漏入的空气量的估算方法有两种：

（1）通过水环式真空泵出口流量计指示值估算。

1）该方法只能用于抽气设备为水环式真空泵的系统。

2）从水环式真空泵出口测得的流量实际也为空气与蒸汽的混合物。

（2）根据在凝汽器热负荷、冷却水进口温度、冷却水流量不变的条件下，停运抽气设备时真空下降速度与进入真空系统的空气流量成正比关系来估算。测量系统如图 5-13 所示，具体步骤如下。

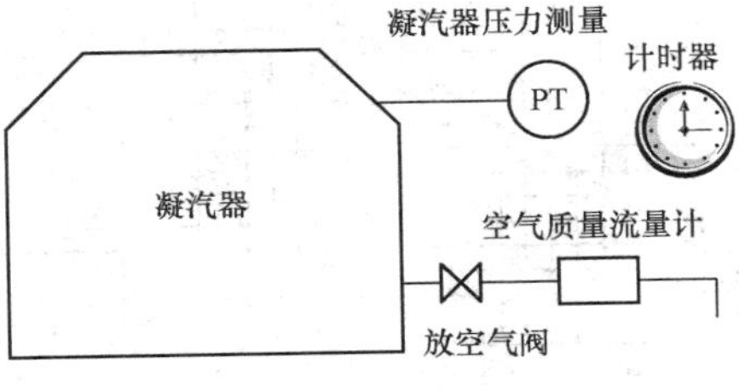

图 5-13　空气漏入量测量系统图

1）试验测试期间机组保持运行工况稳定，特别是负荷、循环水流量参数。

2）通过放空气阀放入不同的空气流量，测量抽气设备停运时不同空气放入量所对应的真空下降速度。

3）整理试验结果，得出真空系统的空气漏入量。表 5-4 为某 600MW 机组真空系统空气漏入量测量试验数据整理示例。

表 5-4　某 600MW 机组真空系统空气漏入量测量试验数据

序号	负荷(MW)	放入空气量(kg/h)	真空下降率(Pa/min)
1		0	292
2		9	412
3	600	15	504
4		21	565
5		28.5	675
整理试验结果得真空系统空气漏入量：21.7kg/h			

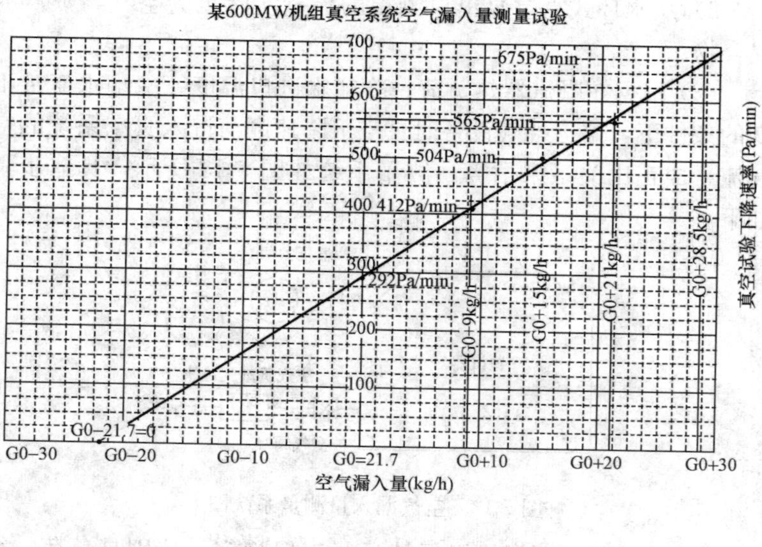

5-79　简述射水式抽气器的结构及工作过程。

射水式抽气器一般由喷管、混合室、止回阀、扩压管等部分组成，如图 5-14 所示。

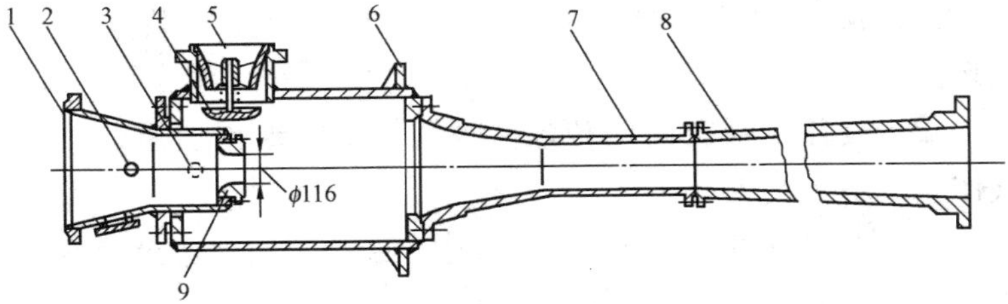

图 5-14 射水式抽气器

1—工作水入口；2—接压力表；3—接真空表；4—逆止阀；
5—空气吸入口；6—支架；7—混合室；8—扩压管；9—喷管

射水式抽气器的工作过程：从射水泵来的具有一定压力的工作水，经水室进入喷嘴，喷嘴将压力水的压力能转变成动能，水流以高速从喷嘴喷出，在混合室内形成高度真空，抽出凝汽器内的汽一气混合物，一起进入扩压管。在扩压管内流体速度降低，压力升高，最后略高于大气压力排出扩压管。

5-80 简述水环式真空泵的结构及工作过程。

水环式真空泵一般由壳体、端盖、叶轮、气体分配器、轴承、轴封、进/出水管路等部分组成。泵的转子和壳体存在一定的偏心量，如图 5-15 所示。

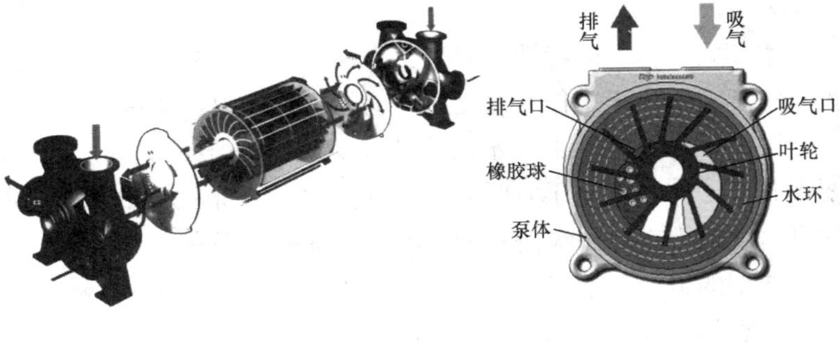

图 5-15 水环式真空泵

水环式真空泵的工作过程：

(1) 液体被叶轮带动后，获得动能并形成紧贴于泵腔的液环。

(2) 液环在泵腔内回转，在吸气侧不断地被加速，并吸入气体。

(3) 液体在向排气侧转动过程中，经历了由加速至减速的过程，即动能降低、势能增加。

(4) 气体在排气侧被压缩，而液体增加的势能则被传递给气体，以抵抗气体膨胀压力并排出。

5-81 水环式真空泵运行中应注意监视哪些参数?

(1) 水环式真空泵工作水温度。工作水温度对泵的抽吸能力起着决定性的作用，因此必须保证真空泵工作水冷却器运行正常。

(2) 水环式真空泵汽水分离器水位。汽水分离器水位过高或过低都会影响水环式真空泵的出力。

(3) 水环式真空泵排气流量和电流。水环式真空泵排气流量和电流反映了真空泵抽出的汽+气混合物的量，如果排气流量和电流异常增大时，应对凝汽设备运行状况进行检查。

5-82 为什么有些电厂的水环式真空泵需要配套前置抽气器?

水环式真空泵的特性要受到工作水温度的影响，可得到的最大真空度就取决于工作水温度所对应的汽化压力，要进一步扩展真空泵的工作范围至工作水的汽化压力以下是不可能的。因此，要得到比工作水汽化压力低的高度真空时，则需在水环式真空泵的进口管道上串联一级前置抽气器，以进一步提高真空。

典型的带前置抽气器的真空泵系统流程以及真空泵工作范围扩展示意如图 5-16、图 5-17 所示。

5-83 水环式真空泵与前置抽气器是如何联合工作的?

(1) 在凝汽器真空建立之前，水环式真空泵通过真空泵组进

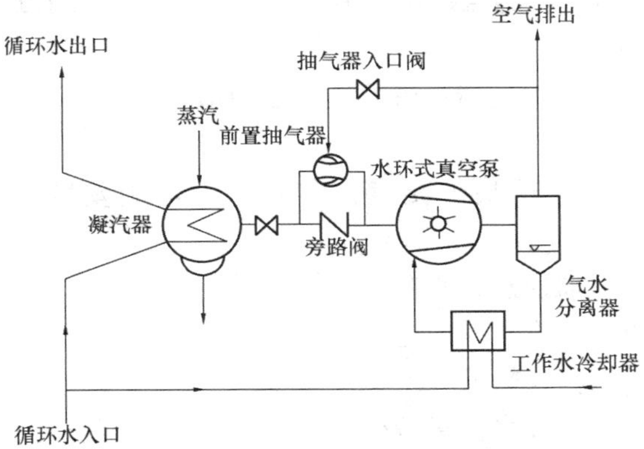

图 5-16　典型的带前置抽气器的
真空泵系统流程示意图

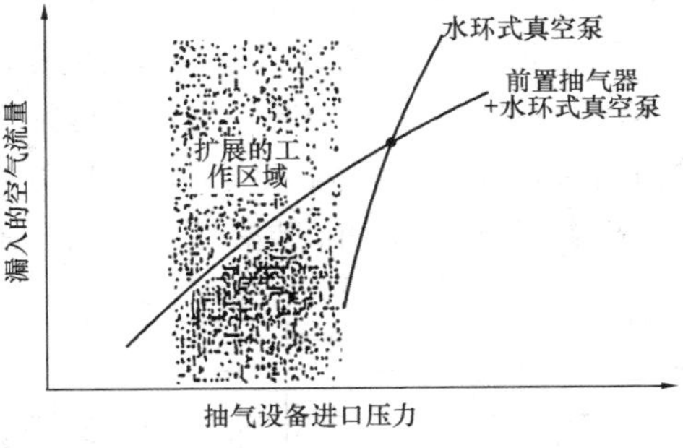

图 5-17　典型的带前置抽气器的
真空泵工作范围扩展示意图

口隔离阀和前置抽气器旁路阀直接向凝汽器抽真空，这时前置抽气器的空气进气隔离阀保持关闭。

（2）当真空泵组进口隔离阀前真空达到 75～85kPa 时，前置抽气器旁路阀自动连锁关闭，前置抽气器的空气进气隔离阀自动连锁开启，前置抽气器即进入串联工作状态。

5-84 凝汽器的端差是如何定义的？引起凝汽器端差增大的原因有哪些？

凝汽器的端差是指凝汽器压力下的饱和温度与冷却水出口温度之差。

凝汽器端差反映了凝汽器传热状况，端差增大的原因主要有：

（1）凝汽器换热管水侧或汽侧结垢。

（2）凝汽器汽侧漏入空气。

（3）凝汽器换热管堵塞。

（4）循环冷却水流量减少。

5-85 什么是凝汽器的质量特性曲线？凝汽器漏气严重时质量特性曲线会发生什么变化？

凝汽器的质量特性曲线指：在冷却水流量一定的正常运行工况下，表示不同的冷却水进口温度所对应的传热端差与单位传热面积蒸汽负荷关系的曲线。如图 5-18 所示，传热端差开始随着单位传热面积蒸汽负荷的减小而降低，当单位传热面积蒸汽负荷减小到某一数值后传热端差不再随单位传热面积蒸汽负荷减小而减小，这是由于随着凝汽器压力降低漏气量增加而影响传热系数

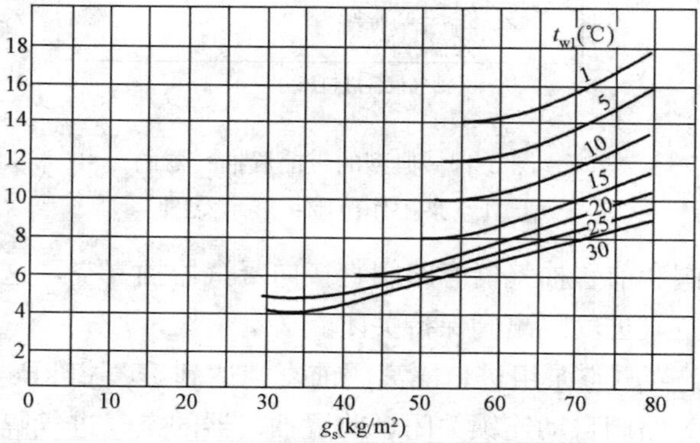

图 5-18 在不同 t_{w1} 下 δt 与 g_s 的关系曲线

的缘故。

凝汽器漏气严重其质量特性曲线的转折点会提前出现，甚至在低负荷时出现传热端差上升的反常现象。

5-86 什么是凝汽器的过冷度？影响凝汽器过冷度的原因有哪些？

凝汽器的过冷度指凝结水温度低于凝汽器压力所对应的饱和温度的数值。

影响凝汽器过冷度的原因除了与凝汽器的结构设计，特别是管束布置的优劣有关外，与运行的情况也有关系，主要包括：

（1）凝汽器中积存空气。

（2）凝汽器热水井水位过高。

（3）凝汽器冷却水量过多或水温过低。

5-87 凝汽器的水质监督包括哪些内容？

（1）凝汽器热水井检漏水质监督。在线监测热水井、管板壁面凝结水的氢电导、钠离子，监督凝汽器循环水泄漏的情况。

（2）凝汽器凝结水的品质监督。主要有氢电导、二氧化硅、溶解氧等指标。

（3）凝汽器循环水氯化处理的余氯监督。

5-88 机组大、中修后凝汽器投运前应做哪些试验和检查？

（1）凝汽器汽侧灌水试压查漏。

（2）凝汽器循环水进、出口电动阀开关试验。

（3）凝汽器胶球清洗装置收球网开关位置检查。

5-89 凝汽器汽侧灌水试压查漏时应注意哪些事项？

（1）凝汽器汽侧灌水试压查漏应在汽轮机及相连的管线均冷却至常温时进行。

（2）凝汽器汽侧灌水前确认水侧系统已停运，并放尽积水。

（3）凝汽器汽侧灌水试压时，一般水位应上至凝汽器喉部

（凝汽器与汽轮机接口）以上300mm。

（4）凝汽器汽侧上水过程中，应常检查真空系统及换热管有无泄漏，有泄漏时，应暂停上水并处理漏点。

（5）凝汽器汽侧上水至预定水位后，应全面检查真空系统及换热管有无泄漏。

（6）凝汽器汽侧处于灌水试压水位的维持时间应按厂家要求限制，一般不宜超过24h。

5-90　凝汽器单侧解列如何操作？

（1）停运胶球清洗系统，降低汽轮机负荷至50%。

（2）确认运行侧凝汽器循环水进、出口及抽空气门全开。

（3）缓慢关闭要隔离侧凝汽器抽空气门。

（4）关闭凝汽器隔离侧循环水进水门，注意真空变化及循环水压力变化。

（5）关闭凝汽器隔离侧循环水出水门。

（6）开启要隔离侧凝汽器水室上部放空气门及水侧放水门。

（7）隔离侧凝汽器循环水进、出口电动门停电。确认要隔离侧凝汽器水室无水，方可打开人孔门。

5-91　简述凝结水系统的主要功能。

凝结水系统的主要功能是由凝结水泵将凝结水升压后，流经化学精除盐装置、轴封冷却器、低压加热器、输送至除氧器。同时为低压缸喷水减温、旁路系统减温、辅助蒸汽减温提供减温水，以及为给水泵密封水、闭式水补水等杂项用户供水。为了保证热力系统的安全性、经济性，凝结水还需进行除盐、加热、加药和流量控制等一系列处理。

5-92　电厂用凝结水泵运行条件有什么特点？对凝结水泵有什么要求？

电厂用凝结水泵属于中低压范畴冷水泵，其抽吸的是处于高度真空状态下的饱和凝结水，吸入侧是在真空状态下工作，很容易产生汽蚀和吸入空气。

凝结水泵的工作条件要求凝结水泵必须具备良好抗汽蚀性能和良好的轴密封性能。

5-93 凝结水泵有哪几种结构形式？

（1）按凝结水泵叶轮数可分为单级泵和多级泵，大型机组多采用多级泵。

（2）按凝结水泵的轴位置可分为卧式泵和立式泵，其中立式泵又可细分为普通立式泵与筒袋式结构立式泵，大型机组多采用筒袋式结构立式泵。

5-94 筒袋式结构立式凝结水泵由哪几部分组成？

（1）进水部分。由圆筒体组成，在筒体内保持真空，凝结水通过入口法兰、泵筒体后进入工作部分。

（2）工作部分。由轴承、泵壳、叶轮和转轴等部件组成，凝结水经过工作部分升压后排至出水部分。

（3）出水部分。由出水接管、泵座、轴密封装置等部件组成。工作部分排出的凝结水经出水接管、泵座后进入凝结水泵出口管道。

（4）推力轴承部分。由支承座、油箱、导油管、泄油管、冷却器、推力瓦块、推力盘、联轴器等部件组成。推力轴承只承受泵的轴向推力，不承受电动机转子的质量。实际应用也有不单独设置泵推力轴承的案例，泵的推力和电动机转子的质量全部由电动机的推力轴承承担。

（5）国产 8LDTN-6 型筒袋式结构立式凝结水泵结构如图5-19所示。

5-95 凝结水泵抽空气管的作用是什么？

（1）机组正常运行中，凝结水泵入口工作在负压区，当凝结

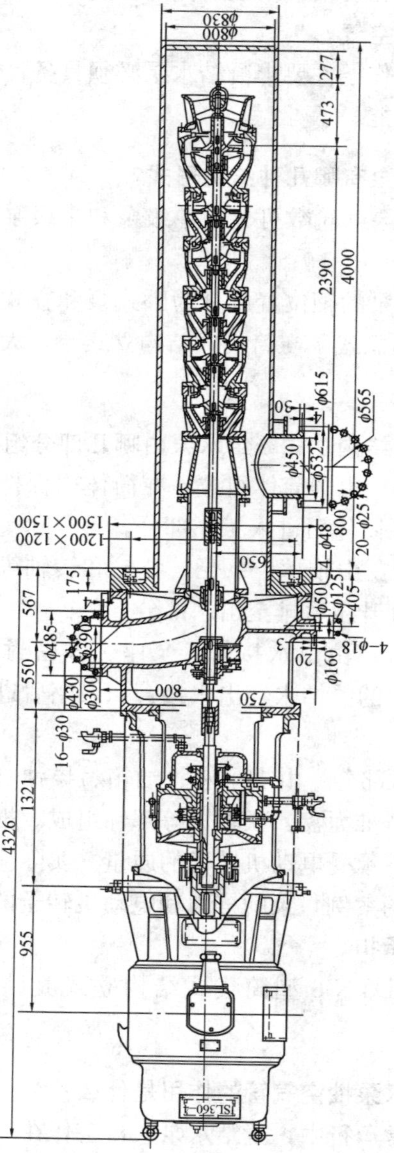

图 5-19　8LDTN-6 型凝结水泵

水泵内有空气时可由抽空气管排至凝汽器，以维持凝结水泵进口的负压，保证凝结水泵正常运行。

（2）在凝结水泵检修后投运前，需通过抽空气管将凝结水泵内的空气抽去并注满水方可启动或转为备用。

5-96　凝结水泵入口为什么要设置安全阀?

凝结水泵入口管道一般按 0.1MPa 承压设计。为了防止凝结水泵停止备用、检修前执行安全措施的过程中，因其出口阀关闭不严密而凝结水泵入口阀关闭后，造成凝结水泵入口段超压破坏的异常发生，故在该处设置一安全阀来确保设备安全。

5-97　凝结水再循环管接口为什么设置在汽封蒸汽冷凝器之后?

因为汽封蒸汽冷凝器的冷却水一般都为凝结水，而汽封蒸汽冷凝器在汽轮机汽封系统投入时就需要正常的运行工作，而此时机组的汽水系统尚未建立循环。所以凝结水再循环管接口设置在汽封蒸汽冷凝器之后就是为了汽封蒸汽冷凝器在机组汽水系统尚未建立循环时也能正常的运行工作。

5-98　凝结水再循环的最小流量应考虑哪些因素?

凝结水再循环的最小流量应考虑凝结水泵的最小连续热工控制流量、凝结水泵的最小连续稳定流量、汽封蒸汽冷凝器冷却最小流量三方面的因素，三者中取大者作为凝结水再循环的最小流量需求值。

5-99　凝结水泵变速改造时应重点考量哪些问题?

（1）凝结水压力下降对各杂项凝结水用户的影响。主要包括给水泵的密封水、汽轮机低压旁路减温水、轴封汽减温水、凝结水泵密封水等。为了避免凝结水压力过低，在自动控制方面必须拥有完善的控制及压力低连锁保护。

（2）凝结水泵及其连接管线共振问题。在调试过程中必须对水泵全程转速范围进行试验，并确定泵体的临界转速。当测得的临界转速在运行范围内时必须采取相应的措施，避免在临界转速附近长期运行。

（3）凝结水泵变频器的高频干扰问题。变频装置中的功率单元中包含了高频功率开关电路，开关器件的通、断将会直接产生10kHz的脉冲信号，引起很强的电磁干扰。因此，变频器的安装应远离DCS、DEH弱信号传递系统。

（4）凝结水泵的正常备用问题。备用变频泵自动启动所需的时间明显较备用工频泵长，因此，必须考虑变频泵启动时间较长这一因素对热力系统的影响。

5-100　凝结水泵正常运行时应检查哪些项目?

（1）检查凝结水泵出口、入口压力应正常，凝结水泵入口滤网差压不高。

（2）检查凝结水泵密封冷却水压力应正常（0.4～0.6MPa），泵盘根无漏泄。

（3）检查凝结水泵电动机推力轴承油位应正常（1/2～2/3），油质合格。电动机推力轴承温度小于75℃，电动机下轴承温度小于70℃。

（4）检查凝结水泵电动机上、下部轴承振动小于0.05mm，电动机绕组温度小于130℃。

5-101　简述机组运行中凝结水泵检修后恢复备用的操作步骤。

（1）检查确认凝结水泵检修工作完毕，工作票已收回，检修工作现场清洁无杂物。

（2）开启检修泵密封水门，开启检修泵冷却水门。

（3）缓慢开启检修泵壳体抽空气门，检查泵内真空建立正常。

（4）开启检修泵进水门。

（5）检修泵电动机送电。

（6）开启检修泵出水门。

（7）投入凝结水泵连锁开关，检修泵恢复备用。

5-102　凝结水泵全停应具备什么条件？

满足以下所有条件后凝结水泵可以按需要全停：

（1）机组停运后凝结水各用户均不需要凝结水时，且至凝汽器的所有疏水均已隔离。

（2）在低压缸喷水、凝汽器喉部喷水全关的情况下，排汽缸温度低于50°且呈稳定状态。

（3）回热系统各热力设备停机保养措施已按DL/T 956—2005《火力发电厂停（备）用热力设备防锈蚀导则》要求落实。

（4）停泵前应通知凝结水精处理值班员将精处理系统切为旁路，防止停泵时造成精处理跑树脂。

5-103　简述抽汽回热系统的作用。

抽汽回热系统的作用是提高机组循环热效率。主要体现在两方面：

（1）减少汽轮机乏汽的冷源损失。蒸汽在汽轮机做部分功后被抽出至加热器，余下的热量用来加热给水，从而减少了被循环冷却水带走的热量。

（2）减少工质加热过程的不可逆损失。抽汽用来加热给水，提高了给水温度，减少了锅炉受热面的传热温差，从而减少了工质加热过程的不可逆损失。

5-104　回热系统加热器是如何分类的？

（1）按工作原理分：表面式加热器、混合式加热器。其中表面式加热器按换热管又可分为螺旋管、蛇形管、直管、U形管等形式。

（2）按工作压力分：低压加热器、高压加热器。

（3）按安装布置分：立式加热器、卧式加热器。其中立式又可分为顺置立式和倒置立式两种形式。

（4）按人孔密封形式分：法兰螺栓密封、压力自密封。

5-105　简述表面式加热器的结构。

表面式加热器由水室、水室人孔、水室隔板、管板、壳体、换热管及壳体隔板等部件组成。

5-106　加热器水室有哪些形式及适用场合？

水室有圆柱形和半球形两种。

一般低压加热器通常采用圆柱形水室并配以大开口法兰螺栓密封人孔，以获得良好的检修空间。而高压加热器通常采用半球形水室并配以小开口压力自密封人孔，以减少耗材、方便制造并提高可靠性。

5-107　加热器水室隔板有什么作用？

直管单流程加热器（如汽封蒸汽冷凝器）无需水室隔板，但电厂回热系统加热器多为U形管表面式加热器，则必需水室隔板。其作用有以下两点：

（1）将加热器水室中的进水与出水分开，使加热器得以正常工作。

（2）通过水室隔板使水室大部分构件，特别是人孔密封件只接触到较低温度的加热器进水，以改善人孔密封件的工作条件。

5-108　表面式加热器的换热区域可分为哪几部分？

典型的表面式加热器的换热面由过热蒸汽冷却段、凝结段和疏水冷却段组成。其中凝结段是表面式加热器的主要换热区域，表面式加热器一般由上述三段或两段组成，过热蒸汽冷却段应根据具体条件决定设置与否。

5-109　表面式加热器有哪些热力性能指标？这些指标是如何定义的？

（1）给水端差 TTD。加热器进口压力下的饱和温度与给水出口温度之差就是给水端差，也称为上端差。

（2）疏水端差 DCA。离开加热器壳体的疏水温度与管侧给水进口温度之差就是疏水端差，也称为下端差。具有外置式疏水冷却器的加热器应以该疏水冷却器的疏水端差作为加热器组的疏水端差。

（3）管侧压降。介质流经传热管内的摩擦损失（包括进出水室的压损）就是管侧压降。

（4）壳侧压降。介质流经加热器壳侧的压力损失（不包括静压损失）就是壳侧压降。对壳侧压降要求总压力损失不超过级间压差的 30%，并且任何一个段内的压力损失不超过 34.47kPa。

5-110　加热器设置过热蒸汽冷却段应满足什么条件？

（1）抽汽的过热度较高，一般应大于 70℃。为了确保过热蒸汽冷却段的正常工作，要求过热蒸汽冷却段出口蒸汽至少还需保持 25～30℃的过热度。因此，如果抽汽过热度太低，则无法设置过热段或达不到减小加热器换热温差，减小不可逆换热损失的目的。

（2）抽汽的压力较高，一般应大于 1MPa。

蒸汽在过热冷却段中流过时存在压降，该压降会造成凝结放热时的饱和温度下降，从而影响其凝结放热强度。由于在相同的压降下，低压蒸汽的饱和温度下降幅度要比高压蒸汽大，对凝结放热强度的影响也比高压蒸汽大，所以抽汽压力过低时一般不设置过热蒸汽冷却段。

5-111　为什么大多数加热器都会设置内置式疏水冷却段？

加热器设置内置式疏水冷却段对其经济性和安全性都有利：

（1）加热器设置疏水冷却段是提高其经济性能的需要。一般设置内置式疏水冷却段可以将疏水端差降至5.5℃，如需再降低则需要设置外置式疏水冷却器。

（2）加热器设置疏水冷却段是其安全运行的需要。如果没有疏水冷却段疏水在流出加热器至下一级的过程中，会因管道压降而汽化，从而产生两相流动。使疏水发生困难并造成对设备、管道的损害。

5-112　加热器为什么要在汽侧安装连续排气装置？

加热器的抽汽中存在一些不凝结气体，这些不凝结气体如果不及时排出，则会在壳侧积累，从而影响加热器的正常换热效率。同时不凝结气体的集积也容易引起腐蚀。因此，必须在加热器壳体合适的位置设置连续排气装置。

5-113　什么是加热器的热力中心线？加热器蒸汽接管的位置应如何设置？

给水在加热器的换热管内被加热的过程是不均匀的，如果在换热管长度方向划一条分割线，使分割线两侧的总传热量相等，那么这条分割线就称为加热器的热力中心线。图5-20表示了某个U形管卧式加热器的热力中心线与几何中心线的差别。

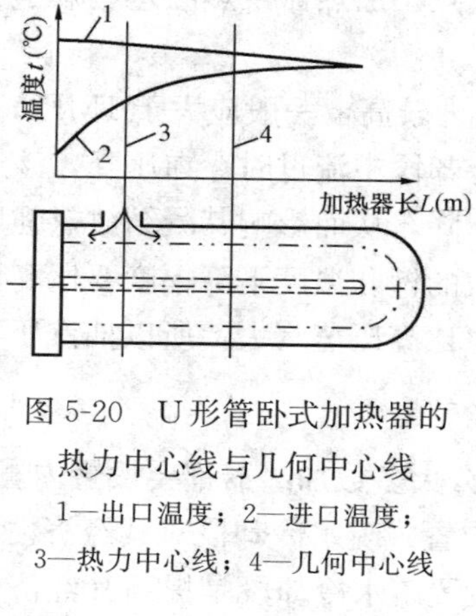

图5-20　U形管卧式加热器的热力中心线与几何中心线

1—出口温度；2—进口温度；3—热力中心线；4—几何中心线

加热器蒸汽接管的位置应设置在热力中心线上，使得蒸汽进入壳体后能均匀的向两边分配流量。

5-114　加热器应设置哪些保护?

加热器的保护有满水保护、壳（汽）侧超压保护、管（水）侧超压保护。

5-115　加热器满水保护由哪些部件组成？能实现哪些功能?

加热器满水保护装置主要由水位变送器、水位开关、紧急疏水控制阀、抽汽电动阀、水侧自动旁路装置、自动报警及连锁装置等组成。

加热器满水保护应能实现以下功能：

（1）正常运行水位的控制。

（2）水位高Ⅰ值时发出报警信号。

（3）水位高Ⅱ值时发出报警信号，紧急疏水控制阀自动开启。

（4）水位高Ⅲ值时发出报警信号，关闭抽汽管道上的电动阀及止回阀，关闭加热器进、出给水管道上的电动隔离阀，开启其旁路阀，关断上一级来的加热器疏水阀。

5-116　加热器水位为什么不能过高？也不能过低?

水位太高有可能淹没蒸汽凝结段，减少换热面积，影响热效率，严重时会造成汽轮机进水。

水位太低有可能破坏疏水冷却段的虹吸，使部分蒸汽经过疏水管进入下一级加热器，降低了加热器的热效率。同时，对疏水冷却段、疏水管道造成冲蚀，汽水两相流动还会造成疏水管振动，极大的危害加热器的安全。

5-117　加热器水位高Ⅰ值、高Ⅱ值、高Ⅲ值的定值是如何确定的?

（1）加热器水位高Ⅰ值的定值是其正常水位波动的上限。一般取“正常值+50” mm 为水位高Ⅰ值。

(2) 加热器水位高Ⅲ值的定值是其解列的水位。为了防止汽轮机进水事故，加热器水位高Ⅲ值的定值确定需考量加热器壳侧空间容积、本级抽汽与上级疏水量、附加流量、抽汽电动阀动作时间等因素。正确的高Ⅲ值解列水位是在正常的本级抽汽流量、上级疏水量以及附加流量共同作用时，加热器解列后电动阀有足够的时间来关闭而不至于满水至电动阀前。其中附加流量按以下两者取大值确定：①10%额定给水流量。②两根管束爆破时泄漏流量（孔板系数）Q_t。即

$$Q_t = 128\times10^{-6}\times d^2\times(p_t - p_s)^{0.5}$$

式中 Q_t——断口流出流量，m^3/s；

d——管公称直径，mm；

p_t——水侧设计压力，MPa；

p_s——壳侧设计压力，MPa。

(3) 加热器水位高Ⅱ值的定值是其开启危急疏水阀的水位。水位高Ⅱ值的定值应在高Ⅰ值和高Ⅲ值之间合理选取。

5-118 加热器水侧旁路系统设置有哪些类型？其适用场合如何？

加热器水侧旁路设置有大旁路系统和小旁路系统之分。

大旁路系统指用一对给水进、出口阀门控制一组加热器的给水旁路系统。其适用场合：

(1) 大旁路系统系统简单、设备成本低。但一台加热器故障时，需解列一组加热器，对机组的出力和效率影响较大。

(2) 大旁路系统通常用在高压加热器上。

(3) 大旁路系统的三通阀有液动和电动两种。

小旁路系统指用一对给水进出口阀门控制单个加热器的给水旁路系统。其适用场合：

(1) 小旁路系统系统复杂、设备成本较高。但一台加热器

故障时，需只解列对应的加热器，对机组的出力和效率影响较小。

（2）小旁路系统通常用在低压加热器上，也有高压加热器用小旁路的案例。

（3）小旁路系统的阀门一般为电动闸阀。

5-119　加热器壳侧和管侧为什么要设置超压保护？

加热器属于压力容器，根据 TSG K0004—2009《固定式压力容器安全技术监察规程》的规定，应在管侧和壳侧分别安装安全阀作为防止其超压损坏的保护措施。

（1）加热器运行中解列后如果管侧进、出口阀关闭严密，但管侧的给水因抽汽阀关不严密等原因继续受热时，管侧压力会因给水受热膨胀而超压。

（2）加热器壳侧压力低于管侧压力，当传热管破裂满水时，壳侧存在超压的可能。

5-120　加热器壳侧安全阀的通流量如何确定？

为了防止高压加热器管束破裂时壳侧超压，在加热器的壳侧设有安全阀。安全阀的通流量按以下两者取大值确定：

（1）10%的额定给水流量。

（2）一根传热管完全断裂的漏水量，按下式计算，即

$$Q_t = 64 \times 16^{-6} \times d^2 \times (p_t - p_s)^{0.5}$$

式中　Q_t——断口流量，m^3/s；

d——管公称直径，mm；

p_t——水侧设计压力，MPa；

p_s——壳侧设计压力，MPa。

5-121　对加热器管侧安全阀的通流量有什么要求？

因为加热器管侧安全阀是用来防止管侧给水受热膨胀而超压的，管侧安全阀一旦打开水压就会迅速下降，因而对管侧安全阀

无通流量要求。

5-122　为什么要进行加热器水位的热态调整？

给水加热器在制造完工出厂前，都标明正常水位的几何位置，但是，由于水位取样的上、下接口处在不同的位置，在伯努力动量效应作用下，不同的流速会产生不同的静压。这样，上、下取样口之间会产生一个静压差，使仪表显示的水位高于容器内部的真实水位，这在卧式加热器中表现尤为明显。这个水位差值有时达到50mm以上，对于具有内置式疏水冷却段的加热器来说，这个水位差将使疏水冷却段的进水口露出水面，导致“虹吸作用”丧失，蒸汽进入疏水冷却段，危害加热器。由于容器内各处的介质流速很难预先准确估计，所以，合适的水位只有在加热器投运以后，通过热态调试来确定。

5-123　加热器水位的热态调整如何操作？最佳水位如何确定？

加热器水位的热态调整操作步骤如下：

（1）确认机组在设计负荷时稳定运行，与加热器有关的设备及仪表运行正常。

（2）通知热工人员解除需调试加热器水位保护，加热器水位保护由人工控制。

（3）记录加热器各项参数：给水进出口温度、疏水出口温度、进汽压力、疏水调节阀开度、水位计读数等。作为调试初始参数。

（4）调整液位控制器的设定值，使水位以一定幅度上升，这一幅度不宜过大，每次以25～50mm为佳，并且根据疏水温度的变化情况适当调整。

（5）每次调整设定值后，必须稳定5～10min，然后按第（3）项内容记录各参数，如有计算机打印数据，则每隔1min打印一次。

(6) 逐次抬高水位，直至水位显示装置满水或将要满水。对于卧式加热器水位，不宜抬高到壳体中心线以上。对于倒置立式加热器水位，不宜抬高到过热蒸汽冷却段出口以上。

(7) 按上述方法再逐次降低水位，以观察回复性是否良好。如果起始调整点是在几何零水位点，那么回复时，还应该将水位降至低水位点观察，然后才恢复到零水位点。

(8) 现场工作结束后，恢复加热器水位保护正常的自动工作方式。

根据以下原则找出一个合适的水位值作为最佳水位，也就是正常水位控制目标值。

(1) 任何情况下，给水出口温度不致下降。

(2) 水位作较小幅度的上升，能导致疏水温度（疏水端差）大幅度下降，说明水位偏低；而水位虽作了大幅度上升，但疏水温度（疏水端差）下降幅度不大，则说明水位已基本符合要求。

(3) 对大部分加热器，抬高水位能使疏水端差达到或逼近设计值，这时的水位是可取的。个别加热器的端差值可以小于设计值，这时的容器内真实水位一般都较高，这样的水位是不可取的。

5-124　简述机组启动时低压加热器投运前的检查项目及投运操作步骤。

低压加热器投运前的检查项目如下：

(1) 检查各表计齐全，水位计投用，各电动门送电并试验良好，加热器保护试验正常并投运。

(2) 开启抽汽止回门前、后疏水门。

(3) 检查开启低压加热器进、出水门，关闭旁路门。

(4) 缓慢开启低压加热器，启动排空气门及连续排空门。

低压加热器投运操作步骤如下：

(1) 低压加热器水侧在启动时可直接投入水侧，但需缓慢操作，以免造成较大的冲击，损坏换热管。待给水缓慢充满加热器后，关闭水侧排空气门。

(2) 7号、8号低压加热器汽测随机投入。负荷满足要求后开启5号、6号低压加热器抽汽电动阀5%～10%的开度进行暖管，待抽汽止回阀前后温度大致相同后，缓慢开启抽汽电动门。注意控制凝结水的温升速度、低压加热器汽侧水位。

(3) 在汽测投入过程中，检查低压加热器水位自动控制应正常，投入操作完成后，确认抽汽管道疏水阀关闭。

(4) 低压加热器投运初期疏水逐级自流至凝汽器，待疏水品质指标合格后，再启动低压加热器疏水泵。

5-125 简述机组启动时高压加热器水侧和汽侧的投运操作步骤。

高压加热器水侧的投运操作步骤如下：

(1) 确认各个电动阀、气动阀动作正常，高压加热器水位连锁保护试验正常。

(2) 高压加热器系统手动阀均在启动前的位置，高压加热器进、出口电动阀关闭旁路阀打开。

(3) 启动电动给水泵，给锅炉上水。开启各高压加热器水侧管道排空阀，通过进口电动阀旁通小阀给高压加热器注水排空气，见水后关闭排空气门。

(4) 高压加热器注水排空结束后，开启高压加热器进出口电动门，关闭旁路门。

高压加热器汽测的投运操作步骤如下：

(1) 确认高压加热器水侧已经投入。汽侧按抽汽压力由低至高的顺序投入。

(2) 确认高压加热器各疏水管道放水阀关闭，汽测放水阀关闭，各气动止回阀无卡涩现象，疏水调节阀开关正常，前后截止阀开启，调节阀位置正常。

(3) 在到达规定负荷后，缓慢开启抽汽电动阀5%～10%的开度，高压加热器暖管暖体，待抽汽止回阀前与加热器入口温度，以及抽汽管壁上、下温度接近时，暖管结束。

（4）缓慢开启高压加热器抽汽电动阀直至全开，注意控制给水温升率小于1.87℃/min。

（5）高压加热器投入初期疏水逐级自流至凝汽器，待水质合格后疏水切至除氧器。

（6）在高压加热器投运过程中，尽量保持机组负荷的平稳，注意各高压加热器水位调节是否正常。

5-126 加热器汽侧投运后，满足哪些条件后疏水可由逐级自流至凝汽器切至给水系统？

（1）高压加热器汽侧投运后，如果疏水全铁含量≤50μg/L、硅含量≤50μg/L时，其疏水可由逐级自流至凝汽器切至除氧器。注意高压加热器疏水回收至除氧器时，必须保证省煤器入口给水合格。

（2）低压加热器汽侧投运后，如果疏水全铁含量≤50μg/L、硅含量≤50μg/L时，其疏水可由逐级自流至凝汽器切为经低压加热器疏水泵打至凝结水系统。

5-127 简述高压加热器带负荷投运操作步骤及注意事项。

高压加热器带负荷投运操作步骤如下：

（1）高压加热器检修工作已结束，场地清扫干净，无任何妨碍加热器运行的物品。

（2）确认高压加热器水位连锁保护已正常投入，各阀门状态符合投运前的要求。

（3）开启高压加热器进口电动阀的旁通小阀，给高压加热器注水排空气，见水后关闭排空气门。

（4）高压加热器注水排空结束后，开启高压加热器进、出口电动门，关闭旁路门。

（5）缓慢开启抽汽电动阀5%～10%的开度，高压加热器暖管暖体，待抽汽止回阀前与加热器入口温度，以及抽汽管道上、下温度接近时，暖管结束。

(6) 缓慢开启高压加热器抽汽电动阀直至全开，注意控制给水温升率小于1.87℃/min。

(7) 高压加热器投入初期疏水逐级自流至凝汽器，待水质合格后疏水切至除氧器。

高压加热器带负荷投运操作注意事项如下：

(1) 水侧注水操作应缓慢进行、注水排气充分。由旁路切回主路时的操作也应缓慢进行，过程中应尽量控制金属温度上升速率不超过1.87℃/min，并注意锅炉给水流量正常。

(2) 开启紧急疏水控制阀的手动隔离门时，应注意凝汽器真空变化。

(3) 高压加热器汽侧投运时，应暖管充分，注意控制好投运加热器的出口水温升率小于1.87℃/min。

5-128 对高压加热器投、退时的温度变化率有什么要求？温度变化率对加热器循环寿命有什么影响？

《火力发电厂高压加热器运行守则》(1983年) 要求高压加热器投入时，温升率≤5℃/min；高压加热器退出时，温升率≤2℃/min。

对于大型机组的高压加热器上述标准已不能适用。据研究表明，高压加热器的温升率和温降率都控制在1.87℃/min以内时，允许无限次循环，温度变化率为3.7℃/min时，循环寿命为300 000次，具体如表5-5所示。

表5-5 温度变化率与加热器循环寿命的关系

温升率（℃/min）	温降率（℃/min）	循环次数（启-停作为一次循环）
13.2	73.3	1250
7.4	7.4	20 000
3.7	3.7	300 000
1.9	1.9	无限制

5-129 机组运行中高压加热器停运的方式有哪些?

(1) 依次停运方式。从抽汽压力最高的高压加热器开始，只停1号高压加热器、停1号、2号高压加热器、1号、2号、3号高压加热器全停。

(2) 中间停运方式。停运的加热器抽气压力不是最高的，比如只停2号高压加热器、只停3号高压加热器、停运2号、3号高压加热器。

(3) 组合停运方式。该方式是依次停运方式与中间停运方式的组合，比如停运1号、3号高压加热器。高压加热器布置图如图5-21所示。

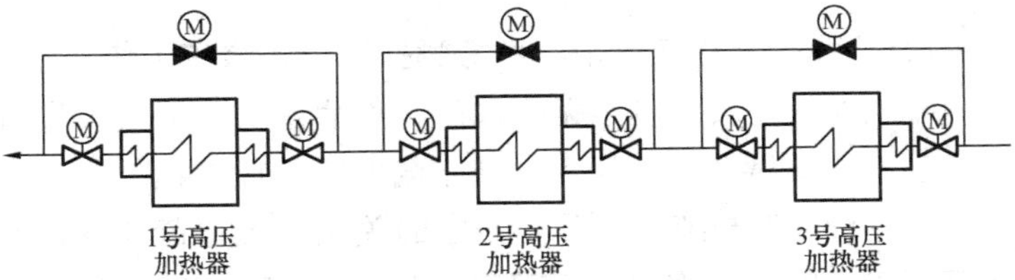

图5-21 高压加热器布置图

5-130 高压加热器不同的停运方式对汽轮机装置和循环效率有什么影响?

(1) 依次停运方式对汽轮机装置和循环效率的影响:

依次停运高压加热器时，如果保持主蒸汽流量不变，则从停运后的那台高压加热器抽汽口开始的下游通流级的流量、各监视压力、静叶压差及动叶轮周功率都将增加。如强度设计时未考虑这一点，对工况又不作限制时，则会影响汽轮机的安全运行，反之则不需对汽轮机工况作限制。

依次停运高压加热器时，对最终给水温度影响很大，所以对循环效率影响也很大。一般停运最后一台高压加热器将使热耗增加50～60kJ/(kW·h)，三台高压加热器全停将使热耗增加260～280kJ/(kW·h)。

(2) 中间停运方式对汽轮机装置和循环效率的影响:

中间停运方式对汽轮机装置的影响以2号高压加热器停运为例，2号高压加热器停运后，将导致1号高压加热器的焓升、抽汽量、抽汽管道流速及压力损失增大，有可能会造成抽汽管道振动。如果保持主蒸汽流量不变则1号高压加热器抽汽口压力将下降，抽汽口压力的下降可能会使抽汽口前一级动叶过负荷。如强度设计时未考虑这一点时，则需要对汽轮机工况作限制。

中间停运方式对最终给水温度影响较小，所以对循环效率影响也比较小。原因是给水在退出高压加热器中的焓升大部分被运行的1号高压加热器抽汽所代替。

5-131 加热器在运行中要做好哪些运行、维护工作?

(1) 监视及记录加热器壳侧水位、负荷及疏水流量、进口水温度、出口水温度、壳侧压力、疏水温度等运行参数。

(2) 注意负荷与疏水调节阀开度的关系，当负荷未变，而调节阀开度加大时，管束可能出现轻度漏泄。

(3) 注意监视处于关闭状态的给水旁路阀是否漏泄。

(4) 定期计算、核对加热器的上、下端差，发现异常时及时分析、处理。

(5) 定期检查并试验疏水调节阀、给水自动旁路装置、危急疏水阀和抽汽止回阀、进汽阀的连锁装置。

(6) 定期冲洗水位计，检查上、下小阀门的状态是否正确，防止出现假水位。

5-132 高压加热器在哪些情况下须紧急停用?

高压加热器在运行中发生下述任一情况时应紧急停用:

(1) 水位高Ⅲ值，但水位保护拒动时。

(2) 加热器超压，安全阀不动作时。

(3) 加热器水位升高，处理无效，水位计满水时。

(4) 水位计失灵，无法监视水位时。

(5) 水位计爆破又无法切断时。

(6) 汽、水管道及阀门等爆破，危及人身及设备安全时。

5-133　高、低压加热器停（备）用的保养方法有哪些？

高压加热器停（备）用的保养方法如下：

(1) 充氮法。高压加热器停运后，当水侧或汽侧压力降至0.5MPa时，开始进行充氮。保护过程中维持氮气压为0.03～0.05MPa，阻止空气进入。

(2) 氨-联氨法。停机后，放去水侧（或汽侧）存水，用氨-联氨剂溶液充满高压加热器的水侧（或汽侧），进行防锈蚀保护。

(3) 氨水法。给水加氧处理机组，机组停运前加大凝结水精处理出口加氨量，提高给水pH至9.4～10.0。停机后不放水，有条件时，向汽侧和水侧充氮密封。

(4) 干风干燥法。高压加热器停用的干风干燥保护与汽轮机停用干风干燥保护同时进行。

低压加热器停（备）用的保养方法如下：

(1) 碳钢和不锈钢材质低压加热器的防锈蚀方法与高压加热器相同。

(2) 铜合金材质低压加热器停（备）用时，水侧应保持还原性环境，以防止铜合金的腐蚀和铜腐蚀产物的转移。

1) 湿法保护时，将联氨含量为5～10mg/L、pH为8.8～9.2的溶液充满低压加热器，同时辅以充氮密封，保持氮气压力为0.03～0.05MPa。

2) 干法保护时，可参考汽轮机干风干燥法，保持低压加热器水、汽侧处于干燥状态。也可以考虑用氮气或压缩空气吹干法保护。

(3) 当低压加热器汽侧与汽轮机、凝汽器无法隔离时，无法充氮或充保护液，其保护方法应纳入汽轮机保护系统中。

5-134　为了防止汽轮机进水和超速，抽汽系统应采取哪些防患措施?

(1) 除了压力最低的两段抽汽管道外，其他各级抽汽管道都应串联安装抽汽止回阀和电动隔离阀，在加热器水位超高或汽轮机跳闸时连锁关闭。

(2) 给除氧器及给水泵汽轮机供汽的抽汽管道上应串联安装两只气动止回阀和一个电动隔离阀，在去给水泵汽轮机、除氧器的分支管道上应分别再串联安装电动隔离阀和止回阀。

(3) 抽汽管道在电动阀前、气动止回阀后、电动阀与止回阀之间均应设置动力驱动的疏水阀。

(4) 气动止回阀应采用气开式，在气源或电磁阀电源失去时，气动止回阀在弹簧力作用下自动关闭。气动疏水阀应采用气关式，在气源或电磁阀电源失去时，气动疏水阀在弹簧力作用下自动开启。

(5) 抽汽管道气动止回阀后的第一个水平管段上应设置一对检测管道积水用的热电偶，一个装在管壁顶部，一个装在管壁底部。以协助运行人员及早发现管道积水，及时采取措施防止汽轮机进水。

(6) 各个加热器及除氧器都应设置完备的水位连锁控制保护回路，确保不会因为满水而造成汽轮机进水。

5-135　除氧器的作用是什么?

除氧器是利用热力除氧原理进行工作的混合式加热器，其主要作用有：

(1) 除去给水中溶解的不凝结气体，主要是氧气。但是随着给水加氧处理工艺的推广应用，其除氧功能在机组正常运行中已居次要位置。

(2) 除氧器作为一级混合式加热器加热给水，同时回收高品质的疏水。

(3) 除氧器的水箱能储存一定量给水，起到缓冲凝结水与给水的流量不平衡的作用。

(4) 除氧器布置位置一般比较高，提高了给水泵及前置泵的入口压头，是防止泵汽蚀的措施之一。

5-136 压力式热力除氧器是如何分类的?

(1) 按外形可分为立式和卧式除氧器两种，立式除氧器多用于中小机组，卧式式除氧器多用于大型机组。卧式除氧器又可分为外置式和内置式（无头除氧器）两种。

(2) 按除氧器除氧头的内部构件可分为喷雾式、淋水盘式、填料式、喷雾-填料式、喷雾-淋水盘式等。

(3) 按工作方式可分为定压除氧器和滑压除氧器。

5-137 简述热力除氧的工作原理。

溶解于水中的气体量主要与两个因素有关，一是与水面上该气体的分压力成正比，二是与水的温度有关。

热力除氧的原理就是用蒸汽来加热给水，提高水的温度，且使水面上蒸汽的分压力逐步增大，而溶解气体的分压力则逐渐降低，溶解于水中的气体就不断逸出，当水被加热至相应压力下的饱和温度时，水面上全部是水蒸汽，溶解气体的分压力为零，水不再具有溶解气体的能力，也即溶解于水中的气体，包括氧气均可被除去。

5-138 要达到良好的热力除氧效果，必须满足什么条件?

(1) 有足够量的蒸汽将水加热到除氧器压力下的饱和温度。

(2) 能及时排走析出的气体，防止水面的气体分压力增加。

(3) 水与蒸汽接触的表面积足够大，接触的时间足够长。

5-139 热力除氧器有哪些特性参数?

热力除氧器的特性参数包括：设计压力、工作压力、设计温度、出水温度、除氧器出力（额定、最大、最小）、给水温升。

5-140　什么是除氧器的工作压力、设计压力和水压压力？

除氧器的工作压力指除氧器顶部在正常额定工作状态下的表压力。其值是通过经济技术比较和实用要求来确定的。

除氧器的设计压力指用来确定除氧器壳体及其他受压元件尺寸的参数。对于定压运行除氧器设计压力不得低于1.30倍的额定工作压力，对于滑压运行的除氧器设计压力不得低于1.25倍的额定工作压力。

除氧器的水压压力指除氧器做水压试验时需达到并保持的目标压力。水压试验压力按式“水压试验压力=1.25×设计压力×(材料在20℃的许用应力/材料在设计温度下的许用应力)”计算得到。

5-141　什么是除氧器的定压运行和滑压运行？简述两种运行方式各有什么特点。

除氧器的定压运行是指除氧器的压力不随机组负荷和抽汽压力的变化而变化，由压力控制阀控制为恒定不变。定压运行优缺点有：

(1) 定压运行除氧器存在压力调节阀故障而引起除氧器超压异常的可能性，须采取相应的保护措施。

(2) 抽汽管道上的压力调节阀有节流，经济性较差。

(3) 除氧效果稳定，除氧器工作压力稳定不会影响给水泵的汽蚀余量。

除氧器的滑压运行是指除氧器的压力是随着机组负荷与抽汽压力的变化而变化的，抽汽至除氧器不需要压力控制。滑压运行的特点有：

(1) 在设计回热系统时，可以把除氧器作为一级加热器使用，使抽汽点布置更为合理。滑压运行的除氧器在抽汽管道上不用进行抽汽的调整，避免了节流损失。

(2) 滑压运行时，可以从根本上避免定压运行所带来的由于压力调节阀故障而引起的除氧器超压异常。

（3）滑压运行除氧器的系统简单，投资减少。

（4）滑压运行除氧器在设计时，需要采取措施消除滑压运行带来的“返氧”现象与给水泵汽蚀余量问题。

5-142　什么是除氧器水箱的有效容积？其数值一般是多少？

（1）除氧器水箱的有效容积指水箱正常水位至水箱出水管顶部之间的水容积。

（2）除氧器水箱的有效容积一般为锅炉在最大连续蒸发量运行时5～15min的给水总量。单机容量大于200MW的取下限5～10min，单机容量等于或小于200MW的取上限10～15min。

（3）除氧器水箱的有效容积一般为其几何容积的80%～85%。

5-143　除氧器应设置哪些调节与保护？

（1）除氧器应设置压力调节与保护。除氧器的压力调节与保护主要通过压力控制阀、隔离阀和安全阀的动作来实现。

1）定压运行除氧器的安全阀排汽总量不小于2.5倍的除氧器额定进气量，安全阀整定值为1.25～1.30倍工作压力。滑压运行除氧器的安全阀排汽总量不小于1倍的除氧器额定进气量，安全阀整定值为1.20～1.25倍额定工作压力。

2）应具备除氧器压力低报警功能。当降氧器压力低时，能自动开启高一级蒸汽的阀门。

3）应具备除氧器压力高报警功能。定压运行除氧器当工作压力升高至额定压力的1.15倍时，应自动关闭高一级蒸汽的电动隔离阀；升至1.20倍额定压力时，自动关闭压力调节阀及其前电动隔离阀。滑压运行除氧器当工作压力升高至额定压力的1.20倍时，自动关闭低负荷加热压力调节阀和隔离电动阀。

（2）除氧器应设置水位调节与保护。水位高设三档保护，水位低调二档保护。

1）水位高Ⅰ值：报警。水位高Ⅱ值：开启溢流阀，关闭除氧器上水阀、高压加热器至除氧器疏水阀。水位高Ⅲ值：关闭加热蒸汽调整阀、隔离阀，如有汽封供汽时，还应关闭汽封供汽阀。

2）水位低Ⅰ值：报警。水位低Ⅱ值：停止所有给水泵。

5-144　防止除氧器超压爆破的措施有哪些？

（1）除氧器及其水箱的设计、制作、安装和检修必须合乎要求，必须定期检测除氧器的壁厚和是否有裂纹。

（2）按压力容器定期校验的有关规定进行除氧器各安全门的整定校验工作。严禁在任何一个安全门不严密或误动情况下，闭锁安全门。

（3）正常运行时，经常监视除氧器压力调节阀的工作情况，除氧器压力不得大于汽轮机四段抽汽压力。每班至少进行一次除氧器就地和远方压力仪表的校对工作。

（4）机组正常运行中，要经常检查高压加热器疏水至除氧器调整门的工作情况，防止高压加热器疏水门自动失灵造成除氧器超压。

（5）机组正常运行中，应注意除氧器水位调节正常。防止凝结水中断而造成除氧器压力大幅波动超压或者除氧器满水超压。

（6）机组启动前，试验除氧器压力调节阀及其前隔离阀应开关灵活。机组运行中除氧器压力控制应投自动。

5-145　简要说明除氧器的投运步骤。

（1）启动前检查与准备。

1）检查并确认凝结水系统运行正常，凝结水水质合格。除氧器的水位变送计、就地水位计、压力变送器、就地压力表等仪表已正常投入。除氧器水位连锁保护及超压连锁保护经试验正常，并已投入。

2）检查与除氧器投运有关的所有阀门状态正确，气动阀、电动阀试操作正常。

（2）除氧器上水与加热操作。

1）当凝结水系统冲洗合格后，开始给除氧器上水。

2）除氧器冲洗也可与给水系统的冲洗同时进行，除氧器出口给水含铁量≤50μg/L、悬浮物含量≤10μg/L时冲洗合格。

3）开启除氧器上水调节阀向除氧器上水至正常水位，然后将除氧器上水调节阀投入自动，除氧器上水调节阀自动维持除氧器水位在设定值。

4）上水完毕后，缓慢开启辅助蒸汽至除氧器的供汽调节阀，除氧器升温、升压。注意控制升温、升压速度，防止除氧器振动。温升率要求小于10℃/min，升压速率小于2kPa/min。

5）当除氧器压力接近0.147MPa时，将除氧器的压力调节阀投入自动，除氧器压力调节阀自动维持除氧器定压运行。

6）当除氧器水温达到111℃，根据给水的溶解氧量可关闭除氧器的启动排氧门，调整连续排氧门的开度，减少汽水损失。

7）当给水泵启动后，除氧器的进水量将增多，这时特别注意除氧器的振动，进水量不可突然增加过多。

5-146　除氧器正常运行中监视项目有哪些？

（1）保持除氧器水位在正常位置。

（2）检查除氧器压力在正常范围内，滑压除氧器应保证压力和温度相适应。

（3）保持除氧器出口溶解氧小于7ug/L（给水全挥发性处理工艺）。

（4）除氧器系统无漏水、漏汽、溢流等现象。

（5）校对就地水位计、压力表、温度表与集控室操作画面应一致。

5-147　什么是除氧器水位的单冲量调节和三冲量调节？

单冲量调节指除氧器的水位调节器只根据除氧器水位进行调

节的一种除氧器水位控制方式。

三冲量调节指除氧器的水位调节器以除氧器水位作为主调信号，凝水流量和给水流量作为前馈和反馈信号进行调节的一种除氧器水位控制方式。

5-148 除氧器停（备）用时有哪些保养措施？

(1) 当机组停运时间在一周之内，并且除氧器不需要放水时，可在停运前适当加大凝结水加氨量提高除氧水的 pH 值至 9.4～10.0，除氧水箱上部及除氧头保持真空状态。

(2) 当机组停用时间在一周以上时，可用充氮保护或水箱充保护液并充氮密封。

5-149 泵按工作原理如何分类？

泵按其工作原理可分为叶片式泵、容积式泵和其他类型泵。

(1) 叶片式泵又可分为：离心泵、轴流泵、混流泵、旋涡泵四种形式。

(2) 容积式泵又可分为：往复式与回转式两种形式。

(3) 其他类型泵主要有射流泵、水击泵等。

5-150 简述离心水泵的工作原理。

在泵内充满水的情况下，叶轮旋转使叶轮内的水也跟着旋转，叶轮内的水在离心力的作用下获得能量。叶轮槽道中的水在离心力的作用下甩向外围流进泵壳，于是叶轮中心压力降低，这个压力低于进水管内压力，水就在这个压力差作用下由吸水池流入叶轮，这样水泵就可以不断地吸水、供水了。

5-151 简述轴流水泵的工作原理。

在泵内充满液体的情况下，利用叶轮旋转对水体产生升力（推力）来输送液体或提高液体的能量，使水跟着叶轮旋转的同时沿着水泵轴向前进。见图 5-22。

5-152　叶片式泵的基本性能参数有哪些？

叶片式泵的基本性能参数包括：流量、扬程、功率、效率、转速、必需汽蚀余量。

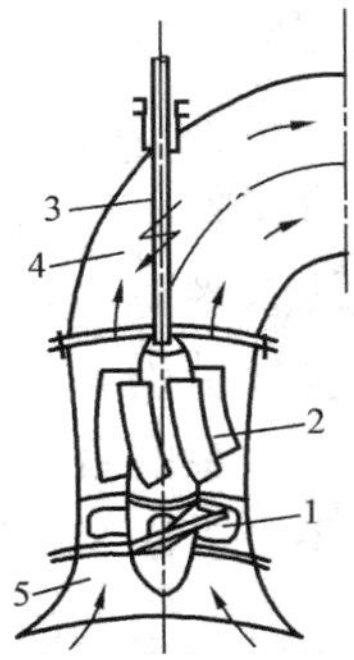

图 5-22　立式轴流泵抽水原理图

1—叶轮；2—导叶；3—泵轴；4—出水弯管；5—喇叭管

5-153　什么是泵的汽蚀现象？汽蚀有什么危害？

离心泵运转时，液体压力沿着泵入口到叶轮入口而下降，在叶片入口附近液体压力最低。此后，由于叶轮对液体做功，液体压力很快上升。当叶轮叶片入口附近的压力小于液体输送温度下的饱和蒸汽压力时，液体就汽化。同时，使溶解在液体内的气体逸出，它们形成许多汽泡。当汽泡随液体流到叶道内压力较高处时，外面的液体压力高于汽泡内的汽化压力，则汽泡又重新凝结溃灭形成空穴，周围的液体以极高的速度向空穴冲来，造成液体互相撞击，使局部的压力骤然增加。这样，不仅阻碍液体正常流动，尤为严重的是，如果这些汽泡在叶轮壁面附近溃灭，则液体就像无数个小弹头一样，连续地打击金属表面。于是金属表面因冲击疲劳而剥裂。如若汽泡内夹杂某种活性气体，它们借助汽泡凝结时放出的热量，还会对金属产生化学腐蚀作用，更加速了金属剥蚀的破坏速度。上述这种液体汽化、凝结、冲击、形成高压、高温、高频冲击负荷，造成金属材料的机械剥裂与化学腐蚀破坏的综合现象称为汽蚀。

汽蚀的危害性可归纳为造成流道材料破坏、产生振动和噪声、使泵的性能下降。

5-154　什么是汽蚀余量、有效汽蚀余量、必须汽蚀余量？

泵进口处液体所具有的能量超出液体发生汽蚀时具有的能量

之差用液体静压头来表示时，这个静压头称为汽蚀余量。汽蚀余量大，则泵运行时的抗汽蚀性能好。

泵进口处单位质量液体所具有的超过汽化压力的富余能量用液体静压头来表示时，这个静压头称为有效汽蚀余量。有效汽蚀余量与泵的结构本身无关。

液体从泵的吸入口到叶道进口压力最低处的能量降低值用液体静压头来表示时，这个静压头称为必须汽蚀余量。

防止泵产生汽蚀的措施总是从增加装置的有效汽蚀余量与减少泵的必须汽蚀余量两方面进行。

5-155　什么是泵的相似定律？常见的具体应用有哪些？

满足几何相似、运动相似、动力相似条件的泵的各参数之间也存在着确定的相似关系，泵的相似定律指出了这种相似关系的规律。具体如下：

(1) 流量相似关系表明：几何相似的泵在相似工况下运行时，其流量之比与线性尺寸比的三次方、与转速比的一次方以及容积效率比的一次方成正比。

(2) 扬程相似关系表明：几何相似的泵在相似工况下运行时，其扬程之比与线性尺寸比的二次方、与转速比的二次方以及水力效率比的一次方成正比。

(3) 功率相似关系表明：几何相似的泵在相似工况下运行时，其功率之比与线性尺寸比的五次方、与转速比的三次方以及流体密度的一次方成正比。

泵的相似定律常见的具体应用有：

(1) 对于同一台泵，输送相同的流体，转速改变时，即采用变速调节时，各参数的改变遵循如下关系：流量与转速的一次方成正比，扬程与转速的二次方成正比，功率与转速的三次方成正比。

(2) 两台泵的几何尺寸按线性尺寸比相似放大或缩小时，如转速、流体性质改变时，各参数的变化遵循如下关系：流量与线性尺寸比的三次方成正比，扬程与线性尺寸比的二次方成正比，功率与线性尺寸比的五次方成正比。

5-156 什么是比转数？比转数与泵的形式有什么关系？

比转数的概念可以这样理解：如果把一台单级单吸泵的尺寸几何相似的缩小为标准泵，使之适应于 1m 扬程和 0.736kW 有效功率，此时该标准泵的转数即称为比转数。比转数是一种相似准则，即几何相似的泵在相似的工况下其比转数相等。

比转数与泵的形式的关系如表 5-6 所示。

表 5-6 比转数与泵的形式

类型	离心泵			混流泵	轴流泵
	低比转数	中比转数	高比转数		
比转数 n_s	$30<n_s\leqslant 80$	$80<n_s\leqslant 150$	$150<n_s\leqslant 300$	$300<n_s\leqslant 500$	$500<n_s\leqslant 1000$
尺寸比 D_2/D_1	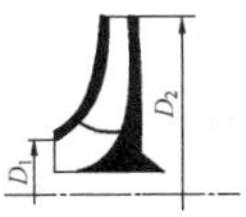	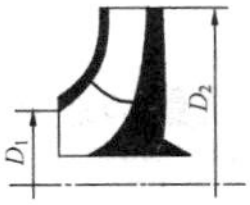	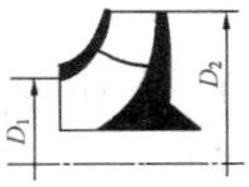		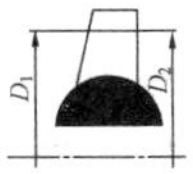
	≈3	2	≈1.8—1.4	≈1.2—2.1	1.0

5-157 什么是离心式水泵的最小连续稳定流量、最小连续热工控制流量和最小连续工作流量？

最小连续稳定流量（MCSF）在第 10 版的 API610 标准《石油、重化学和天然气工业用离心泵》中的定义为：在不超过本标准中所规定的振动限度下，泵能工作的最低流量。

最小连续热控流量（MCTF）在第 10 版的 API610 标准中的定义为：泵能够持续工作运行而不致被泵输送液体的温升所损害的最低流量。

泵的最小连续工作流量是指能满足最小连续稳定流量、最小连续热控流量以及其他生产工艺要求的最低流量。

5-158 给水泵的作用是什么？现代给水泵有什么特点？

给水泵的作用是向锅炉连续提供具有足够压力、流量和相当温度的给水，同时还向过热器、再热器提供减温水。

现代给水泵的特点有：大容量、高转速、高性能。

5-159 现代给水泵采用高额定转速泵以及变速调节泵有什么优点？

（1）随着机组容量的增大，给水泵的容量也需要不断提高，而通过提高泵的转速来增大泵的容量是最为合理、简便的方法，目前现代给水泵的额定转速一般都在 5000～6500r/min 左右。其优点体现在：

1）提高给水泵的转速可以提高单级扬程，泵级数减少，泵轴缩短，刚性提高，泵体尺寸减小，质量减轻。不同转速时给水泵的质量和级数比较见表 5-7。

表 5-7 不同转速时给水泵的质量和级数比较

火电机组容量（MW）	给水泵转速（r/min）	给水泵级数	泵质量（t）
550	3000	5	44
600	4700	4	16.8
600	7500	2	10.5

2）采用提高给水泵的转速来提高容量比时，单纯增加叶轮直径更有利于提高泵的机械效率。

（2）采用变速调节泵可以避免随着机组容量增大，定速给水泵所体现出来的一些弊端，比如启动阶段及低负荷时节流损失大。特别是对于直流锅炉采用定速泵时，调节阀的节流压降就更大，调节阀根本无法适应，短时间内就会冲刷损坏。

5-160 现代给水泵的结构形式有什么特点?

现代大型给水泵都采用双壳体结构，如图 5-23、图 5-24 所示。外壳体一般都采用整锻制成筒形支撑在底座上，检修时不需要移动外壳体和进出水管，端盖用大直径螺栓紧压在筒壳的顶端面上。给水泵内壳体有分段式和水平中分式两种形式，两种形式的内壳体前者结构比较简单，后者结构较复杂。

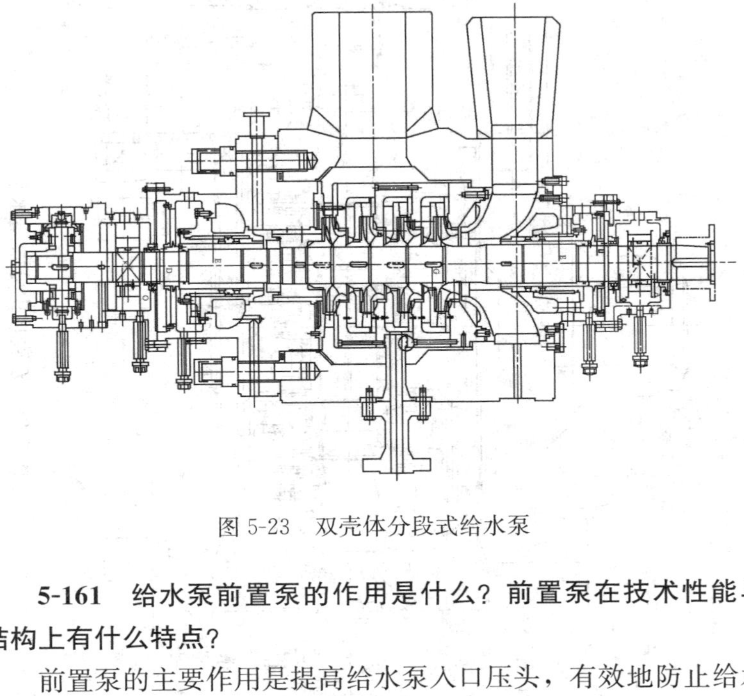

图 5-23 双壳体分段式给水泵

5-161 给水泵前置泵的作用是什么? 前置泵在技术性能与结构上有什么特点?

前置泵的主要作用是提高给水泵入口压头，有效地防止给水泵的汽蚀。同时由于前置泵工作转速较低，所需的泵进口倒灌高度较小，从而降低了除氧器的安装高度，节省了主场房的建设费用。

前置泵具有流量大、转速较低、必须汽蚀余量小的性能特点。前置泵泵壳多为卧式双涡壳形水平中分结构，叶轮多为单级双吸式结构。

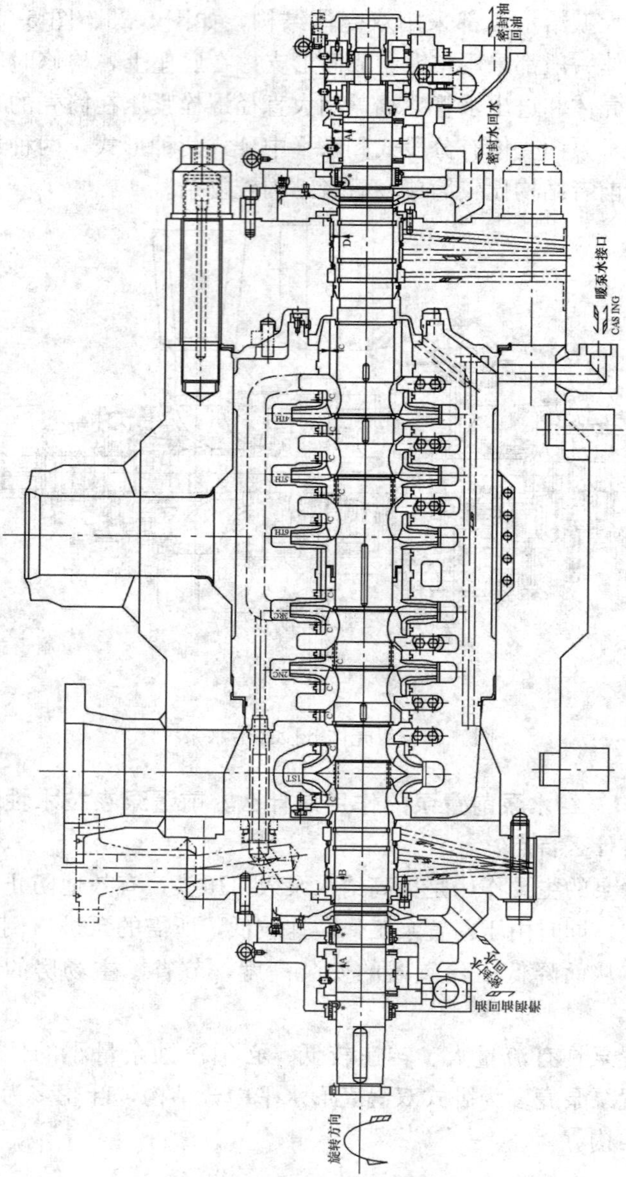

图 5-24　双壳体中分式给水泵

5-162 前置泵的驱动、连接方式有哪些？

(1) 电动给水泵的前置泵一般由给水泵电动机同轴驱动，与主泵共用一台电动机。

(2) 汽动给水泵的前置泵一般经减速器同汽动给水泵一起由给水泵汽轮机驱动，也有单独设置电动机驱动的设置。

5-163 大型机组给水泵的台数一般是怎样配置的？

(1) 125、200MW机组一般配置两台容量各为最大给水量100%的调速电动给水泵。

(2) 300MW机组一般配置两台容量各为最大给水量50%的汽动给水泵和一台容量为最大给水量25%～35%的调速电动给水泵作为启动与备用给水泵。

(3) 600MW及以上机组一般配置两台容量各为最大给水量50%的汽动给水泵和一台容量为最大给水量25%～35%的调速电动给水泵作为启动和备用给水泵。

5-164 电动给水泵采用液力耦合器作为变速装置有什么优点？

(1) 采用液力耦合器作为变速装置具有调速范围大、功率大、调速灵敏、噪声小、稳定性好等特点。

(2) 采用液力耦合器作为变速装置能使电动给水泵在接近空载下平稳、无冲击地启动，同时启动力矩的减小为选择合适容量的电动机提供了条件。

(3) 采用液力耦合器作为变速装置可实现无级变速，便于实现给水系统自动调节，使给水泵能够适应主汽轮机和锅炉的滑压变负荷运行的需要。

(4) 采用液力耦合器可以减少轴系扭振和隔离载荷振动，且能起到过负荷保护的作用，提高运行的安全性和可靠性，延长设备的使用寿命。

5-165　液力耦合器主要由哪些部件组成?

如图 5-25 所示，液力耦合器主要由输入轴、增速齿轮、主动轴、泵轮、涡轮、旋转内套、勺管、被动轴（输出轴）、辅助油泵、工作油泵、润滑油泵、工作冷油器、润滑冷油器、滤网及管线仪表等部件组成。

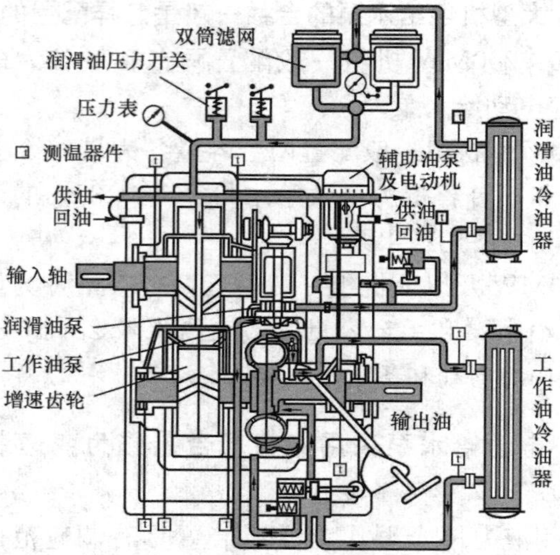

图 5-25　液力耦合器

5-166　液力耦合器的涡轮转速为什么一定低于泵轮转速?

如果涡轮转速等于泵轮转速，则泵轮出口处的工作油的压力与涡轮进口处的油压相等，且它们的压力方向相反，工作油在循环圈内将不产生流动，涡轮得不到力矩也就无法转动。因此，涡轮的转速永远只能低于泵轮的转速。而只有当泵轮转速大于涡轮转速时，泵轮出口处的油压才大于涡轮进口处油压，工作油在压力差的作用下产生循环运动，于是涡轮被冲转旋转起来。液力耦合器工作时，工作油在循环圆中流动如图 5-26 所示。

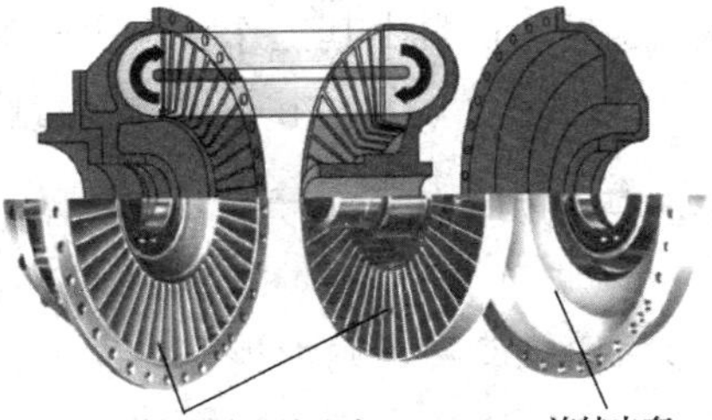

图 5-26　工作油在循环圆中流动

5-167　简述液力耦合器能量传递及变速原理。

液力偶合器的泵轮和涡轮分别套装在位于同一轴线的主、被动轴上，泵轮和涡轮的内腔室相对安装，两者相对端面间留有一窄缝，泵轮和涡轮的环形腔室中装有许多径向叶片，将其分隔成许多小腔室。在泵轮的内侧端面设有进油通道，压力油经泵轮上的进油通道进入泵轮的工作腔室。在主动轴旋转时，泵轮腔室中的工作油在离心力的作用下产生对泵轮的径向流动，在泵轮的出口边缘形成冲向涡轮的高速油流，高速油流在涡轮腔室中撞击在叶片上改变方向，一部分油由涡轮外缘的泄油通道排出，另一部分回流到泵轮的进口，这样在泵轮和涡轮工作腔室中形成油流循环。在油循环中，泵轮将输入的机械能转变为油流的动能和压力势能，涡轮则将油流的动能和压力势能转变为输出的机械能，从而实现主动轴与从动轴之间能量传递的过程。

调速型液力耦合器可以在主动轴转速恒定的情况下，通过调节液力耦合器内液体的充满程度实现从动轴的无级调速，流道充油量越多传递力矩越大，涡轮的转速也越高，因此，可以通过改变工作油量来调节涡轮的输出转速，以适应给水泵的需要。

5-168　什么是液力耦合器的滑差?

由液力耦合器的原理可知液力耦合器内液体的循环是由于泵轮和涡轮流道间不同的离心力产生压差而形成的，因此，泵轮和涡轮之间必须有转速差，这是由其工作特性决定的。泵轮和涡轮的转速差称为滑差，在额定工况下滑差为输入转速的2%～3%。

5-169　简述勺管是如何改变液力耦合器的输出转速的。

如图5-27所示，调节执行机构根据控制信号动作，通过曲柄和连杆带动扇形齿轮轴旋转，扇形齿轮与加工在勺管上的齿条啮合，带动勺管在工作腔内作垂直方向运动。当勺管移到最大半径位置时，勺管的排油量最大，在工作腔中传递力矩的工作油量最小，滑差最大，输出转速最小。反之，勺管移到最小半径位置时，输出转速最高。从而实现输出转速的无级调节。

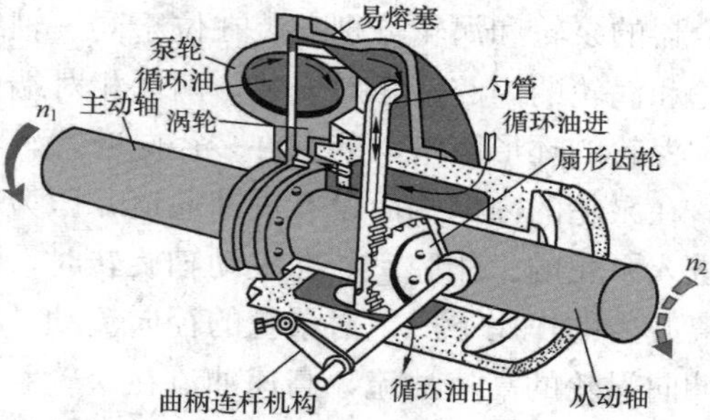

图5-27　液力耦合器勺管工作示意图

5-170　液力耦合器中的易熔塞的作用是什么？

易熔塞是液力耦合器的一种保护装置。正常情况下，液力耦合器的工作油温度不允许超过100℃。油温过高极易引起油质恶化，同时耦合器的工作条件也恶化，引起耦合器工作不稳定，从而造成耦合器或其轴承的损坏。为了防止液力耦合器工作油温度过高，在旋转的工作腔外壳上装有由低熔点金属制作的易熔塞，当工作油温过高时，易熔塞软化，工作油从易熔塞孔排出，工作油泵输出的工作油进入工作腔后，不断地从易熔塞孔排出并带走热量，同时液力耦合器的能量传递功能也因工作油的排出而减至最小，从而起到保护液力耦合器的作用。

5-171　液力耦合器有哪些损失？

液力耦合器有机械损失和液力损失两种。

（1）机械损失是指轴承密封损失，外部转子摩擦鼓风损失，以及为了冷却，需向液力耦合器通入若干工作流体，从而造成系统、泵轮能量的消耗等。

（2）液力损失是指在泵轮和涡轮叶片之间的流道中，由于涡流和流体的内部摩擦及进入工作轮入口的冲击等所造成的能量损失。

5-172　大型机组给水泵的驱动方式采用给水泵汽轮机驱动相对电动机-液力耦合器驱动有哪些优点？

（1）减少厂用电消耗，增加电厂净功率。

（2）锅炉给水泵汽轮机汽源与电厂循环相结合，可明显降低电厂净热耗率。

（3）消除给水泵电动机的启动电流大问题，可以选择容量较低的厂用变压器。

（4）用给水泵汽轮机驱动时，变速运行引起的功率损失比电动机-液力耦合器方式小。

5-173　给水泵汽轮机一般采用什么形式的汽轮机？在汽源配置方面有什么要求？

给水泵汽轮机一般采用单缸、多级、凝汽、冲动式（或反动式）汽轮机。

给水泵汽轮机一般设有两路汽源：一路汽源是机组正常运行时用的来自主机四抽的抽汽，该路蒸汽压力相对较低称为低压汽源。另一路是机组启动或给水泵汽轮机单独调试时用的来自辅助蒸汽系统的蒸汽，该路蒸汽压力相对较高称为高压汽源。

5-174　给水泵组有哪些布置方式？当给水泵汽轮机布置在零米层时应注意哪些问题？

给水泵组布置方式有两种：一是布置在运转层，二是布置在零米。

（1）当汽动给水泵汽轮机排汽接入主凝汽器时，以采用向下引出接入主凝汽器为佳，此时，汽动给水泵宜布置在汽机房运转层上。

（2）汽动给水泵也可以布置在汽机房或除氧间底层，在条件合适的情况下，也可采用零米以上的半高位布置，以方便给水泵油箱等辅助设施的布置。

汽动给水泵布置在零米层时，应考虑以下问题：

（1）应考虑检修时起吊给水泵汽轮机的相应措施。

（2）应考虑给水泵汽轮机疏水畅通的相应措施。

5-175　汽动给水泵汽轮机采用零米或零米半高布置时，疏水如何接入凝汽器？

汽动给水泵汽轮机采用零米或零米半高布置时，如果疏水接入凝汽器落差不足则可以设置专用的给水泵汽轮机疏水箱（如图5-28所示），并将给水泵汽轮机疏水箱布置在负标高位置，以确保给水泵汽轮机疏水畅通。给水泵汽轮机疏水箱收集的疏水通过射水器抽至凝汽器热水井。

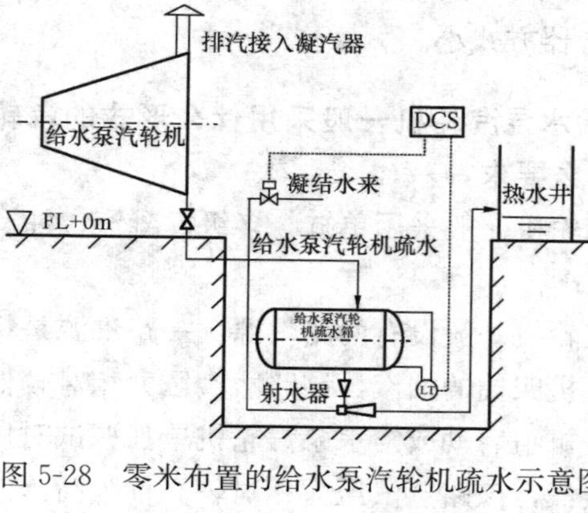

图5-28　零米布置的给水泵汽轮机疏水示意图

5-176　什么是给水泵汽轮机汽源的内切换与外切换方式？比对两种方式各有什么特点？

给水泵汽轮机高、低汽源的切换方式可分为内切换与外切换两种方式。

内切换指汽源的切换是在给水泵汽轮机本体内部进行切换的方式，内切换方式的给水泵汽轮机必定有高、低压两个汽室。见图 5-29。

外切换指汽源的切换是在给水泵汽轮机本体外部进行切换的方式，外切换方式的给水泵汽轮机只有一个低压汽室。见图 5-30。

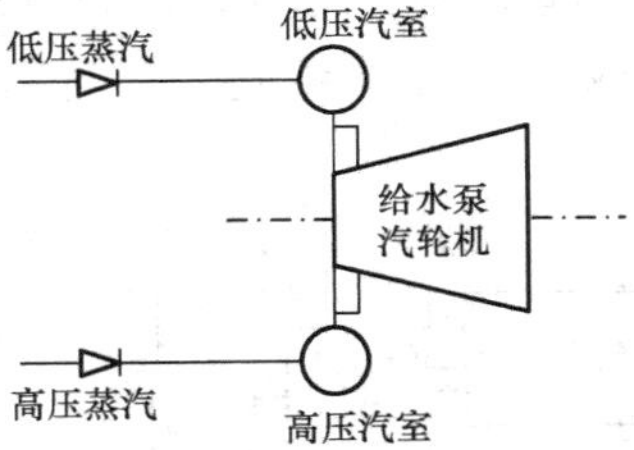

图 5-29　内切换方式的给水泵汽轮机

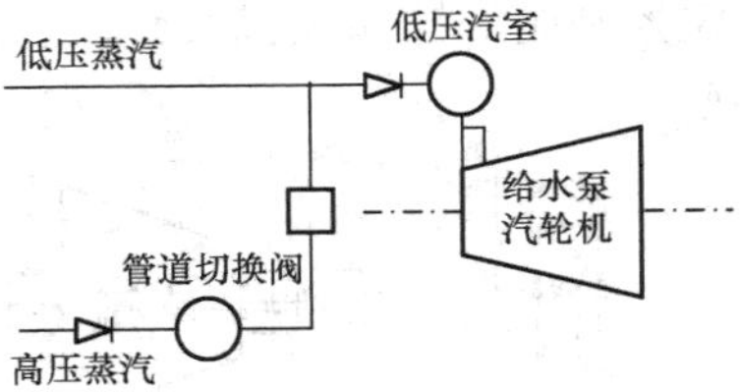

图 5-30　外切换方式的给水泵汽轮机

比较给水泵汽轮机高、低压汽源的内切换与外切换两种方式的特点有：

（1）从设计制造周期来看，外切换方式的给水泵汽轮机采用了积木块的设计方法，使得设计制造周期较短。

（2）从系统布置来看，外切换方式的给水泵汽轮机多了一套阀门切换系统，使得其系统布置较为复杂。

（3）从配汽方式来看，外切换方式的给水泵汽轮机进汽结构简单，使得给水泵汽轮机的制造成本低于内切换方式的给水泵汽轮机。

（4）目前在国内，内切换方式的给水泵汽轮机应用较为广泛，运行经验比较丰富。

5-177　汽动给水泵组集中供油系统的作用是什么？

（1）向给水泵汽轮机调节、保安系统提供压力油。

（2）向给水泵组（给水泵汽轮机、给水泵、前置泵）的各推力轴承、径向轴承提供压力与温度合适的润滑油，向前置泵的减速箱提供润滑油。

（3）向其他用户提供压力油，如液压盘车、顶轴油等。

5-178　举例说明汽动给水泵组集中供油系统的组成。

某厂 600MW 机组给水泵汽轮机采用三菱制造的单缸单排汽、多级、冲动、凝汽式汽轮机，集中供油装置随给水泵汽轮机成套配置，具体由组合油箱、主（备）用油泵、直流润滑油泵、冷油器、滤网、蓄能器、控制油压调节阀、润滑油压调节阀、润滑油温控制阀、排烟风机及管线、阀门、仪表等部件组成。如图5-31所示。

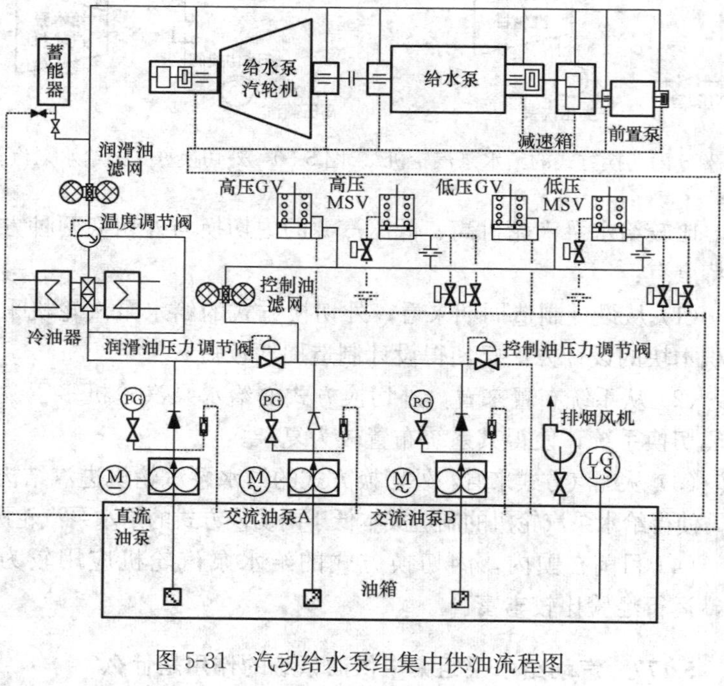

图 5-31　汽动给水泵组集中供油流程图

5-179　简述 600MW 机组三菱给水泵汽轮机供油系统的流程。

（1）各轴承润滑油供油流程：油箱—交流油泵—控制油压力控制阀调整交流油泵出口压力为 1.0MPa—润滑油压力控制阀调

整润滑油压力为 0.15MPa—冷油器（部分经温度调节阀旁路）—温度调节阀—润滑油滤网—蓄能器稳压—各推力、径向轴承—经回油管线回至油箱。

（2）控制油供油流程：油箱—交流油泵—控制油压力控制阀调整交流油泵出口压力为 1.0MPa—高、低压调节阀（DDV 伺服阀、油动机）、高、低压主汽阀—经回油管线回至油箱。

5-180 三菱给水泵汽轮机润滑油温度是怎样控制的?

（1）三菱给水泵汽轮机润滑油温度是通过一个称为温包的温度调节阀控制在 38～43℃。

（2）该温度调节阀实际上是一个两进一出的三通装置，如图 5-32 所示。一个进口接冷油器旁路（热油），一个进口接冷油器出口（冷油），两路进口润滑油混合后由出口排出。通过调整两路进口油流量的比例可以使润滑油的供油温度在 38～43℃之间。

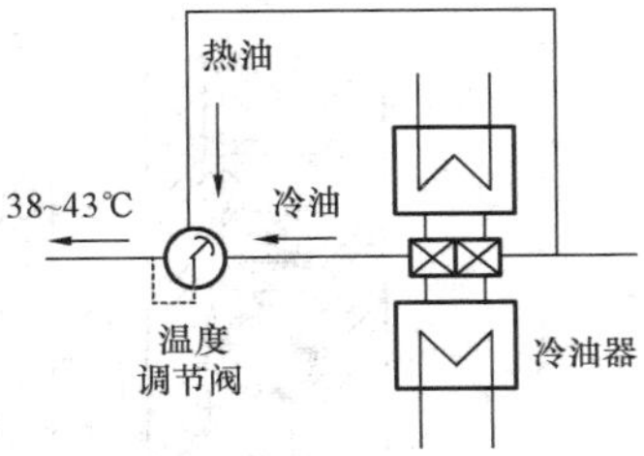

图 5-32 温度调节阀

（3）该温度调节阀内部元件温包会自行根据混合油温度，通过金属的热胀冷缩原理调整两路进口油流量的比例，使混合后的油温在正常范围内。温包结构如图 5-33 所示。

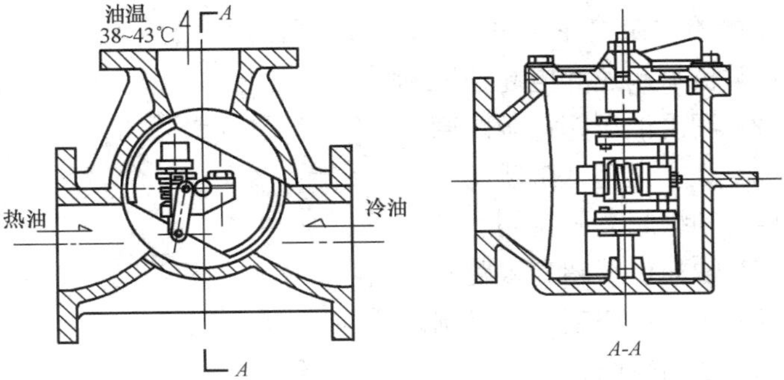

图 5-33 温包结构简图

5-181　三菱给水泵汽轮机油泵启动时其出口如何自动排空气？

三菱给水泵汽轮机油泵采用齿轮泵，油泵启动时，通过安装在油泵出口的自动排空气装置将空气自动排出。该排空气装置的工作原理如图 5-34 所示，当空气流经该装置时，由于空气密度小，对小球的冲力不足以将其顶至上部截止位置，所以空气得以顺利通过。当空气排完有汽轮机油流过时，由于汽轮机油较空气密度大很多，对小球的冲力足以将其顶至上部截止位置，从而截止汽轮机油的通过。

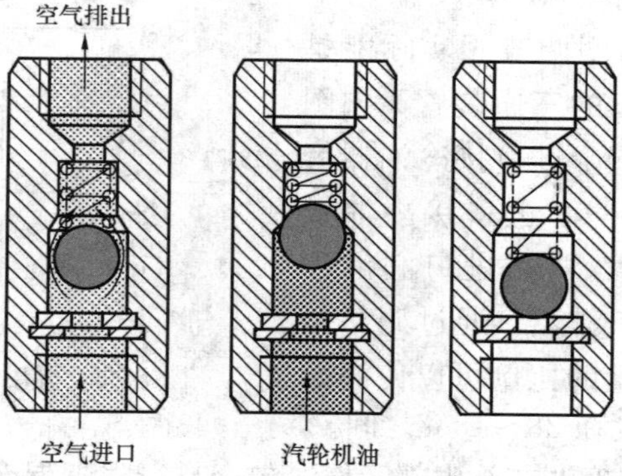

图 5-34　排空气装置的工作原理图

5-182　三菱给水泵汽轮机设置了哪些跳闸保护？

三菱给水泵汽轮机设置了以下跳闸保护：

(1) 机械超速和电超速跳闸。

(2) 润滑油压超低限跳闸。

(3) 真空值超低限跳闸。

(4) 轴振超高限跳闸。

(5) 轴向位移超高限跳闸。

(6) 转子偏心超高限跳闸。

(7) 手动打闸。

5-183　简述三菱给水泵汽轮机跳闸动作过程。

三菱给水泵汽轮机所有动作于跳闸的信号（数字信号）都送给给水泵汽轮机 PLC，由 PLC 进行逻辑运算后再发出四个跳闸电磁阀断电的信号，电磁阀为断电开启形式。高低压 MSV 油动机油压被开启的电磁所泄放，高低压 MSV 在弹簧作用力下关闭。PLC 在发出跳闸电磁阀断电。信号的同时，还发出信号给 505 控制器，将其转速设定值选零见图 5-35，从而使高低压 GV 全关。

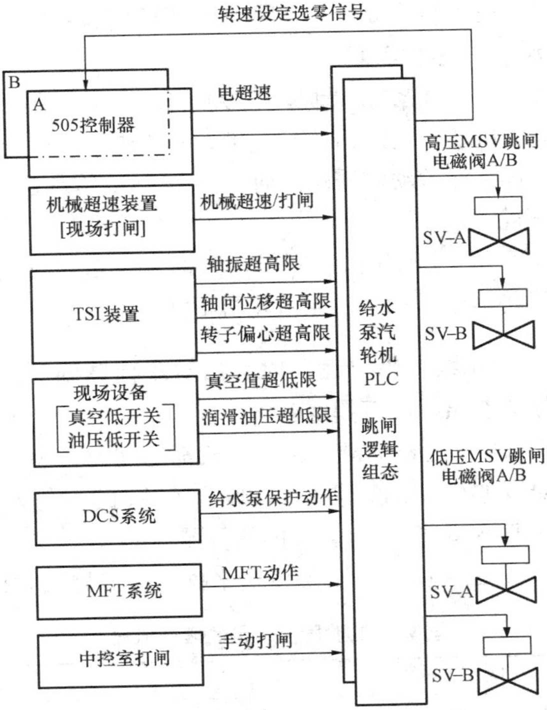

图 5-35　三菱给水泵汽轮机跳闸保护示意图

（1）电超速保护。给水泵汽轮机电超速保护的转速测量、实际值与设定值比较都是在给水泵汽轮机 505 转速控制器中完成的，如果实际转速超过了电超速转速设定值，则 505 控制器发一个电超速跳闸的信号给给水泵汽轮机 PLC。

(2) 机械速保护。安装在前轴承箱中的机械超速保护装置与汽轮机基本相同，只是飞锤飞出后撞击的结果不是开启跳闸滑阀，而是通过连杆动作于就地打闸装置。这个就地打闸装置动作后将一个位置节点信号作为保护动作信号送给给水泵汽轮机 PLC。因此，该给水泵汽轮机的机械超速保护不是纯机械式的。

(3) 轴振、轴向位移、转子偏心超限保护由给水泵汽轮机的 TSI（监视仪表）系统测量、判断，由 TSI 将保护动作的数字信号送给给水泵汽轮机 PLC。

(4) 真空低、润滑油压低保护信号来自现场压力开关，压力开关信号直接送给 PLC，并在给水泵汽轮机 PLC 中进行三取二逻辑判断。

(5) 给水泵保护动作需跳闸时，由 DCS 发给水泵跳闸的信号给给水泵汽轮机 PLC。

(6) 锅炉 MFT 动作需跳闸给水泵时，由锅炉燃烧监视系统通过硬接线将信号送给给水泵汽轮机 PLC。

5-184　给水泵汽轮机运行时，相对双幅轴振值正常不超过多少？具体的参照标准有哪些？

(1) 给水泵汽轮机的额定转速一般都达到 5000～6000r/min，所以其相对双幅轴振的正常值比 3000r/min 的汽轮发电机组要小，其值一般不超过 40μm。具体的参照标准有：

1) 国际电工委员会 IEC 蒸汽透平振动标准见表 5-8。

表 5-8　国际电工委员会规定的振动标准

测　点	转速（r/min）					
	1000	1500	1800	3000	3600	6000
轴承振动（μm）	75	50	42	25	21	12
转轴振动（μm）	150	100	84	50	42	25

2) API611 标准《一般炼油厂用通用蒸汽涡轮机》指出转子平衡之后在工厂试验时，相对双幅轴振限值为：50μm 和 25.4×

$(12\ 000/n)^{0.5}$取小值，API612 标准《一般炼油厂用特殊用途蒸汽涡轮机》指出转子平衡之后在工厂试验时，相对双幅轴振限值为：25μm 和 25.4× $(12\ 000/n)^{0.5}$取小值。

3）GB/T 11348.3—1999《旋转机械转轴径向振动的测量和评定第 3 部分 耦合的工业机器》对各个轴承处测得的最大轴振动幅值分为四个区，即 A 区：新交付使用的机器。B 区：合格的，可以长期运行。C 区：不合格的，可在有限的时间段运行。D 区：危险的，足以引起机器破坏。见图 5-36。

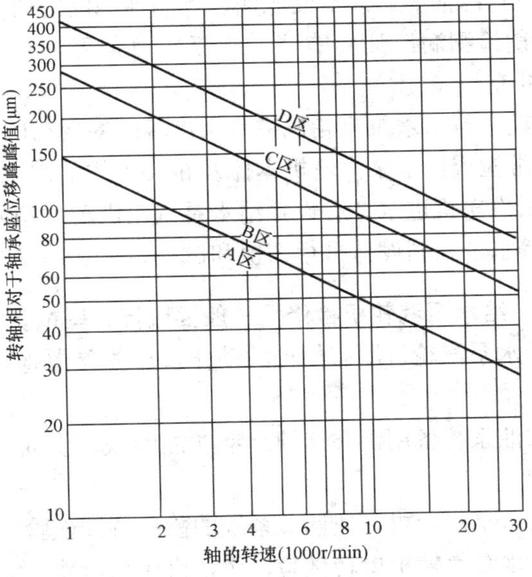

图 5-36 轴的转速与振动位移峰峰值限值关系图

（2）某厂给水泵汽轮机额定转速为 5740r/min，其相对双幅轴振高报警值设定为 75μm，跳闸值设定为 125μm。

5-185 给水泵汽轮机正常运行中应做好哪些监视维护工作？

（1）给水泵汽轮机正常运行中应做好以下参数的监视：

1）轴振、轴向位移、径向轴承金属及回油温度、推力轴承金属及回油温度。

2）润滑油供油压力和温度、控制油压力、润滑油滤网差压、控制油滤网差压。

3）高、低压蒸汽压力和温度、蒸汽流量、调节级压力、排汽温度与压力、轴封蒸汽压力和温度。

（2）给水泵汽轮机正常运行中应做好以下定期工作：

1）定期检验给水泵汽轮机润滑油和控制油的品质。

2）定期进行给水泵汽轮机供油系统油泵的切换与自启动试验。定期进行冷油器、润滑油滤网、控制油滤网的切换工作。

3）定期检测润滑油蓄能器的充氮压力是否正常，氮气压力低时及时补充。

4）定期进行给水泵汽轮机进汽主汽阀门的活动试验。

5）经常检查给水泵汽轮机本体及相关管线的疏水是否正常，防止给水泵汽轮机进水。有设置给水泵汽轮机疏水箱时，应定期对射水器等水位控制设备进行切换和试验。

5-186　给水泵汽轮机检修后一般要进行哪些试验？

（1）给水泵汽轮机所有保护的动作及相关参数越限报警功能测试。

（2）供油系统备用油泵连锁启动功能测试，供油系统油泵切换功能测试。

（3）给水泵汽轮机转速调节系统的静态特性试验。

（4）给水泵汽轮机单转试验，包括机械超速装置实动测试。

（5）给水泵汽轮机主蒸汽阀门活动性试验。

5-187　简述三菱给水泵汽轮机电超速和机械超速试验操作步骤。

（1）试验前的检查及准备工作。

1）确认给水泵汽轮机检修工作结束，工作票已终结。给水泵汽轮机和给水泵的靠背轮已拆开。

2）检查给水泵汽轮机连锁及保护已测试完成并且动作正确可靠，给水泵汽轮机 TSI、DCS、就地的各表计指示正常。

3）将给水泵汽轮机启动条件设定为“允许”，并解除 DCS 发出的跳闸汽动给水泵的所有保护，解除锅炉 MFT 跳所有给水泵的保护。确认给水泵汽轮机振动超限、轴向位移超限、偏心超限、低真空超限、低油压超限等给水泵汽轮机本身的保护已正常投入。

4）按正常的给水泵汽轮机启动步骤依次投入给水泵汽轮机油系统、盘车装置、轴封、真空系统、疏水系统、高、低压汽源管道系统。

5）给水泵汽轮机复位，给水泵汽轮机冲转前盘车时间不小于 2h。

6）给水泵汽轮机复位后，做现场就地打闸和中控远程打闸试验，确认打闸、复位装置灵活可用，高、低压 MSV 关闭正常。

（2）电超速试验操作步骤如下：

1）按正常的给水泵汽轮机启动步骤冲转给水泵汽轮机至 2250r/min，记录并确认给水泵汽轮机本体及油系统运行参数正常。

2）在给水泵汽轮机 505 控制器（A/B）上设定目标转速为 3000r/min 并升速，达到 3000r/min 后保持 10～30min。记录并确认给水泵汽轮机本体及油系统运行参数正常。

3）用同样的方法提升给水泵汽轮机转速至 4000、5000、5740r/min，各个转速下记录并确认给水泵汽轮机本体及油系统运行参数正常。注意在高转速时，保持时间不宜过长，以免排汽温度上升过高。

4）在给水泵汽轮机 505 控制器（A/B）上将目标转速设定为其上限 6199r/min。当实际转速达到 6199r/min 后，按住运行的 505 控制器 OVERSPEED TEST 按钮，以解除该控制器的电超速保护功能，确认备用505控制器工作正常，电超速保护功能正常投入。

5）用运行505控制器的ADJ（箭头向上）按键继续提升转速至略大于电超速保护设定值，确认备用505控制器电超速保护动作。当实际转速接近电超速保护设定值6314r/min时，应慢些以便正确读数。

6）电超速保护动作正常后，将给水泵汽轮机复位，重新将转速设定到6199r/min，以便做机械超速试验。

（3）机械超速试验操作步骤如下：

1）解除给水泵汽轮机备用505控制器电超速保护。按住运行505控制器的OVERSPEED TEST按钮，用ADJ（箭头向上）按键增加转速。当接近动作值6371～6486r/min时，应慢些以便正确读数。

2）如果给水泵汽轮机转速提升至6486r/min而危急保安器未动作时，松开运行505控制器的OVERSPEED TEST按钮，确认给水泵汽轮机自动跳闸（电超速保护），并将给水泵汽轮机全停，以便调整危急保安器的动作转速。

3）如果给水泵汽轮机危急保安器动作正常，则重新再做一次机械超速试验，确认两次动作转速差不应大于35r/min。

（4）最后一次机械超速试验完成后，按正常步骤将给水泵汽轮机系统全停。联系检修连接靠背轮。

5-188　给水泵的轴端密封装置有哪些类型？

给水泵的轴端密封装置有机械密封、浮动环密封、迷宫密封等类型。

5-189　简述给水泵的轴端机械密封装置工作原理。

给水泵的轴端机械密封装置由弹簧支撑的动环和水冷却的静环所组成，如图5-37所示。机械密封工作时，在动环和静环之间形成一层液膜，而液膜必须保持一定的厚度才能使机械密封有效地吸收摩擦热，否则动环和静环之间的液膜会发生汽化，造成部件老化、变形，影响使用寿命和密封效果。

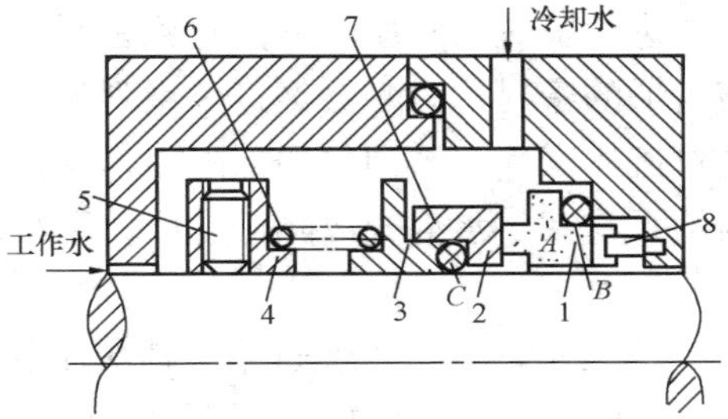

图 5-37 机械密封装置

1—静环；2—动环；3—动环座；4—弹簧座；5—固定螺钉；6—弹簧；7—密封圈；8—防转销

5-190 简述给水泵的轴端浮动环密封装置工作原理。

给水泵的轴端浮动环密封装置由浮动环、支撑环（或称浮动套）、支撑簧等组成，如图 5-38 所示。浮动环密封装置以浮动环端面和支撑环端面的接触来实现径向密封，同时又以浮动环的内圆表面与轴套的外圆表面所形成狭窄缝隙的节流作用来达到轴向密封。浮动环与支撑环配套，一组为单环，为了达到密封效果通常为几个环串联使用。

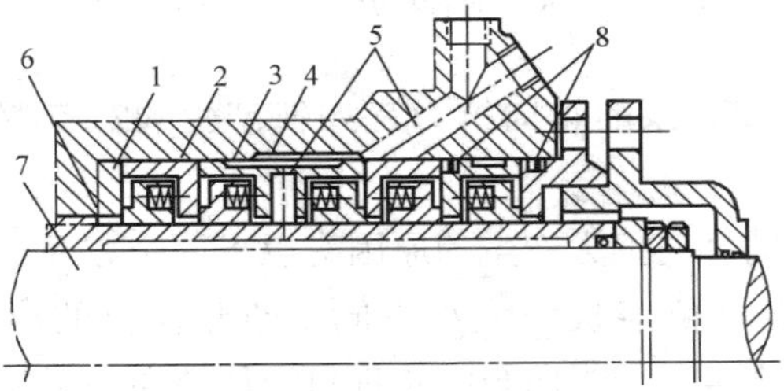

图 5-38 浮动环密封装置

1—密封环；2—支撑弹簧；3—浮动环；4—支撑环；5—密封冷却水；6—轴套；7—轴；8—辅助密封圈

5-191　简述给水泵的轴端迷宫式密封装置工作原理。

（1）给水泵的轴端迷宫密封装置是利用密封片与泵轴间的间隙对密封的流体进行节流、降压，从而达到密封的目的。被密封的流体通过梳齿形的密封片时，会经过一系列的扩大与缩小的流通截面，于是对流体产生一系列的局部阻力，从而降低流体的压力，降压后的给水与密封水混合以降低温度，再次降低压力后回收至凝汽器。

（2）如图 5-39 所示，从给水经过第 1 档减压后大部分回到了前置泵入口，部分经过第 2 档减压后与密封水混合以降低泄漏水的温度，混合后的密封水再次降压后回收至凝汽器。该密封装置是一种非接触密封，动静间不存在接触磨损，具有极高的运行可靠性。

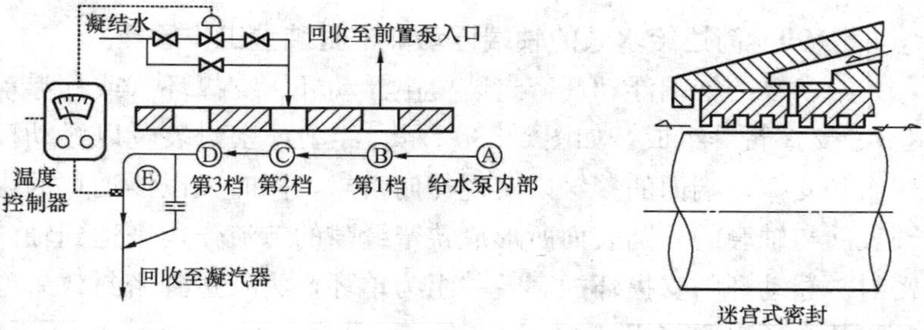

图 5-39　给水泵的轴端迷宫式密封原理示意图

5-192　给水泵的轴向推力是如何产生的？有哪些平衡轴向推力的措施？

给水泵的轴向推力产生的原因有以下两个方面：

（1）叶轮两侧盖板的大小不同，两侧盖板的压力分布也不同，因此，产生一个指向与叶轮进口流体流向相反的轴向推力。

（2）流体从叶轮进口到出口流向由轴向变为径向，会产生一个指向与叶轮进口流体流向相同的轴向推力。

给水泵平衡轴向推力的措施如下：

(1) 给水泵级数为奇数时，首级采用双吸叶轮，其他级对称布置。

(2) 在给水泵末级叶轮后面设置平衡盘或平衡鼓，或者平衡盘加平衡鼓。

(3) 设置推力轴承来平衡上述措施未完全平衡的推力。

5-193 给水泵暖泵系统的作用是什么？什么是给水泵的正暖泵、反暖泵？

给水泵在启动前暖泵的作用是使泵壳体的上下温差不会过大，以免引起外壳变形，轴承座偏移，转子弯曲，动静部件接触，造成泵启动过程中振动增大、动静部分磨损、抱轴等事故。暖泵可分为“正暖”与“反暖”两种方式。

正暖泵：暖泵水由除氧器来，经入口管路进入泵体，从泵出口端流出，然后经暖泵水管放泄到集水箱或地沟。正暖泵方式一般为第一台给水泵在启动前暖泵所采用。

反暖泵：暖泵的水从给水泵出口止回门后取得，从泵的出口端进入泵内，暖泵后经水泵入口流回除氧器，因此反暖时的水可以回收，比较经济。反暖泵方式一般被处于热备用时的备用泵所采用。

5-194 什么是给水泵的最小流量试验？

(1) 给水泵的最小流量试验是指给水泵组安装完成、管线冲洗结束后，按给水泵厂家给定的最小连续运行流量所进行的带载测试。

(2) 给水泵的最小流量试验时的最小连续运行流量由再循环阀自动控制，除氧器水箱水温不超过 80℃，给水泵转速由低至高逐步提升至工作转速，保持 1～2h，检查确认运行参数正常。

1) 给水泵的最小流量试验时应记录给水泵组转速、轴振、轴承金属温度、轴承回油温度、润滑油压力、润滑油温度，特别注意监视给水泵的运转声音、轴振等参数符合厂家或相关规范的要求。

2）给水泵的最小流量试验时应记录给水泵组进口压力/温度、给水泵组出口压力/温度、给水泵入口流量、给水泵前置泵入口滤网差压等。

3）在不同的转速下对照给水泵组的特性曲线（图 5-40 为某厂给水泵组的特性曲线），确认工况点处于最小流量曲线上。

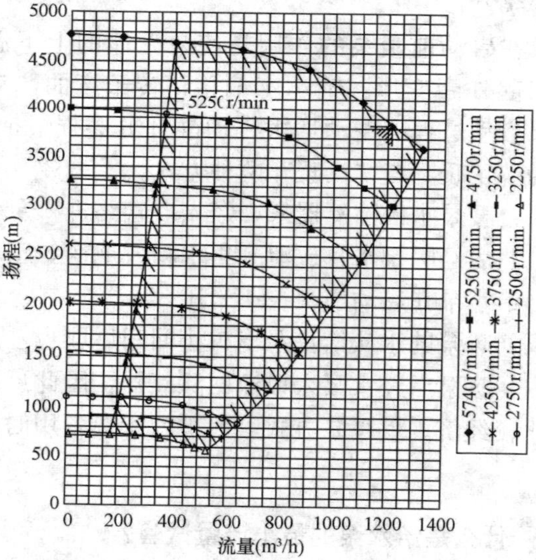

图 5-40　给水泵的运行特性曲线

5-195　简述三菱汽动给水泵组的启动操作步骤。

（1）汽动给水泵组的启动前的检查与准备。

（2）汽动给水泵暖泵操作。

（3）给水泵汽轮机油系统及盘车启动操作。

（4）给水泵汽轮机抽真空操作。

（5）给水泵汽轮机高、低压汽源暖管操作。

（6）汽动给水泵组冲转操作。

(7) 汽动给水泵组并入运行操作。

5-196 并列运行的给水泵并入或退出操作应注意哪些事项?

(1) 并列运行的给水泵并入或退出操作时，应保持机组负荷稳定，从而保证锅炉给水流量需求值稳定。

(2) 并列运行的给水泵并入或退出操作时转速升降速率，应根据给水泵出口与给水母管差压、锅炉给水流量偏差等参数合理控制。

(3) 并列运行的给水泵并入或退出操作时，注意给水泵再循环阀自动控制给水泵的最小流量应正常。

(4) 并列运行的给水泵并入或退出操作时，给水泵再循环应投自动方式，并入或退出宜在 DCS 中设置自动并入或退出（升降转速）的程序，以实现给水泵并入与退出操作的程序控制。

5-197 汽动给水泵组冲转前对盘车时间有什么要求?

(1) 汽动给水泵组冲转前的盘车时间应充分考虑给水泵汽轮机与给水泵的要求与特性。一般给水泵汽轮机总是要求启动前需盘车一段时间，而有些给水泵在盘车时容易发生卡涩现象。

(2) 当给水泵可以长时间盘车而不卡涩时，汽动给水泵组冲转前盘车不宜小于 30min。

5-198 给水泵发生汽化时有哪些现象? 如何处理?

给水泵汽化的现象如下:

(1) 出口压力和电动机电流明显下降并摆动。

(2) 泵体内有明显的冲击声并使泵体发热。

(3) 平衡室压力大幅度摆动，窜轴变化很大，泵体有强烈的振动。

给水泵汽化的处理方法如下:

(1) 发现给水泵汽化时，首先开启再循环门，严重时立即停泵。

（2）检查除氧器压力和水位，检查前置泵的出口压力等是否正常，查出汽化原因并消除。

（3）如果再次启动汽化了的给水泵时，要经过详细检查，盘动转子应轻快，否则不应启动。

5-199　超临界机组的前置锅炉区内有哪些与汽轮机热力系统相关的化学专业设备？

超临界机组的前置锅炉区内与汽轮机热力系统相关的化学专业设备主要有：凝结水精处理装置、给水加药装置以及给水加氧装置。

5-200　超临界机组的给水处理工艺可分为哪几种？其应用如何？

超临界机组的给水处理工艺可分为全挥发处理工艺、中性加氧处理工艺和联合加氧处理工艺三种。

国内超临界机组在早期大多采用全挥发处理工艺。但是，由于联合加氧处理有着较为明显的优势，近期，联合加氧处理工艺已经成为了超临界或超超临界机组给水处理工艺的最佳选择。中性加氧处理工艺由于在水质变化时的缓冲小而较少应用。

5-201　给水联合加氧处理工艺为什么能防止热力设备腐蚀？

（1）当水的纯度达到一定要求后（一般氢电导率小于0.2μS/cm），一定浓度的氧不但不会造成碳钢的腐蚀，反而能使碳钢表面形成均匀致密的三氧化二铁加磁性四氧化三铁双层结构的保护膜，从而抑制高压加热器、给水管、省煤器以及疏水系统的流动加速腐蚀。

（2）图5-41为碳钢在纯水中电位-pH图，联合加氧处理处于三氧化二铁的纯化区内并且较中性加氧处理有较大的缓冲区域。

5-202　凝结水精处理装置有哪些自动切旁路的条件？

为了保护凝结水精处理装置及其树脂，一般以下条件任一满

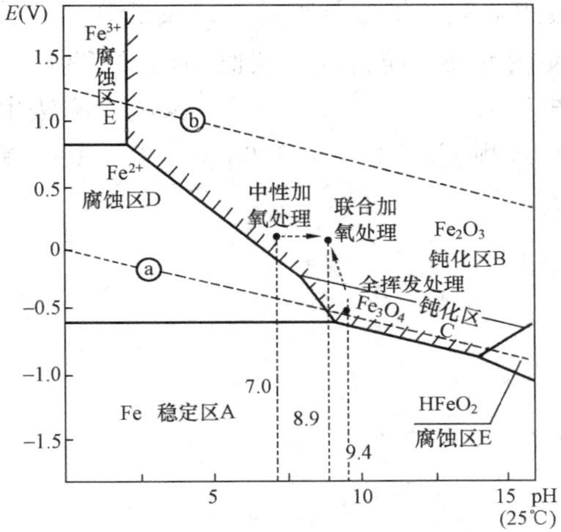

图 5-41 碳钢在纯水中电位-pH 图

足时会自动切旁路：

（1）凝结水精处理装置差压超上限。

（2）凝结水温度超上限。

（3）凝结水压力超上限。

5-203 给水加氧装置的运行维护有哪些安全注意事项？

给水加氧装置的用氧一般为瓶装工业氧，给水加氧装置的运行安全也主要体现在工业氧的用氧安全方面，注意事项主要有：

（1）工业氧在贮存、使用过程中禁止任何形式的与油脂接触。

（2）瓶装工业氧在存放及使用过程中应有可靠的防倾倒措施，瓶装工业氧的实瓶与空瓶应分开存放。

（3）给水加氧装置新安装或更换部件时，所用的部件应满足高压工业氧的使用条件，所用部件必须进行除油脱脂。

（4）给水加氧装置或系统需动火时，应将装置或系统内的氧气吹扫干净，并办理动火工作票。

（5）瓶装工业氧的气瓶及附件，以及氧气的运输、装卸、检验、贮存、使用等环节应符合质技监局锅发〔2000〕250号《气瓶安全监察规程》、GB 16912—2008《深度冷冻法生产氧气及相关气体安全技术规程》、GB/T 3863—2008《工业氧》等规范的要求。

第六章

汽轮发电机组设备启停及运行

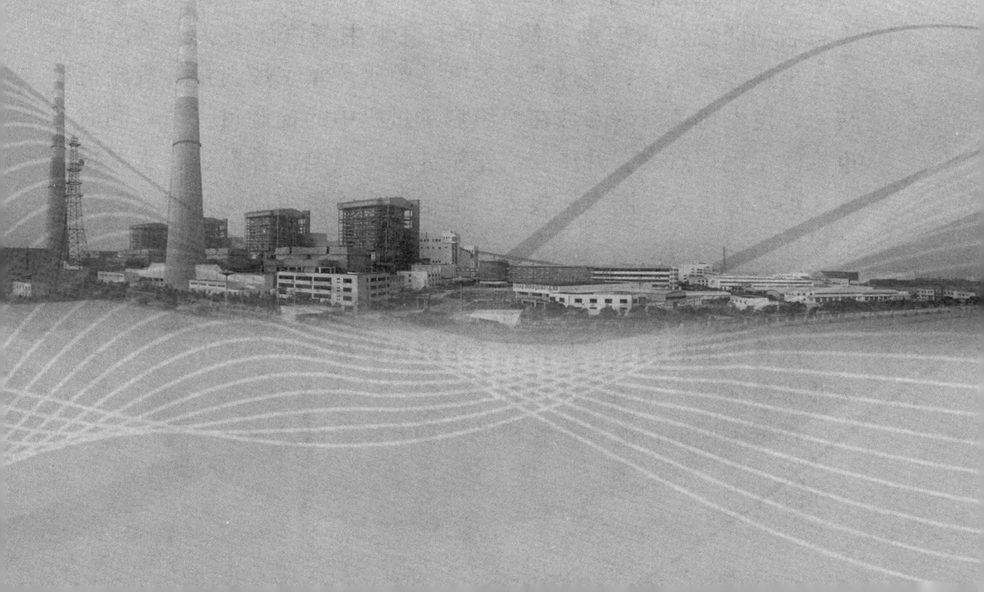

6-1 汽轮机的启动可分为哪几个阶段？

汽轮机的启动按操作性质可分为以下三个阶段：

(1) 启动准备阶段。

(2) 冲转、升速至额定转速阶段。

(3) 发电机并网和机组带负荷阶段。

6-2 举例说明什么是机组的启动网络图。

将机组启动的相关操作以时间为轴线，按操作顺序用图形来表示时，该图形称为机组的启动网络图。

图 6-1 为某厂 600MW 超临界机组的冷态启动网络图，该启动网络图包括了整个机组的启动准备、冲转定速、并网带负荷各个阶段的主要操作项目。

6-3 举例说明什么是机组的启动曲线。

机组的启动曲线是指以时间为横轴，以机组启动过程中主要参数为纵轴的一组曲线。机组启动曲线表示了机组启动过程中主要参数的变化及主要辅助设备的投运时机。

机组的启动曲线根据其启动状态可分为冷态启动曲线、温态启动曲线和热态启动曲线。图 6-2 为某厂 600MW 超临界机组的冷态启动曲线，该启动曲线表明了机组主蒸汽压力、主蒸汽温度、再热蒸汽压力、再热蒸汽温度、给水流量、燃料量、汽轮机转速、发电机负荷等参数在机组启动过程中的控制目标值，同时也标注了锅炉点火、升压、汽轮机冲转、发电机并网、给水泵投入、加热器投入、磨煤机投入、油枪退出等机组启动过程关键点的操作时机。

6-4 什么是汽轮机的启动过程？汽轮机启动方式如何分类？

汽轮机的启动过程是将转子由静止或盘车状态加速至额定转速并带负荷至正常运行的过程。

根据不同的情况，汽轮机的启动方式可以分为：

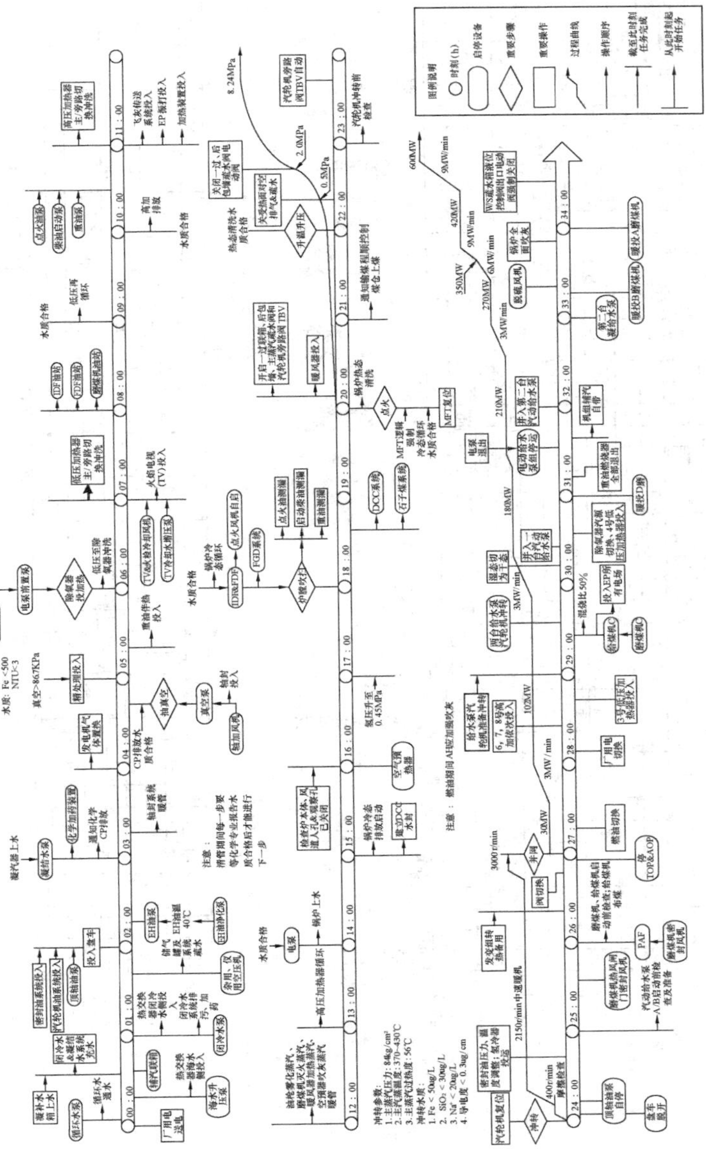

图 6-1　某厂 600MW 超临界机组的冷态启动网络图

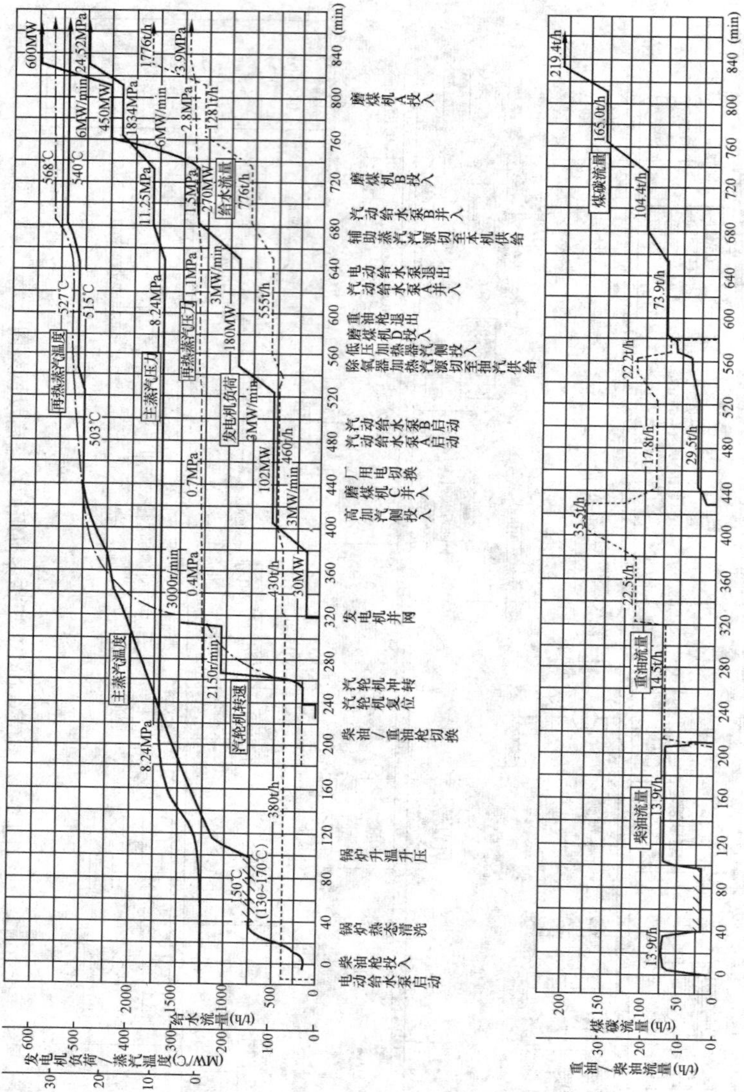

图 6-2 机组冷态启动曲线

（1）按启动过程的蒸汽参数可分为定参数启动和滑参数启动两种方式。

（2）按启动前汽轮机的金属温度水平可分为极热态启动、热态启动、温态启动和冷态启动四种方式。

（3）按汽轮机冲转所用的阀门可分为电动主闸门启动、主汽阀启动和调节阀启动三种方式。

（4）冲转时的进汽方式可分为高中压缸进汽启动和中压缸进汽启动两种方式。

6-5　什么样的启动方式才是汽轮机合理的启动方式？

汽轮机的启动受热应力、热变形和相对胀差以及振动等因素的限制，所谓合理的启动方式就是寻求合理的加热方式，根据启动前机组的汽缸温度等设备状况，在启动过程中能达到各部分加热均匀，热应力，热变形，相对胀差及振动均维持较好的水平，各项指标不超过厂家规定，尽快把金属温度均匀升高到工作温度，在保证安全的情况下，还要尽快地使机组带上额定负荷，减少启动消耗，增加机组的机动性，即为合理的启动方式。

6-6　大型机组都采用滑参数启动，与定参数启动相比滑参数启动有什么特点？

滑参数启动时蒸汽参数变化与金属温升相适应，符合机组启动时金属加热的固有规律，能较好地满足机组启动安全性和经济性的特点，具体体现在以下方面：

（1）滑参数启动较定参数启动大大缩短了启动时间，提高了机组的机动性。可以在较小的热冲击下得到较大的金属加热速度，从而改善了机组的加热条件。

（2）滑参数启动时蒸汽的体积流量较大，可比较方便地控制和调节汽轮机的转速与负荷。另外，体积流量较大可有效的冷却低压缸段，使排汽温度不至于升高，有利于低压缸的正常工作。

（3）滑参数启动锅炉不需对空排汽，从而大大减少了工质损失，提高了电厂运行的经济性。

（4）滑参数启动升速和带负荷时，可做到调节阀全开全周进汽，使汽轮机加热均匀，缓和了高温区金属部件的温差热应力。

6-7 什么是冷态滑参数压力法启动和冷态滑参数真空法启动？

冷态滑参数压力法启动时，电动主汽门前应有一定的蒸汽压力，利用调节阀控制蒸汽流量，冲动转子，升速暖机。要求新汽温度高于调整段上缸金属温度50～80℃，还应保证有50℃的过热度，既要不产生过大的热应力，同时还要避免水冲击。

冷态滑参数真空法启动时，锅炉点火前从锅炉汽包至汽轮机之间所有阀门全部开启，汽轮机盘车状态下开始抽真空。让汽轮机新蒸汽管道、锅炉的汽包、过热器全部处于真空状态，然后通知锅炉点火，锅炉压力温度缓慢上升，当蒸汽参数还很低时，汽轮机转子即被冲动，此后，汽轮机的升速及加负荷全部依靠锅炉汽压、汽温的滑升。冷态滑参数真空法启动的缺点是如果锅炉控制不当，有可能使锅炉过热器积水和新蒸汽管道的疏水进入汽轮机，从而损坏设备。另外，抽真空困难，汽轮机转速不易控制，所以较少采用冷态滑参数真空法启动。

6-8 滑参数启动主要应注意什么问题？

滑参数启动应注意如下问题：

（1）滑参数启动中，金属加热比较剧烈的时间一般在低负荷加热过程中，此时要严格控制新蒸汽升压和升温速度。

（2）滑参数启动时，金属温差可按额定参数启动时间的指标加以控制。启动中有可能出现差胀过大的情况，这时应通知锅炉停止新蒸汽升温、升压，使机组在稳定转速下或稳定负荷下暖机，还可以用调整凝汽器的真空或增大汽缸法兰加热进汽量的方法调整金属温差。

6-9 什么是热应力？什么是热冲击？

温度的变化能引起物体膨胀或收缩，当膨胀或收缩受到约束，不能自由的进行时，物体内部就会产生应力，这样的应力通常称为热应力。

由于急剧加热或冷却，使物体在较短的时间内产生大量的热交换，温度发生剧烈的变化时，该物体就要产生冲击热应力，这种现象称为热冲击。

6-10 什么是汽轮机的负温差启动？为什么要避免负温差启动？

汽轮机负温差启动是指冲转时蒸汽温度低于汽轮机最高金属温度的启动。

汽轮机启动时，应尽量避免采用负温差启动。因为负温差启动时，蒸汽温度是低于金属温度的，转子和汽缸先被冷却，而后又被加热，使转子和汽缸经受一次交变应力循环，从而增加了机组的疲劳寿命损耗。若负温差启动时，蒸汽温度太低，则将在转子表面和汽缸内壁产生过大的拉伸应力，而拉应力较压应力更易引起裂纹，并会引起汽缸的变形，使动静部分间隙变化，严重时会发生动静部分的摩擦事故。因此，一般都尽量不采用负温差启动。

6-11 汽轮机冷态、温态、热态和极热态启动是如何划分的？

（1）汽轮机冷态、温态、热态和极热态启动的划分一般是以汽轮机启动前高压缸调节级内壁的金属温度水平为依据来划分的。也有些机组是按停机后的时间长度为依据来划分的。

（2）汽轮机冷态、温态、热态和极热态启动的划分，一般汽轮机厂家会给出明确的数值，并将该划分规定纳入现场运行规程。例如：

1）600MW 三菱汽轮机。调节级内壁金属温度小于 120℃为冷态启动，120～320℃为温态启动，320℃以上为热态启动。

2）600MW 富士汽轮机。高压外上缸 50%处金属温度小于 220℃为冷态启动，220～350℃为温态启动，350℃以上为热态启动。

3）华能上海石洞口二厂 600MW ABB 汽轮机。高压转子探针温度小于 100℃为冷态启动，100～350℃为温态启动，350℃以上为热态启动。

（3）以停机后的时间长度为依据来划分时，一般为停机一周及以上时为冷态启动，停机 48h 至一周为温态 1 启动，停机 8～48h 为温态 2 启动，停机 2～8h 为热态启动，停机 2h 以内为极热态启动。例如：

上海外高桥二厂 1000MW 汽轮机组启动时，汽轮机初始温度（初始温度是指高中压主汽门、高中压转子、高压调节阀及高压缸各温度测点的最高值）在 50℃以下为冷态 1 启动；初始温度在 50～150℃时为冷态 2 启动；停机 48～72h 为温态启动；停机 8～48h 为热态 1 启动；停机 8h 内为热态 2 启动。

6-12　以汽轮机内上缸内壁温度为 150℃来划分冷态启动的依据是什么？

汽轮机停机时，汽缸转子及其他金属部件的温度比较高，随着时间的延续才能逐渐冷却下来，若在未达到全冷状态要求启动汽轮机时，就必须注意此时与全冷状态下启动的不同特点，一般把汽轮机金属温度高于冷态启动至额定转速时的金属温度状态称为热态，大型机组冷态启动至额定转速时，下汽缸外壁金属温度为 120～200℃。这时，高压压缸各部的温度、膨胀都已达到或稍微超过空负荷运行的水平，高中压转子中心孔的温度已超过材料的脆性转变温度，所以机组不必暖机就可以直接在短时间内升到定速并带一定负荷。因此，以内上缸内壁温度150℃作为冷、热态启动的依据。

6-13 中压缸进汽启动方式有哪些优点?

由于中压缸进汽启动方式在启动初期可以对高压缸进行倒暖，另外，由于高压缸不进汽做功，在相同工况下进入中压缸的蒸汽流量大。因此，中压缸进汽启动方式具有以下优点：

（1）有利于缩短启动时间。

（2）有利于高、中压汽缸加热均匀。

（3）有利于高、中压转子提前越过脆性转变温度。

（4）有利于降低低压缸排汽温度，适应空负荷和极低负荷工况的要求。

6-14 高压缸进汽启动和中压缸进汽启动两种方式各有什么特点?

（1）高压缸进汽启动和中压缸进汽启动方式对于大型机组均是可行、适用的。由于机组旁路系统选择理念上的差异，在美国及日本大型机组基本上采用高压缸进汽启动方式，而在欧洲则较多的采用高、中压缸联合进汽启动或中压缸进汽启动方式。

（2）在温态、热态或极热态启动时，高压缸进汽启动方式的启动时间要长于中压缸进汽启动方式。在极冷态启动时两种启动方式的启动时间相同。

（3）在温态、热态与极热态启动时，中压缸进汽启动方式在蒸汽温度与汽轮机转子、汽缸的温度匹配上较高压缸进汽启动方式更具优点。在极冷态启动时两种方式在温度匹配上相差不大。

（4）中压缸进汽启动时，当机组并网至某负荷点，需将中压缸单独进汽应切为高、中压缸联合进汽方式。较高压缸进汽启动方式的操作更为复杂，对汽轮机的控制系统要求更高。

（5）采用中压缸进汽启动方式，在进汽方式切换之前汽轮机的轴向推力平衡与正常运行方式不同。特别是并网带载后，应注意推力瓦的负荷（推力瓦温度）合适。

（6）相对于可以采用简单旁路系统的高压缸进汽启动方式，中压缸进汽启动方式需配置容量较大的二级串联旁路系统，以及高压缸倒暖系统、通风系统等。其可靠性较差，检修维护工作量较大。

6-15　简述中压缸进汽启动系统的组成。中压缸冷态启动时如何控制高压缸的金属温度？

中压缸进汽启动热力系统如图 6-3 所示，主要由二级串联旁路系统、高压缸倒暖系统、高压通风系统组成。

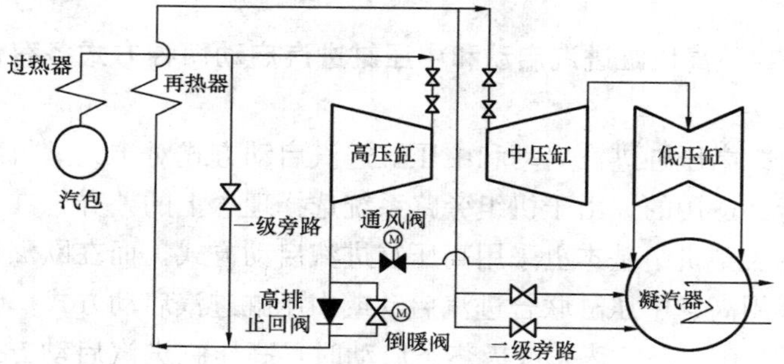

图 6-3　中压缸进汽启动热力系统

中压缸冷态启动时控制高压缸的金属温度水平方法如下：

（1）在锅炉点火至汽轮机冲转前这一阶段，通过开启高压缸倒暖阀使再热冷段蒸汽倒入高压缸进行预暖，这一阶段高压缸内的蒸汽压力随再热蒸汽压力缓慢上升，高压缸金属温度也将缓慢预热至再热蒸汽压力对应的饱和温度水平。

（2）汽轮机冲转前应关闭高压缸倒暖阀，此时高压缸金属温度一般已预热至 170～190℃。汽轮机冲转升速至进汽方式切换前这一阶段，高压缸金属温度提升主要通过高压缸鼓风摩擦产生的热量加热实现，温升率由高压缸通风阀控制。高压缸通风阀开度小，缸内真空低，鼓风摩擦产生的热量多，金属温升就快，反之温升就慢。在进汽方式切换前高压缸金属温度应控制在300℃左右，与主蒸汽温度相匹配，禁止将高压缸金属温度升至380℃或以上。

(3) 进汽方式切换后，高压缸金属温度温升率主要受主蒸汽温度变化率与机组升负荷率影响。

6-16　中压缸进汽启动方式切换负荷一般为多少？切换负荷受哪些因素限制？

中压缸进汽启动方式切换负荷一般为额定负荷的5%～7%左右。

中压缸进汽启动方式切换负荷越高越能体现中压缸进汽启动的优势，但是切换负荷的增加受到旁路容量与汽轮机轴向推力等因素限制。

6-17　滑参数启动的冲转参数指哪些参数？冲转参数如何选择？

滑参数启动的冲转参数指主蒸汽温度/压力、再热蒸汽温度/压力、凝汽器真空、蒸汽品质等参数。

冲转参数选择的原则是：

(1) 冲转后进入汽轮机汽缸的蒸汽流量能满足汽轮机顺利通过临界转速到达全速。

(2) 进汽压力应适当低一些，以增大蒸汽容积流量，使金属整个部件加热均匀。

(3) 进汽温度应有足够的过热度，并与金属温度相匹配，以防止产生过大的热冲击。

(4) 蒸汽品质应满足要求，以防止汽轮机结垢与腐蚀。

一般现场运行规程中都会根据汽轮机厂家的要求，明确机组不同状态的启动冲转参数。

6-18　为什么汽轮机冷态启动时宜选择低压微过热蒸汽参数冲转?

汽轮机冷态启动时，金属的热应力大小主要取决于蒸汽与金属部件之间的温差和放热系数，选择适宜的启动蒸汽温度对汽轮机的启动具有决定性的意义。为了减缓冲转时产生的热冲击以减小热应力，要求蒸汽放热系数要小些，而低压过热蒸汽的放热系数较小[α=58.15～174.45W/(m^2·K)]，相当于额定参数时的1/10。因此，冷态启动时采用低压微过热蒸汽冲动汽轮机将更有利于汽轮机部件的加热。

6-19　为什么大型汽轮机启动前都必须建立较高的真空?

(1) 可以减少盘车的启动力矩及运行功率。

(2) 可以减少汽轮机冲转过程中的鼓风摩擦损失，防止排汽温度过高。

(3) 可以保证凝结水温度正常，防止凝结水温度过高导致精处理装置自动切旁路。

6-20　为什么汽轮机在启动时排汽温度会升高? 如何防止排汽温度过高?

汽轮机升速过程及空负荷时，因进汽流量小，故蒸汽进入汽轮机后主要在高压段做功，至低压段时压力已接近排汽压力数值，低压段叶片很少做功或者不做功，形成较大的鼓风摩擦损失，加热了排汽，使排汽温度升高。

大型汽轮机均设置有低压缸喷水减温装置，当排汽温度高时自动投入喷水减温。另外，对于大型机组如果真空系统漏入的空气量过大时，即使低压缸喷水投入也难以控制排汽温度，因此，凝汽器真空系统严密性合格是保证汽轮机在空负荷长时间运行而排汽温度正常的前提。

6-21 什么情况下容易造成汽轮机热冲击？

（1）启动时蒸汽温度与金属温度不匹配。如果启动时蒸汽与汽缸的温度不相匹配，或者未能控制一定的温升速度，则会产生较大的热冲击。

（2）极热态启动时造成的热冲击。单元制大机组极热态启动时，由于条件限制，往往是在蒸汽参数较低情况下冲转，这样在汽缸、转子上极易产生热冲击。

（3）负荷大幅度变化造成的热冲击。汽轮机突然甩去大部分负荷时，蒸汽温度下降较大，汽缸、转子受冷而产生较大热冲击。而在短时间内大幅度加负荷时，蒸汽温度升高（放热系数增加很大），短时间内蒸汽与金属间有大量热交换，产生的热冲击更大。

（4）汽缸、轴封进水造成的热冲击。冷水进入汽缸、轴封体内，强烈的热交换造成很大的热冲击，往往引起金属部件变形。

6-22 汽轮机启动前主蒸汽管道和再热蒸汽管道的暖管控制温升率为多少？

汽轮机启动前主蒸汽管道和再热蒸汽管道暖管的温升率应控制合理。温升速度过慢将拖长启动时间，温升速度过快会使热应力增大，造成强烈的水击，使管道振动以至损坏管道和设备。所以，汽轮机启动前主蒸汽管道和再热蒸汽管道暖管的温升率应根据制造厂规定控制。

比如，国产200MW机组主蒸汽管道和再热蒸汽管道的蒸汽温升率为5～6℃/min，主汽门和调速汽门的蒸汽温升率为4～6℃/min。

6-23 汽轮机启动冲转前，转子的偏心率（晃度）为什么要符合一定的要求？

如果启动冲转前，转子的偏心率超过设计要求，动静之间间隙变小，冲转后转子表面发生局部摩擦会使转子产生热弯曲，严重时可能造成转子永久弯曲。所以，汽轮机启动冲转前转子的偏心率（晃度）要符合一定的要求。

6-24　汽轮机启动时为什么要限制上、下汽缸的温差？

当汽轮机启动时汽缸的上半部温度比下半部温度高，温差会造成汽轮机汽缸变形。它可以使汽缸向上弯曲从而使叶片和围带损坏。曾经对汽轮机进行汽缸扰度的计算和实验，结果表明，当汽缸上、下温差超过 50℃时，径向间隙基本上已消失，如果这时启动，径向汽封可能会发生摩擦，使径向间隙增大，影响机组效率。严重时还能使围带铆钉磨损，引起更大的事故。所以，汽轮机启动时要限制上、下汽缸的温差。

6-25　汽轮机启停和工况变化时，哪些部位热应力最大？

（1）高压缸的调节级处、再热机组中压缸的进汽区。

（2）高压转子在调节级前后的汽封处、中压转子的前汽封处等。

6-26　汽轮机启动前为什么要连续盘车？对启动前的连续盘车时间有什么要求？

汽轮机启动前的连续盘车是为了保证转子均匀受热，消除或减缓转子上下受热不均匀而产生暂时性的热弯曲变形，减小汽轮机冲转时附加动不平衡激振力。

大型机组启动前一般要求连续盘车的时间不小于 4h。《关于防止电力生产重大事故的二十五项重点要求》中明确要求：

（1）机组启动前连续盘车时间应执行制造厂的有关规定，至少不得少于 2～4h，热态启动不少于 4h，若盘车中断应重新计时。

（2）机组启动过程中因振动异常停机，必须回到盘车状态，应全面检查、认真分析、查明原因。当机组已符合启动条件时，连续盘车不少于 4h 才能再次启动，严禁盲目启动。

东芝制造的某厂 600MW 机组启动前的盘车时间要求见表 6-1。

表 6-1　东芝制造的某厂 600MW 机组启动前的盘车时间要求

调节级金属温度 t（℃）	启动前最少盘车时间（h）	调节级金属温度 t（℃）	启动前最少盘车时间（h）
$t \leqslant 120$	2	$290 < t \leqslant 400$	4
$120 < t \leqslant 290$	3	$t > 400$	从停机开始连续盘车

ABB 制造的某厂超临界 600MW 机组启动前的盘车时间要求见表 6-2。

表 6-2　ABB 制造的某厂超临界 600MW 机组启动前的盘车时间要求

转子停用时间 t（天）	启动前最少盘车时间（h）	转子停用时间 t（天）	启动前最少盘车时间（h）
$t \leqslant 1$	2	$7 < t \leqslant 30$	12
$1 < t \leqslant 7$	6	$t > 30$	24

6-27　机组启动前向轴封送汽要注意哪些问题?

（1）轴封供汽前应先对送汽管进行暖管，排尽疏水。

（2）必须在连续盘车状态下向轴封送汽。热态启动应先送轴封供汽，后抽真空。

（3）向轴封送汽的时间必须恰当，冲转前过早的向轴封送汽，会使上、下缸温差增大或胀差增大。

（4）要注意轴封送汽的温度与金属温度的匹配。热态启动使用适当的备用汽源，有利于胀差的控制，如果系统有条件将轴封供汽的温度进行调节，使之高于轴封体温度则更好，而冷态启动则选用低温汽源。

(5) 在高、低温轴封汽源切换时必须谨慎，切换太快不仅引起胀差的显著变化，而且可能产生轴封处不均匀的热变形，从而导致摩擦、振动。

6-28　汽轮机大修后启动前，汽轮发电机组及辅助系统应做哪些试验？

(1) 汽轮机调节系统静态试验、汽轮机阀门关闭时间测试、汽轮机手动脱扣试验、汽轮机保护通道及连锁试验、机炉电大连锁动作试验。

(2) 交流润滑油泵连锁启动试验、直流润滑油泵连锁启动试验、辅助油泵连锁启动试验、顶轴油泵连锁启停试验。

(3) 发电机气体系统气密性试验、发电机内冷水系统水压试验、备用密封油泵自动启动连锁试验、备用密封油自投试验、发电机内冷水泵连锁启动试验。

(4) 旁路系统的相关连锁试验。

6-29　如何评价汽轮发电机组启、停过程中的轴振幅？

(1) GB/T 11348.2—2007《旋转机械转轴径向振动的测量和评定　第2部分：50MW以上额定转速1500r/min、1800r/min、3000r/min、3600r/min陆地安装的汽轮机和发电机组》较GB/T 11348.2—1997《旋转机械转轴径向振动的测量和评定　第2部分：陆地安装的大型汽轮发电机组》增加了升速、降速、超速、过临界等瞬态运行工况的评价准则。由于机组启停过程中通过共振转速时的振动受到阻尼和转速变化率的剧烈影响，该新增部分仅能提供一般性的准则，具体为：

1) 为了避免机器损坏，在启停或超速运行阶段转轴的振动不能超过下述值：

当转速大于0.9倍正常工作转速时，振动幅值不能超过GB/T 11348.2—2007中规定的区域边界C/D值。

当转速小于0.9倍正常工作转速时，振动幅值不能超过GB/

T 11348.2—2007 中规定的区域边界 C/D 值的 1.5 倍。

2）在启停或超速运行阶段轴振的报警值通常为基线值加上 GB/T 11348.2—2007 中规定的区域边界 B/C 的 25%，一般情况下机组正常启停或超速运行时的轴振不应大于报警值。

（2）相关电力行业规范对机组启动过临界转速时轴振幅值的要求如下：

1）DL/T 863—2004《汽轮机启动调试导则》5.4.3 条要求：主机启动过程中通过临界转速时的轴振不大于 250μm。

2）《防止电力生产重大事故的二十五项重点要求》中规定“机组在启动过程中，通过临界转速时，轴承振动超过 0.10mm 或相对轴振动值超过 0.26mm，应立即打闸停机…”。

3）上述两规定给出的标准值或限值均未指出冲转过程中经过临界转速时的升速率，而实际上升速率对过临界转速时的轴振幅值有较大影响。实践证明，通过良好平衡的大型汽轮发电机组在以 300r/min 的升速率正常启动时，过临界的双幅轴振值是可以小于 100μm 的。

6-30　什么是波德图（Bode）？波德图有什么作用？

波德图指绘制在直角座标上的两个独立曲线，即将振幅与转速的关系曲线和振动相位与转速的关系曲线，绘在直角坐标图上，它表示转速与振幅和振动相位之间的关系。波德图可分为手工绘制和电脑绘制两种，如图 6-4 所示。

波德图有下列作用：

（1）确定汽轮发电机转子临界转速及其范围。

（2）了解汽轮发电机组升降速过程中，除转子临界转速外是否还有其他部件（例如：基础、静子等）发生共振。

（3）作为评定柔性转子平衡位置和质量的依据。可以正确地求得机械滞后角，为加准试重量提供正确的依据。

（4）冲转后，与历次汽轮发电机组冲转的波德图比较，可以

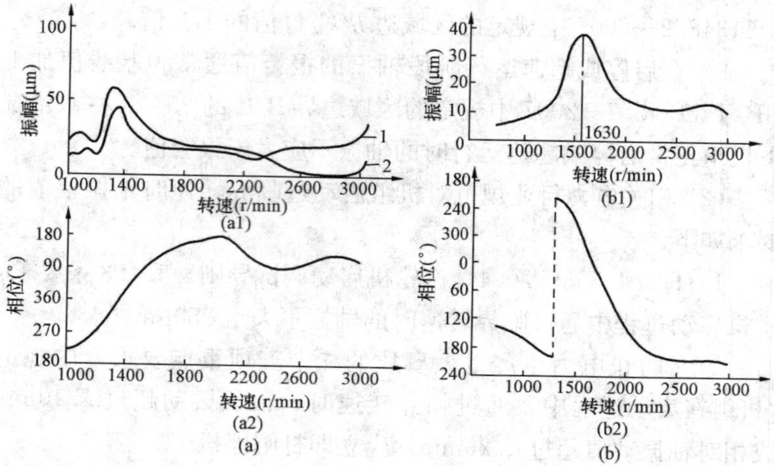

图 6-4 波德图

(a) 手工绘制的波德图；(b) 电脑绘制的波德图

(a_1)、(b_1) 振幅曲线；(b_1)、(b_2) 相位曲线

判断机组启动中转轴是否存在动、静摩擦和冲动转子前，转子是否存在热弯曲等故障。

(5) 将汽轮发电机组停机所得波德图进行对比，可以确定运行中转子是否发生热弯曲。

6-31 汽轮机在哪些情况下严禁启动?

发现下列情况之一，汽轮机禁止启动：

(1) DEH、DCS 系统故障。

(2) 任一汽轮机重要监视仪表失灵。

(3) 任一汽轮机自动脱扣保护装置或任一汽轮机重要调节、保护装置失灵。

(4) 任一高、中压主汽门，高、中压调节门，高压排汽止回门，抽汽止回门卡涩或动作不灵活。

(5) 汽轮机动、静部分有明显的金属摩擦声或盘车等其他主要辅机（交流润滑油泵、直流润滑油泵、顶轴油泵、电动给水泵）之一工作失常。

（6）汽轮机高、中压缸上、下温差或主蒸汽与汽轮机汽缸、转子金属温度的匹配不符合启动要求。

（7）高、低压旁路系统故障或工作失常。

（8）润滑油或控制油油质不合格或油温不符合启动要求。

（9）主要保护、控制参数超限或有超限的趋势。

（10）汽轮机设备和系统严重漏水、漏油、漏汽，发现有其他威胁安全的严重设备缺陷。

6-32　汽轮机冲转时，对主蒸汽品质有什么要求？

（1）应确认主蒸汽品质符合汽轮机厂家的要求。GB/T 12145—2008《火力发电机组及蒸汽动力设备水汽质量》对汽轮机冲转前的蒸汽品质要求见表6-3。

表6-3　　汽轮机冲转前的蒸汽品质要求

锅炉类型	过热蒸汽压力	氢电导率（25℃）	二氧化硅	全铁	铜	钠
	MPa	μS/cm	μg/L	μg/L	μg/L	μg/L
汽包锅炉	3.8～5.8	≤3.0	≤80	—	—	≤50
	＞5.8	≤1.0	≤60	≤50	≤15	≤20
直流锅炉	—	≤0.50	≤30	≤50	≤15	≤20

（2）表6-4为某厂综合考虑汽轮机制造厂家与GB/T 12145—2008的要求制定的600MW超临界汽轮机冲转前对主蒸汽品质的要求，该厂汽水系统中没有含铜部件。

表6-4　某厂600MW超临界汽轮机冲转前对蒸汽品质的要求

氢电导（25℃）	二氧化硅	钠	全　铁
μS/cm	μg/L		
≤0.30	≤30	≤20	≤50

(3) 上海汽轮机厂引进西门子技术生产的1000MW汽轮机对冲转前的主蒸汽品质要求至少达到表6-5中操作标准2的水平并且指标呈连续趋好态势或者达到操作标准1的水平。

表6-5　　1000MW汽轮机冲转前对蒸汽品质的要求

参　数	单位	操作标准1	操作标准2
氢电导（25℃）	μS/cm	0.20～0.35	0.35～0.50
钠	μg/L	5～10	10～15
二氧化硅	μg/L	10～20	20～40
全铁	μg/L	20～30	30～40
铜	μg/L	2～5	5～8
每次持续时间	h	≤100	≤24
每年的累积时间	h	≤2000	≤500

6-33　什么是汽轮机的自启动（ATC/ATS）系统？汽轮机的自启动系统主要包括哪些功能？

汽轮机的自启动（automatic turbine control/automatic turbine startup，ATC/ATS）系统指根据汽轮机的热应力或其他设定参数，指挥汽轮机控制系统完成汽轮机的启动、并网带负荷或停止运行的自动控制系统。

由于辅机运行方式、各个控制系统的控制水平及制造厂的设计思路和设计经验不同，汽轮机的自启动系统的功能和控制范围有很大的差别。DL/T 656—2006《火力发电厂汽轮机控制系统验收测试规程》对汽轮机自启动功能要求如下：

(1) 控制系统置于汽轮机自启动运行方式，运行人员按下自启动键，机组能自动进行启动、状态的判定和各种启动状态下的启动，升速至目标转速，并网带初负荷。在此过程中，目标转速、升速率的给定、暖机过程控制以及阀切换等也应由控制系统自动给出相应的稳定数值。

（2）汽轮机的自启动系统在机组带负荷过程中，ATC 程序能根据对机组的热应力计算确定最佳目标负荷和负荷变化率，可靠地控制机组负荷。

6-34 举例介绍汽轮机自启动（ATC/ATS）系统控制功能。

（1）浙江嘉兴二期东方汽轮机厂生产的 600MW 汽轮机自启动功能由 DEH 系统中的 HITASS 系统完成，HITASS 系统的基本功能是汽轮机自动启动条件下的数据监视和进行热应力计算。HITASS 启动汽轮机的顺序步骤有：汽轮机准备、汽轮机摩擦检查、升速、励磁、同期并网带初负荷、升负荷。这些启动汽轮机的顺序控制步骤被指示在 CRT 上。

（2）三菱和富士生产的 600MW 汽轮机自启动方式均称为 ATS（automatic turbine startup）方式。三菱 600MW 汽轮机 ATS 系统包括了启动条件判断、启动状态（冷态、温态、热态）自动选择、启动时主蒸汽调节阀模式自动选择、冲转目标转速及升速率自动设定、摩擦检查时自动关阀、暖机时间控制、自动阀切换、发电机自动励磁、并网及带初负荷、热应力计算及控制等功能。富士 600MW 汽轮机 ATS 系统功能完全包括三菱 600MW 汽轮机 ATS 系统的所有功能。并且增加了主汽阀暖阀和汽轮机冲转参数以及其他较多的相关系统状态、参数是否满足启动要求的自动判别。图 6-5 为三菱 600MW 汽轮机 ATS 系统的步序示意图。

（3）华能上海石洞口二厂 600MW 超临界机组的自启动系统的功能扩大到整个单元机组的自启动。从锅炉点火前的机、炉辅机的启动、锅炉点火、升温升压、制粉系统（磨煤机组）的投运等，直到带满负荷，均由机组自动管理系统（UAM），即机组自启动系统发出指令，在操作人员少量干预下自动完成。

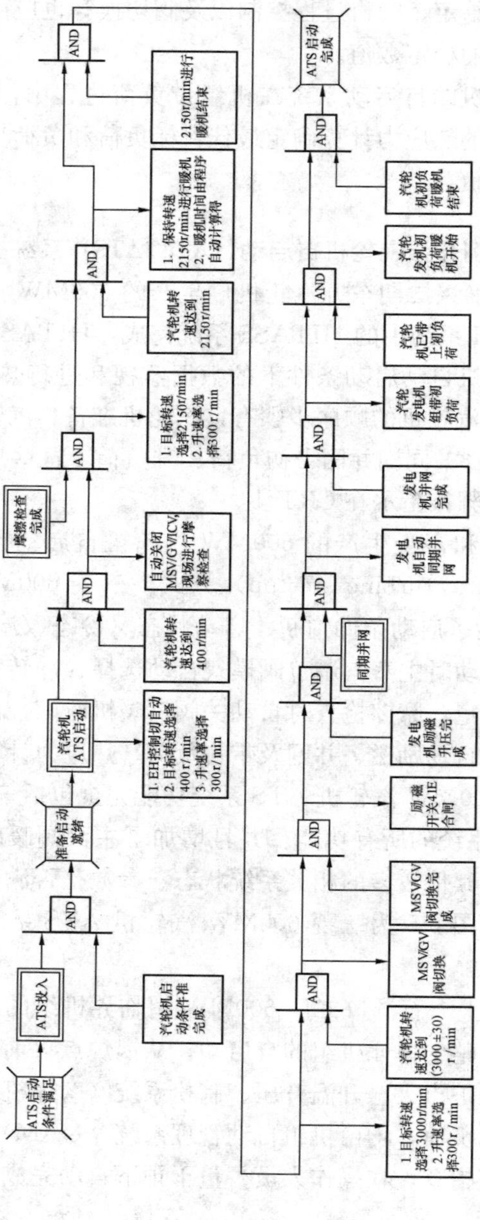

图 6-5 三菱 600MW 汽轮机 ATS 系统的步序示意图

6-35　汽轮机启动时，主蒸汽调节阀应采用顺序阀模式还是单阀模式?

汽轮机启动时主蒸汽调节阀模式的选择与汽轮机启动状态、启动控制、旁路系统形式以及运行经济性等因素有关。一般汽轮机的 ATC 程序会自动根据汽轮机启动前的金属温度水平自动选择调节阀的模式。

(1) 因为“单阀”模式有着可以避免部分进汽引起的附加应力、调节级受热均匀等优点，所以有些 ATC 程序不考虑汽轮机金属温度水平、经济性等因素均选择“单阀”模式。

(2) 如果汽轮机不设旁路系统或采用一级小容量旁路系统，那么在金属温度水平较高的热态启动时，考虑到保护再热器的需要，锅炉燃烧率不能过大，主蒸汽温度很难提高至与汽轮机金属温度相匹配的理想值。图 6-6 为某厂 600MW 汽轮机在主蒸汽温度为额定值时，单阀模式和顺序阀模式对调节阀后的蒸汽温度影响示意图，选择单阀可以比顺序阀得到较高的调节级温度。一般在这种情况下，采用“单阀”模式有利于调节级后蒸汽温度保持较高的水平。

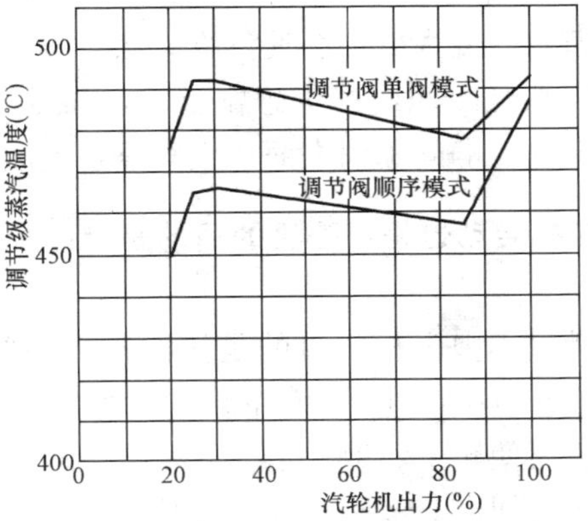

图 6-6　单阀模式和顺序阀模式对调节阀后的蒸汽温度影响示意图

（3）在设置了二级串联旁路系统的情况下，汽轮机热态启动时，主蒸汽温度的控制较为灵活，主蒸汽温度与汽轮机金属温度能很好地配合，而热态启动时，因为蒸汽参数较高，采用单阀方式启动时，阀门开度太小引起控制不稳定。因此，设置了二级串联旁路系统的机组热态启动时，为了避免单阀模式启动时阀门开度太小引起控制不稳，可以采用顺序阀模式。

（4）由于顺序阀模式经济性好，汽轮机冷态启动时，调节级温降较大对蒸汽温度与金属温度相匹配无不利影响，而且启动完成后无需进行调节阀控制模式的切换操作。因此，一般汽轮机冷态启动时，可以选择顺序阀控制模式，以便能提高机组启动的经济性和减少启动操作。

6-36　机组进行热态启动时，为什么要求新蒸汽温度高于汽缸温度 50～100℃？

机组进行热态启动时，要求新蒸汽温度高于汽缸温度50～100℃。可以保证新蒸汽经调节汽门节流、导汽管散热、调节级喷嘴膨胀后，蒸汽温度仍不低于汽缸的金属温度。因为机组的启动过程是一个加热过程，不允许汽缸金属温度下降。如果在热态启动中新蒸汽温度太低，会使汽缸、法兰金属产生过大的应力，并使转子突然受冷却而产生急剧收缩，高压胀差出现负值，使通流部分轴向动、静间隙消失而产生摩擦，造成设备损坏。

6-37　汽轮机启动过程中暖机的目的是什么？暖机时间是如何确定的？

汽轮机启动过程中暖机的目的是使汽轮机各部件温度均匀、受控的上升，以减小汽轮机各部件温差，避免产生过大的热应力。另外，暖机还使转子温度大于其低温脆性转变温度。

汽轮机暖机时间由其金属温度、温升率及汽缸膨胀值、差胀值决定。理想的办法是直接测出各关键部位的热应力，根据热应力控制启动速度及暖机时间。

6-38 什么叫金属的低温脆性转变温度（FATT50）?

低碳钢和高强度合金钢在某些温度下有较高的冲击韧性，但随着温度的降低，其冲击韧性将有所下降。当脆性断口占试验断口面积50%时所对应的温度，称为该金属的低温脆性转变温度(FATT50)。

6-39 如何判断国产300MW汽轮机中速（1200r/min）暖机结束?

国产300MW汽轮机中速（1200r/min）暖机结束的标志有：

（1）高压缸外壁温度达200℃以上，中压缸外壁温度达180℃以上，高、中压缸内壁温度达250℃以上。

（2）金属温升、各部分温差、差胀、机组振动正常。

（3）高压缸总膨胀值达10mm以上，中压缸总膨胀值达3mm以上（热态启动时，要求膨胀值开始出现上升变化）。

6-40 三菱600MW超临界汽轮机自启动时，汽轮机的暖机时间如何确定?

三菱600MW超临界汽轮机自启动时，汽轮机的暖机时间是由DEH根据调节级的金属温度、主蒸汽压力、主蒸汽温度等参数自动计算得出，具体如下：

（1）冷态启动时，DEH程序根据调节级金属温度 t 计算得出。冷态启动时中速暖机时间为 $[(8100-(t-10)^2\times0.655)^{1/2}+90]$min。

（2）温态或热态启动时，DEH程序根据当时的主蒸汽压力和主蒸汽温度来计算冲转后调节级处的蒸汽温度，然后和调节级金属温度比较并计算得出温态或热态时中速暖机时间。

（3）初负荷暖机时间，DEH程序根据调节级金属温度、并网前主蒸汽压力和主蒸汽温度、并网后主蒸汽温度的变化来计算得出。

6-41　简述三菱 600MW 汽轮发电机组（全氢冷）冲转前，应检查确认哪些项目。

(1) 启动前操作站参数及设备状态检查确认。

1）确认已连续盘车 4h 以上，且盘车投“自动”控制模式。确认交油润滑油泵（TOP）、直流润滑油泵（EOP）油泵自启动连锁试验动作正常。

2）检查汽轮机金属温度显示正常，各部位金属温度差不大于报警值。汽轮机调节级金属温度和启动状态相匹配。

3）检查汽轮发电机组转速表显示正常，汽轮发电机组各轴承轴振显示正常，汽轮机轴向位移、缸胀、胀差、挠度（偏心）显示正常，挠度（偏心）不大于 0.075mm。

4）检查汽轮发电机组润滑油压力在 150～180kPa、润滑油温度自动控制在 33℃，汽轮发电机组各轴承金属温度、回油温度显示正常。确认交流润滑油泵（TOP）、交流辅助油泵（AOP）、顶轴油泵（JOP）在“自动”模式运行正常，EOP 投自动热备用。

5）检查 EH 油压力为 120MPa，油温度为（45±5)℃。

6）确认 EH 油油质、润滑油和密封油油质已检验合格。确认主蒸汽汽水品质已满足汽轮发电机冲转要求。

7）检查大旁路系统压力控制正常，主蒸汽压力为 8.4MPa。主蒸汽温度和启动状态相符，主蒸汽左、右两侧温差小于 15℃，凝汽器真空大于 93kPa。

8）检查发电机氢压在 440～470kPa，纯度大于 96%。检查氢气温度控制阀设定值正确并已投自动控制。

9）检查主、再热蒸汽管道疏水阀已投自动，并处于开启状态。

10）检查汽轮机本体疏水、导汽管疏水、阀杆一档漏汽至凝汽器、阀杆一档漏汽至 6 号抽电动阀已送电，并处于遥控开启状态。上述各电动阀已投自动控制。

11）检查汽轮机抽汽管道各电动阀已关闭，其前后疏水气动阀投自动并处于开启状态。检查低压缸喷水气动阀已投自动。

12）检查主蒸汽阀（MSV）、主蒸汽调节阀（GV）、再热蒸汽阀（RSV）、再热蒸汽调节阀（ICV）状态显示正常。

（2）启动前现场参数及设备状态检查确认。

1）检查现场下列参数指示正常：润滑油压力，AOP 出口油压，TOP 出口油压，主油箱油位，主油箱负压，顶轴油泵进出口压力，盘车电流，EH 油系统压力，EH 油油箱油位，汽轮机平台密封油压力，环封箱负压，密封油站空侧油压、氢侧油压，空侧油和氢气差压，空侧和氢侧油差压，发电机内部氢气压力、氢气纯度、氢气露点，凝汽器真空。

2）检查汽轮发电机组各轴承回油流量、回油温度指示应正常，顶轴油系统阀门状态正确，检查油净化装置运行正常，盘车装置运行时汽轮机本体无异音。

3）检查板式冷油器冷却水进出口阀开启，冷油器无泄漏。确认冷油器温度控制阀动作正常，其前后隔离阀开启。

4）检查确认 EH 油系统高压蓄能器、硅藻土滤网、精处理系统正常投入，其他各手动阀在正常运行状态。

5）检查汽轮机内/外缸疏水手动阀、高中压导汽管疏水手动阀开启，再热器管道疏水电动阀前手动阀开启，各级抽汽管道疏水气动阀前手动阀开启，汽轮机低压缸喷水气动阀前后手动阀开启，旁路阀关闭，低压缸减温喷水供应正常。

6）密封油系统及密封油冷却系统各阀门在正常运行的状态。检查氢冷器、空冷器冷却水进出口手动阀开启。确认发电机气体系统各阀门在正常运行状态。氢气温度控制阀前后手动阀开启，旁路阀关闭。

6-42 简述三菱 600MW 汽轮发电机组的 ATS 冲转操作。

（1）汽轮发电机组 ATS 冲转准备工作。

1）按汽轮发电机组冲转前的检查要求确认汽轮发电机组已具备冲转条件。

2）记录汽轮发电机组冲转前的参数：主蒸汽压力、主蒸汽温度、主蒸汽品质、真空值、调节级温度。

（2）汽轮发电机组ATS冲转操作步骤。

1）在DEH“速度操作”画面中按下汽轮机［复位］按钮，汽轮机复位。CRT及现场确认再热蒸汽RSV-1和RSV-2全开，就地检查自动停止油压建立正常。

2）在DEH“速度操作”画面中将EH投［自动］，CRT及现场确认主蒸汽调节阀（GV）和再热蒸汽调节阀（ICV）开度指令为150%，阀门全开。主蒸汽MSV-1和MSV-2开度指令为0%，阀门全关。

3）联系现场人员做好汽轮发电机组冲转监视。在“自动汽轮机启动”画面上按下［ATS执行］按钮，此时，ATS程序自动根据调节级金属温度选择启动模式。

4）确认ATS冲转条件满足，“自动汽机启动”画面上［准备好启动］灯亮，［启动］按钮闪烁。按下［启动］按钮，MSV-1和MSV-2自动稍微开启，汽轮机以300r/min^{2}升速率往400r/min升速。确认盘车装置自动脱开正常，盘车电动机自动停止。

5）ATS程序冲转过程中，按下［ATS退出］或［程序保持］按钮，可实现中断或保持ATS执行程序。需要重新执行ATS，则可按下［ATS执行］/［启动］或者［程序进行］按钮，ATS将从当前点开始执行程序。但在临界转速区域附近，禁止将转速保持。

6）注意记录6号、7号、8号轴承在发电机转子半临界转速（365r/min）时的轴振。当汽轮发电机组转速到400r/min，ATS程序自动关阀，汽轮机MSV、GV、ICV关闭，通知现场进行摩擦检查。

7）“自动汽机启动”画面上摩擦检查［完成］按钮闪烁显

示，在现场确认 400r/min 摩擦检查无异常后按下该按钮，确认 GV、ICV 重新全开启，由 MSV 控制汽轮机以 300r/min^2 升速率往 2150r/min 升速。

8）转速升至 600r/min 时，确认顶轴油泵自动停止，否则，手动停止后，投入“自动”。确认主机润滑油冷却器出口温度设定值由 33℃自动增加为 40℃，油温自动控制正常。

9）注意监视并记录 1 号、2 号、3 号、4 号、5 号、6 号轴振在升速过程中的峰值及对应转速，最大峰值不超过 100um。

10）汽轮机转速到 2150r/min 时中速暖机，暖机时间由 ATS 程序自动给定。期间全面检查各轴承振动、轴承金属温度、轴承回油温度、轴向位移、胀差、缸胀、阀体及汽缸金属温差等参数应正常，发电机氢气温度自动控制正常。

11）现场检查汽轮发电机组各轴承振动、机组运转声音正常，发电机平台密封油压力比氢气压力高 85kPa、各轴承回油量和回油温度正常，发电机风压差、空氢侧密封油压力差正常。

12）汽轮机中速暖机完成后，汽轮机自动以 300r/min^2 升速率往 3000r/min 升速。注意监视并记录 9 号、10 号轴承振动值在升速过程中的峰值及对应转速，最大峰值不超过 100μm。

13）当转速大于 2970r/min 时，ATS 自动进行 MSV－GV 阀切换，切换过程中注意阀门开关无卡涩、转速平稳。MSV-GV 阀切换完成后 CRT 和现场全面检查各参数。确认主油泵及射油器工作正常后，停运 TOP、AOP 油泵，将 TOP、AOP 油泵投“自动”。

14）汽轮发电机组定速后励磁开关自动合闸，发电机电压升至额定值。

15）在并网操作盘上选择 ATS 并网，“自动汽机启动”画面上按［并网］按钮，发电机开始自动同期并网。并网成功后 DEH 自动给 5%的初负荷需求值。机组开始带 30MW 的初负荷暖机。

16）汽轮发电机组初负荷暖机结束后，ATS启动完成，ATS程序自动退出。

6-43　简述富士600MW汽轮发电机组的手动冲转操作步骤。

（1）按汽轮发电机组冲转前的检查要求确认汽轮发电机组已具备冲转条件，确认各疏水阀状态正确。

（2）记录汽轮发电机组冲转前的参数：主蒸汽压力、主蒸汽温度、主蒸汽品质、真空值、高压外上缸50%金属温度。根据高压外上缸50%金属温度显示值及汽轮发电机组启动模式的定义，在ATS顺序控制监视画面中选择启动模式。联系现场人员做好汽轮发电机组准备冲转的准备。

（3）确认汽轮机跳闸条件全部复位后，在EHG（汽轮机电液控制系统）操作画面中按［RESET］按钮，汽轮机复位。主蒸汽参数及蒸汽品质满足要求后，全开主蒸汽调节阀MCV前疏水阀。

（4）在EHG操作画面中按［MSV/RSV OPEN］按钮进行MSV/RSV暖阀，确认现场MSV/RSV开启，位置反馈正确。MSV/RSV暖阀结束后，将主蒸汽调节阀MCV前疏水阀由全开手动关至25%开度。

（5）检查EHG画面中汽轮发电机组振动保护投入，将发电机励磁选择［手动］模式。确认当前处于［程序保持］状态，选择目标转速为890r/min，升速率选择200r/min^2。

（6）在EHG画面中按［程序启动］按钮，汽轮机开始冲转升速。注意监视过临界转速时的轴振值，如果峰值超过100μm，应记录其峰值及对应转速。转速升至500r/min时，顶轴油泵自动停止，盘车液压马达电磁阀自动关闭。

（7）转速升至目标转速890r/min，按［程序保持］按钮，保持当前状态暖机40～60min。全面检查汽轮发电机组真空、振动、轴承金属温度、轴承回油温度、金属温差、高中低压缸胀差、密封油压力、密封油流量等参数应正常。

(8) 中速暖机结束后，在 EHG 画面中选择目标转速为 3000r/min，升速率为 500r/min^2，按［程序启动］按钮，汽轮机开始往额定转速升速。升速过程注意监视过临界转速时的轴承振动值，如果峰值超过 100μm，应记录其峰值及对应转速。

(9) 转速大于 1050r/min 时，再热主汽阀 RSV 的疏水阀自动关闭。转速升至目标转速 3000r/min，按［程序保持］按钮，保持当前状态。

(10) 全面检查汽轮发电机组真空、高压排汽温度、低压排汽温度、振动、轴承金属温度、轴承回油温度、高压缸内外壁温差、高压缸上下缸温差、中压转子温差、高中低压缸胀差、密封油压力、密封油流量、蒸汽品质等参数应正常。

(11) 手动合发电机励磁开关，发电机升压至额定电压，汽轮发电机组冲转操作结束，等待并网。

6-44　什么是汽轮机的摩擦检查？摩擦检查如何进行？

汽轮机的摩擦检查是指冷态启动时，当汽轮机冲转到一定转速后，关闭汽轮机进汽阀门以排除汽流干扰声后，对现场汽轮机轴承、汽封及汽缸进行仔细听音，以确认汽轮发电机组动、静部分无碰磨的专项检查。

汽轮机摩擦检查一般在转速升至 400r/min 左右进行，通过关闭汽轮机高压主汽阀、高压调节阀、中压调节阀来切断进入汽轮机的蒸汽。用听音棒仔细检查各轴承、汽封、汽缸等部件内部声音是否正常，检查完成后，释放高压主汽阀、高压调节阀、中压调节阀关闭指令，由程序按既定的目标转速和升速率继续冲转汽轮发电机组。

6-45　机组启动暖机时的主要检查内容有哪些？

(1) 重点倾听汽轮发电机组运转声音正常，各轴承、汽封、汽缸等部件内部声音正常。

（2）重点检查蒸汽温升率、汽轮机应力监视不超限，进汽阀、高中压内外汽缸各点金属温度及温差指示值及变化趋势正常。

（3）重点检查机组振动、串轴、汽缸膨胀、胀差、排汽温度、真空指示值及变化趋势正常，低压缸喷水处于投入位置。

（4）重点检查各支持轴承金属温度、推力轴承金属温度、各轴承回油温度指示值及变化趋势正常。

（5）重点检查润滑油压力、润滑油温度、主油箱油位、EH油压力、EH 油温度、EH 油箱油位指示值及变化趋势正常。

（6）重点检查密封油压力、密封油差压、密封油温度、发电机氢气压力、发电机氢气温度、励磁机空气温度指示值及变化趋势正常。

（7）检查润滑油系统、EH 油系统、密封油系统没有泄漏现象。

（8）检查汽轮机主蒸汽管道、再热蒸热管道疏水，汽轮机导汽管及汽缸疏水、抽汽管道疏水正常。

（9）检查除氧器、凝汽器、真空泵分离水箱、闭式冷却水箱水位指示正常。

（10）以上参数若超限或接近超限值有上升趋势或不稳定时，应立即查找原因并汇报，同时禁止升速。

6-46　为什么在汽轮机冲转升速过程中需要加强发电机密封油系统的检查？

（1）发电机密封油压力调节装置（差压阀、平衡阀）任何时候都须保持密封油压与氢气压力之差为正常值，而在汽轮机冲转升速过程引起该差压变化的扰动较多。

1）发电机密封油温度会发生较大的变化，特别是在没有设置密封油温度自动控制装置时更为明显。密封油温度的变化会引起油黏度的变化，从而引起密封油压力变化。

2）在汽轮机冲转升速过程中，密封瓦的工作工况与盘车时不同，密封瓦的工作工况的变化也会引起密封油流量与压力的变化。

3）发电机氢气温度变化引起密封油压与氢气压力之差变化。

（2）由于大多数发电机密封油系统参数的监视表计都为就地表计，相关操作也需要到就地操作，只有少量的模拟量与数字量监视参数接入 DCS 系统。

（3）为了保证发电机密封油系统的正常工作，防止因发电机密封油系统工作失常而造成漏氢或发电机进油的异常，在汽轮机冲转升速过程中应特别加强发电机密封油系统的检查。

6-47　在汽轮机升速和加负荷过程中，为什么要监视机组振动情况？

（1）大型机组启动时，发生振动多在中速暖机及其前后升速阶段，特别是通过临界转速的过程中，机组振动将大幅度的增加。在此阶段中，如果振动较大，最易导致动、静部分摩擦，汽封磨损，转子弯曲。转子一旦弯曲，振动越来越大，振动越大摩擦就越严重。这样恶性循环，易使转子产生永久性弯曲变形，使设备严重损坏。因此，要求暖机或升速过程中，如果发生较大的振动，应该立即打闸停机，进行盘车直轴，消除引起振动的原因后，再重新启动机组。

（2）机组全速并网后，每增加 10MW 负荷，蒸汽流量变化较大，金属内部温升速度较快，主蒸汽温度如果配合不好，金属内、外壁最易造成较大温差，使机组产生振动。因此，每增加一定负荷时，需要暖机一段时间，使机组逐步均匀加热。

因此，在汽轮机升速和加负荷过程中，必须经常监视机组振动情况。

6-48　为什么汽轮机在启动冲转达全速后要尽早停用辅助油泵和交流润滑油泵？

汽轮机在启动冲转过程中主油泵及射油器不能正常供油时，

用辅助油泵及交流润滑油泵代替主油泵及射油器工作。随着汽轮机转速不断升高，主油泵及射油器逐渐进入正常的工作状态，汽轮机转速达到3000r/min时，主油泵及射油器也就达至了完全正常工作的状态，此时，主油泵、射油器分别与辅助油泵、交流润滑油泵并联运行。若设计的辅助油泵出口油压比主油泵出口油压低，则辅助油泵不上油而打闷泵，严重时将辅助油泵烧坏，引起火灾事故。若设计的辅助油泵出口压力比主油泵出口油压高，则主油泵出油受阻，转子窜动，轴向推力增加，推力轴承和叶轮口环均会发生摩擦，并且漏油量大，会造成前轴承箱满油。同理，交流润滑油泵与射油器并联运行时也有可能出现润滑油泵打不出油或汽轮机润滑油压过高等异常工况。所以，汽轮机冲转达全速后，应及时检查主油泵出口油压正常、轴承润滑油压正常，然后将辅助油泵和交流润滑油泵尽早停止运行，并投自动备用。

6-49　汽轮机在冷态滑参数启动时，汽轮机差胀、外汽缸膨胀参数的变化有什么特点？

汽轮机冷态滑参数启动时汽轮机差胀、外汽缸膨胀参数的变化与汽轮机结构、测点位置、启动进汽方式等因素有关，图6-7为某600MW超临界三缸四排汽凝汽式汽轮机差胀、外汽缸膨胀测点、转子及汽缸膨胀死点位置示意，图6-8为该汽轮机采用高压缸进汽方式启动时汽机差胀、外汽缸膨胀参数的变化案例。差胀、外汽缸膨胀参数的变化主要有以下特点：

（1）汽轮机差胀在转子升速过程中会因泊桑效应而明显减小，减小量为1.2～1.8mm。

（2）在冲转暖机过程中，调节级金属温度上升明显、汽轮机差胀显著上升，而中压外缸金属温度变化较小，汽缸的膨胀值也变化较小。原因是在蒸汽流量较小、再热汽温度偏低的条件下，转子由于质量小、与蒸汽的换热条件好而得了比较充分的暖机，而汽缸由于质量大、与蒸汽的换热条件差而暖机效果要比转子差。这与中速暖机的主要目的“是为了在继续升速前使转子的中心温度提升至低温脆性转变温度以上”一致。

（3）机组并网后加负荷过程中，调节级金属温度、中压外缸金属温度、汽缸膨胀、汽机差胀都上升明显。原因是这一阶段蒸汽温度和蒸汽流量都持续上升，蒸汽与汽轮机部件的换热比较剧烈。在这一阶段应特别注意汽缸的膨胀应正常、差胀不超上限，并且根据差胀、汽轮机应力，适当调整机组升负荷速度。

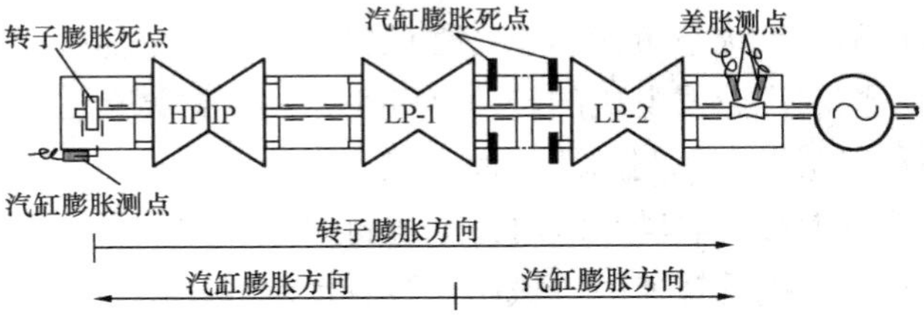

图 6-7 某 600MW 超临界汽轮机膨胀及测点示意图

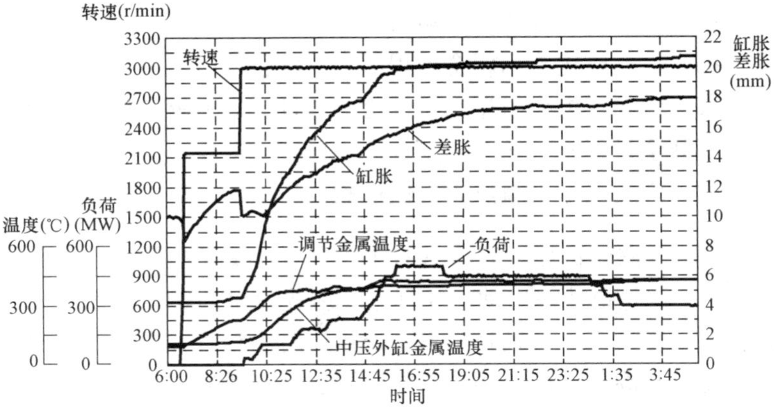

图 6-8 某 600MW 超临界汽轮机冷态启动时汽缸膨胀与差胀的变化曲线（实测）

6-50 汽轮机大修后启动，空载应进行哪些试验？带载后应进行哪些试验？

汽轮机大修后启动空载时，应进行以下试验：

(1) 交流润滑油泵、直流润滑油泵、辅助油泵连锁启动试验。

(2) 汽轮机润滑油压超低限、真空值超低限跳闸在线动作测试试验。

(3) 机械超速装置注油动作试验。

(4) 调节系统空负荷静态特性试验。

(5) 控制汽轮发电机的转速（OPC）动作测试试验。

(6) 汽轮机进汽阀门严密性试验。

汽轮机大修后启动带载时，应进行以下试验：

(1) 实际提升转速的机械超速装置动作测试试验。

(2) 调节系统带负荷静态特性试验。

(3) 高压调节阀 GV 控制模式切换（单阀模式↔顺序阀模式）试验。

(4) 真空严密性测试试验。

(5) 汽轮机进汽阀门全行程活动试验。

(6) 汽轮发电机组振动特性检测（冲转—并网—解列超速—并网满载全过程）。

(7) 汽轮发电机组热力特性试验。

6-51 汽轮机热态启动时的注意事项有哪些？

(1) 汽轮机热态启动建立真空时应先投轴封蒸汽系统，再启动抽气设备抽真空。轴封蒸汽系统投运时应暖管充分，轴封蒸汽供汽温度与高、中压缸轴端汽封金属温度相适应。

(2) 热态启动前应保证盘车至少连续运行 4h 以上，并且不得中断。若盘车中断应重新计时，并且确认大轴晃动值不应超过制造厂的规定值或原始值的±0.02mm。否则，不得启动，应继续连续盘车直至大轴晃动值恢复正常。

（3）上、下缸温差超过 50℃时启动汽轮机，就会有因汽缸上、下温差过大引起汽缸变形进而导致动、静部分摩擦的危险，所以在上、下缸温差超过 50℃时，严禁启动汽轮机。

（4）热态启动时的主蒸汽温度应高于汽缸最热部分的金属温度 50℃以上，防止汽轮机负温差启动。

（5）低速时应对机组进行全面检查，确认机组无异常后即升至全速，并带与汽轮机金属温度所适应的负荷。尽量避免或减轻蒸汽对汽轮机的冷却作用。

（6）必须加强本体和管道疏水，防止冷水、冷汽倒至汽缸或管道，引起水击振动。

（7）在低速时应严格监视机组振动情况，一旦轴承振动过大，应立即打闸停机，重新回到盘车状态，测量轴弯曲情况。

6-52　两级串联旁路系统操作时，有哪些注意事项？

（1）旁路投入时，应按先三级减温，再低压旁路，后高压旁路的方式进行，其中低压旁路投入按先减温后减压，高压旁路投入按先减压后减温的方式操作，旁路退出时，则按先高压旁路，再低压旁路，后三级减温的方式进行，其中，高压旁路按先退减温再关减压，低压旁路按先退减压再退减温的方式操作。

（2）若高压旁路蒸汽转换阀未开，禁止开喷水调节阀、截止阀；若高压旁路蒸汽转换阀与高压旁路喷水调节阀已经开启，将自动开高压旁路喷水截止阀；高压旁路蒸汽转换阀关，联关喷水调节阀。

（3）当高压旁路后汽温大于规定值时，高压旁路无条件快速关闭。

（4）当低压旁路喷水调节阀开度大于规定值时，方可手动开启低压旁路蒸汽转换阀。若低压旁路蒸汽转换阀未关，闭锁关喷水调节阀、三级喷水减温阀。

（5）当低压旁路后汽温大于规定值时，低压旁路无条件快速全关。

6-53 汽轮机停机方式如何分类？

汽轮机停机方式有正常停机和故障停机两大类。

（1）正常停机指根据电网调度命令有计划地停机。正常停机，按停机过程中蒸汽参数不同又分为额定参数停机和滑参数停机两种方式。

1）额定参数停机。指停机过程中蒸汽的压力和温度保持额定值，用汽轮机的调阀控制以较快的速度减负荷停机。在大容量的机组减负荷过程中，锅炉要维持额定参数给运行调整带来了很大的困难，同时也造成燃料的大量浪费，因此，大容量再热机组极少采用额定参数停机方式。

2）滑参数停机。指在调门全开的状态下，借助锅炉降低蒸汽参数来减小汽轮机负荷与冷却机组的停机方式。该停机方式中的滑压停机是大型机组最常用的停机方式。

（2）故障停机指汽轮发电机组发生异常情况下，保护装置动作或手动停机以达到保护机组不至于损坏或减少损失的目的。故障停机又分为一般故障停机和紧急故障停机。

1）一般故障停机。指根据故障性质不同，尽可能做好联系、汇报工作后，按规程规定稳妥的把机组停下来的停机方式。

2）紧急故障停机。指发生的故障对设备、系统造成严重威胁，此时必须立即打闸、解列、破坏真空，尽快地把机组停下来的停机方式。紧急故障停机无需请示汇报，运行人员可直接按运行规程进行处理即可。

6-54 什么叫滑参数停机？

（1）汽轮机从额定参数和额定负荷开始，开足高、中压调节汽门，由锅炉改变燃烧，逐渐降低蒸汽参数，使汽轮机负荷逐渐降低。同时投用汽缸法兰加热装置，使汽缸法兰温度逐渐冷却下来，待主蒸汽参数降到一定数值时，解列发电机打闸停机，这一过程称为滑参数停机。

（2）大型机组正常运行时都采用滑参数的运行方式，其中主蒸汽压力随负荷变化而变化，主蒸汽温度一般不变或小幅变化。所以大型机组正常的滑压运行停机方式就含有滑参数停机的意思。有些时候大型机组为了降低停机后的汽轮机金属温度，在汽轮机降载时，主蒸汽温度也随负荷降低，并且在低负荷时（主蒸汽压力及温度均较低）维持运行一段时间来冷却汽轮机金属温度，这种停机方式称为汽轮机强制冷却停机，实际上就是滑参数停机。

6-55　正常滑参数停机分为哪几个阶段？

（1）减负荷阶段。

（2）汽轮机打闸、发电机解列、锅炉总燃料跳闸（MFT）。

（3）汽轮发电机惰走阶段。

（4）转速到零后盘车自投，保持连续盘车冷却阶段。

6-56　滑参数停机有哪些注意事项？

滑参数停机应注意事项如下：

（1）滑参数停机时，对新蒸汽的滑降有一定的规定，一般高压机组新蒸汽的平均降压速度为0.02～0.03MPa/min，平均降温速度为1.2～1.5℃/min。较高参数时，降温、降压速度可以较快一些；在较低参数时，降温、降压速度可以慢一些。

（2）在滑参数停机过程中，新蒸汽温度应保持50℃的过热度，以保证蒸汽不带水。

（3）新蒸汽温度低于法兰内壁温度时，可以投入法兰加热装置。

（4）滑参数停机过程中不得进行汽轮机超速试验。

（5）高、低压加热器在滑参数停机时应随机滑停。

6-57 举例说明什么是机组的停机曲线。

（1）机组的停机曲线指以时间为横轴，以机组停机过程中主要参数为纵轴的一组曲线。机组停机曲线表示了机组在停机过程中主要参数的变化及主要辅助设备退出的时机。

（2）机组的停机曲线根据停机方式可分为正常停机曲线和汽轮机强冷停机曲线。图 6-9 为某 600MW 超临界机组的正常停机曲线，该停机曲线表明了机组停机过程中主蒸汽压力、主蒸汽温度、再热蒸汽压力、再热蒸汽温度、给水流量、燃料量、汽轮机转速、发电机负荷等参数在机组停机过程中的控制目标值，同时也标注了磨煤机退出、给水泵退出、油枪投入、辅助蒸汽切换、厂用电切换、汽机打闸等机组停机过程关键点的操作时机。

6-58 为什么滑参数停机过程中，不允许做汽轮机超速试验？

（1）一般滑参数停机到发电机解列时，主汽门前蒸汽参数已经很低，要进行超速试验就必须关小调节汽门来提高调节汽门前压力。当压力升高后，蒸汽的过热度更低，有可能使新蒸汽温度低于对应压力下的饱和温度，致使蒸汽带水，造成汽轮机水冲击事故，所以规定大机组滑参数停机过程中不得进行超速试验。

（2）机组经过长期运行后可能会存在潜在的不安全缺陷，一般在机组大修时都会对汽轮机进行全面的检查与维修，因此，在检修之后启动即执行该试验比运行一段时间停机之后再执行更为安全，也更符合“新安装和大修后的汽轮机以及在调节系统经过拆开检修之后，都应使用提升转速的方法进行试验”的要求。

6-59 汽轮机计划停机前应进行哪些试验及准备工作？

（1）大修计划停机前应进行汽轮机的热力特性试验。

（2）停机前应进行交流润滑油泵（TOP）连锁启动试验、直流润滑油泵（EOP）连锁启动试验、辅助油泵（AOP）连锁启动试验。

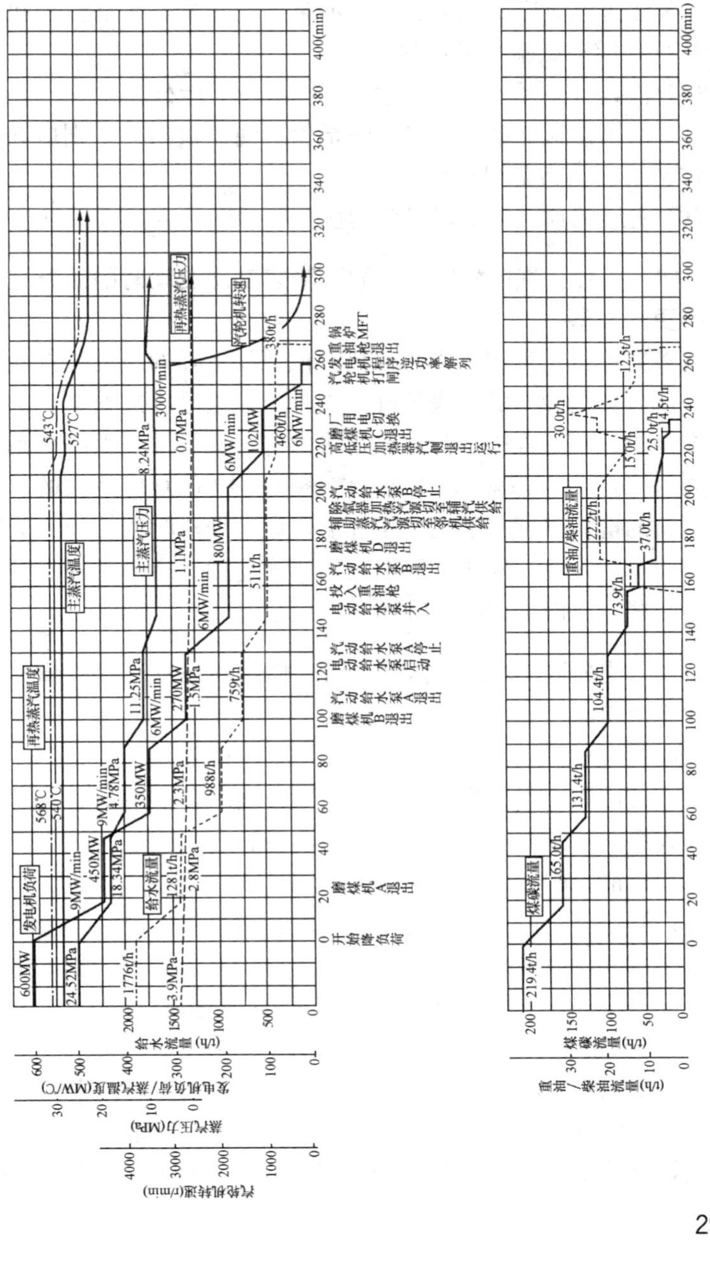

图 6-9　机组正常停机曲线

（3）停机前应确认盘车、顶轴油泵备用正常，确认汽轮机进汽阀全行程活动试验结果正常。

（4）检查旁路系统备用正常，随时可投入运行。

（5）如果密封油系统的密封油是由射油器供给时，则应在停机前将密封油切为备用油源。

（6）机组的辅汽来源可提前切换至启动锅炉或邻机供应。

6-60　为什么汽轮机停机时的温降速度比启动时的温升速度控制得更严一些？

滑参数停机过程中，主、再热蒸汽温度下降的速度是汽轮机各部件能否均匀冷却的先决条件，也是滑参数停机成败与否的关键。在停机冷却过程中，与蒸汽换热的汽轮机部件表面所受到的热应力为拉应力，该热应力与工作蒸汽的拉应力是叠加的。另外，材料的抗拉强度一般比抗压强度（启动加热时的热应力为压应力）要小。因此，停机时汽轮机的温降速度比启动时的温升速度要小一些。一般金属的温降速度不应超过 1.5℃/min。

6-61　什么是汽轮机的惰走时间和惰走曲线？汽轮机惰走可分为哪三个阶段？

发电机解列后，从自动主汽门和调节汽门关闭起，到转子完全静止时的这段时间称为转子惰走时间，表示转子惰走时间与转速下降数值的关系曲线称为转子惰走曲线。

汽轮机惰走的三个阶段分别简述如下。

（1）第一个阶段：刚刚脱扣汽轮机的高速惰走阶段。此阶段的转子转速高，鼓风摩擦损失能量大（与转速的三次方成正比），是降低转子转速的主要因素。转子转速由 3000r/min 下降到 1500r/min 只需要很短的时间，通常不超过 10min。

（2）第二个阶段：转子转速较低的阶段。在该阶段中，汽轮机转子的旋转机械能主要消耗在克服各类机械摩擦阻力上。该阻力与汽轮机转子在高速旋转的鼓风摩擦所产生的阻力相比小得多。因此，转子转速下降缓慢，经历时间较长，可能长达50～60min。

（3）第三个阶段：转子转速很低的阶段。此阶段由于轴承动压油膜无法形成，在顶轴油提供的静压油膜润滑下，转子转速最终达到静止状态。

6-62 汽轮机盘车装置由液压马达和“SSS 离合器”组成时，汽轮机停机惰走时间如何计算？

（1）对于使用具有螺旋轴或摆动齿轮盘车的汽轮机，停机时转子都要静止后，盘车才会自动投入工作，因此停机惰走时间比较好定义。

（2）当盘车装置由液压马达和 SSS 离合器组成时，在停机过程中，转子不需完全降至零转速，盘车就会投入。而且最终的盘车转速与盘动转子所需力矩（真空、顶轴油压、碰磨等）、液压马达供油压力等因素有关。因此，停机惰走时间不能定义为“从主汽门和调节汽门关闭至转子完全静止”这段时长。对于盘车装置由液压马达和 SSS 离合器组成的汽轮机，可以将停机惰走时间定义为“从主汽门和调节汽门关闭至转子转速降至某数值时的时长”。截止计时的转子转速值，应该比正常盘车时（真空、顶轴油压、润滑油压力和温度均正常，汽机动静部分无碰磨）的转速大 10～20r/min。

6-63 举例说明正常停机时的汽轮机惰走曲线。

（1）图 6-10 所示为三菱 600MW 汽轮机的正常停机惰走曲线，惰走时间为 58min，交流润滑油泵（TOP）自启动对应的转速为2050r/min，辅助油泵（AOP）自启动对应的转速为 1350r/min，过临界时各轴振动最大振幅小于 116μm。

（2）图 6-11 所示为富士 600MW 汽轮机的正常停机惰走曲线，该汽轮机的盘车装置由液压马达和“SSS 离合器”组成，正常 的盘车转速为129r/min，惰走时间从打闸开始计时，至转速

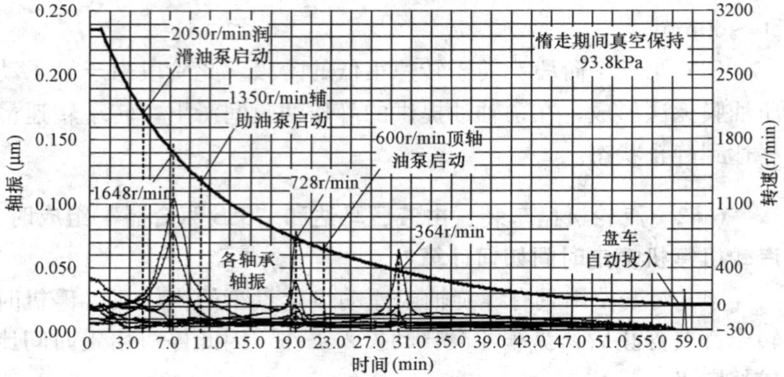

图 6-10　汽轮发电机组正常停机惰走曲线

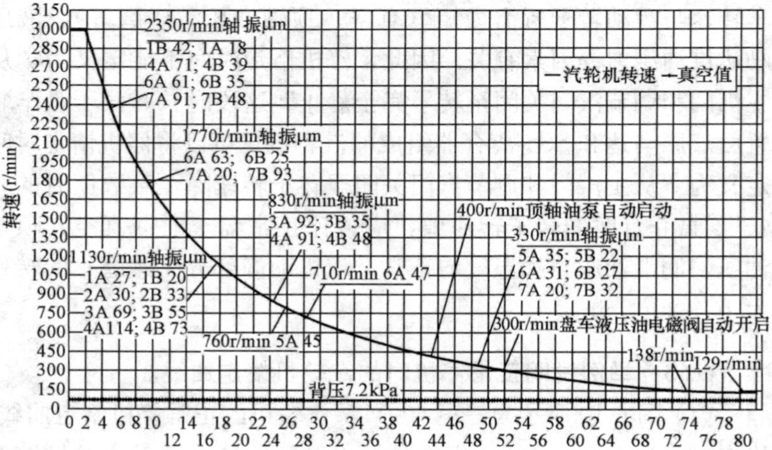

图 6-11　汽轮机正常停机惰走曲线

降至 138r/min 为止，正常值为 72min。主油泵由电动机驱动，所以不存在润滑泵的自动启动。惰走过程中过临界转速时各轴振动最大振幅小于 116μm。

6-64　汽轮机停机惰走曲线有什么作用？绘制停机惰走曲线时应注意什么？

停机惰走曲线的主要作用是为了便于对比每次停机的惰走时间，如果惰走时间急剧减少时，可能是轴承磨损或汽轮机动、静部分发生摩擦；如果惰走时间显著增加，则说明新蒸汽或再热蒸汽管道阀门或抽汽止回门不严，致使有压力蒸汽漏入汽缸。当然顶轴油泵的启动时间、凝汽器真空等参数对惰走时间影响也较大。

根据国电发〔2000〕589号《防止电力生产重大事故的二十五项重点要求》规定，汽轮机的技术资料中应该具备正常停机和紧急破坏真空停机两种情况的停机惰走曲线。

新机组投运一段时间各设备都工作正常后，即可在正常停机期间测绘转子的正常停机惰走曲线。测绘正常停机惰走曲线时，应保持真空为正常值并将真空值、辅助油泵、润滑油泵、顶轴油泵自动启动时对应的转速标注在惰走曲线图上。绘制紧急破坏真空停机的惰走曲线时，应将真空变化的曲线、辅助油泵、润滑油泵、顶轴油泵自动启动时对应的转速标注在惰走曲线图上。

6-65　为什么大型机组停机惰走时真空可以维持正常值，而没有必要与转速同时降至零？

（1）在汽轮机停机惰走过程中，“真空维持正常值”与“真空和转速同步降至零”两种情况的利弊对比分析见表6-6。

表6-6　利弊对比分析

序号	对比项目	真空与转速同步到零	真空保持正常值
1	与历史惰走曲线对比	要保证每次停机的真空下降率相同比较困难，不利于惰走曲线的对比	保证每次停机的真空均为正常值相对较容易，有利于惰走曲线的对比

续表

序号	对比项目	真空与转速同步到零	真空保持正常值
2	简化停机操作	增加了停机操作项目	有利于简化停机操作
3	转子降速时通过临界转速时的振动值	真空同步降低，转子降速率较大，有利于防止通过临界转速时振动过大	转子降速率相对较小，通过临界转速时振动峰值也相对较大
4	末级叶片与排汽缸过热	真空同步降低，容易造成末级叶片与排汽缸过热	保持正常的真空值可以较好的避免末级叶片与排汽缸过热
5	低压汽轮机的防锈蚀	大量的空气进入潮湿的低压缸，如不采取相应的措施则会造成明显的锈蚀	惰走过程及停机后保持真空正常，可以避免低压汽轮机发生锈蚀
6	防止转子发生热弯曲	真空与转速同步降至零时，轴封蒸汽可以同时退出。对防止转子已停止时发生热弯曲有利	转子转速降至零后，轴封蒸汽不可以中断。因此，要求盘车装置能自动、可靠地启动，以防止转子停转时间过长而发生热弯曲

(2) 停机过程保持正常的真空值虽然会降低转子通过临界转速时的降速率，但是由于大型汽轮机转子平衡良好，在较低速度变化率通过临界转速时的振动一般都能在限制值以下。而停机过程中及停机后保持正常的真空有利于低压汽轮机的防锈蚀、惰走曲线的对比、防止末级叶片及排汽缸过热、简化停机操作等优点。因此，大型机组一般在停机过程中维持正常的真空值，机组停用时间在1～7天时也常采用保持凝汽正常真空的方法来防止低压缸锈蚀。

6-66　什么是汽轮机转子的泊桑效应?

转子高速旋转时受离心力的作用使转子发生径向和轴向变形，即大轴在离心力的作用下变粗变短。当转速降低离心作用力减小时，大轴又变细变长，回到原来的状态。这种现象称为回转效应，也叫泊桑效应。

6-67 为什么负荷没有减到零，不能进行发电机解列？

(1) 停机过程中，若负荷不能减到零，一般是由于调节汽门不严或卡涩，或是抽汽止回门失灵，关闭不严，从供热系统倒进大量蒸汽等引起。这时，如将发电机解列，将发生超速事故。所以必须先设法消除故障，采用关闭自动主汽门、电动隔离汽门等方法，将负荷减到零，再进行发电机解列停机。

(2)《防止电力生产重大事故的二十五项重点要求》中规定“正常停机时，在打闸后，应先检查有功功率是否到零，千瓦时表停转或逆转以后，再将发电机与系统解列，或采用逆功率保护动作解列。严禁带负荷解列”。

6-68 在汽轮机惰走过程中，有哪些操作和确认项目？

(1) 手动启动交流润滑油泵（TOP）、辅助油泵（AOP），或者确认上述油泵自动连锁启动正常。

(2) 仔细倾听检查汽轮机内部有无摩擦或其他异常声音，监视各轴承通过临界转速时的轴振不超限，并记录通过临界转速时各轴承的振动峰值及对应转速。

(3) 当转速降至顶轴油泵连锁启动值时，检查确认顶轴油泵（JOP）自动启动正常。当转子完全停止并延时30～60s，确认盘车装置自投入正常，转子由盘车进行连续盘动。

(4) 检查主机润滑油温度自动控制正常。发电机密封油压力与氢气压力差自动控制在65～85kPa，空侧和氢侧密封油差压小于0.49kPa。

(5) 确认汽轮发电机组惰走时间正常。

6-69 在汽轮机盘车过程中，为什么要投入润滑油泵连锁开关？

汽轮机盘车装置虽然有连锁保护，当润滑油压低到一定数值后，联动盘车跳闸，以保护机组各轴瓦，但盘车保护有时也会失灵，万一润滑油泵不上油或发生故障，会造成汽轮机轴瓦摩擦而损坏。

在汽轮机金属温度水平较高时，当润滑油压低联动盘车跳闸，转子没有连续盘动对防止转子热弯曲不利。

如果油泵连锁投入后，若交流油泵发生故障可联动直流油泵开启，从而避免产生上述不利影响。所以汽轮机盘车过程中润滑油泵也要投入自动连锁。

6-70 汽轮机停机后对盘车的运行有什么要求？

（1）汽轮机停机惰走结束后，盘车应能自动投入连续运行，并检查盘车运行电流正常，如果盘车自动投入失败，须立即手动投入。当盘车电流较正常值大、有摆动或汽轮机内有异音时，应查明原因，及时处理。

（2）大型汽轮机都设置了顶轴油系统，在盘车转速下顶轴油能建立良好的静压润滑油膜，连续盘车不会对轴承和轴颈造成磨损。因此，汽轮机停机后，盘车装置应保持连续运行，直至金属温度冷却至汽轮机厂家给定的允许停盘车温度以下（一般为120～150℃）或机组再次启动为止。

（3）停机后，在汽轮机温度较高时，因检修或试验（比如动平衡试验配重）要求需短时间停止连续盘车，则应根据汽轮机厂家的要求执行。厂家无具体要求时可参考以下几点。

1）停止盘车和润滑油系统之前，应确认盘车装置已至少连续运行了3h，而且盘车电流、转子偏心、汽缸上下温差等参数正常，汽轮机部件无摩擦或其他异常声音。

2）盘车装置与油系统的停止时间不超过15min，如果允许应尽量保持润滑油系统运行，如果润滑油系统也停运，则需加强监视高、中压缸的轴承金属温度，轴承金属温度达到90℃时，应恢复润滑油系统运行。

3）转子停止盘动15min后，应立即启动连续盘车。如需再停止转子的连续盘动，则至少须在连续盘车2h之后方可再次执行。

（4）停机后因盘车故障无法连续盘车时，应监视转子弯曲度的变化。并且应采用每隔15min手动盘动转子180°的方法，防止转子发生过大的热弯曲。待盘车恢复正常后，须及时投入连续盘车。

（5）停机后，如果汽轮机动、静部件摩擦严重，手动无法盘动转子时，应采取有效的闷缸措施，尽量减小汽缸的上、下温差。并且不断尝试手动盘动转子，直至手动可以盘动时，应将转子高点置于最高位置，监视转子弯曲度，当确认转子弯曲度正常后，再手动盘动转子180°，待盘车正常后及时投入连续盘车。

6-71　在连续盘车过程中，应注意什么问题？

（1）监视盘车电动机电流（或液压马达油压）是否正常，电流（或液压马达油压）表指针是否晃动。

（2）定期检查转子弯曲指示值是否有变化。

（3）定期倾听汽缸内部及高、低压汽封处有无摩擦声。

（4）定期检查润滑油泵、顶轴油泵、密封油系统的工作情况。

6-72　汽轮机停机后，转子的最大弯曲在什么地方？在哪段时间内启动最危险？

汽轮机停运后，如果盘车因故不能投运，由于汽缸上、下温差或其他某些原因，转子将逐渐发生弯曲。最大弯曲部位一般在调节级附近，最大弯曲值约在停机后2～10h之间，因此在这段时间内启动是最危险的。

6-73　停机后盘车状态下，对氢气冷却发电机的密封油系统运行有什么要求？

（1）氢冷发电机的密封油系统在盘车时或转子停止转动而发

电机内部充压时，都应保持正常运行方式。

(2) 因为密封油与润滑油系统相通，这时含氢的密封油有可能从连接的管路进入主油箱，油中的氢气将在主油箱中被分离出来。氢气如果在主油箱中积聚，就有发生氢气爆炸的危险和主油箱失火的可能，因此油系统和主油箱系统使用的排烟风机和排氢风机也必须保持连续运行。

6-74 汽轮机停机后应做好哪些维护工作？

停机后的维护工作十分重要，停机后除了监视润滑油、密封油、顶轴油、盘车装置的运行外还需做好如下工作：

(1) 切断与汽缸连接的汽水来源，防止汽水倒入汽缸引起上、下缸温差增大，甚至设备损坏。

(2) 严密监视凝汽器、除氧器、加热器水位，防止满水造成汽轮机进水事故。

(3) 注意防止水冷发电机转子进水，密封支架冷却水中断而烧坏盘根。

(4) 做好汽轮机及回热系统设备的防锈蚀措施，防止汽轮机及回热系统设备发生严重锈蚀。

(5) 寒冷地区电厂冬季还应做好系统设备的防冻工作。

6-75 汽轮机停用时间在一周之内时，应如何防止汽轮机锈蚀？

机组停用时间在一周之内时，可采取以下两种方法之一来防止汽轮机锈蚀。

(1) 机组停用时维持凝汽器汽侧真空度，保持凝汽器真空系统运行，防止空气进入汽轮机。

(2) 当系统有检修工作，无法保持凝汽器真空系统运行时应采取以下措施：

1) 放尽凝汽器热水井内部积水。

2) 隔绝一切可能进入汽轮机内部的汽、水，开启汽轮机本体疏水阀。

3）主蒸汽管道、再热蒸汽管道、抽汽管道、旁路系统靠汽轮机侧的所有疏水阀门均应打开。

4）有条件时，高、低压加热器汽侧和除氧器汽侧进行充氮，否则放尽高、低压加热器汽侧疏水。

5）隔绝与公用系统连接的有关汽、水阀门，并放尽其内部剩余的水、汽。

6-76　汽轮机停用时间在一周以上时，应如何防止汽轮机锈蚀？

机组停用时间在一周以上时，可采取以下任意一种方法来防止汽轮机锈蚀。

（1）压缩空气法（汽轮机快冷装置保护法）。汽轮机停运后，启动汽轮机快冷装置，向汽缸通热压缩空气，放尽与汽轮机本体连同管道内的余汽、存水。

（2）热风干燥法。当汽缸温度降至一定值后，向汽缸内送入热风，使气缸内保持干燥。在汽缸降温的同时，干燥汽缸。

（3）干风干燥法。停机后，放尽汽轮机本体及相关管道、设备内的余汽和积水。当汽缸温度降至一定值后，向汽缸内送入干风，使汽缸内保持干燥。

（4）干燥剂去湿法。停运后的汽轮机，经热风干燥法干燥至汽轮机排气相对湿度（室温值）达到控制标准后，停送热风。然后向汽缸内放置干燥剂，封闭汽轮机，使汽缸内保持干燥状态。

6-77　碳钢在大气中的腐蚀速度与相对湿度有什么关系？

图 6-12 表示了碳钢在大气中的腐蚀速度与相对湿度的关系。

该图表明当空气相对湿度高于临界值 60％时，碳钢的腐蚀速度急剧增大，高相对湿度下（RH：60％～100％），碳钢的腐蚀速度是低相对湿度（RH：30％～55％）下的 100～1000 倍。

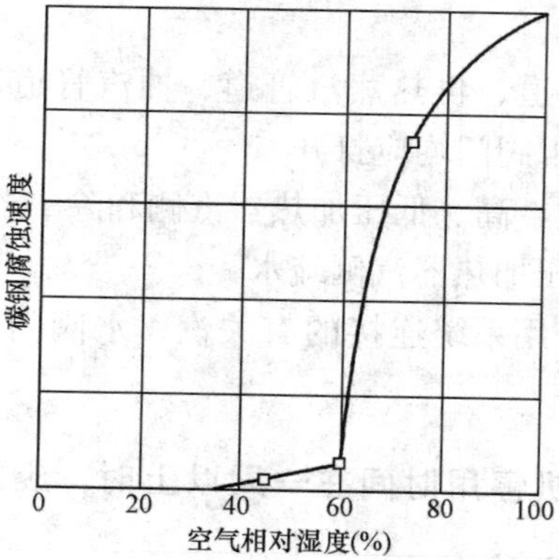

图 6-12　碳钢在大气中的腐蚀速度

6-78　大型汽轮机强制快速冷却的方式有哪些？各有什么特点？

大型汽轮机强制快速冷却的方式主要有三种：

（1）在机组停机过程中，将主蒸汽温度、再热蒸汽温度参数降低，用汽轮机本身的蒸汽来强制冷却。

1）这种方法冷却效果明显，但由于受蒸汽参数和锅炉最小负荷的限制，金属温度一般只能冷却至 350～400℃，停机后还需其他方法进一步冷却。

2）该方法还必须详细规定并严格控制降负荷率、主蒸汽温度和降温速度、再热蒸汽温度和降温速度、汽轮机金属温差、汽轮机差胀等参数。

（2）停机后，用邻机的抽汽或辅助汽源再次将本机冲动，维持转速在 100～200r/min，逐渐降低汽轮机金属温度。

1）这种方法用于金属温度小于 350℃的后期冷却阶段。

2）采用本方法时，需严格控制冲动条件，全面检查汽轮机金属温差、大轴晃度是否正常，控制金属温度下降速率小于 1℃/min。

（3）停机后，将干燥的空气从合适的点通入汽轮机，经过汽轮机的流通部分后，再从合适的位置排出来，从而实现对汽轮机金属温度的冷却。

1）这种方法应用最广泛，其优点是放热系统比用蒸汽冷却时小、没有相变换热过程、比较容易控制，因而基本没有热冲击危害，冷却过程中汽轮机比较安全。

2）空气强制冷却方法按空气流经汽轮机流通部分的流向可分为顺流和逆流两种。按进气方式又可分真空法和压缩空气法。

真空法强制冷却要求汽轮机金属温度小于300～350℃。压缩空气法强制冷却因配置了空气加热器，空气温度能较好的与金属温度匹配，一般要求汽轮机金属温度小于350～380℃。

3）空气强制冷却方法可以较好的与汽轮机的防锈措施相结合。

6-79 蒸汽与空气作为汽轮机强冷介质各有什么特点？应用如何？

蒸汽作为汽轮机强冷介质，在流速与管径相同的情况下，其对流放热系数约为空气的3倍，冷却速度快，但一般只能冷却至350℃左右。使用蒸汽作为汽轮机强冷介质时，不需要增加设备，系统改动也不大。但是，用蒸汽作为汽轮机强冷介质时，必须保证蒸汽至少有50℃的过热度，操作控制比较困难，并且蒸汽作为冷却介质时不能很好的与汽轮机的防锈蚀措施结合。

空气作为汽轮机强冷介质有放热系数小、比热小、无相变换热的优点，而且电厂都设有仪用或杂用空气系统可满足冷却用气。另外，经预热后的压缩空气顺流强制冷却具有监视、调整方便的特点。

基于以上特点，蒸汽作为冷却介质一般用于汽轮机停机过程中用自身蒸汽强冷的方式。而停机后的强制冷却几乎无一例外地采用空气作为冷却介质。

6-80 什么是汽轮机的空气顺流强制冷却和空气逆流强制冷却？各有什么利弊？

（1）空气顺流强制冷却：空气分别进入主蒸汽系统和再热蒸汽系统，经过汽轮机的高压主汽阀、调节阀和中压主汽阀、调节阀，以并联的方式顺着汽轮机的蒸汽流向流经高压缸和中压缸通流部分，其中流经高压缸的空气从高压排汽管上的排气阀排出，流经中压缸的空气经连通管进入低压缸，最后由低压缸排气门排出。

顺流强制冷却的优点在于可以利用原有蒸汽管道，而且汽轮机高温部分处在介质压力与流速较大的范围内，冷却速度较快。可以利用原有的蒸汽温度测点和金属温度测点来监视进气区的温度。

顺流强制冷却的缺点在于如果介质采用不加热的冷空气时，空气与金属的温差较大，介质流量控制不当时，将会引起较大的热冲击。

（2）空气逆流强制冷：空气分为两部分从高压排汽止回阀前后导入，一部分逆流经过高压缸通流部分，最后从导汽管疏水管道及防腐门排出。另一部分流经再热器后，与顺流方式一样流经中压缸、连通管、低压缸后由低压缸排气门排出。

逆流强制冷却的优点在于介质先接触较低温的金属，待与较高温的金属接触时，介质已吸收了金属的热量，温度已有所提高，热冲击小。从热应力的角度来看比较合理。

逆流强制冷却的缺点在于无法利用原有的蒸汽温度测点和金属温度测点来监视进气区的温度，给操作带来了很大的不方便。另外，逆流的空气阻力比较大，高压排汽止回阀漏气量也比较大。

目前，国内电厂快速冷却装置多采用压缩空气、顺流冷却、高中压缸并联进气的方式。

6-81　汽轮机采用空气强制冷却时，应满足哪些基本条件？

采用空气强制冷却时，汽轮机应满足以下基本条件：

（1）机组停机后，进入连续盘车状态。

（2）盘车电流、大轴晃度、汽轮机胀差、汽缸膨胀、轴向位移参数符合规定值。

（3）汽缸上、下金属温差，汽缸内、外壁金属温差符合要求。

（4）汽缸金属温度宜小于350℃。

6-82　举例说明汽轮机采用蒸汽强制冷却停机的操作步骤。

三菱600MW超临界汽轮机的强制冷却停机操作步骤如下，强制冷却停机曲线如图6-13所示。

（1）确认强制冷却停机的条件满足：

1）机组运行正常，负荷大于400MW。

2）汽轮机主控、主蒸汽压力设定、水燃比、燃料主控、风量控制、炉膛压力控制均在自动。

（2）将机组控制方式切为汽轮机跟踪方式（BI MODE），在操作站上投入汽轮机强制冷却停机功能，确认以下项目：

1）主蒸汽温度设定值由542℃降为470℃，温度变化率0.5℃/min。

2）再热蒸汽温度设定值由568℃降为465℃，温度变化率0.5℃/min。

3）主蒸汽滑压运行曲线由正常设定曲线变更为强冷设定曲线。

（3）设定负荷变化率为6MW/min，按正常停机操作方式分450、300MW阶段降载。确认在400～240MW区间主蒸汽压力保持16.18MPa定压运行。

（4）负载降至300MW后，设定负荷变化率为3MW/min，继续降载至240MW负荷。投入第一层油枪，保持一层煤燃烧器

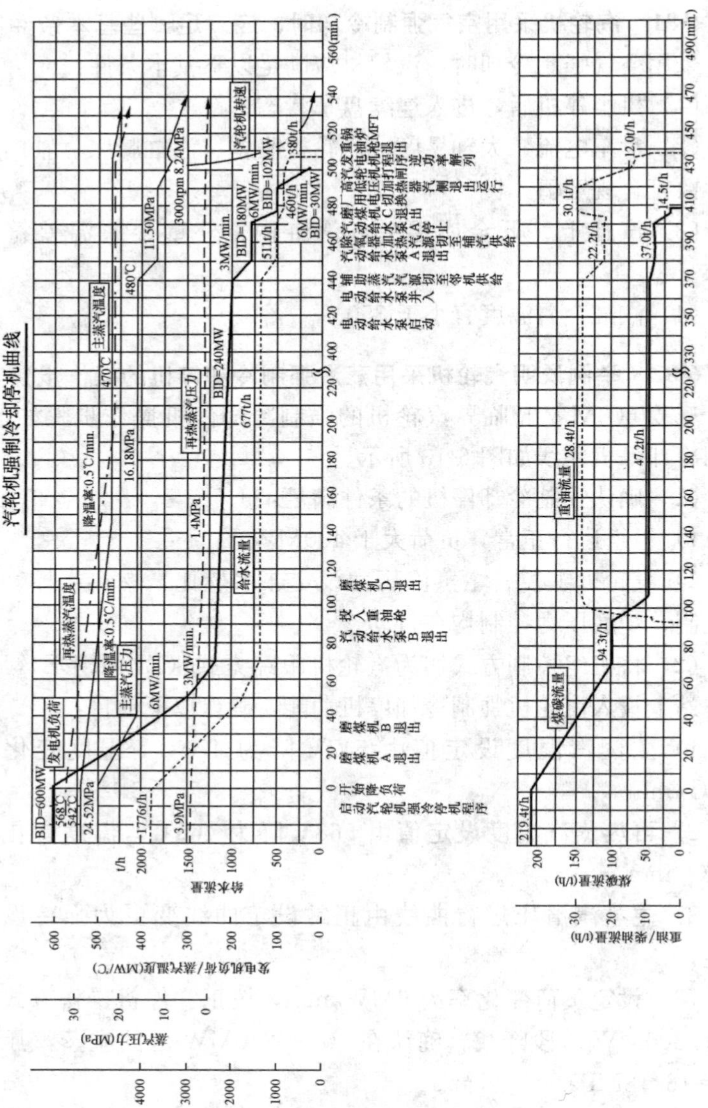

图 6-13 三菱 600MW 超临界机组强制冷却停机曲线

运行。油的混烧比例控制在50%以下，并根据主/再热蒸汽减温器后的蒸汽过热度作适当调整。

(5) 检查确认240MW负荷时，主蒸汽压力为16.18MPa及发电机负荷稳定，主/再热蒸汽温度以0.5℃/min的速率平稳下降至目标值。

(6) 保持240MW负荷运行约370min，确认调节级金属温度冷却至350～360℃。

(7) 按正常停机操作方式继续降载，汽轮机打闸，发电机解列，惰走，转速至零，盘车投入。

6-83 举例说明汽轮机压缩空气顺流强制冷却系统设备流程、操作步骤与监视控制项目。

压缩空气顺流强制冷却系统的设备流程：

河北国华定洲发电有限责任公司一期2×600MW机组采用上海汽轮机厂生产的N600-16.7/537/537型亚临界中间再热四缸四排汽单轴凝汽式汽轮机，配套固定式YQL-240型快冷装置，其电加热空气出口最高温度为350℃、工作压力为0.9MPa、功率为240kW、空气流量为60m^3/min（标准状态）。整套快冷装置布置于汽轮机6.9m平台。

如图6-14所示，压缩空气经离心式气液分离器被充分疏水后进入2个串联或并联使用的电加热器，最后通过集气箱至快冷分配管分别经过4根高、中压调门后疏水管进入高、中压缸。对高压缸换热冷却后，经过高压缸排汽通风阀进入凝汽器，通过真空破坏门或低压缸人孔门排入大气，对中压缸换热冷却后，经过中、低压缸连通管进入低压缸流通部分后，通过真空破坏门或低压缸人孔门排入大气。

压缩空气顺流强制冷却系统的操作步骤如下：

(1) 采用滑参数强制冷却停机方式，将高压缸调节级金属温度和中压缸持环金属温度降至380～400℃以下。

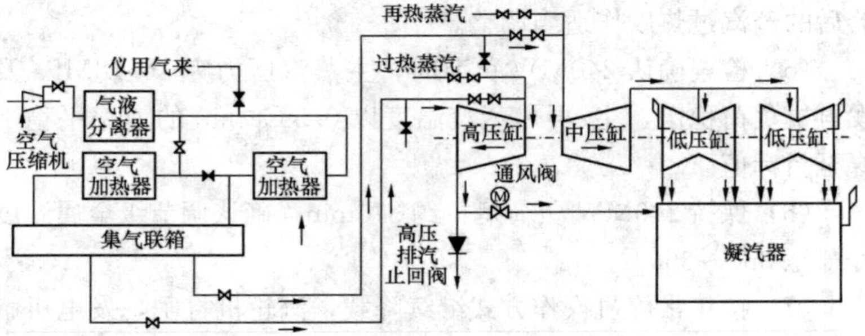

图 6-14　压缩空气顺流强制冷却系统的设备流程

（2）惰走结束后，始终保持汽轮机盘车连续运行，检查确认大轴偏心度在允许范围内，高、中、低压缸金属温度、胀差、汽缸膨胀、轴向位移指示准确，参数正常。

（3）保留 1 台循环水泵运行，1 台凝结水泵运行，低压缸喷水减温装置投入自动控制。

（4）停运真空泵、停运主机轴封供汽系统，开启真空破坏门。

（5）确认高中压导汽管及汽缸疏水充分，内无积水。关闭所有高低压本体疏水一、二次门，开启高排通风阀。隔绝给水泵汽轮机与主机的系统联系。

（6）供快冷气源的空气压缩机工作正常，并与仪表用压缩空气系统可靠隔离。

（7）开启高、中压汽轮机空气顺流强制冷却供气手动阀，开始汽轮机强制冷却。

（8）在高压缸调节级温度冷却至 130℃时，停运快冷，一般缸温反弹不超过 150℃且稳定连续盘车 12h，缸温无明显回升时，可以停止盘车。

压缩空气顺流强制冷却监视控制项目如下：

（1）为了有效地保证汽轮机的安全，按以下标准控制汽轮机的冷却温差与速度：

1）高压缸第1级金属温度为300～400℃时，温降率应小于5℃/h，进气与金属温度温差小于50℃；

2）高压缸第1级金属温度为200～300℃时，温降率应小于8℃/h，进气与金属温度温差小于80℃；

3）高压缸第1级金属温度为150～200℃时，温降率应小于10℃/h，进气与金属温度温差小于100℃。

（2）在空气强制冷却过程中，要严密监视润滑油、密封油、顶轴油及盘车的运行，确保盘车装置连续运行。如果发生盘车中断时，应立即停止强制冷却。

（3）在空气强制冷却过程中，要严密监视：汽轮机第1级金属温度，汽轮机上、下汽缸温差，内、外壁温差，汽轮机转子偏心度，汽轮机排汽温度等。如果温差有不断升高趋势并接近汽轮机极限值时，应适当提高空气预热温度，超限时应暂时停止强制冷却。

6-84 汽轮机停机后，强制冷却系统为什么不宜过早投入？

从强制冷却的理论上讲，只要控制好冷却介质与金属温度的温差，任何时候都可以投入冷却系统。但是，由于停机后的初期，汽轮机金属温度自然下降的速度已经比较快了，如图6-15所示，某600MW超临界汽轮机停机后12h调节级金属温度的平均下降速率约为8.0℃/min，停机后24h调节级金属温度的平均下降速率约为5.3℃/min。因此，过早的投入冷却系统也没有必要。

停机后的初期主、再热蒸汽管道金属温度比汽轮机的最高金属温度要高，如果过早地将冷却介质引入蒸汽管道，可能会造成管道的应力过大。

因此，停机后冷却系统的投入都是在汽轮机金属温度降至300～350℃再投入。

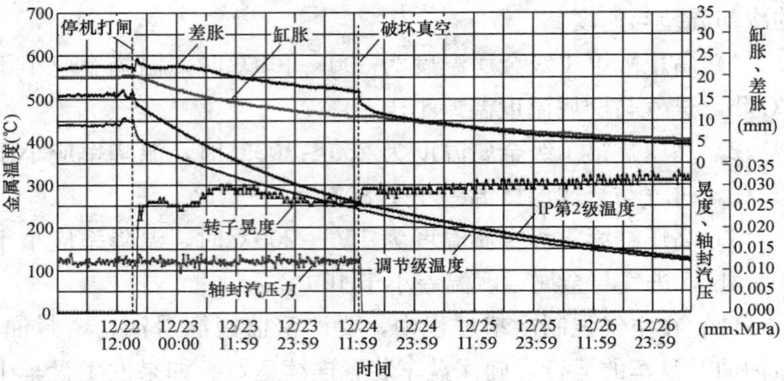

图 6-15　某 600MW 超临界汽轮机正常停机后自然冷却曲线

6-85　什么是汽轮机的变压运行？变压运行有哪几种方式？

汽轮机变压运行是一种运行方式，同时也是一种配汽调节方式。指当汽轮机的负荷变化时，汽轮机所有调节阀全开或保持一定开度不变，调整锅炉的输入量，改变主蒸汽压力，从而改变进入汽轮机的蒸汽流量，以适应外界负荷变化的一种运行调整方式。汽轮机变压运行首先在节流配汽结构的机组上得到应用，后来又被推广到具有喷嘴配汽结构的机组上。

变压运行可分为纯变压运行、部分节流变压运行、复合变压运行三种方式。

6-86　变压运行相对于定压运行有哪些优、缺点？

变压运行相对于定压运行的优点有：

（1）相对于定压运行，汽轮机变压运行时各部分的金属温度变化较小，所以可以缩短汽轮机启停时间，延长所有承压部件的使用寿命，提高机组运行的可靠性和对负荷的适应性，增加了机组的调峰调频能力。

（2）相对于定压运行，汽轮机变压运行时由于主蒸汽流量和压力随负荷的减小基本上成比例下降而温度保持不变，所以容积流量近似不变，使汽轮机各级尤其是高压缸在低负荷时仍保持较高的内效率。另外，末级排汽湿度相应降低也使湿汽损失减小。

(3) 实际在变压运行过程中，蒸汽压力的降低将引起蒸汽比热的下降，在蒸汽吸热量不变的情况下可增加其过热度，从而提高了部分负荷下高压缸各级蒸汽温度，包括高压缸排汽温度，即再热蒸汽温度，改善了低负荷下机组的循环热效率。

(4) 相对于定压运行，汽轮机变压运行时随着负荷降低，锅炉给水压力下降。如果给水泵采用变速调节，给水泵的功耗将大幅减小，使热效率提高。

变压运行相对于定压运行的缺点有：

(1) 变压运行时新蒸汽压力的降低会使循环热效率降低，使热耗增加。

(2) 变压运行对电厂自动化要求比较高。

6-87 为什么变压运行只适用于大型汽轮机？

(1) 只有初压大于12.75MPa以上的大型汽轮机采用变压运行时才对机组的经济性有利。

1) 变压运行只有在由于新蒸汽压力引起的循环热效率降低小于由于高压缸内效率提高、给水泵功耗减小、再热蒸汽温度升高三者引起热效率提高时，才对提高机组的经济性有利。

2) 变压运行与定压运行在低负荷时经济性的差异取决于机组的构造、蒸汽参数、变压运行方式、负荷大小、给水泵运行方式等。在一般设计工况下，新蒸汽压力越高，采用滑压运行的最佳负荷就越大 。对超临界、亚临界机组，在负荷低至25%左右采用变压调节，热效率可改善2%～3%，而初压在12.75MPa以下的机组将使循环热效率下降过大，所以不宜采用变压运行。

(2) 大型机组均采用DCS及DEH控制，电厂自动化程度高，可完全适应变压运行的需要。

6-88 简述凝汽式汽轮机通流部分变工况规律。

凝汽式汽轮机通流部分变工况可分为调节级（喷嘴配汽）、

中间级和末级三种类型的级别。以设计工况为基准工况，三类级别的变工况规律如下。

（1）调节级。流量增大，级等熵焓降减小，部分进汽度增大，部分进汽损失减小，速比趋于合理，调节级的率效提高，反之则反。

（2）中间级。由于末级在较大工况范围内保持临界工况，所以中间级在变工况下保持工况相似。各级压比、焓降、温降、速比、反动度、效率均保持不变，各点压力与流量成正比，比容与流量成反比，因此，进出口容积流量也不变。

（3）末级。排汽量减小，背压下降，排汽比容增大，但背压下降速度慢于排汽量减小速度，因此，末级排汽容积流量减小，级焓降随之少，反之则反。

6-89 什么是弗留格尔公式？该公式有什么适用条件？

弗留格尔公式作为级组流量与压力的近似关系式，表达为

$$\frac{G_1}{G}=\sqrt{\frac{p_{11}^2-p_{21}^2}{p_1^2-p_2^2}}\sqrt{\frac{T_{01}}{T_0}}$$

式中 G、G_1——变工况前后流量，kg/s；

p_1、p_{11}——变工况前后级组前压力，MPa；

p_2、p_{21}——变工况前后级组后压力，MPa；

T_0、T_{01}——变工况前后级组前温度，K。

弗留格尔公式适用条件：级组内流量相同，级组内各级通流面积不变，各级前温度变化率相同、级组内不得有其他非线性元件、级组内级数较多。

6-90 为什么凝汽式汽轮机的主蒸汽流量近似正比于调节级后压力？

对于凝汽式汽轮机，可将调节级后的各压力级，包括末级在内作为一个级组。此时，调节级后压力为级组前压力，级组后压

力为排汽压力。由于级组前压力远大于级组后压力，压比$(p_2/p_1)^2$和$(p_{21}/p_{11})^2$都很小，可以不予考虑，此时，弗留格尔公式为

$$\frac{G_1}{G}\approx\frac{p_{11}}{p_1}\sqrt{\frac{T_{01}}{T_0}}$$

如果将调节级后温度变化也忽略，则主蒸汽流量与调节级后压力近似成正比关系，即

$$\frac{G_1}{G}\approx\frac{p_{11}}{p_1}$$

6-91 为什么喷嘴调节配汽再热机组“主蒸汽流量近似正比于调节级后压力”的误差较大？如何改进？

“主蒸汽流量近似正比于调节级后压力”的结论是将调节级后的各压力级，包括末级在内作为一个级组，通过弗留格尔公式推导得到的。由于喷嘴调节配汽再热机组在以下几个方面与弗留格尔公式的适用条件不符，所以会存在较大误差。

(1) 喷嘴调节配汽调节级后温差随负荷变化较大。

(2) 通常回热系统抽汽量在相当负荷范围内与主蒸汽流量成正比关系，因此，不会引起太大误差。但是，当再热蒸汽冷段向辅助蒸汽系统供汽或再热器喷水减温时，则会引起较大误差。

(3) 再热器也包括在级组中，因此，各级前温度变化率不同、级组中也包含了非线性元件。

主要的改进措施如下：

(1) 将高压缸的压力级作为一个级组，从而规避再热蒸气冷段向辅助系统供汽或再热器喷水减温时的影响，并将调节级后的温度变化因素也考虑在内，应用弗留格尔公式并将额定值作为常数得

$$G_x=K\sqrt{\frac{p_{1x}^2-p_{2x}^2}{T_{1x}}}$$

（2）如果高压缸有回热抽汽（一般为末级高压加热器抽汽），则引入一个修正系数 K_1，末级高压加热器投入时，$K_1=0$，末级高压加热器退出时的 K_1 可以经过计算或试验得出。则主蒸汽流量的公式为

$$G_x = K\sqrt{\frac{p_{1x}^2 - p_{2x}^2}{T_{1x}}}(1-K_1)$$

6-92　变工况时，定速凝汽式汽轮机的轴向推力变化有什么规律？

变工况时，定速凝汽式汽轮机各中间级的推力及与回热抽汽口直接相关的那些端轴封凸肩推力都与流量成正比，调节级、末级及其他端轴封凸肩推力虽然不与流量成正比，但是，这部分推力占总推力的比例较小，所以总推力与主蒸汽流量近似成正比。

6-93　正常运行中，高压加热器突然解列时，汽轮机的轴向推力如何变化？

正常运行中，高压加热器突然解列时，原用以加热给水的抽汽进入汽轮机后继续做功，汽轮机负荷瞬间增加，汽轮机监视段压力升高，各监视段压差升高，汽轮机的轴向推力增加。

6-94　汽轮机的正常运行工作包括哪些内容？

（1）按照正常运行控制参数限额规定，监视汽轮机主要参数及其变化值不超限。

（2）按规定内容进行设备定期巡检及维护。

（3）每小时对定时打印或抄录的参数进行分析，使机组在经济状态下运行。

（4）定期进行有关设备的切换及试验。

（5）负荷调整。

1）采用变压或定—滑—定方式。

2）定压运行时，负荷变化率应以调节级变工况适应能力为

准，符合寿命管理曲线要求，一般每分钟为1%～2%额定负荷。

3）变压运行时，负荷变化率应以锅炉适应能力而定，一般每分钟为2%～3%额定负荷。

4）喷嘴调节的汽轮机应避免长时间在某一调速汽门节流下运行，以减少调节阀的节流损失。

5）辅助设备的运行方式应满足相应的负荷调整要求。

（6）运行中应控制蒸汽参数在允许范围内，当超限或有超限趋势时，应立即进行相应处理并记录超限量、超限时间及累计时间。

（7）汽、水、油、气品质应符合标准要求。

6-95　汽轮机正常运行时，应对哪些参数进行监视？

（1）主蒸汽压力和温度、再热蒸汽压力和温度、主/再热蒸汽左右两侧温差、调节级压力和温度、其他监视段压力、凝汽器真空、低压缸排汽温度、汽封蒸汽联箱压力、汽封蒸汽冷凝汽压力。

（2）轴向位移、汽缸膨胀、汽轮机胀差、各轴承处轴振、各径向轴承金属和回油温度、推力轴承金属和回油温度、润滑油压力、润滑油冷油器进出口油温度、主油箱油位、主油泵进出口压力、控制油压力和温度、控制油箱油位。

（3）发电机定子绕组温度、定子铁芯轭部温度、定子铁芯齿部温度、发电机及励磁机冷/热风温度、发电机内冷却水进水压力和进出水温度，以及发电机密封油、内冷却水、氢气系统参数。

（4）主蒸汽、给水、凝结水的汽水品质参数。

6-96　汽轮机主蒸汽压力不变，主蒸汽温度过高有哪些危害？

主蒸汽温度升高后，汽轮机的有效焓降增加，蒸汽的做功能力增加。如果保持负荷不变，蒸汽量可以减少，对机组的经济运行是有利的。

但是如果运行温度高于设计值很多时，势必造成金属的强度降低、脆性增加等机械性能的恶化。进而导致汽缸蠕胀变形、叶轮在轴上的套装紧力减小，严重时汽轮机发生振动或动静摩擦使设备损坏，所以不允许温度超限运行。

6-97　汽轮机主蒸汽温度不变，主蒸汽压力过高有哪些影响？

主蒸汽压力升高后，汽轮机的有效焓降增加，蒸汽的做功能力增加。如果保持负荷不变，蒸汽量可以减少，对机组的经济运行是有利的。但是，如果主蒸汽压力过高将造成最末几级的蒸汽湿度增加，叶片遭受冲蚀，特别是对末级叶片的工作不利。主蒸汽压力过高，还将导致调节级焓降过大，时间长了会损坏叶片。另外，压力升高过多，还会引起导汽管、汽室、汽门承压部件应力的增加，给机组的安全运行带来一定的威胁。

6-98　再热蒸汽压力和温度变化对机组经济性有什么影响？

（1）再热蒸汽的压力总是低于高压缸排汽的压力，这个减少的数值即为再热器压力损失，再热器压力损失一般以百分数来表示。正常运行中再热蒸汽压力是随主蒸汽流量变化而变化的，再热器压力损失的大小，对整个汽轮机的经济效果有着显著的影响，国产 200MW 机组再热器压力损失变化 1%，热耗变化约 0.1%。

（2）再热蒸汽温度升高时，用喷水减温虽然可使汽温降至正常值，但是不经济。再热蒸汽喷水每增加 1%，国产 200MW 机组将使热耗增加 0.1%～0.2%。再热蒸汽温度变化±5℃时，热耗将相应减少 0.111%（增加 0.125%）。

6-99　汽轮机排汽压力过高有什么危害？

（1）排汽压力升高，可用焓降减小，不经济，同时，使机组出力降低。这样，须要增加进汽量来维持要求负荷，容易使调节级过负荷，机组轴向推力增加。

（2）排汽压力升高，排汽温度也升高，排汽缸及轴承座受热膨胀，可能引起中心变化，产生振动。

（3）排汽温度过高可能引起凝汽器冷却水管松弛，破坏严密性。

（4）可能使纯冲动式汽轮机轴向推力增大。

（5）真空下降使排气的容积流量减小，对末几级叶片工作不利。末级将产生脱流及旋流，同时还会在叶片的某一部位产生较大的激振力，有可能损坏叶片，造成事故。

6-100 对汽轮机主蒸汽、再热蒸汽额定参数变化的极限值有什么要求？

GB/T 5578—2008《固定式发电用汽轮机规范》对汽轮机应能承受额定参数极限变化范围有相关规定，其中主蒸汽、再热蒸汽额定参数变化的极限值如下：

（1）新蒸汽压力。

1）在任何12个月的运行期中，汽轮机进口处的平均新蒸汽压力不应超过额定压力，在保持此平均值的前提下，新蒸汽压力不应超过额定压力的105%。

2）偶然出现不超过120%额定压力的波动也是许可的，不过这种波动在任何12个月的运行期中累计不得超过12h。

（2）新蒸汽温度和再热蒸汽温度。额定蒸汽温度不大于566℃时允许偏差如下，超过566℃时由供需双方商定。

1）在任何12个月的运行期中，汽轮机任一进口处的平均温度不应超过其额定温度。在保持此平均值的前提下，蒸汽温度不应超过额定温度8℃。

2）在异常情况下，如果蒸汽温度已超过额定温度8℃，则蒸汽温度的瞬时值可以在超过额定温度8～14℃之间变化。蒸汽温度超过额定温度 8～14℃之间的总运行小时数在任何 12 个月的运行期中累计不得超过 400h。

3）蒸汽温度在超过额定温度 14～28℃之间作不大于 15min 的短暂波动也是许可的，但蒸汽温度超过额定温度 14～28℃之间的总运行小时数在任何 12 个月的运行期中累计不得超过 80h。蒸汽温度不允许超过额定值的 28℃。

4）蒸汽 A/B 两侧的温差不宜超过 17℃。只要波动时间在任一 4h 内不超过 15min，其温差不超过 28℃是许可的，但温度绝对值不应超过上述要求。

6-101　什么是汽轮机的监视段压力？运行中为什么要监视这些压力？

调节汽室压力及各段抽汽压力统称为监视段压力。

凝汽式汽轮机除末一二级以外，调节汽室压力及各段抽汽压力与蒸汽流量近似成正比，运行中监视这些压力的变化可以判断新蒸汽流量的变化、负荷的高低以及通流部分是否结垢、损坏及堵塞等。

6-102　调节汽室压力异常升高说明什么问题？

调节汽室压力是指调节级与第一压力级之间的蒸汽压力，与安装或大修后首次启动相比较，若在同一负荷下，调节汽室压力升高则说明调节级后的压力级通流面积减少，多数情况是结了盐垢，有时也是由于某些金属元件碎裂和机械杂物堵塞于通流部分或叶片损坏变形所致。对于中间再热机组，当调节汽室压力和高压排汽压力同时升高时，可能是中压联合汽门开度不够或高压缸排汽止回门卡涩引起。

6-103　简述超临界机组正常运行中主蒸汽、给水品质的控制标准。

超临界机组正常运行中主蒸汽、给水的品质应符合汽轮机、锅炉厂家的要求。厂家无具体要求的可参照国标 GB/T 12145—2008《火力发电机组及蒸汽动力设备水汽质量》执行，具体要求见表 6-7。

表 6-7　　主蒸汽、冷水品质要求

指标			单位	标准值	期望值
主蒸汽	氢电导（25℃）		μS/cm	≤0.15	≤0.10
	铁		μg/kg	≤5	≤3
	二氧化硅		μg/kg	≤10	≤5
	钠		μg/kg	≤3	≤2
	铜		μg/kg	≤2	≤1
给水	pH 值	OT（加氧处理）	—	8.0～9.0（加氧加氨联合处理）	
		AVT（全挥发性处理）	—	9.2～9.6（无铜给水系统）	
	溶解氧	OT	μg/L	30～150	
		AVT	μg/L	≤7	
	TOC（总有机碳）		μg/L	≤200	
	氢电导（25℃）		μS/cm	≤0.15	≤0.10
	铁		μg/kg	≤5	≤3
	二氧化硅		μg/kg	≤10	≤5
	钠		μg/kg	≤3	≤2
	铜		μg/kg	≤2	≤1

6-104　超临界机组运行时凝结水溶解氧限值为多少？是否要按给水的处理工艺加以区别？

（1）GB/T 12145—2008《火力发电机组及蒸汽动力设备水汽质量》规定超临界机组正常运行时凝结水的溶解氧不应超过 20μg/L。

（2）在 GB/T 12145—2008 中，凝结水的溶解氧不应超过

20μg/L这一标准并未按给水的处理工艺加以区分。即不管是AVT处理还是OT处理，凝结水的溶解氧都不应超过20μg/L。因为即使给水的处理工艺为OT处理，正常情况下凝汽器的除氧能力也能将凝结水的溶解氧降至20μg/L以下，如果凝结水溶解氧不正常的上升，则说明存在诸如真空系统漏空气、抽气设备出力不足等故障，应查找出具体原因并处理。

6-105 如何评价汽轮发电机组正常运行时的轴振幅?

(1)《电力工业技术管理法规》规定汽轮发电机的轴承振动(双振幅，μm)标准见表6-8。

表6-8 汽轮机振动限值表

汽轮发电机组转速(r/min)	优秀	良好	合格
1500	30	50	70
3000	20	30	50

(2)国际电工委员会提出的汽轮机轴承振动标准(双振幅，um)见表6-9，该表所列数值为在额定转速和稳态工况下运行的振动值。

表6-9 国际电工委员会规定的振动标准

点	转						
转速(r/min)	1000	1500	1800	3000	3600	6000	7200
轴承振动(双幅，μm)	75	50	40	25	21	12	6
转轴振动(双幅，μm)	150	100	80	50	42	25	12

(3)GB/T 11348.2—2007《旋转机械转轴径向振动的测量和评定　第2部分：50MW以上额定转速1500r/min、1800r/min、3000r/min、3600r/min陆地安装的汽轮机和发电机组》所给出的汽轮发电机组稳态运行时的轴振幅评价准则分为振动幅值准则和振动幅值变化准则两种情况。

1）振动幅值准则：汽轮发电机组的轴振超过停机限值时，应立即采取措施减少振动或停机。停机限值通常与机器的机械牢固性有关，并且取决于机器能承受异常动载荷的设计特性。一般停机值在 GB/T 11348.2—2007 中规定的区域 C 或区域 D 内，推荐停机限值应不超过 GB/T 11348.2—2007 中规定的区域边界 C/D 的 1.25 倍。

汽轮发电机组的轴振达到报警限值时可继续运行一段时间进行研究与识别振动变化的原因和确定采取什么样的措施。报警限值的设定应比基线值高出某个数量，高出的量等于 GB/T 11348.2—2007 中规定的区域 B 上限值的 25%，一般不超过 GB/T 11348.2—2007 中规定的 B/C 区域限值的 1.25 倍。

2）振动幅值变化准则：

如果振动值变化显著，超过 GB/T 11348.2—2007 中规定的区域边界 B/C 值的 25%，则不论振动幅值是增大还是减小都应采取措施查明变化的原因。这种变化可以是瞬时的，也可以是随时间发生的，它可能表明已发生了损坏或者故障即将来临的警告。

6-106　《旋转机械转轴径向振动的测量和评定》对各区域的边界是如何规定的？

（1）GB/T 11348.2—2007《旋转机械转轴径向振动的测量和评定 第 2 部分：50MW 以上额定转速 1500r/min、1800r/min、3000r/min、3600r/min 陆地安装的汽轮机和发电机》所给出的区域边界值如表 6-10、表 6-11 所示。

表 6-10　推荐的汽轮机和发电机转轴相对位移的各区域边界值

区域边界	轴转速（r/min）			
	1500	1800	3000	3600
	轴相对位称峰—峰值/（μm）			
A/B	100	90	80	75
B/C	120～200	120～185	120～165	120～150
C/D	200～320	185～290	180～260	180～240

表 6-11　推荐的汽轮机和发电机转轴绝对位移的各区域边界值

区域边界	轴转速（r/min）			
	1500	1800	3000	3600
	轴绝对位称峰—峰值（μm）			
A/B	120	110	100	90
B/C	170～240	160～220	150～200	145～180
C/D	265～385	265～350	250～320	245～290

（2）该边界值能保证机组安全运行，但不是作为验收规范，并且有特殊要求或者具备运行经验的具体机组可能要求使用不同的区域边界值。比如使用小间隙轴承时轴承的有效间隙可能小于表中给出的区域边界值，这时区域边界值必须减小。

6-107　什么是振动的基线值？

GB/T 11348.2—2007《旋转机械转轴径向振动的测量和评定　第 2 部分：50MW 以上额定转速 1500r/min、1800v/min、3000r/min、3600r/min 陆地安装的汽轮机和发电机组》所述的振动的基线值指典型的、可重复的正常振动值。振动的基线值由具体机组在规定运行工况时，在具体的测量位置或方向所测得的振动经验来确定。

汽轮发电机组大修之后正常运行时的轴振较大修之前可能会发生一些变化，那么大修之后轴振的基线值应为大修之后典型的、可重复的正常振动值。

6-108　汽轮发电机组轴振幅值评价有什么局限性？

汽轮发电机组轴振评价的标准一般是指轴振的通频幅值，因此汽轮发电机组轴振幅值评价没能体现单个频率分量的矢量变化。单个频率分量的变化也许很显著，但在通频振幅中却可能体现的并不明显。图 6-16 说明了仅考虑振动幅值变化而建立的评定准则的局限性。

矢量 A1 描述了初始稳态振动状况，即在这一状况下振动幅值是 30μm，相位角为 40°。矢量 A2 描述了机组发生变化后的稳态振动状况，即振动幅值是 25μm，相位角为 180°。因此，虽然振动幅值减少了 5μm，但是矢量 A2-A1 表示了振动的真实变化，

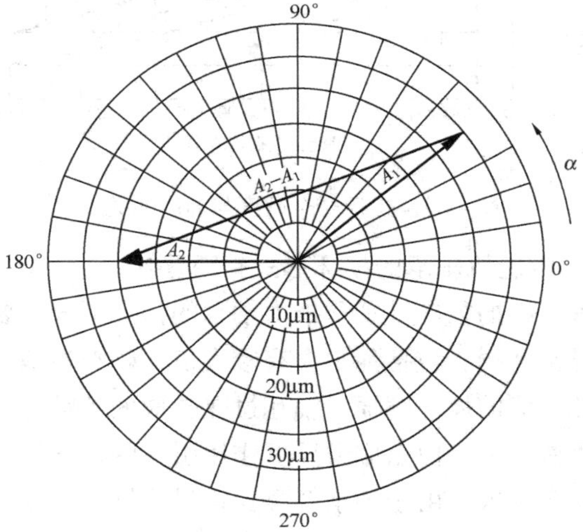

图 6-16 转子振动变化极座标图

其值为 52μm。比较振动幅值就超出了 10 倍。

6-109 大型汽轮机径向轴承金属温度与润滑油温升一般为多少?

(1) 大型汽轮机径向轴瓦金属温度一般为 65～95℃，轴瓦金属温度高达 105℃报警，轴瓦金属温度超过 113℃时，汽轮机应自动或手动跳闸。轴瓦材料巴氏合金的硬度与温度的关系如图 6-17 所示。

(2) 大型汽轮机径向轴承润滑油温升一般为 15～25℃，进入轴承的润滑油温度由冷油器控制在 40℃左右恒定。径向轴承回油温度应不超过 75℃。巴氏合金硬度与温度的关系如图 6-17 所示。

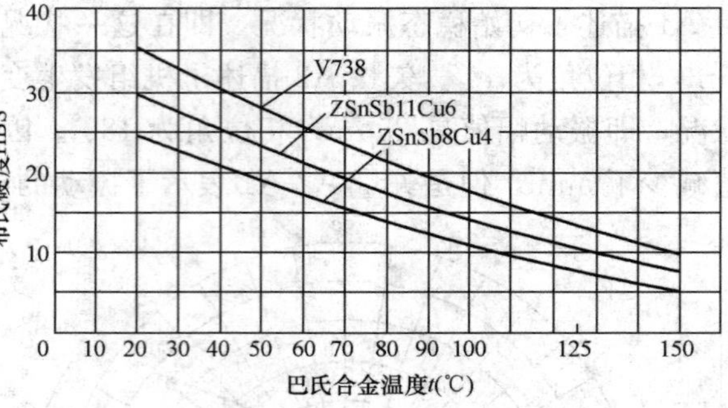

图 6-17　巴氏合金硬度与温度的关系

6-110　汽轮机轴承的损坏形式有哪些?

通常汽轮机的径向轴承和推力轴承的损坏形式主要有：

(1) 异常磨损。包括油中含有较大机械颗粒造成的伤痕，轴承负荷偏载造成的局部磨损，轴瓦过热造成的咬粘等形式。

(2) 机械疲劳。由于应力反复作用引起的损坏形式。

(3) 脱壳失效。由于轴承合金与钢衬背结合不良造成的失效形式。

(4) 腐蚀。包括电解质腐蚀和轴电流腐蚀两种腐蚀形式。

(5) 气蚀。由于轴承润滑油膜有油蒸汽泡的形成与消失造成的轴承表面受到剧烈的冲击，进而局部剥落的损坏形式。

6-111　发电机大轴接地碳刷对汽轮机有什么作用?

在发电机安装中由于气隙总是不均匀，另外，绕组安装中阻抗也不尽相同，发电机运行中会在发电机转子上感应出轴电压。发电机大轴接地碳刷的作用就是防止机组运行中，该感应出来的轴电压击穿轴承（径向或推力）油膜形成轴电流，从而在轴瓦上选成点状的腐蚀损坏，起着保护轴承不被轴电流损坏的作用。

6-112　汽轮机运行中，在现场应对汽轮机进行哪些检查?

汽轮机运行中，在现场应重点检查设备的运转状况、重要参数表计的指示值，特别是没有远传至中央控制室的一些重要参数。列举如下：

（1）检查汽轮发电机组现场转速表指示正常，机组运转声音正常。

（2）定期用便携式测振计测量各轴承座的振动情况。

（3）检查汽轮机汽缸的膨胀指示，各轴承回油的温度、流量和外观，各轴承油挡是否有漏油。

（4）检查汽轮机高中压主汽阀、调节阀开度指示正常，无抖动、漏油、漏汽等异常现象。

（5）检查现场主油泵进出口油压、润滑油压、控制油压指示正常，主油箱油位和负压、控制油箱油位和控制油泵运转正常。

（6）检查发电机密封油压力、空侧回油环形油箱负压、密封油箱油位、氢气压力、内冷却水压力和水箱水位等正常。

6-113　汽轮机正常运行时，对顶轴油系统及盘车装置需检查哪些项目？

（1）定期测量顶轴油泵、盘车装置电动机绝缘应正常。

（2）定期检查顶轴油泵、盘车装置的动力电源、控制电源应正常，并且处于自动备用的状态。

（3）顶轴油泵一般不允许在汽轮机运行时试启，以防止对轴承的稳定性造成扰动。

6-114　简述三菱 600MW 汽轮机正常运行时，主蒸汽调节阀控制方式（顺序阀/单阀）切换操作与注意事项。

主汽调节阀控制方式切换操作如下：

（1）保持机组负荷稳定、主蒸汽参数平稳。

（2）投入汽轮机 IMP 控制（调节级压力控制）功能。

（3）在 DEH 中按主汽调节阀控制方式［切换］按钮，确认主汽调节阀控制方式开始切换。

（4）确认主汽调节阀控制方式切换完成，退出汽轮机 IMP

控制功能。

主汽调节阀控制方式切换操作注意事项如下：

（1）主汽调节阀控制方式切换前机组应在一段时间内保持稳定，切换期间应注意监视主汽调节阀动作平稳。

（2）主汽调节阀控制方式切换会引起转子动载荷的变化，所以切换操作期间需密切监视高压转子（高、中压转子）轴承金属温度、轴振参数。

（3）主汽调节阀控制方式切换过程中应保持主蒸汽温度平稳，注意监视调节级金属温度变化、机组负荷等参数波动，其应在正常范围内。

6-115　什么是汽轮机的 IMP 控制？IMP 控制在什么情况下需要投入？

汽轮机的 IMP 控制指 DEH 功率控制功能中的调节级压力控制回路，其作用是快速消除蒸汽参数或调节阀异常动作时对机组功率的扰动。

机组正常运行中一般不需要投入 IMP 控制，只有在主蒸汽参数或调节阀开度扰动比较大的工况时投入。比如：调节阀单阀控制与顺序阀控制切换时、MSV/GV 阀全行程关闭试验时、MSV/GV 阀全行程关闭试验前提升主蒸汽压力时等。

6-116　汽轮机正常运行中应执行哪些定期试验？

（1）汽轮机主蒸汽阀门 MSV/GV、再热蒸汽阀门 RSV/ICV 的全行程活动试验。

（2）汽轮机抽汽止回门阀杆活动试验。

（3）汽轮机辅助油泵连锁自动启动试验。

（4）汽轮机交、直流润滑油泵连锁自动启动试验，主油箱油位计活动试验。

（5）主油泵电动驱动时备用主油泵连锁自动启动试验，润滑油压力蓄能器氮气压力测量。

(6) 控制油备用油泵自动启动试验，控制油压力蓄能器氮气压力测量。

(7) 发电机交、直流密封油备用油泵自动启动试验，备用差压阀自动投入试验。发电机内冷却水备用泵自动启动试验。

(8) 汽轮机机械超速保护装置（危急保安器）注油动作试验。

(9) 汽轮机润滑油压力超低限保护动作跳闸试验（有在线试验装置时）。

(10) 汽轮机凝汽器真空低保护动作跳闸试验（有在线试验装置时）。

(11) 加热器水位高报警、水位高高及水位高高高保护动作试验。

(12) 真空系统严密性试验。

(13) 发电机氢气系统日耗氢量测试，主油箱排烟含氢量检测。

(14) 其他辅助设备定期运行/备用轮换。

6-117　汽轮机主/再热蒸汽阀门全行程活动试验过程可分为哪几个阶段?

(1) 机组负荷与控制方式调整准备阶段。

(2) 主蒸汽压力提升阶段。

(3) 主/再热蒸汽阀门全行程活动阶段。

(4) 主蒸汽压力、机组控制方式与负荷调度恢复阶段。

6-118　简述三菱600MW汽轮机主/再热蒸汽阀门全行程活动试验的操作步骤。

(1) 将试验机组负荷调整到350～410MW之间稳定运行，将试验机组的运行控制方式切换为“BI”模式，确认GV在“顺序阀”控制模式。

(2) 将调节级压力控制IMP投入“启动”状态。将阀测试功能投入“启动”状态，阀测试“条件成立”灯闪光。

(3) 将主汽压力比设定逐步提升到1.38左右，当主汽压力比大于1.35时，阀测试“条件成立”灯常亮。

(4) 在DEH阀门管理画面中操作发出“左侧主截止阀/调节阀关”指令，确认GV1、GV4全关且同时GV2全开、GV3开启到一定开度，然后MSV1全关。

(5) MSV1全关13s后又自动全开，GV1、GV2、GV3、GV4自动恢复到发出“左侧主截止阀/调节阀关”指令前的状态。

(6) 按相同的步骤做右侧高压主汽阀及调节阀的活动试验。

(7) 将IMP控制退出，高压主汽阀及调节阀的活动试验结束。

(8) 在DEH阀门管理画面中操作发出“RSV1、ICV1、ICV2关”指令，则ICV1、ICV2自动全关后RSV1自动全关。RSV1全关13s后又自动全开，然后ICV1、ICV2自动全开。

(9) 按相同的步骤做RSV2、ICV3、ICV4的活动试验。

(10) 在DEH中将阀试验切回“停止”状态，阀测试“条件成立”灯闪光。将主汽压力比设定逐步降回到1.00。

(11) 将试验机组的运行控制方式切换回CC（协调控制）模式，试验结束。

6-119 简述富士600MW汽轮机主/再热蒸汽阀门全行程活动试验的操作步骤。

(1) 机组负荷调整到350～380MW之间稳定运行，将机组的控制方式由“协调控制模式”切为“汽轮机跟随模式”。

(2) 在EHG的功率控制画面上将EHG的功率控制器由“65P”切为“65L”，确认功率控制器跟踪方式由“65L自动跟随限制”切为“65P自动跟随限制”。

(3) 在EHG的阀测试画面中启动阀门测试程序，确认“阀试验条件满足”闪烁。

(4) 将主蒸汽压力比设定提升到 1.15，确认当主蒸汽压力比大于 1.10 的时，EHG 的阀测试画面中“阀试验条件满足”指示灯亮，EHG 中主机阀门活动试验条件满足。

(5) 在 EHG 的阀测试窗体中操作发出“A 侧主蒸汽阀/调节阀”测试指令。确认 A 侧主蒸汽阀/调节阀按图 6-18 所示关闭、开启动作正常。

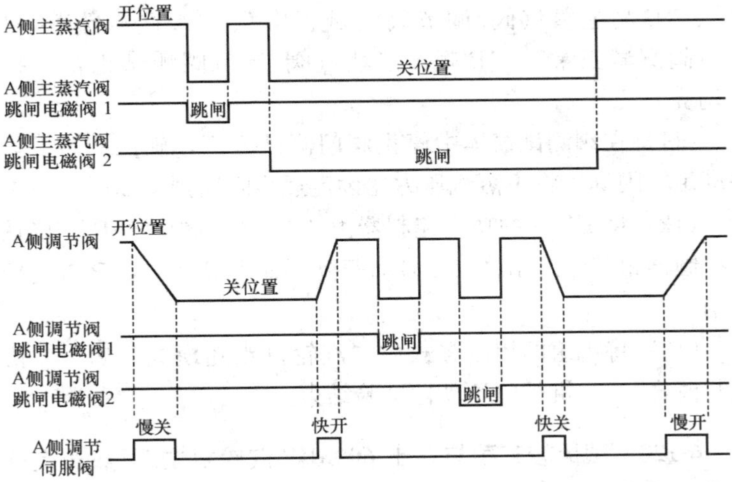

图 6-18　富士汽轮机主蒸汽阀门全行程活动试验动作示意图

(6) 确认阀测试窗体中 A 侧主蒸汽阀/调节阀测试正常指示灯亮。检查机组出力、主蒸汽参数、汽轮机轴振及轴承温度等参数正常。

(7) 在 EHG 的阀测试窗体中发出“B 侧主蒸汽阀/调节阀”测试指令。确认 B 侧主蒸汽阀/调节阀关闭、开启动作正常。确认阀测试窗体中 B 侧主蒸汽阀/调节阀测试正常指示灯亮。

(8) 在 EHG 的阀测试窗体中发出“A 侧再热蒸汽阀/调节阀”测试指令。确认 A 侧再热蒸汽阀/调节阀关闭、开启动作正常。确认阀测试窗体中A侧再热蒸汽阀/调节阀测试正常指示灯亮。

(9) 在EHG的阀测试窗体中发出“B侧再热蒸汽阀/调节阀”测试指令。确认B侧再热蒸汽阀/调节阀关闭、开启动作正常。确认阀测试窗体中B侧再热蒸汽阀/调节阀测试正常指示灯亮。

(10) 确认阀测试窗体中“A侧主蒸汽阀/调节阀测试正常”、“B侧主蒸汽阀/调节阀测试正常”、“A侧再热蒸汽阀/调节阀测试正常”、“B侧再热蒸汽阀/调节阀测试正常”指示灯均亮。

(11) 在阀测试窗体中停止阀门测试程序，确认“阀试验条件满足”闪烁。将主蒸汽压力比设定逐步降回到1.00。

(12) 将EHG的功率控制器由“65L”切为“65P”，确认功率控制器跟踪方式由“65L自动跟随限制”切为“65P自动跟随限制”。

(13) 将机组的控制方式由“汽轮机跟随模式”切为“协调控制模式”，主机阀门活动性试验结束。

6-120 试比较三菱与富士600MW汽轮机主/再热蒸汽阀门全行程活动试验的异同。

三菱汽轮机与富士汽轮机阀门全行程活动试验时，在机组控制方式、试验负荷、主蒸汽压力、功率控制和阀门动作原理方面的异同如表6-12所示。

表6-12 阀门全行程活动试验比较

阀门活动试验比较项目	三菱汽轮机	富士汽轮机	备注
机组控制方式	锅炉输入模式	汽轮机跟随模式	相同
机组负荷要求	350～410MW	350～380MW	相近

续表

阀门活动试验比较项目	三菱汽轮机	富士汽轮机	备注
主蒸汽压力设定	提升至正常时的 1.38 倍	提升至正常时的 1.1 倍	富士汽轮机全周进汽，所以要求的主蒸汽压力低
调节级压力控制 IMP	需投入 IMP	无 IMP 控制	富士汽轮机全周进汽，无调级级
一次调频功能	试验时不切除	试验时切除	试验时用不带一次调频功能的 65L 控制器
阀门开关动作原理	MSV/GV/ICV：由伺服阀控制开关。RSV：由试验电磁阀控制开关	MSV/RSV：由跳闸电磁阀控制开关。MCV/ICV：由伺服阀加跳闸电磁阀控制开关	富士汽轮机的阀门全行程活动试验不取活动阀门，而且将 MSV/MCV/RSV/ICV 的跳闸电磁阀均动作，测试一遍

6-121　对汽轮机交/直流润滑油泵自动启动等试验结果与设定值的偏差有什么要求？偏差超过允许值时如何处理？

汽轮机交/直流润滑油泵自动启动、润滑油压力低跳闸等试验结果与设定值的偏差应按汽轮机厂家要求控制。一般要求如下：

（1）交/直流润滑油泵自动启动试验结果与设定值允许偏差：±5kPa。

（2）润滑油压力低跳闸试验结果与设定值允许偏差：－5kPa～＋1kPa。

（3）辅助油泵自动启动试验结果与设定值允许偏差：±20kPa。

（4）真空低跳闸试验结果与设定值允许偏差：±3kPa。

当试验结果与设定值的偏差超过允许值时，应重复试验确认试验结果的重复性。过大的偏差被证实后应校准试验压力表和压力开关。

6-122 简述三菱 600MW 汽轮机机械超速保护装置（危急保安器）注油动作试验的操作步骤。

（1）确认机组在 3000r/min 稳定运行，本试验在空载及带负荷运行中均可进行。

（2）将 1 号轴承箱处试验手柄扳至试验位置并保持，不得松脱，确认保护装置试验绿灯亮。

（3）缓慢开启注油试验阀，提升超速跳闸油压。当超速跳闸油压升高至某一值时，危急保安器动作飞出，自动跳闸油压表指示到零。记录超速跳闸油压数值，关闭注油试验阀。

（4）将跳闸复归手柄扳至复归位置，并观察自动跳闸油压恢复正常。

（5）仍保持试验手柄在试验位置，不得松开。再次缓慢开启注油试验阀，重复试验一次。

（6）危急保安器再次动作后，记录超速跳闸油压数值，关闭注油试验阀。将跳闸复归手柄扳至复归位置，并观察自动跳闸油压恢复正常。

（7）将试验手柄缓慢松开，恢复至正常运行状态。将两次试验结果与历史记录比较、分析、存档。

6-123 简述真空系统严密性试验的操作步骤。

（1）调整循环水泵运行方式为设计运行方式，机组负荷大于80%额定负荷。

（2）检查备用真空泵正常备用，调出真空值趋势图加强监视。

（3）停止一台真空泵运行，检查另一台运行真空泵电流无明显增大。

（4）停止第二台运行真空泵运行，记录停泵时间。

（5）每分钟记录一次真空值和排汽温度值，共记录 10min。

（6）试验结束后，依次启动原真空泵运行，恢复循环水泵运行方式至试验前状态。

（7）如果试验中真空下降过快并低于 90.6kPa 时，应立即停止试验，并启动备用真空泵。

（8）取后 5min 计算真空严密性试验结果，试验结果大于 270Pa/min 时，说明真空严密性不合格，应安排查找漏点。

6-124 真空系统严密性试验为什么要求在 80%以上负荷时执行？

真空系统严密性试验的目的是了解机组真空系统的泄漏是否正常，泄漏量是否太大。但是，根据相关文献研究表明，真空严密性试验结果不是空气泄漏量的单值函数，除了与空气泄漏量有关外，还受到汽轮机负荷、冷却水入口温度、冷却水量、水侧脏污程度和凝汽器管材及本身结构的影响。也就是说对于同一台汽轮机，即使空气泄漏量一定，在不同的负荷所得到的真空严密性试验结果是不同的。同样，对于不同级别的汽轮机，即使空气泄漏量相同、试验负荷也相同，但真空严密性试验结果可能也是不同的。

为了使真空严密性试验达到合格标准时，基本能体现真空系统空气泄漏量也合格，DL 932—2005《凝汽器与真空系统运行维护导则》将合格标准分为小机组（≤100MW）和大机组（>100MW）两类，同时规定真空严密性试验时的负荷要求在 80%以上。

从以上分析可知，对于同一台汽轮机，为了使历次的真空严密性的试验结果更具可比性，除了要求在 80%负荷以上执行外，还应尽量使每次试验的负荷、冷却水流量（循泵的运行台数或泵叶片角度）都尽可能相同。

6-125 简述三菱 600MW 汽轮机真空低保护动作跳闸试验的操作步骤。

（1）确认机组干态运行正常、凝汽器真空正常、低真空跳闸保护投运。

（2）将1号轴承箱处试验手柄扳至试验位置并保持，不得松脱，确认保护装置试验绿灯亮。

（3）在低真空跳闸试验盘上缓慢开启试验阀，并观察真空表指示值缓慢下降。

（4）当真空下降至84.5kPa左右时，确认低真空报警信号发出，记录报警值。

（5）当真空继续下降至71.5kPa左右时，确认跳闸信号发出，跳闸电磁阀动作。检查自动跳闸油压表指示到零，记录跳闸数值。

（6）关闭低真空跳闸试验阀，将1号轴承箱处跳闸复归手柄扳至复归位，并观察自动跳闸油压恢复正常后松开复归手柄。

（7）将试验手柄缓慢松开，恢复至正常运行状态。

（8）试验结束，确认低真空报警值在（84.5±3.2）kPa范围内，跳闸值在（71.5±3.2）kPa范围内。否则应确定试验结果的重复性，校准试压力表和压力开关。

6-126　汽轮发电机组正常运行时空侧备用差压阀如何定期试投？

如图6-19所示，双流环式密封油系统空侧备用差压阀试投操作如下：

（1）检查主油泵MOP来油压正常，密封油系统阀门状态正常。

（2）记录发电机运转平台处空侧密封油压力PG1、PG2和氢气压力PG3，记录密封油站处空侧油泵出口油压力PG4和油泵出口止回阀后油压力PG5。确认空侧密封油与氢气差压（PG1＋PG2）/2－PG3＝（85±10）kPa。

（3）缓慢调整、降低工作差压阀整定值，确认空侧密封油压

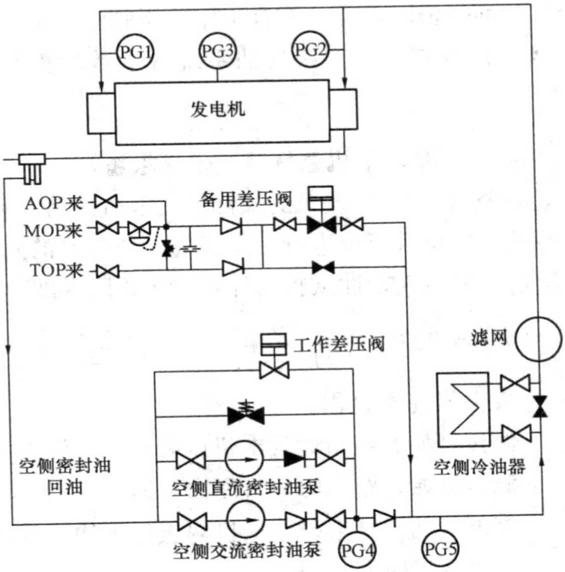

图 6-19　双流环式空侧密封油流程简图

力 PG1、PG2、PG4、PG5 同步缓慢下降。

（4）当空侧密封油与氢气差压降至（65±10）kPa 时，确认备用差压阀自动投入工作，并且开始供油。

（5）继续缓慢调整，降低工作差压阀整定值，确认空侧油泵出口油压 PG4 缓慢下降，当 PG4＜PG5 时，停止降低工作差压阀整定值。

（6）停止空侧交流密封油泵运行，确认油泵出口止回阀后油压力 PG5 和空侧密封油压力 PG1、PG2 保持稳定，并且（PG1＋PG2）/2－PG3＝（65±10）kPa，备用差压阀工作正常。

（7）重新启动恢复空侧交流油泵运行，并且缓慢提升工作差压阀整定值。确认空侧油泵出口油压 PG4 缓慢回升，当 PG4＞PG5 时，继续缓慢提升工作差压阀整定值。

（8）确认空侧密封油压力 PG1、PG2、PG4、PG5，同步缓慢回升至试验前数值时，停止提升工作差压阀整定值。密封油系统恢复正常运行方式，检查密封油系统各参数均正常后，试验结束。

6-127 如何测算发电机氢气系统日耗氢量？

国家电力公司1999年发布的《汽轮发电机运行规程》要求，运行时氢冷发电机每月至少进行一次氢气日消耗量的测算，给出的测算方法与发电机气密性试验的计算方法相同。即

$$\Delta V_H = 70320 \times \frac{V}{H}\left(\frac{p_1 + p_{B1}}{273 + t_1} - \frac{p_2 + p_{B2}}{273 + t_2}\right)$$

V——发电机充氢容积，m^3；

p_1、p_2——测试开始、结束时发电机内表压力，MPa；

p_{B1}、p_{B2}——测试开始、结束时大气压力，MPa；

t_1、t_2——测试开始、结束时发电机内氢气平均温度，℃；

H——测试持续时间，h；

ΔV_H——转换到0.1MPa、20℃状态下的发电机的日氢气消耗量，m^3/d。

由于发电机内氢气温度随负荷变化大，测试开始和测试结束时比较难达到稳定状态，氢气温度的准确测量对氢气耗量的测算结果影响较大。

对于采用双流环式密封的氢冷发电机，正常情况下漏氢量一般小于4～5.0m^3/d（标准状态），有些严密性好的机组甚至小于1.0m^3/d（标准状态）。对于这样漏氢量很小的发电机宜采用手动补氢方式，从而可以通过补氢周期及每一次补氢量的大小来观察发电机日氢气消耗量。

6-128 汽轮机的寿命是怎样定义的？正常运行中影响汽轮机寿命的因素有哪些？

汽轮机寿命指从初次投入运行至转子出现第一条宏观裂纹（长度为0.2～0.5mm）期间的总工作时间。

汽轮机正常运行时，主要受到高温和工作应力的作用，材料因蠕变要消耗一部分寿命。在启、停和工况变化时，汽缸、转子等金属部件受到交变热应力的作用，材料因疲劳也要消耗一部分寿命。在这两个因素共同作用下，金属材料内部就会出现宏观裂纹。通常，蠕变寿命占总寿命的20%～30%，考虑到安全裕度，低周疲劳损伤应小于70%，以上分析的是在正常运行条件下的寿命，实际工作中影响汽轮机寿命的因素很多，如运行方式、制造工艺、材料质量等。例如不合理的启动、停机所产生的热冲击，运行中的水冲击事故，蒸汽品质不良等都会加速设备的损坏。

6-129 汽轮机寿命损耗大的运行工况有哪些？

汽轮机寿命损耗主要包括材料的蠕变消耗和低周疲劳损耗两部分；前者主要取决于材料的工作温度，后者主要取决于热应力变化幅度的大小。对汽轮机寿命损耗大的工况，主要是超温运行和热冲击等应力循环变化幅度较大的工况。如机组的启动，尤其是极热态启动、甩负荷、汽温急剧降低以及水冲击等。

6-130 汽轮机的使用为什么不应单纯追求寿命损耗最小？

汽轮机的使用年限是根据各个国家的能源政策和机械加工水平等因素综合分析规划的。一些发达的国家由于能源短缺，而机械加工水平很高所以能源的消耗是主要矛盾，这样机组启停速度快，当然寿命损耗也大。汽轮发电机组一般20年就要更新换代。而在我国一般认为30年较合适，机组使用的时间较长，这就要减小每次启停的热应力，以减小寿命的损耗。因此可适当地延长启动与停机的时间来控制温升率，达到减小热应力，延长机组寿命的目的。

6-131 怎样进行汽轮机的寿命管理？

为了更好地使用汽轮机，必须对汽轮机的寿命进行有计划的管理，对汽轮机在总运行年限内的使用情况做出明确的切合实际的规划，确定汽轮机的寿命分配方案，事先给出汽轮机在整个运行年限内启动、停机次数和启停方式以及工况变化、甩负荷的次数等。然后，根据这些要求和汽轮机在交变载荷下的寿命损伤特性，对汽轮机的寿命进行有计划的管理，以保证汽轮机达到预期的寿命。在寿命管理中不应单纯追求长寿，而要全面考虑节能、效益及电网的紧急需要。

6-132　在汽轮机启动时，如何预防转子冷脆损伤？

（1）一般以中压缸排汽口处金属温度或排汽温度为参考，判断转子金属温度，特别是中压转子中心孔金属温度是否已超过金属低温脆性转变温度（FATT），作为超速试验的先决条件。

（2）汽轮机冷态启动时，有条件的可在盘车状态下进行转子预热，变冷态启动为热态启动。

（3）如制造厂允许，可以采用冷态中压缸启动方式，使中压转子中心孔温度与高压转子同时达到冷脆转变温度，避免高转速、高合成切向应力条件下产生转子冷脆损伤。

（4）危急保安器超速试验，必须待中压转子末级中心孔金属温度达到 FATT 以上才可进行，一般规定汽轮发电机组带10%～25%额定负荷稳定暖机至少 4h。

6-133　在汽轮机运行时，如何减少汽轮机转子寿命损耗？

（1）启动时应根据汽缸金属温度水平合理选择冲转蒸汽参数和轴封供汽温度，严格控制金属温升率。

（2）避免短时间内负荷大幅度变动，严格控制运行中转子表面工质温度变化率在最大允许范围内。

（3）严格控制汽轮机甩负荷后带厂用电或空转运行时间不要太长。

（4）防止主、再热蒸汽温度及轴封供汽温度与转子表面金属温度严重失配。

（5）在汽轮机启动、运行、停机及停机后未完全冷却之前，均应严防湿蒸汽、冷气和水进入汽缸。

6-134　运行中在汽轮机方面，应从哪几个方面保证机组经济运行？

在热力设备系统已定的情况下，汽轮机方面通过合理的操作调整，可从以下几点来保证运行的经济性：

（1）保持额定的蒸汽参数。

（2）保持良好的真空，尽量保持最有利的真空运行。

（3）保持设计的给水温度。

（4）保持合理的运行方式，各加热器应正常投入运行。

（5）保持各加热器、换热器传热面清洁。

（6）减少汽水泄漏损失，避免不必要的节流损失。

（7）尽量使用耗电少、效率高的辅助设备。

（8）多机并列运行时，合理分配各机组负荷。

6-135　汽轮机回热系统加热器的运行主要包括哪些内容？

汽轮机回热系统加热器的运行主要包括：加热器设备启动和停止、运行监视、事故处理和停用后的防腐四个方面。

6-136　简述在汽轮机冷端设备已确定的情况下，汽轮机冷端优化运行的步骤。

（1）第一步：进行凝汽器变工况计算，得到凝汽器的变工况特性，即 $p_n=f_1(N, t, W)$

式中　p_n——凝汽器压力，MPa；

N——机组负荷，W；

t——循环水进口温度；℃

W——循环水流量，m^3/s；

（2）第二步：根据汽轮机厂提供的不同负荷工况下凝汽器压力对汽轮机功率的修正曲线拟合或通过机组微增出力试验，得出

机组在不同的负荷下微增出力与机组背压的关系，即

$$\Delta N_{\mathrm{T}} = f_2(N, p_{\mathrm{n}})$$

式中　ΔN_{T}——机组微增出力，W。

（3）第三步：通过改变循泵的叶片角度或者循泵的转速、台数等措施，得出循环水流量与循环水泵功耗的关系，即

$$N_{\mathrm{p}} = f_3(W)$$

式中　N_{p}——循泵功耗，W。

（4）第四步：计算最佳凝汽器背压。最佳的凝汽器背压是以机组功率、循环水温度和循环水流量为变量的止标函数，在量值上为机组功率的增量与循环水泵耗功增量之差，即

$$F(N, t, W) = (\Delta N_{\mathrm{T}} - \Delta N_{\mathrm{p}})$$

当$\frac{\partial F(N,\ t,\ W)}{\partial W}=0$时的循环水量 W 对应的凝汽器真空 p_{n}，即为在负荷 N、循环水温度 t 时的最佳真空。

6-137　汽轮机组的运行分析包括哪些内容?

汽轮机组的运行分析包括岗位分析、专业分析、专题分析、事故及异常分析。

（1）岗位分析是指运行人员在值班期间，对仪表指示、工作参数的变化、设备的异常和缺陷、操作异常等情况的分析。分析结果由班长和专业技术人员审核。

（2）专业分析是指专业技术人员根据运行记录进行的定期的系统分析，比如分析某种运行方式安全性、经济性，分析影响机组出力、安全、经济的各种因素，分析设备的老化趋势等。

（3）专题分析是指根据总结经验的要求，进行某些专门的分析。比如机组启、停过程的优化分析、机组大修前后的工况分析及设备改造效果等。

（4）事故及异常分析是指发生事故后，对事故的处理及相关操作正确、合理、时效方面的分析与评价。目的在于总结经验教训、提出防患措施、提高运行人员技能水平。

第七章

汽轮机及辅助设备试验

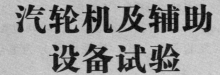

7-1　什么是汽轮机的热力特性试验?

汽轮机的热力特性试验是在特定的热力循环系统中，用热工测量的方法获取汽轮机在该热力循环中的能耗水平，以及附属设备系统完善程度的一系列热力学指标的一种工业试验。

7-2　热耗率是如何定义的? 什么是毛热耗率和净热耗率?

热耗率的基本定义是:

热耗率等于进入汽轮机系统的总热量减去离开汽轮机系统的总热量与发电机输出有功功率之比，单位是 kJ/（kW·h）。

注 1：这里的汽轮机系统指包括回热加热器系统，但不包括锅炉的热力系统。

注 2：离开汽轮机系统的总热量不包括循环水带走的热量。

注 3：发电机输出有功功率指发电机的净输出有功功率。

考虑到给水泵的驱动方式，热耗率又分为毛热耗率和净热耗率。

（1）给水泵采用电动机驱动时:

1）毛热耗率＝输入热量/发电机出力;

2）净热耗率＝输入热量/（发电机出力－电动给水泵电动机功率）。

（2）给水泵采用汽轮机驱动时:

1）毛热耗率＝输入热量/（发电机出力＋给水泵汽轮机功率）;

2）净热耗率＝输入热量/发电机出力。

如果没有特别说明，给水泵采用电动机驱动时，汽轮机热耗率是指毛热耗率，给水泵采用汽轮机驱动时，汽轮机热耗率是指净热耗率。

7-3　什么是汽轮机的缸效率和通流效率?

（1）汽轮机缸效率的进汽参数指进汽阀前的参数，缸效率包含了进汽阀的压力损失。

（2）汽轮机通流效率的进汽参数指第一级静叶前的参数，通流效率只反映汽轮机流通部分的热力性能。

（3）如图 7-1 所示，缸效率计算式为

$$\eta_{T0}=100\times(H_0-H_C)/(H_0-H_{S0})$$

通流效率计算式为

$$\eta_{T1}=100\times(H_0-H_C)/(H_0-H_{S1})$$

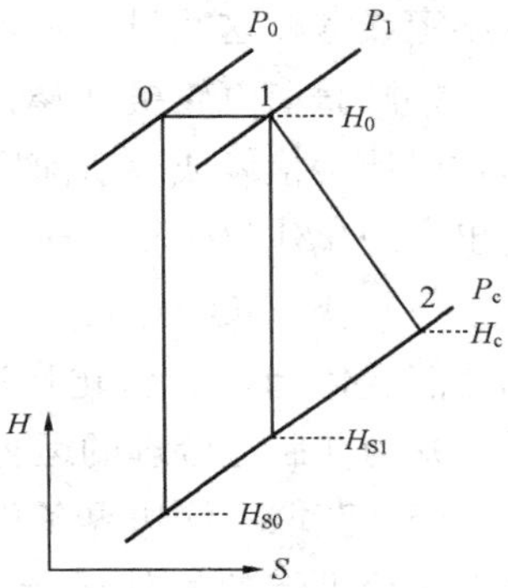

图 7-1　蒸汽在汽轮机中的膨胀过程

p_0——进汽阀前蒸汽压力，MPa；

p_1——进汽阀后蒸汽压力，MPa；

p_c——膨胀终点蒸汽压力，MPa；

η_{T0}——汽轮机缸效率，%；

η_{T1}——汽轮机通流效率，%；

H_0——进汽阀前（后）蒸汽焓值，kJ/kg；

H_C——膨胀终点蒸汽实际焓值，kJ/kg；

H_{S0}——进汽阀前状态点等熵膨胀至终点压力对应的焓值，kJ/kg；

H_{S1}——进汽阀后状态点等熵膨胀至终点压力对应的焓值，kJ/kg。

7-4　汽轮机热力特性试验的目的是什么？

汽轮机热力特性试验的目的归纳起来有以下几个方面：

（1）获取设计或保证条件下的新汽轮机组热力性能指标，以鉴定或考核新投产整套汽轮机组设备是否达到设计或保证条件下的保证值。

（2）获取更新或改造主要设备后的汽轮机组热力性能指标，

以鉴定或考核这些设备是否达到设计或保证条件下的保证值。

(3) 获取汽轮机维修、维护前后或者改造前后的热经济性指标，以评价检修或改造前后所取得的经济效益，为今后经济运行提出合理化建议和指出改进方向。

(4) 获取长期运行后的汽轮机的热经济性指标，以检验设备的性能变化趋势和劣化情况，作为分析和评价设备经济性的依据，并为此制定合理的运行指导。

(5) 获取不同边界条件下运行的汽轮机组的热力性能数据，寻求汽轮机组的最佳运行条件和方式，优化汽轮机组的运行方式，确定汽轮机组的最佳运行条件。

(6) 长期跟踪汽轮机运行，获取随时间变化的机组热力性能数据，总结和建立完善而全面的机组热经济性档案，为专家系统、寿命管理和状态检修建立基础数据库。

(7) 通过首台汽轮机样机的热力性能试验研究，对制造厂的新产品的经济性和安全性进行评价和分析，提出改进的意见和建议，促进汽轮机新技术的发展。

7-5　根据试验目的的不同，电厂常见的热力特性试验分为哪3类？

(1) 性能验收考核试验。是以获取具有最小不确定度的热力性能指标为目的，其结果常用来与制造厂的（或合同规定的）性能保证值进行比较。它需要使用大量精密的经过专门校准的测量仪表，试验方法和系统复杂，试验工况的稳定性要求高，使用详尽的计算及修正方法，所需的费用相应较高。

(2) 常规性能试验。常用于获取不需具有最小不确定度的热力性能指标为目的场合，其结果广泛用于对技术改造或运行方式进行指导。它无需使用大量精密的经过专门校验的测量仪表，试验范围较小，易于操作，计算简单，所需的费用相应较少。

(3) 电厂性能试验。一般使用现场仪表进行，由试验仪器的精度、校验等级决定了它所产生的结果具有较大的不确定度，属一般性热力性能试验。试验所获取的热力特性指标只能用于电厂的运行监督和一般性的趋势比较。

7-6　据 ASME PTC6-2004 标准实施的全面性热力性能试验主要适用于哪些场合？

全面性热力试验是所有热力试验中涉及面最广、试验精度要求最高、试验要求工况最严格、成本最高的热力性能试验，在电厂中常作为汽轮机组的性能验收考核试验。因此，全面性热力试验主要适用于以下场合：

（1）适用于热力性能验收试验。热力性能验收试验又包括两种形式：一是新投产机组性能验收试验，二是技术改造机组性能验收试验。

（2）适用于汽轮机新技术评估试验。汽轮机厂样机或新技术向实际应用转化，需要进行精度很高的热力性能试验进行检验。通过很高精度的热力性能试验对新产品的安全性、经济性、可靠性进行分析和评估。

7-7　ASME PTC6-2004 标准和 GB/T 8117.1—2008 对热力性能试验时的不明泄漏量有什么要求？

（1）ASME PTC6-2004 标准和 GB/T 8117.1—2008《汽轮机热力性能验收试验规程　第 1 部分：方法 A 大型凝汽式汽轮机高准确度试验》对热力性能试验时的不明泄漏量均要求不大于满负荷时主蒸汽流量的 0.1%，这是比较严格的要求，一般情况下较难满足。

（2）若由于现场条件限制，特别是对于运行中的机组无法满足 0.1%不明泄漏率要求时，可以考虑适当放宽这一指标至 0.3%，但不应超过 0.5%。

（3）由于不明泄漏量对试验结果影响较大，一般情况下其对热耗的影响为 1∶1 左右。因此，对不明泄漏量汽轮机、锅炉分配比例的问题应在试验谈判时确定。

7-8 常规性热力性能试验适用于哪些场合?

与全面性热力特性试验注重的高精度不同，常规性热力特性试验更加注重在满足一定的试验不确定度的前提下，以较低的试验成本及时地提供机组的有关热力特性。常规性热力特性试验的适用场合主要有：

（1）专项性试验：比如汽轮机大修前、后的热力特性试验。

（2）运行性试验：包括运行指导试验、寻优试验、性能监测试验等。

7-9 常规性热力性能试验应注意哪些主要问题?

（1）修正曲线的使用。修正是对试验参数偏离基准点较小的情况而言，当试验参数偏离较大或变化剧烈时，应当是变工况，而不是修正。因此，修正曲线和修正量都应当有一个可以接受的范围限制。

（2）参数偏差与波动的控制。常规性热力性能试验对参数偏差与波动的控制如表 7-1 所示，试验中可以适当放宽对参数波动的控制。现代大型机组都采用分散控制系统，自动化程度高，参数偏差与波动控制一般都可以满足试验条件。

表 7-1　常规性热力性能试验对参数偏差与波动的控制

参　数	试验结果平均值与设计值的容许偏差	试验过程中的容许参数波动
主蒸汽压力	±3.0%	±0.5%
主/再热蒸汽温度	±10℃	±5℃
主蒸汽流量	—	差压的±4%
再热器压力损失	±20%	—
给水温度	±6℃	—
排汽压力	实际运行真空的±2.5%	±2.0%

续表

参　数	试验结果平均值与设计值的容许偏差	试验过程中的容许参数波动
负荷	±5.0%	±0.5%
电压	±5.0%	—
功率因素	—	±2.0%

（3）不明泄漏量的控制与分配。常规性热力性能试验时，应通过有效的系统隔离将不明泄漏量控制在 0.3%～0.5%之内。典型的不明泄漏量的分配如图 7-2 所示。

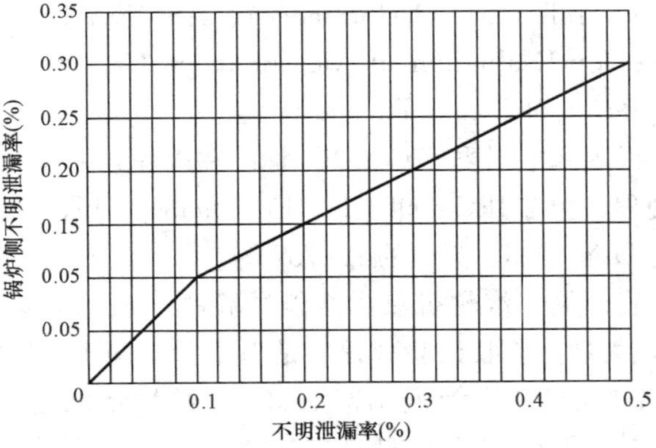

图 7-2　典型的不明泄漏量的分配

（4）主流量的测量。常规性热力性能试验主流量的测量可以经过校准的专用喷嘴和孔板，也可以使用现场已有的流量测量装置测量。如果现场的流量测量装置不能拆卸或进行校准，那么应当根据现场条件进行校核。使用没有经过校准的流量测量装置将会导致试验不确定度的大幅增加。

7-10　在汽轮机有关的性能试验中，除了用于性能验收考核的热耗试验、最大连续出力试验外，还有哪些非考核性项目？

按照 DL/T 5437—2009《火力发电建设工程启动及验收规

程》的要求，与汽轮机有关的非考核项目性能试验有：机组供电煤耗试验、汽轮机额定出力试验、机组厂用电率测试、汽轮发电机组轴系振动试验、机组RB功能试验、机组噪声测试。

7-11　常见的汽轮机热力性能试验标准有哪些？

国内外主要的汽轮机热力性能试验标准和规程可分为三大类：

（1）美国ASME PTC6标准和规程族，包括如ASME PTC6-2004（代替ASME PTC6－1996）《Steam Turbine Performance Test Code》、ASME PTC46-1996《Performance Test Code on Overall Plant Performance》、ASME PTC6 REPORT《Guidance for Evaluation of Measurement Uncertainty in Performance Tests of Steam Turbines》等。

（2）以国际电工委IEC 60953标准和规程族为代表的欧洲的标准和规程，包括IEC 60953-1、IEC 60953-2、IEC 60953-3，以及德国的DIN 1943、英国的BS 752等。

（3）我国关于汽轮机热力性能试验的国家标准GB/T 8117《汽轮机热力性能验收试验规程》是引用并等同于原国际电工委IEC 60953标准。该标准与IEC 60953一样共分为三部分，其中前两部分GB/T 8117.1《汽轮机热力性能验收试验规程　第1部分　方法A—大型凝汽式汽轮机高准确度试验》、GB/T 8117.2《汽轮机热力性能验收试验规程　第2部分　方法B—各种类型和容量的汽轮机宽准确度试验》于2008年发布，而第三部分GB/T 8117.3《汽轮机热力性能验收性能规程　第3部分　方法C—改造汽轮机的热力性能验证试验》并未于2008年与前两者同时发布，目前仍在评审中。

7-12　简要比对ASME PTC6—2004和GB/T 8117.1—2008两种标准的适用范围和不确定度。

ASME PTC6—2004提供了全面试验和简化试验两种方法，

GB 8117.1—2008 也提供了高准确度和宽准确度两种试验方法。ASME PTC6—2004 和 GB 8117.1—2008 两种标准的适用范围、不确定度的简要对比见表 7-2。

表 7-2　　两种标准的适用范围、不确定度的简要对比

名　称	汽轮机性能试验规程	汽轮机热力性能验收试验规程
标准号	ASM PTC6-2004	GB/T 8117—2008
代替标准	ASM PTC6-1996	GB/T 8117—1987
标准性质	美国国家标准	国家推荐性标准
适用范围	适用于过热蒸汽或者湿蒸汽区（核燃料机组）的汽轮机的试验。 简化试验的结果比全面试验的结果不确定度略有增大	方法 A：适用于凝汽式汽轮机的高准确度的热力性能验收试验。 方法 B：适用于各种型式、容量和用途汽轮机宽准确度的热力性能验收试验
不确定度	全面试验：0.25%。 简化试验：0.34%。 湿汽区运行的汽轮机：0.37%～0.5%	方法 A：火力发电机组为 0.3%，核电机组为 0.4%。 方法 B：大型凝汽式机组为 0.9%～1.2%，核电机组为 1.1%～1.4%，背压式、抽汽式和小容量凝汽式机组为 1.5%～2.5%
不确定度的计算	附录提供详细计算方法和标准	提供计算方法和标准

7-13　在进行汽轮机热力性能试验时，遵循哪些基本技术原则？

（1）合理控制不确定度的原则。应该根据试验的目的选择合理的不确定度，达到与适度成本的结合，不能不顾成本的一味追求高精确度。因此，试验的不确定度是在谈判与策划阶段根据试验的目的与成本预算选择出来的。

（2）试验是设计出来的原则。试验是设计出来的原则是合理控制不确定度的原则的具体体现和解决方法。具体的来说一个热力性能试验首先应当根据试验目的确认预期的不确定度和试验成本，选择合适的试验标准和规程，并根据试验标准和规程制定试验方案，确定测量系统和试验仪表。然后据此实施试验，试验结束后再对试验的不确定度进行分析与评估。

（3）谈判与协商原则：一般情况下，试验标准和规程只对试验有关的原则问题作出规定，而对试验中可能出现的问题、纠纷和争议都需要通过谈判与协商达成共识，明确试验各方的责任和义务。

7-14　汽轮机热力性能试验从时间上划分，可分为哪几个阶段?

汽轮机热力性能试验从时间上可划分为五个阶段，分别是试验谈判和协商阶段、试验的设计阶段、试验的准备阶段、试验的实施阶段、试验的总结阶段。

7-15　在汽轮机热力性能试验的谈判和协商阶段具体需进行哪些工作?

（1）试验目的和试验项目的商定，同时，还应商定试验的目标热力特性参数、数据以及其关系的数学表达形式。

（2）试验规程或标准的选择，同时，应当说明试验期间可能存在的与试验规程或标准规定的偏差及原因，并应明确相应的处理方法。

（3）应明确试验方法的相关问题，包括试验基准、需要隔离的系统、计算方法等。

（4）机组运行方式和工况参数的控制范围，包括蒸汽品质和发电机的功率因数。

（5）确定修正项目及修正方法。

（6）性能保证值（能耗、效率、出力等）的边界条件约定，以及试验结果与性能保证值的比较方法。

（7）计算方法的确定，例如热力特性指标计算模型、过热度的约定等。

（8）确定试验不确定度分析的方法。如果可能的话，应当根据不同的不确定度要求，制定相应的试验方案以供选择。

（9）试验测量系统和数据采集系统的相关问题。

（10)）确定业主、制造厂、试验方等各有关方职责的分工。

（11）确定独立于三方之外的试验监督方及其职责。

（12）如果需要，应当确定获取驱动给水泵的给水泵汽轮机热力性能的方法。

（13）如果需要，应当确定试验后再次校验测量和数据采集系统的方法和责任。

（14）确定未能按期实施验收试验的处理方法和对策。

7-16　在汽轮机热力性能试验的设计阶段具体需进行哪些工作?

（1）根据确定的试验标准和规程设计试验。

（2）根据预期的试验不确定度设计试验测量系统、选择测量仪器仪表及数据采集系统。

（3）试验不确定度预分析及评价。

（4）测算试验的成本。

（5）确定试验时间。

（6）制定试验计划：试验各阶段工作安排、报告的交付时间、试验的评价工作等。

（7）根据试验各有关方职责分工确定试验参与人员，特别应当指定试验的总指挥。

7-17　在汽轮机热力性能试验的准备阶段具体需进行哪些工作?

（1）测量系统与数据采集系统的校准。

（2）测点安装与调试。

（3）焓降试验。

（4）配汽机构和排汽缸试验。

（5）回热系统试验。

（6）辅机试验。

（7）真空严密性试验。

（8）汽水流量平衡试验。

（9）系统不明泄漏量试验。

（10）系统隔离方案。

7-18　在汽轮机热力性能试验的实施阶段具体需进行哪些工作？

（1）试验方案和措施的编写与审核。

（2）汽轮机组热力性能预备性试验。

（3）汽轮机组热力性能正式试验。

（4）汽轮机组热力性能正式试验的重复性试验。

（5）试验的初步结果与分析。

（6）试验不确定度的分析与评估。

7-19　在汽轮机热力性能试验的总结阶段具体需进行哪些工作？

（1）试验数据的正式整理与计算。

（2）试验结果不确定度计算与评估。

（3）试验报告的编写与审核。

（4）试验的分析、总结与汇报。

（5）试验文档、资料的整理与归档。

7-20　为什么要对热力性能试验结果进行修正？需要修正的试验结果包括哪些？

制造厂保证的汽轮机热力特性是指当机组在规定的工况参数

和条件下运行的性能。在进行热力试验时，一般情况下不可能所有的工况参数和条件都满足规定要求，这些工况参数和条件的偏差必然会对试验结果产生影响。因此在将试验结果与保证值比较之前，必须对其进行修正以消除上述偏差影响，确保比较是在相同的热力循环条件下进行的。

需要进行修正的试验结果包括：热耗率、发电机功率、主蒸汽流量、汽轮机缸效率等。

7-21　汽轮机热耗试验结果的修正可以分为哪两类？

汽轮机热耗试验结果的修正可以分为第一类修正（即系统修正）和第二类修正（即参数修正）两类。

（1）第一类修正包括给水加热器端差、抽汽管道的压降与散热、系统储水量的变化、给水经过凝结水泵和给水泵的焓升、凝结水过冷度、补水量、锅炉减温水量等。如果发电机效率也需修正时，还应包括功率因数、发电机电压、发电机氢压、转速等。

（2）第二类修正包括主蒸汽压力、主蒸汽温度、再热器压降、再热蒸汽温度、汽轮机排汽压力等。

7-22　在什么情况下可以对汽轮机热耗试验结果不进行第一类修正？

从影响因素来看，第一类修正是为了消除给水加热系统和辅机设备对汽轮机热力性能的影响，而第二类修正则是为了消除运行参数偏差的影响。因此，如果试验的目的是为了考核汽轮机—加热器—凝汽器的联合特性，即把汽轮机组作为一个整体来考虑时，则不必进行第一类修正，只作参数修正即可。

7-23　汽轮机通流效率试验的修正包括哪些内容？

（1）如果试验时高压调节阀全开，则不必考虑部分进汽度的影响。高、中压缸通流效率的修正包括：转速、进汽压力、进汽温度、进汽流量、汽封间隙、排汽容积流量、轴封间隙、排汽压力、抽汽流量。

（2）低压缸通流效率的修正包括：转速、进汽压力、进汽温度、进汽流量、汽封间隙、排汽容积流量、排汽干度、轴封间隙、机组真空、抽汽流量。

7-24　汽轮机热力特性试验对测量数据采样的持续时间与采样频率有什么要求?

对于不确定度要求高的全面性高准确度热力特性试验，应当保证 2h 的工况和参数稳定期和 2h 的试验数据采样期。有效的读数次数可以根据读数平均分散度对试验结果不确定度的影响确定。对于热耗试验电功率和主流量的读数间隔不能大于 1min，其他重要参数读数间隔不大于 5min，累计参数和水位的读数不大于 10min。

7-25　为什么要对汽轮机热力特性试验结果的不确定度进行评定?

如果试验是完全按照标准（规程）规定的要求选用的仪表和测量方法，进行试验运行工况的调整并按照标准（规程）规定的计算和修正方法得出的试验结果的不确定度即可认为是标准（规程）本身所具有的不确定度。

但是从试验条件或经济方面考虑，任何试验都可能存在对标准（规程）规定要求的偏差，正是这些偏差对试验结果的不确定度产生了附加的影响。所以要对热力特性试验结果的不确定度进行分析、计算和评定。

7-26　汽轮机热力特性试验结果的不确定度主要有哪些来源?

汽轮机热力特性试验结果的不确定度主要来源有：试验标准（规程）所规定的试验方法、测量系统及仪器仪表、试验系统范围、试验工况的控制、计算方法等。

7-27　如何评价“未经校准的功率表”、“未经校准和检查的主流量测量喷嘴”产生的不确定度?

根据 ASME PTC6 REPORT-1985 对测量的不确定度评价，未经校准的功率表是不推荐使用的，其测量的不确定度约为 5%。

根据 ASME PTC6 REPORT-1985 对测量的不确定度评价，对于永久安装、未经校准和检查的主流量测量喷嘴，其不确定度的评价是“无法给出不确定度的数值”。因此，运行中不满足校验条件、又无法检查的流量测试装置的测量结果的不确定度是无法给出的。

7-28　简述汽轮机甩负荷试验的目的。

汽轮机甩负荷试验最主要的目的是考核机组调节系统动态特性，检查汽轮机在甩掉全部负荷后，转速能否保持在危急保安器动作转速以内。同时，测取调节系统的动态超调量、转速不等率、转速动静差比、转子加速度、转子时间常数、转子转动惯量、容积时间常数、稳定时间等动态特征参数。同时，考核部分系统和辅机设备对甩负荷工况的适应能力。

7-29　汽轮机甩负荷试验方法可分为哪两种?

汽轮机甩负荷试验方法可分为常规法甩负荷试验方法和测功法甩负荷试验方法两种。

(1) 常规法甩负荷试验：在发电机主开关突然断开，机组与电网解列并甩去全部负荷的情况下，记录阀门动作及转速飞升曲线，从而测取、验证汽轮机调节系统的动态特征参数的试验方法。

(2) 测功法甩负荷试验：汽轮发电机组在额定负荷（或最大负荷），不与电网解列的情况下，突然给出一跳闸信号使调速门或主汽门迅速关闭，同时，测取从跳闸信号发出时起的发电机有功功率的变化曲线，并据此换算甩负荷后汽轮发电机最高飞升转速的试验方法。

7-30　常规法甩负荷试验和测功法甩负荷试验各适用于什么场合？

常规法甩负荷试验是考核汽轮机调节系统动态特性最直接的方法，也是较为成熟的方法，长期以来一直作为标准方法被广泛采用。这种方法适用于新机组的考核试验和调速系统改造后的验收试验，也适用于新投产机组的验收试验。

测功法甩负荷试验一般用于只需要得到汽轮机甩负荷时最高飞升转速的场合。可用于机组大、小修前后的校核试验，也可以用于新投产机组的验收试验，但不适用于新机组的考核试验。

7-31　常规法甩负荷试验有什么优、缺点？

常规法甩负荷试验的优点有：

（1）可以直接、准确、全面地测取机组调节系统的动态特性。

（2）试验方法成熟，试验结果直观，易于理解和接受。

常规法甩负荷试验的缺点有：

（1）常规法甩负荷试验涉及机、炉、电主辅设备的运行特性、运行方式和安全性。试验一般分甩50％负荷和甩100％负荷分级进行，试验工作量大。

（2）甩负荷时机组运行工况恶劣，是对调速系统的严峻考验，汽轮机存在真实的转速飞升过程，试验的安全性较差。

7-32　测功法甩负荷试验有什么优、缺点？

测功法甩负荷试验的优点有：

（1）在发电机有输出功率时机组不与电网解列，不发生实际超速，提高了试验的安全性，相应的也简化了试验过程。

（2）由于不发生实际超速，所以试验过程可不分等级，直接进行甩全负荷试验，从而可减少试验次数及工作量。

测功法甩负荷试验缺点有：

（1）只能反映最高飞升转速，不能得出过渡过程时间、振荡次数等，不能全面反映调节系统的动态特性。

（2）转速的计算其实就是对有功功率进行面积积分，难免存在误差，主要是由于中间环节的惯性延迟时间常数与常规法甩负荷试验有差别且不考虑摩擦损失等，直接影响转速的计算结果。

（3）对记录仪器精度要求较高，一般要求高采样频率数字记录仪，以便于面积积分的傅里叶变换计算。

7-33　汽轮机常规甩负荷试验应满足哪些试验条件？

（1）主要设备无重大缺陷，操作机构灵活，主要监视仪表准确。

（2）调节系统静态特性符合要求，保安系统动作可靠，危急保安器提升转速试验合格，手动停机装置动作正常。

（3）主汽阀和调节汽阀严密性试验合格，阀杆无卡涩，油动机关闭时间符合要求。抽汽止回阀连锁动作正常，关闭严密。

（4）高压启动油泵、直流润滑油泵连锁动作正常，油系统油质合格。

（5）高压加热器保护试验合格。

（6）利用抽汽作为除氧器或给水泵汽源的机组，其备用汽源应能自动投入。

（7）汽轮机旁路系统应处于热备用状态（旁路系统是否投入，应根据汽轮机、锅炉具体条件决定）。

（8）锅炉过热器、再热器安全阀调试、校验合格。

（9）热工、电气保护接线正确，动作可靠，并能满足试验条件的要求，如：解除发电机主开关跳闸连锁主汽门关闭。

（10）发电机主开关和灭磁开关跳合正常。系统周波保持在（50±0.2）Hz 以内，系统留有备用容量。厂用电源可靠。

（11）试验用仪器、仪表校验合格，并已接入系统。

（12）试验领导组织机构成立，明确了职责分工。试验已取得电网调度的同意。

7-34 简述常规甩负荷试验的试验方法。

（1）凝汽或背压式汽轮机甩负荷试验，一般按甩 50%和 100%额定负荷两级进行。当甩 50%额定负荷后，转速超调量大于或等于 5%时，则应中断试验，不再进行甩 100%额定负荷试验。

（2）可调整抽汽式汽轮机，首先按凝汽工况进行甩负荷试验，合格后再投入可调整抽汽，按最大抽汽流量进行甩负荷试验。

（3）试验应在额定参数、回热系统全部投入的运行方式和试验操作条件下进行。例如不得采用发电机甩负荷的同时，锅炉熄火停炉、汽轮机停机等运行操作方式。

（4）根据机组的具体情况，必要时在甩负荷试验之前，对设备的运行方式和运行参数的控制方法等，可以作适当的操作和调整。如油枪先投放，倒计数时，按顺序打跳部分磨煤机。

（5）试验准备工作就绪后，由试验负责人下达试验开始命令，由运行值班人员进行甩负荷的各项操作。

（6）断开发电机主开关，机组与电网解列甩去全部负荷，记录有关数据，测取汽轮机调节系统动态特性。

（7）试验过程中应设专人监视转速的变化，注意锅炉汽温、汽压和水位的变化。

（8）机组甩负荷以后，在调节系统动态过程尚未终止之前，不可操作同步器。具有同步器自动返回功能的电液调节系统除外。

（9）甩负荷试验过程结束，测试和检查工作完毕后，应尽快并网接带负荷。

7-35 汽轮机常规甩负荷试验应记录哪些参数?

（1）汽轮机甩负荷试验应自动记录：转速、发电机有功功率、高/中压调节阀行程信号、高/中压主汽阀阀位信号、发电机解列信号、超速限制信号等参数。

（2）汽轮机甩负荷试验应自动手动记录：转速、发电机有功功率、高/中调节阀及主汽阀行程、主/再热蒸汽参数、排汽压力、发电机电压等参数，记录试验前的初始值、试验过程中的极值、试验后的稳定值。也可以利用机组的数据采集装置自动记录代替手抄记录。

7-36　通过常规甩负荷试验如何计算汽轮机调节系统的特性参数?

通过常规甩负荷试验得到的参数记录曲线如图 7-3 所示，根据以下公式计算调节系统的特性参数。

（1）动态超调量为

$$\varphi=\frac{(n_{\max}-n_0)}{n_0\times 100}\times 100(\%)$$

（2）转速不等率为

$$\delta=\frac{(n_{\delta}-n_0)}{n_0\times 100}\times 100(\%)$$

对于采用数字电液控制系统（DEH）的机组由于具有转速设定自动返回的功能，所以不能通过甩负荷试验得到转速不等率，速度不等率直接在 DEH 逻辑中设定。

（3）动静差比为

$$\beta=\frac{(n_{\max}-n_0)}{(n_{\delta}-n_0)}$$

对于采用数字电液控制系统（DEH）的机组由于具有转速设定自动返回的功能，转速控制为无差调节。

（4）转子加速度为

$$\alpha=\frac{\Delta n_{\mathrm{r}}}{\Delta t}\times 60(\mathrm{r/min^2})$$

（5）转子时间常数为

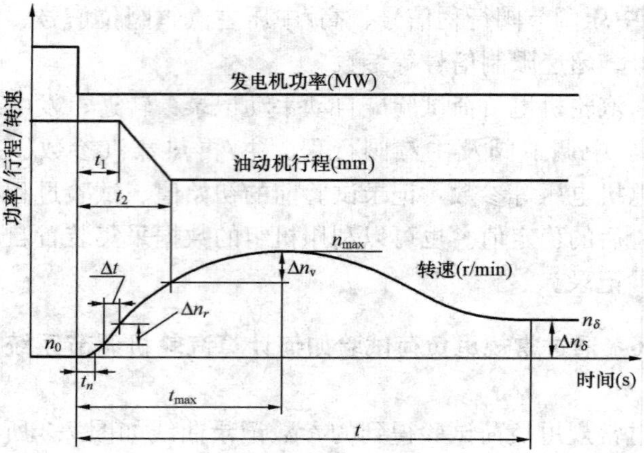

图 7-3　通过常规甩负荷试验得到的参数记录曲线

说明：n_0—初始转速，r/min；

n_{max}—瞬时最高转速，r/min；

n—稳定转速，r/min；

Δn_v—汽阀关闭后的飞升转速，r/min；

t_n—转速时滞时间，s；

t_{max}—达到最高转速时间，s；

t—转速变化过渡过程时间，s；

t_1—油动机延迟时间，s；

t_2—油动机关闭时间，s；

Δn_r—初始转速飞升值，r/min；

Δt—初始转速飞升时间，s；

Δn_s—甩负荷后稳定转速与初始转速偏差，r/min。

$$T_a = \frac{n_0}{\alpha} \times 60(\mathrm{s})$$

（6）转子转动惯量为

$$J = \frac{T_a P_0}{{\omega_0}^2 \eta}(\mathrm{kg \cdot m^2})$$

式中　P_0——发电机初始功率，W；

η——发电机效率，取设计值 0.987～0.990；

ω_0——初始角速度，rad/s。

（7）容积时间常数为

$$T_V = \frac{\Delta n_v}{\alpha} \times 60 \quad (s)$$

（8）稳定时间：从甩负荷开始到转速波动小于（$\Delta n_\delta/20$）时所经历的时间［s］。

7-37　举例说明常规甩负荷试验得到的参数记录曲线。

（1）图 7-4、图 7-5 为某厂 600MW 超临界汽轮机常规甩负荷试验得到的参数记录曲线。

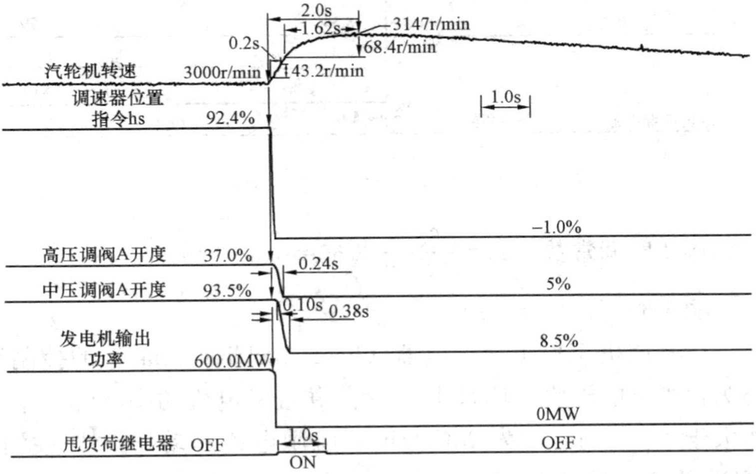

图 7-4　常规甩负荷试验参数记录曲线实例

（2）特性参数动态超调量：$\varphi=(3147-3000)/3000=4.9\%$

转子加速度：$\alpha=\frac{\Delta n_r}{\Delta t}\times 60=\frac{43.2}{0.2}\times 60=12\ 960\ (r/min^2)$

转子时间常数：$T_a=\frac{3000}{12\ 960}\times 60=13.89\ (s)$

转子转动惯量：

$$J=\frac{13.89\times 6\times 10^8}{(3000\times 2\times 3.142/60)^2\times 0.99}=85\ 272\ (kg\cdot m^2)$$

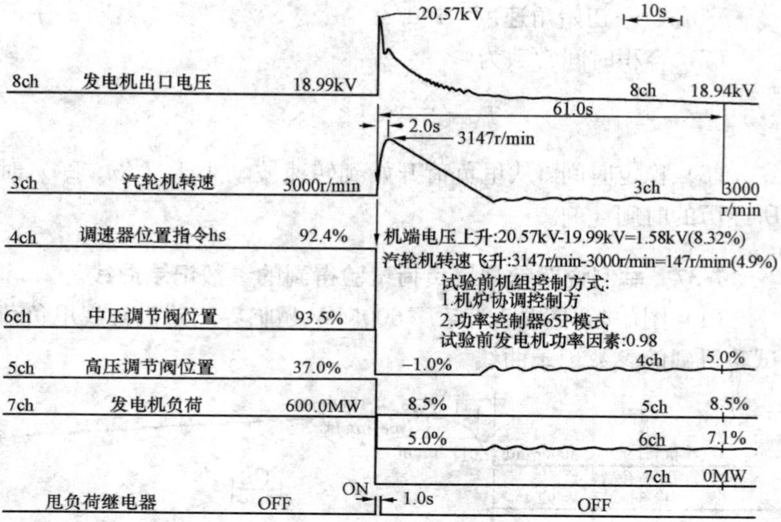

图 7-5　常规甩负荷试验参数记录曲线实例

容积时间常数：$T_{\mathrm{v}}=\dfrac{68.4}{12\ 960}\times 60=0.317$（s）

稳定时间：19.5（s）

（3）该机组甩负荷继电器（load shedding relay）的控制策略为：当发电机残余功率小于10%并且发电机功率下降速率每秒大于108%时，触发 MCV/ICV 跳闸电磁阀动作，快速关闭 MCV/ICV，持续 1s 后释放。

（4）甩负荷试验时发电机解列指令、甩负荷继电器、跳闸电磁阀（高/中压调节阀）的动作时序，以及发电机功率、高/中压调节阀阀位的变化如图 7-6 所示。

7-38　汽轮机测功法甩负荷试验应满足哪些试验条件？

（1）已取得该型机组转子实测转动惯量或制造厂提供了该试验机组设计转动惯量。

（2）调节系统静态特性符合要求。保安系统动作可靠，危急

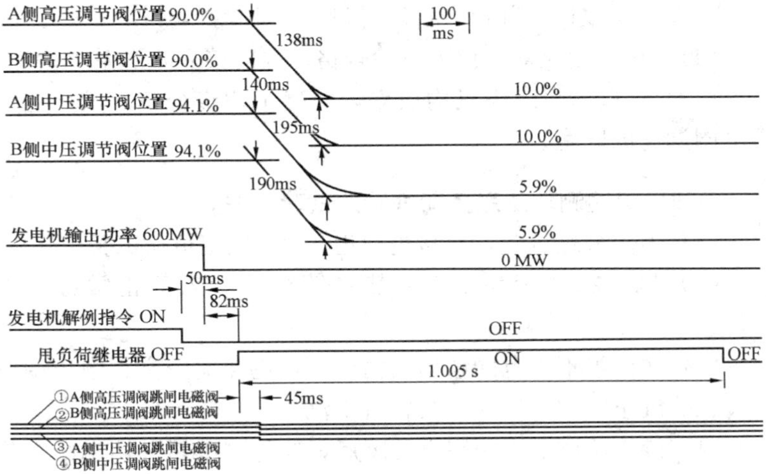

图 7-6　解列指令、甩负荷继电器、
跳闸电磁阀和高中压调节阀等动作记录

保安器提升转速试验合格，手动停机装置动作正常。

（3）主汽阀和调节阀严密性试验合格，油动机关闭时间符合要求，油系统油质合格。抽汽止回阀连锁动作正常，关闭严密。

（4）高压启动油泵、交直流润滑油泵连锁动作正常，高压加热器保护动作正常。

（5）锅炉过热器、再热器安全阀调试、校验合格。

（6）主要监视仪表准确，热工控制系统工作正常，热工、电气保护接线正确、动作可靠，并能满足试验的要求。

（7）机组在带负荷不与电网解列的条件下，对确保关闭调节汽阀、抽汽止回阀所采取的措施已完成。

（8）调节汽阀油动机关闭操作方式、试验起始指令等，应尽量与甩负荷工况相一致。

（9）厂用电源可靠，其他辅助设备运行正常，不存在影响甩负荷试验的隐患。

（10）发电机主开关和励磁开关跳合正常。电网周波保持在

(50±0.1)Hz 以内，并留有备用容量。

（11）试验用仪器、仪表校验合格，并已接入测量系统。

（12）试验领导组织机构成立，明确了职责分工。试验已取得电网调度的同意。

7-39 简述测功法甩负荷试验的试验方法。

（1）不需分级试验，直接进行甩 100%额定负荷试验。

（2）机组在额定参数、回热系统全部投入等正常方式下运行。

（3）在机组不与电网解列的情况下，迅速关闭高、中压调节汽阀、抽汽止回阀，切断向汽轮机供汽。

（4）待确认调节汽阀完全关闭后，速将同步器（功率给定装置）置于零位。锅炉迅速降低负荷。

（5）当确认发电机负荷到零并出现逆功率时，4～6s 后手动打闸或逆功率保护动作关闭主汽阀，联跳（或手操）发电机主开关、机组与电网解列。拆除临时措施，按有关运行规程要求恢复正常运行或停机。

（6）若调节汽阀油动机未能完全关闭或已关闭但发电机有功功率不能降到零时，禁止发电机与电网解列，以防超速。

（7）试验过程中的其他操作及安全注意事项，均应按有关运行规程中的要求执行。

7-40 汽轮机测功法甩负荷试验应记录哪些参数？

（1）汽轮机甩负荷试验应自动记录：发电机有功功率、转速、油动机行程、试验起始信号等参数。

（2）汽轮机甩负荷试验应自动手动记录：主、再热蒸汽参数，调节级压力，高压缸排汽温度、真空，发电机有功功率、转速，油动机行程，同步器位置等参数在记录试验前的初始值、试验过程中的极限值、试验后的稳定值。也可以利用机组的数据采集装置自动记录代替手抄记录。

7-41 通过测功法甩负荷试验如何计算汽轮机的飞升转速?

根据自动记录到的发电机有功功率曲线，按每变化 Δt 时刻查取对应的平均有功功率 $\overline{P}$（t）列表计算从开始试验时间至试验结束时间发电机所发出的有功；或者用计算机在试验的全过程内对有功功率进行积分运算。

按下式计算瞬时最高转速飞升值及描绘飞升曲线：

$$\Delta n(t)=\left(\frac{30.42}{J}\cdot\frac{n_0}{n}\cdot\frac{P_0}{P}\right)+\int_{t_0}^{t}P(t)\mathrm{d}t$$

Δn（t）——转子飞升转速，r/min；

t_0——试验起始时间，s；

t——电功率降到零时间，s；

J——转子转动惯量，kg·m²；

n_0——额定转速，为3000r/min；

n——试验起始转速，r/min；

P_0——额定功率，kW；

P——试验起始功率，kW；

P（t）——发电机有功功率，W。

由于功率变送器惯性的影响，使试验计算结果转速有正误差，一般可不作修正，必要时可对试验结果进行修正。应尽量选用时间常数小的有功功率变送器，以提高试验精度。

7-42 调速系统静态试验包括哪些试验？试验的目的是什么?

调节系统静态特性试验包括：静止试验、空负荷试验和负荷试验。

试验的目的如下：

（1）静止试验的目的。测取调节部套静态相关特性，初步确定调节系统静态特性，为机组创造安全、可靠的启动条件。根据试验所得特性曲线计算特征值：调节系统转速不等率和调节系统迟缓率。

（2）空负荷试验的目的。通过试验获取调节系统如下性能：调速器（转速敏感机构）特性；传动放大机构特性；调节汽阀油动机行程与转速相关特性；同步器工作范围；调节系统转速不等率；调节系统迟缓率；转速稳定性。

（3）负荷试验的目的。通过试验获取调节系统在有蒸汽作用下的特性：配汽机构特性；调节汽阀重叠度特性；调节汽阀提升力特性；调节汽阀油动机迟缓率；负荷稳定性。

7-43　汽轮机超速试验共分为哪几类？为什么要进行机械超速试验？

超速试验分为机械超速试验、电超速试验、OPC超速试验。

机械超速试验主要是为了检验危急遮断器的动作转速是否准确，确保其在设定条件下准确动作。

7-44　在什么情况下必须进行危急保安器升速动作试验？

有下列情况之一时必须进行危急保安器升速动作试验：

（1）新安装的汽轮机组。

（2）汽轮机组经过大修后。

（3）危急保安器部套检修后。

（4）汽轮发电机组做常规甩负荷前。

7-45　在什么情况下必须进行危急保安器注油动作试验？

（1）进行危急保安器升速动作试验前（为了不影响危急保安器升速动作试验的准确性，危急保安器注油动作试验至少应提前4h完成）。

（2）机组大修后启动冲转定速、空载运行时。

（3）机组停机备用1个月或以上后启动冲转定速、空载运行时。

（4）机组正常运行每2000h定期试验一次。

7-46　在提升转速做超速试验前为什么要带10%～25%额定负荷运行3～6h?

大型机组在提升转速做超速试验前，均需要带10%～25%额定负荷运行3～6h（具体暖机负荷和时间，按制造厂或现场规程要求执行），其目的是让转子中心温度达到转子脆性转变温度（FATT50）以上。

7-47　简述三菱600MW汽轮机机械超速试验的操作步骤。

（1）确认汽轮机保护连锁试验、润滑油泵与辅助油泵自启动试验、危急保安器注油试验正常，并且须在汽轮机机械超速试验开始至少4h前完成。

（2）机组带102MW或以上负荷暖机至少4h，检查单元机组无影响试验的异常，汽轮发电机组各轴承振动、温度正常。

（3）汽轮机机械超速试验应在发电机解列后15min内完成，否则应根据运行规程要求调整再热蒸汽温度和真空值相匹配，防止低压缸温度过高。

（4）单元机组降载到0MW，发电机解列。确认发电机励磁开关41E已断开，发电机已灭磁。

（5）在“DEH速度操作”画面中投入MOST（机械超速试验）试验模式，准备开始第一次机械超速试验升速。以每按一次“SET”键转速给定值增加45r/min速率加转速至3150r/min，并确认各参数正常。

（6）确认汽轮机转速到3150r/min后，以每按一次“SLOW＋SET”键转速给定值增加5r/min速率加转速至3250r/min，并确认各参数正常。确认汽机转速到3250r/min后，以每按一次“V. SLOW＋SET”键转速给定值增加1r/min速率升速直到机械超速动作为止。

（7）记录机械超速保护装置动作值，确认动作值在3270～3330r/min范围内。如果动作值小于3270r/min或汽轮机转速达

3330r/min 机械超速保护仍不动作则 BTG 盘打闸，机械超速动作值需调整。

（8）当机械超速保护装置正确动作，汽轮机转速降到 2700～2900r/min 时，复位汽轮机。重新设定目标转速为 3000r/min，开始汽轮机升速。在转速大于 2820r/min 时，进行 MSV-GV 阀切换。

（9）按上述操作重新再做一次机械超速试验，确认两次试验结果符合要求并且相差不大于 18r/min。

（10）第二次试验完成后，重新将汽轮发电机组冲转、并网、升载。机械超速试验结束。

7-48　简述富士 600MW 汽轮机电超速试验的操作步骤。

（1）确认汽轮机连锁试验正常，MOP 和 EOP 油泵自启动试验正常。机组带 150MW 负荷暖机 4h 以上完成，汽轮发电机组各轴承振动小于 75μm、各轴承金属温度及回油温度均正常，机组无影响试验的异常。

（2）机组降载到 0MW，发电机解列。确认励磁开关在手动模式，断开励磁开关。汽轮机机械超速试验应在发电机解列后 20min 内完成，否则，应注意调整再热汽温度和真空值相匹配，防止低压缸温度过高。

（3）在 CCS（协调控制系统）的 EHG 转速控制画面中将 65F 控制器由“遥控模式”切为“自动模式”。确认发电机励磁开关 41E 已断开，发电机已灭磁。

（4）在 65F 控制器上以每按一次“增加”按钮，以转速设定值增加 42r/min 的速率，将汽轮发电机转速升至 3180r/min，并确认各参数正常。

（5）由热工人员在电子设备间 EHG 盘液晶操作面板上进入电超速试验菜单，启动电超速动作试验按钮，并选择一个通道进行试验。（注：电子设备间 EHG 盘液晶面板的操作需要密码权

限）

（6）在 65F 控制器上以每按一次“增加”按钮，以转速设定值增加 10r/min 的速率增加汽轮发电机转速，直到电超速动作为止。

（7）如果汽轮发电机转速达 3330r/min 电超速仍不动作，则 BTG 盘打闸，后续按正常停机操作。联系相关人员检查电超速不动作的原因。

（8）电超速正常动作后，当汽轮机转速降到 2850～3000r/min 时，复位汽轮机，重新开启 MSV 和 RSV。设定目标转速为 3180r/min，重新将转速升至 3180r/min。

（9）由热工人员在电子设备间 EHG 盘液晶操作面板上选择另一个通道进行第 2 次电超速试验。

（10）试验过程中任一轴振突升 50μm 以上或轴振、轴承金属温度、回油温度、轴向位移、差胀等参数任一达报警值时，应立即终止试验。

（11）第 2 次电超速试验完成后，由热工人员在电子设备间 EHG 盘液晶操作面板上退出电超速试验模式，确认电子设备间 EHG 盘液晶操作面板已退至最顶层菜单。

（12）重新将汽轮发电机组定速为 3000r/min、并网、升载。机械超速试验结束。

7-49　无机械超速装置的汽轮机是否也必须用提升转速来进行超速试验？

（1）随着电超速保护装置可靠性的提高，越来越多的汽轮发电机组取消了机械超速设置。DL 863—2004《汽轮机启动调试导则》中有关汽轮机超速试验的条款明确要求“对于只设有电气超速保护装置（不设机械超速保护装置）的汽轮机组，其电气超速试验的动作转速值及试验步骤与机械超速试验要求相同”。

（2）对于有些无机械超速装置的汽轮机，由于其电超速保护装置带有完善的自检索功能，所以认为其电超速试验没有必要进行实际升速动作。

(3) 也有些电厂仍坚持对只设电气超速保护装置的汽轮机组采用实际提升转速的试验方法，并且分别测试2套电超速保护装置的动作情况，试验的具体要求和操作同机械超速试验基本一致。其目的除了可以验证电超速保护装置功能的可靠性外，还可以确认机组在3000～3300r/min转速范围内汽轮机的轴振、轴承温度、排汽温度等参数满足试验要求。

7-50 汽轮发电机组轴系振动试验的目的是什么？试验仪表应满足哪些要求？

汽轮发电机组轴系振动试验的目的是：通过对机组各轴承振动数据的测量，评价机组的振动状态，分析机组存在的振动问题。

汽轮发电机组轴系振动试验仪器应满足以下要求：

(1) 能够采集显示记录振动的幅值、相位，并能进行频谱分析。

(2) 能够进行多通道同时采集显示记录。

(3) 能够记录机组升降速的振动数据，并显示出波德图。

(4) 能够对轴振动和轴承振动进行监测。

7-51 汽轮发电机组轴系振动试验包括哪些内容？

根据《火电机组启动验收性能试验导则》，汽轮发电机组轴系振动试验主要包括：

(1) 汽轮发电机组启动升速过程中，记录轴系的振动情况。

(2) 汽轮发电机组空负荷3000r/min时，将排汽缸温度变化10～20℃，记录不同排汽温度下轴系的振动情况，变化前后每工况记录10min。

(3) 汽轮发电机组50%负荷运行时，将润滑油温度变化10℃，记录不同润滑油温度下轴系的振动情况，变化前后每工况记录10min。

（4）汽轮发电机组100%负荷运行时，记录轴系的振动情况。

（5）汽轮发电机组做超速试验时，记录超速试验转速上升和下降过程中轴系的振动。

（6）记录汽轮发电机组惰走过程中轴系的振动情况。

（7）上述轴系的振动情况以记录轴振动为主，有条件时也可以同时记录轴瓦振动。记录仪器可采用振动测量分析仪，不推荐用运行仪表。

7-52　如何判别汽轮发电机组轴系振动试验结果是否合格?

（1）汽轮发电机组轴系振动试验结果的合格标准可参照《电力工业技术管理法规》（试行）、GB/T 11348.2—2007《旋转机械转轴径向振动的测量和评定　第2部分：50kW以上额定转速150r/min　1800r/min　3000r/min　3600r/min陆地安装的汽轮发电机和发电机》等法规的要求。

（2）《电力工业技术管理法规》（试行）、《GB/T 11348.2—2007》等规范都是针对振动的幅值作了详细的要求，对振动过程的相位及频率没有规定。对于振动的相位与频率一般要求如下：

1）振动相位在稳定工况下，相位角变化小于±20°。

2）振动频率以工频为主，工频分量应占通频的80%以上。

3）机组惰走时过临界振动的振动相位与冲转时过临界的振动相位差不超过40°，对于轴承振动幅值小于10um的可以不比较相位。

7-53　为什么要进行汽轮机的自动主汽阀与调节阀严密性试验?

自动主汽门、调节阀作为汽轮机最重要的设备，其可靠性、严密性直接影响到汽轮机的安全运行，为避免汽轮发电机组在突然甩负荷或紧急停机过程中转速的过度飞升，以及在低转速范围内能有效地控制转速，高、中压主汽阀和高、中压调节阀的严密性必须符合要求。因此在新机组调试、大修前后以及机组每运行一年都应进行汽门的严密性试验，以检查确认汽门的严密性是否符合要求。

7-54 汽轮机的自动主汽阀与调节阀严密性试验如何进行?

(1) 试验在汽轮机空负荷状态下进行，蒸汽参数和真空应尽量保持额定。主再热蒸汽压力最低不得低于额定压力的 50%。关闭主汽阀或调节汽阀，观察汽轮机转速的下降情况，记录降速过程时间、最低稳定转速以及主蒸汽压力。

(2) 要求高压主蒸汽阀、高压调节阀、中压主蒸汽阀、中压调节阀四类阀门分别单独进行试验。

(3) 汽阀严密性试验也可以按制造厂提供的方法和标准进行。

(4) 试验过程中应注意汽轮机胀差、轴向位移、机组振动和汽缸温度变化，注意保持锅炉汽压、汽温、汽包水位稳定。

7-55 汽轮机的自动主汽阀与调节阀严密性试验合格标准如何?

衡量汽轮机自动主汽阀与调节阀严密性试验结果的方法有以下两种：

(1)《电力工业技术管理法规》、DL/T 711—1999《汽轮机调节控制系统试验导则》规定自动主汽阀与调节阀严密性试验的合格标准为：

1) 对于中压机组，其阀门的最大蒸汽泄漏量应不致影响转子降速至静止。

2) 对于主蒸汽压力为 9MPa 或以上的机组，其阀门最大蒸汽泄漏量不致影响转子降速至 1000r/min 以下。如果试验时蒸汽压力小于额定值，则合格标准中的转速由式 $(p/p_0)\times1000$r/min 计算得。式中：p 为试验条件下的主蒸汽或再热蒸汽压力，MPa；p_0 为额定主蒸汽或再热蒸汽压力，MPa。

（2）汽轮机制造厂明确提供阀门严密性试验方法与标准时，试验结果合格与否依制造厂提供的标准研判。

7-56　简述自动主汽阀与调节阀严密性试验的操作过程。

自动主汽阀与调节阀严密性试验在机组定速空载条件下执行，汽门的关闭与开启一般在DEH或DCS中编写了程序控制。试验的操作举列如下：

（1）主汽门严密性试验操作步骤：

1）进入“阀门严密性试验”画面，确认试验条件满足。

2）将硬操盘试验开关切换到“试验允许”。单击“主汽门试验”按钮，按钮灯亮，主汽门关闭。

3）主汽门关闭后，转子惰走，DEH自动记录惰走时间。

4）当转速降到可接受转速时，系统停止惰走计时。单击“停止试验”按钮，DEH输出打闸指令，机组打闸。

5）将硬操盘试验开关切换到“正常”位置。机组重新挂闸恢复转速到3000 r/min。

（2）调节阀严密性试验：

1）进入“阀门严密性试验”画面，确认试验条件满足。

2）将硬操盘试验开关切换到“试验允许”。单击“调节阀试验”按钮，按钮灯亮。

3）确认总阀位给定值置零，转子开始惰走，DEH自动记录惰走时间。

4）当转速降到可接受转速时，系统停止惰走计时。单击“试验停止”按钮，DEH恢复转速3000 r/min。

5）将硬操盘试验开关切换到“正常”位置，使“试验允许”按钮灯灭，惰走时间清零，高压调节阀严密性试验结束。

7-57　对于采用一级大旁路或两级小容量旁路系统的汽轮机进行汽门严密性试验有什么困难？

（1）采用两级小容量旁路、高中压缸联合启动机组汽门严密性试验的困难。

采用两级小容量旁路、高中压缸联合启动的机组在汽轮机冲转前要求高、低压旁路关闭。汽机转速升到 3000r/min 时再热汽压力也很低，不超过 0.1MPa。在这种情况下，进行的中压汽门严密性试验得到的结果是不准确的，无法检验中压主汽门、中压调节阀是否严密。

对于该类型的机组，可以在中压主汽门、中压调节阀严密性试验开始前将主汽压力升至 75%额定压力以上，试验开始后再开启高压旁路系统，将再热汽压力升至 50%额定压力以上。

（2）采用一级大旁路系统机组汽门严密性试验的困难。

采用一级大旁路的机组如果没有对系统进行特别的改善，更是无法满足中压主汽门、中压调节阀严密性试验所要求的条件。目前采用一级大旁路机组的中压主汽门、中压调节阀的严密性试验都未按要求进行。

据有关文献介绍，对于这一类型的机组可以采用机组负荷在 50%以上时，直接打闸的方法进行。这样主蒸汽压力、再热蒸汽压力均可以达到 50%额定压力以上，但这种做法对热力设备、电网冲击较大，一般不会允许。

7-58　在什么情况下应进行汽轮机汽门的关闭时间试验？

在下列情况时须进行汽轮机汽门的关闭时间试验：

（1）新建机组调速系统静态调试时。

（2）汽轮机大修或汽门部套检修之后。

（3）常规法甩负荷试验的瞬时最高转速静态测试需要时。

7-59　举例说明汽轮机汽门的关闭时间试验的记录曲线。

（1）汽轮机汽门的总关闭时间（油动机全行程）t 为关闭过程中的动作延迟时间 t_1，和关闭时间 t_2 之和。如图 7-7 所示，汽轮机汽门的关闭时间试验需记录汽门（油动机）的位置信号和跳闸信号，得到时间 t_1、t_2 以计算总关闭时间 t。

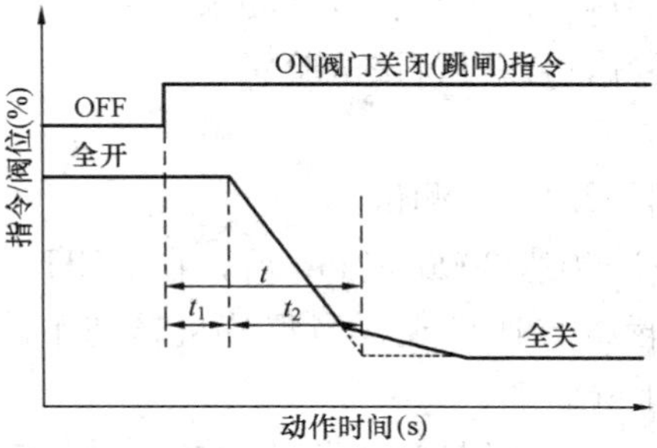

图 7-7　油动机动作过程时间示意图

（2）图 7-8 为某 600MW 超临界汽轮机 MSV 和 GV 阀关闭

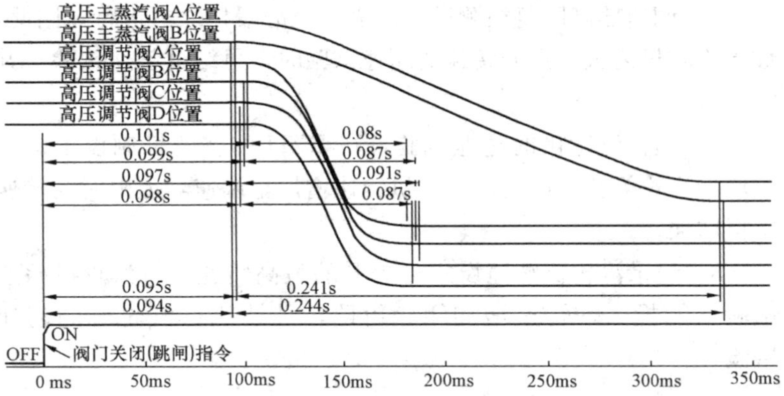

图 7-8　油动机动作过程记录实例

时间试验的记录曲线。从图中可以得到 GV 关闭时间：t_1＝(0.097－0.101)s，t_2＝0.056－0.072 s，t＝(0.157－0.169)s。MSV 关闭时间：t_1＝(0.094－0.095)s，t_2＝(0.212－0.214)s，t＝(0.306－0.309)s。

7-60　汽轮机调速器调节范围复核试验的目的是什么？如何操作？

汽轮机调速器调节范围复核试验的目的是确认主机 DEH 调

节系统的调速器调节范围符合设计要求。一般在机组大修后或者高压调节阀等检修后需进行该试验。

操作方法如下：

（1）调速器低限复核测试。

1）在机组冲转达 3000 r/min 后，在 DEH 的转速控制设定中逐步降低汽轮机转速设定，当汽轮机转速下降至调速器低限时，转速不再下降。

2）记录汽轮机最低转速，将汽轮机转速重新设定为额定转速 3000r/min。

（2）调速器高限复核测试。

1）调速器高限复核测试一般需要充分暖机之后进行，因此，如果汽轮机需进行提升转速的超速试验时，可结合超速试验一并完成。

2）结合汽轮机的超速试验，在 DEH 的转速控制设定中逐步增加汽轮机转速设定，当汽机转速增加至调速器上限时，转速不再增加。

3）记录汽轮机转速设定可提升的最高转速。将汽轮机超速试验功能投入，转速增加闭锁解除，继续执行汽轮机的超速试验。

7-61　对汽轮机的保护连锁试验有哪些要求？

（1）汽轮机的保护连锁试验由热工专业及相关部门配合完成。

（2）试验前应填写规定格式的试验单，试验单内容应包括试验时间、试验项目、试验内容、试验方法等。

（3）每项试验合格后，应有参加试验人员签字。

（4）试验合格后交付运行，如再有变动，必须履行有关手续并重新试验。

（5）试验时发现有不正常现象要分析和查找原因，直至彻底解决存在的隐患，才能交付运行。

（6）试验时模拟的试验条件要有详细记录，试验后应立即恢复至正常状态。

（7）为了保证保护连锁试验的顺利进行，机组检修后要留有足够的试验时间，大修应留2～3天，小修应留1～2天，以上时间应明确列入检修计划中。

7-62　锅炉-汽轮机-电气（B-T-G）大连锁试验应具备哪些条件？

锅炉-汽轮机-电气（B-T-G）大连锁试验应具备以下条件：

（1）DEH、ETS、DCS控制系统具备投用条件，锅炉总燃料跳闸（MFT）静态试验完成且合格，汽轮机紧急跳闸（ETS）在线试验完成且合格，汽轮机DEH仿真试验完成且合格。

（2）汽轮机润滑油系统已经启动且运行正常，EH油系统已经启动且运行正常。

（3）仿真锅炉炉膛吹扫条件满足，锅炉吹扫完成。

（4）解除汽轮机低真空跳闸保护，汽轮机具备挂闸条件。

（5）确认刀闸开关均在分闸状态，电气发变组保护装置及所属开关具备试验条件。

（6）汽轮机、锅炉、电气保护回路传动试验合格。

（7）试验已向电力调度部门提出申请，并已获得批准。

7-63　锅炉-汽轮机-电气（B-T-G）大连锁试验包括哪些内容？简述操作步骤。

锅炉-汽机-电气（B-T-G）大连锁试验的内容包括：

（1）发电机跳闸，连跳汽轮机、锅炉试验。

（2）汽轮机跳闸，连跳发电机、锅炉试验。

（3）锅炉试验跳闸，连跳汽轮机、发电机。

锅炉-汽机-电气（B-T-G）大连锁试验的操作步骤如下：

（1）FSSS置仿真状态，模拟点火允许条件，复归MFT。

（2）汽轮机挂闸，模拟冲转，定速 3000r/min。

（3）模拟发电机并网状态，发电机主开关闭合。

（4）将各磨煤机、油枪仿真运行，并投入保护，投入大连锁保护。

（5）分别模拟汽轮机跳闸，发电机主开关跳闸及锅炉 MFT 动作。检查保护动作正常，记录试验结果。试验完成后恢复试验前状态。

7-64　如何做发电机断水保护试验？

（1）开机前内冷却水系统已运行正常，压力、流量显示正确。投入发电机断水保护。

（2）电气检查发变组出口刀闸确在断开位置后，合上发变组出口开关。

（3）缓慢开启内冷却水冷却器后再循环门，发电机定子冷却水进水压力和流量逐步下降：当压力降至报警值时，“定子冷却水进水压力低”报警；当流量低于报警值时，“定子冷却水流量低”报警。

（4）当定子冷却水压力低于停机值且流量也低于停机值时，电气“发电机断水”报警，延时 30s 后，发变组出口开关跳闸。

（5）恢复内冷却水系统正常运行，复归各报警和断水保护信号。

（6）若全开内冷却水冷却器后再循环门不能达到试验参数时，可以开启内冷却水泵出口再循环门或关小滤网进水门参与调节压力、流量。

7-65　锅炉做水压试验时，汽轮机侧有哪些注意事项？

锅炉做水压试验时，汽轮机侧应注意的事项主要有：

（1）锅炉一、二次蒸汽系统水压试验上水前四大管道上的恒力吊架和顶部吊挡装置中的弹簧吊架应根据设计要求，用插销或定位片予以临时固定，以免这些吊架超载失效，插销或定位片水压结束并放尽积水后拆除。

（2）根据锅炉一二次蒸汽系统水压试验的试验压力确认高中压主汽阀、高中压调节阀、高压排汽止回阀以及旁路系统的相关阀门是否能承受试验压力，否则应根据汽轮机厂家要求采取相应的措施。比如，有些汽轮机在锅炉做水压试验时需拆除高中压主汽阀阀芯，并用专用工具替代，水压试验结束积水放尽后再复装高中压主汽阀。

（3）对于采用一级大旁路、不设高压排汽止回阀的机组，进行锅炉二次蒸汽系统水压试验时高压排汽处需装设专用堵板，专用堵板强度应满足试验要求。

（4）做好其他防止汽轮机进水的措施。

1）高中压主汽阀阀后的疏水（如蒸汽导管疏水）、汽轮机高中压内外缸疏水阀、阀杆漏汽至凝汽器阀门应保持开启。

2）高中压主汽阀在水压试验时的泄漏情况应有监视措施，防止高中压主汽阀及调节阀不严密时造成汽轮机进水。

3）高中压主汽阀阀杆漏汽在水压试验时的泄漏情况应有监视措施。防止高中压主汽阀阀杆漏水过大，造成汽封蒸汽冷却器及管线满水，进而造成汽轮机轴封进水。

（5）锅炉水压试验时上水的水质、水温应符合试验要求。锅炉一、二次蒸汽系统水压试验应分别充水，一般不允许同时充满水。

7-66 机组大修后对电动机的单体试转有什么要求？

（1）测量记录电动机的启动电流和空转电流，空转电流一般为额定电流的 1/3。

（2）电动机单体空载试转时应确认电动机转向正确，电动机轴承振动符合要求。

（3）电动机单体空载试转时间不少于 2h，记录并确认电动机轴承温度、绕组温度正常，检查电动机轴承温度、绕组温度已趋于平稳。

7-67　水冷表面式凝汽器的性能试验应参照什么标准？

水冷表面式凝汽器的性能试验标准有 DL/T 1078—2007《表面式凝汽器运行性能试验规程》、ASME PTC12.2—1998《Performance Test Code on Steam Surface Condensers》，DL/T 1078—2007 是在参考 ASME PTC12.2—1998 的基础上结合我国实际编写的。

DL/T 1078—2007《表面式凝汽器运行性能试验规程》只适用于水冷表面式凝汽器的性能试验，不适用于高于大气压力下运行的凝汽器和空冷凝汽器的性能试验。

7-68　空冷表面式凝汽器的性能试验应参照什么标准？

空冷表面式凝汽器的性能试验标准有

（1）DL/T 552—1995《火力发电厂空冷塔及空冷凝汽器试验方法》，该标准为火力发电厂间接空冷系统的空冷塔及直接空冷系统的空冷凝汽器的考核试验，性能试验提供统一的试验程序、试验方法、试验数据的整理方法及试验结果的评价方法。

（2）VGB-R 131 Me《空冷凝汽器在真空状态下的验收试验测量和运行监控》。该导则定义了直接空冷装置涉及的物理常数和条件等式，规范了验收试验测量方法、试验程序和试验数据的处理和修正方法并提供了直接空冷凝汽器的运行监控方法。

7-69　空冷塔和空冷凝汽器性能试验应满足哪些共通性条件和要求？

DL/T 552—1995《火力发电厂空冷塔及空冷凝汽器试验方法》规定，空冷塔和空冷凝汽器性能试验应满足以下条件和要求：

（1）雪天和外界离地面 10m 高处的平均风速大于 4 m/s 时，不应进行空冷塔、空冷凝汽器的考核试验和性能试验；在出现大气温度逆变的情况下也不应进行上述试验。

（2）测试工作应在空冷塔、空冷凝汽器的各项测量参数调整稳定 30min 后进行。在空冷塔、空冷凝汽器的考核试验、性能试验中，每一工况持续测试的时间不应少于 60min。

（3）各工况内相同参数的测量次数和每次测量的间隔时间应相同。空冷塔性能试验必须测量的参数有 12 类；空冷凝汽器性能试验必须测量的参数有 14 类。测量次数应符合规程规定。

7-70 对空冷塔性能试验条件有哪些具体要求？

（1）空冷塔的考核试验、性能试验应在设计规定的保证大气温度下进行，此温度与设计大气温度的偏差不超过±3℃。考核试验时，空冷塔所有散热器应全部投入运行，所有百叶窗处于全开状态。空冷塔的一般性能试验，是在设计工况下对设计水量、投入散热器数量、百叶窗开度等进行的各种组合试验。

（2）空冷塔考核试验时，要求机组保持 90%以上负荷，冷却水量与设计值的偏差应在±10%范围内。性能试验时，应根据试验要求，将机组负荷分成 100%、80%、60%直至机组允许的最低负荷，在各负荷下进行试验。机组负荷、进口空气温度、冷却水量的波动不大于 5%，并应切断进入凝汽器的各种疏水及其他热源。

（3）空冷塔性能试验时，应测量空冷塔出口空气温度及各个扇形段的进口水温和散热器进口断面风速分布等有关资料，以便计算散热器的传热系数，并为冬季防冻提供依据。

7-71 对空冷凝汽器考核试验、性能试验的条件有哪些具体要求？

对空冷凝汽器进行考核试验、性能试验时，应满足下述条件：

（1）考核试验时，机组负荷应不低于额定负荷的 90%，性能试验时，机组负荷应不低于额定负荷的 40%。

（2）考核试验时，空冷凝汽器的热流量应不低于设计热流量的 90%，性能试验时，空冷凝汽器的热流量应不低于设计热流量的 50%。

(3) 考核试验时，风机最大功率应不低于额定功率的 90%，性能试验时，风机最大功率应不低于额定功率的 50%。

(4) 进口空气温度应在空冷凝汽器设计性能曲线的设计保证值±3℃以内。

(5) 所有风机都全速运转，任何情况下都不应有 8%以上台数的风机处于停车，也不应有多于 1 台的 K-D 组处于停车，如有一台分凝器风机停车，则整个 K-D 组应当停运。

(6) 关闭进入凝结水接收槽的各种疏水。

7-72　DL/T 552—1995 与 VGB-R 131 Me 导则对空冷凝汽器性能试验时外界风速条件要求有什么不同?

DL/T 552—1995 规定外界离地面 10 m 高处的平均风速大 4 m/s 时，不应进行空冷塔、空冷凝汽器的考核试验和性能试验。

VGB-R 131 Me 导则规定，在一个测量周期内，空冷凝汽器上边缘的平均风速不能大于 3m/s，大于 6m/s 的峰值在 1h 内不能超过 20 次。

如果在距地面 H_M 为 10m 及以上的高度测量风速 v_M，可应用公式推得出空冷凝汽器上边缘高度 H_W 的风速 v_W，即

$$v_v = v_M \times (H_W / H_M)^{0.2}$$

这使得两者对外界风速的试验要求，因测量高度的不同而引起了差异：假设空冷凝汽器上边缘高度 $H_W = 40$m，按 VGB-R 131 Me 导则测试要求平均风速 v_W 不能大于 3m/s，则应用上述公式推得离地面 10m 高处测量的平均风速 v_M 不能大于 2.27m/s。这比国内一般按离地面 10m 高处平均风速 4m/s 设计值小了 43%。

7-73　水冷式凝汽器的性能试验对工况的偏差及稳定性有什么要求?

进行水冷式凝汽器的性能试验时，对冷却水进口温度、汽轮

机热负荷、冷却水流量参数的偏差与稳定性要求如表 7-3 所示。

表 7-3　　水冷式凝汽器性能试验要求表　　(%)

试验参数	规定试验工况下的偏差	工况稳定性要求
冷却水进口温度	±5.6	±1.1
汽轮机热负荷	±5.0	±2.0
冷却水流量	±5.0	±2.0

7-74　水冷式凝汽器的性能试验对工况的持续时间与读数有什么要求?

进行水冷式凝汽器的性能试验当工况在试验工况稳定时，每个试验工况的数据采集时间不少于 1h，读数间隔不大于 5min，对于重要的参数每个工况数据采集不少于 13 个。

7-75　水冷式凝汽器的性能试验主要包括哪四种类型的试验?

属于 DL/T 1078—2007《表面式凝汽器运行性能试验规程》标准的试验项目有传热试验、溶解氧浓度试验、凝结水过冷度试验、凝汽器水阻试验四种类型 。

7-76　举例说明水冷式凝汽器性能试验的测点布置。

图 7-9 为单流程、单压表面式凝汽器性能试验的测点布置的示意图，实际的测点布置应综合考虑凝汽器的内部设计与外部管路的布置，由试验的各方确定。

7-77　进行水冷式凝汽器性能试验时，循环水的进口温度和出口温度测点数量为什么不同?

(1) 循环水的进口温度的均匀性一般较好，因此在每一根循环水管上通常只需一个测温元件即可。

(2) 由于凝汽器内管束传热的不均匀，循环水的出口温度分布也不均匀，因此，循环水出口温度的测量比进口困难得多，测

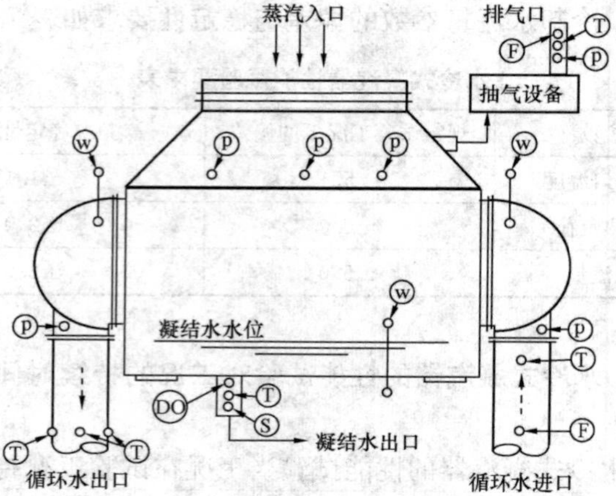

图 7-9　凝汽器试验测点布置示意图

T—温度测点；*P*—压力测点；*W*—水位测点；

F—流量测点；*S*—温度测点；*DO*—溶氧测点

点数量也比进口要多。具体可分为两种情况。

1）满足以下条件，则可以在远离凝器出口的下游测量循环水温度，因为在那里循环水已得到充分混合，温度分布均匀。

① 试验机组流出的循环水没有与其他流量混合。

② 从出水管到环境中的散热损失小于凝汽器热负荷的0.2%。

③ 确定循环水出口温度不存在分层现象。

④ 每一路循环水的温度测点至少有5个或以上，并且处于同一垂直截面。温度传感器如果使用热电偶套管，则电偶套管插入流体的深度不小于0.15m。

2）不能满足在远离凝器出口的下游测量循环水温度的条件，那么可以根据每一个出口管上合适的温度测量点的分布来确定。

如果测量栅格最少由6个点但不超过18个测点组成，则每0.139m^2 的管道通流面积上应有一个温度测点，这些点应位于等面积的中心，最后以相等权重求得算术平均值。对于圆形管道，测量应沿着最少 3 个直径方向，并且直径等间隔交叉，且在同心圆周上，并符合等面积要求。对于矩形管道，可以采用任何适当的等面积位置排列。

7-78　水冷式凝汽器性能试验循环水流量有哪些测量方法?

水冷式凝汽器性能试验循环水流量的测量方法有：测速法、示踪稀释法、差压法、超声波法、能量平衡法。

7-79　什么是凝汽器的性能监测? 与验收试验有什么区别?

(1) 凝汽器的性能监测是对运行中的凝汽器进行趋势的评估和性能的评价，其对仪表精度不像验收试验那样有严格的要求，凝汽器性能监测计划的重点、结构和数据不同于验收试验。

(2) 凝汽器性能监测相关测量的重复性是关键，如果数据可以在相同的运行工况下再现，通常可以通过对那些数据分析确定性能水平的修正系数。

(3) 凝汽器性能监测可由定期试验延伸到实时在线试验。性能监测试验的实施在不同的电厂之间区别较大，它取决于电厂的需要、经济性和资源，包括凝汽器性能、仪表操作方法和数据采集分析方法。

7-80　凝汽器性能在线监测有哪些优点?

凝汽器性能在线监测的主要优点有：

(1) 可以及时获得发生变化的时间和当时的外部条件，以便及时地做出操作和维修的响应。

(2) 可以通过急剧变化的初期征兆来预测情况。

(3) 可以连续地评估凝汽器对发电厂和成本的影响。

7-81　国内有关水泵的性能试验标准有哪些? 适用于什么场合?

(1) 国内有关水泵的性能试验标准有 GB/T 18149—2000

《离心泵、混流泵和轴流泵水力性能试验规范》、GB/T 3216—2005《回转动力泵　水力性能验收试验 1 级和 2 级》、DL/T 839—2003《大型锅炉给水泵性能现场试验方法》等。

（2）GB/T 18149—2000《离心泵、混流泵和轴流泵水力性能试验规范》属于精密级的试验规范，精密级主要用于实验室中的研究、开发和科学目的，要求有特别高的测量精度。

（3）GB/T 3216—2005《回转动力泵 水力性能验收试验 1 级和 2 级》属于工程级的试验标准，一般适用于验收试验。该标准包括了两种测量精度等级，1 级用于较高的精度，2 级用于较低的精度。大多数情况下，2 级已足够验收试验使用，1 级只限于需要更精确的确定泵的性能的特殊情况下使用。

（4）DL/T 839—2003《大型锅炉给水泵性能现场试验方法》是根据我国大型锅炉给水泵新的进展和具有的特点，在吸收 ISO 5198：1987（E）标准中的有关部分基础上，结合现场试验要求等级而制定的。该标准也包括了 B 级和 C 级两种测量精度，还提供了传统法和热力学法两种测量给水泵的效率的方法。

7-82　大型给水泵的效率有哪两种测量方法？

大型给水泵的效率测量方法可分为传统（常规）测量方法和热力学测量方法两种。

7-83　简述大型给水泵效率的传统测量方法。

给水泵效率的传统测量方法通常是利用测量仪器得出流体的有效功率 N_e，通过测量电动机输入功率间接得出泵的轴功率 N_z，进而得到泵的效率 $\eta=N_e/N_z$ 及其他特性参数在指定转速下随流量 Q 变化的特性曲线。

在电厂现场条件下要测取给水泵的轴功率比较困难，用于专业试验台上的扭矩仪不便在实际运行的泵上安装。而电动给水泵组普遍采用同一电动机同时驱动主泵和前置泵的设计，电动机与主给水泵之间一般为液力耦合器，勺管在不同位置时其传递效率随工况而变，致使轴功率的获取和计算较为复杂。

7-84　简述大型给水泵效率的热力学测量方法。

给水泵效率的热力学测量方法是基于热力学第一定律，分析介质及其流过泵时的能量转换，利用介质的焓熵图得到泵的效率 η，再获取流体的有效功率 N_e，从而得到轴功率 N_z 及其他特性参数在指定转速下随流量 Q 变化的特性曲线。

热力学测量方法一般只适用于总扬程超过 100m 的泵，并且对泵进出口温差的测量精度要求较高，温差应测定到 0.010～0.050℃以内。随着测量技术的发展认为该方法用于测量大型锅炉给水泵的效率是切实可行的，效率的相对极限误差达到工业试验 C 级精度。有些进口锅炉给水泵已装有基于热力学法监测泵效率的设施。

7-85　DL/T 839—2003《大型锅炉给水泵性能现场试验方法》对试验时给水泵运转的稳定性有什么要求？

（1）测量参数的最大允许波动幅度如表 7-4 所示。

表 7-4　　测量参数的最大允许波动幅度　　（%）

测定量	最大允许波动幅度	
	B 级	C 级
流量	±3	±6
扬程		
转矩		
功率		
转速	±1	±2

注　以测定量平均值的百分数表示。

（2）同一量多次重复测量的变化范围如表 7-5 所示。

表 7-5　　同一量多次重复测量的变化范围　　(%)

<table>
<tr><td rowspan="3">重复读数组数</td><td colspan="4">每一量重复读数的最大值与最小值间的最大相对允许误差</td></tr>
<tr><td colspan="2">流量
扬程
转矩
功率</td><td colspan="2">转速</td></tr>
<tr><td>B级</td><td>C级</td><td>B级</td><td>C级</td></tr>
<tr><td>3</td><td>0.8</td><td>1.8</td><td>0.25</td><td>1.0</td></tr>
<tr><td>5</td><td>1.6</td><td>3.5</td><td>0.5</td><td>2.0</td></tr>
<tr><td>7</td><td>2.2</td><td>4.5</td><td>0.7</td><td>2.7</td></tr>
<tr><td>9</td><td>2.8</td><td>5.8</td><td>0.9</td><td>3.3</td></tr>
</table>

注　最大值与最小值之间的最大相对允许误差为

$$最大相对允许误差=\frac{最大值-最小值}{最大值}\times 100\%$$

7-86　DL/T 839—2003《大型锅炉给水泵性能现场试验方法》对试验用仪表的允许系统误差有什么要求？

试验用仪表的允许系统误差要求如表 7-6 所示。

表 7-6　　试验用仪表的允许系统误差　　(%)

<table>
<tr><td rowspan="2">测定量</td><td colspan="2">允许范围</td></tr>
<tr><td>B级</td><td>C级</td></tr>
<tr><td>流量</td><td>±1.5</td><td rowspan="3">±2.5</td></tr>
<tr><td>扬程</td><td rowspan="3">±1.0</td></tr>
<tr><td>轴功率</td></tr>
<tr><td>原动机输入功率</td><td>±2.0</td></tr>
<tr><td>转速</td><td>±0.2</td><td>±1.0</td></tr>
</table>

7-87　汽轮机表面式给水加热器性能试验标准有哪些？

汽轮机表面式给水加热器性能试验标准主要有 JB/T 5862—

1991《汽轮机表面式给水加热器性能试验规程》和 ASME PTC 12.1—2000《闭式给水加热器性能试验规程》。

7-88　汽轮机表面式给水加热器性能试验的目的是什么?

汽轮机表面式给水加热器性能试验的目的是为了确定加热器在设计工况下给水端差、给水温升、疏水端差、给水压降、蒸汽压降或疏水压降，以及双方商定的其他相关内容。

7-89　表面式给水加热器性能试验对工况稳定及试验时间、数据读取频率有什么要求?

（1）试验之前加热器应达到稳定的运行条件，并在试验过程中始终保持这一稳定条件。试验过程中加热器水位应保持在正常范围内，如水位超出正常范围应作记录，此时的所有试验数据作废。

（2）为了减少修正量，试验应尽可能在设计工况下进行。给水流量与抽汽压力与设计值的偏差不大于±10%。

（3）每个试验应连续运行足够长的时间，对单个试验来说在稳定条件下试验的记录时间一般为 0.5h。

（4）试验过程中给水温度和蒸汽压力至少每 5min 记录一次，其他读数至少每 10min 记录一次。

第八章

汽轮机及辅助设备事故处理

8-1 简述汽轮机事故处理的原则。

（1）机组发生事故时，运行人员必须严守岗位，沉着冷静，抓住重点，采取正确措施，进行处理操作，不要急躁慌乱，顾此失彼，以致发生误操作，使事故扩大。

（2）机组发生故障时，运行人员一般应按照下列顺序和方法进行工作，消除故障：

1）根据仪表和机组外部的象征，确定机组或设备确已发生故障。

2）根据有关表计指示、报警信号及机组状态进行综合分析，迅速查清故障性质、发生地点和损伤范围。

3）及时向有关领导汇报情况，以便在统一指挥下，迅速处理事故。

4）迅速解除对人身和设备的威胁，必要时应立即解列故障设备，防止故障蔓延，保证其他未受损害的设备正常运行。

（3）牢固树立保护设备思想。通常在电网容量较大的状况下，个别机组停运不会对电网造成很大的危害；相反，若主设备特别是大容量汽轮机组严重损坏，长期不能修复，对整个电力系统稳定运行的影响则更严重，所以在紧急情况下要果断地按照规程、规定打闸停机，切不可存在侥幸心理，硬撑硬顶，造成事故扩大。

（4）事故一旦发生，往往各种不正常的现象瞬时并发，必须认真分析，抓住起主导作用的主要原因，事故才能得到迅速正确处理。

8-2 发电厂应杜绝哪五种重大事故？

发电厂应杜绝的五种重大事故是：人身死亡事故、全厂停电事故、主要设备损坏事故、火灾事故、严重误操作事故。

8-3 《防止电力生产重大事故的二十五项重点要求》中，与汽轮机有关的有哪几项？

（1）防止火灾事故。

（2）防止压力容器爆破事故。

（3）防止全厂停电事故。

（4）防止汽轮机超速和轴系断裂事故。

（5）防止汽轮机大轴弯曲和轴瓦烧瓦事故。

（6）防止分散控制系统失灵、热工保护拒动事故。

8-4 紧急故障停机和一般故障停机有什么主要区别？

紧急故障停机和一般故障停机的主要区别在于：首先，紧急故障停机无需请示汇报，运行人员可直接按紧急故障停机步骤操作，而一般故障停机应做好停机前的联系、汇报工作后再按一般故障停机步骤操作。其次，紧急故障停机在打闸后，还应开启真空破坏阀破坏真空以尽快将汽轮发电机组停下来，而一般故障停机在打闸后不需破坏真空。

8-5 哪些情况下应按紧急故障停机处理？

紧急故障停机是指所发生的异常情况已经严重威胁汽轮机设备及系统的安全运行。一般在下列情况时，应采取破坏真空，紧急故障停机：

（1）转速升高超过危急保安器动作转速而未动作。

（2）转子轴向位移超过轴向位移保护动作值而保护未动作。

（3）汽轮机胀差超过规定极限值。

（4）油系统油压或油位下降，超过规定极限值。

（5）任一轴承的回油温度或轴承的乌金温度超过规定值。

（6）汽轮机发生水冲击或汽温直线下降（10min内下降50℃及以上）。

（7）汽轮机内有清晰的金属摩擦声。

（8）汽轮机轴封异常摩擦产生火花或冒烟。

（9）汽轮发电机组突然发生强烈振动或振动突然增大超过规定值。

（10）汽轮机油系统着火或汽轮机周围发生火灾，就地采取措施而不能扑灭以致严重危及机组安全。

（11）主要管道破裂又无法隔离或加热器、除氧器等压力容器发生爆破。

（12）发电机、励磁机冒烟着火或氢气系统发生爆炸。

8-6　简述紧急故障停机的操作步骤。

（1）手打危急保安器或中控远方跳闸按钮，确认自动主汽阀、调节阀、抽汽止回阀已迅速关闭。确认汽轮发电机组转速下降，记录惰走时间。

（2）确认发电机、锅炉连锁跳闸动作正常。手动关闭低压旁路，高压旁路和再热器排汽可根据需要开启。手动关闭主、再热蒸汽管道上的疏水阀等，以避免大量热水热汽进入凝汽器。

（3）当汽轮机转速下降至1500～2000r/min时，停止真空泵运行，开启真空破坏阀破坏凝汽器真空。真空到零后及时停止轴端汽封供汽及汽封冷凝器抽风机。

（4）汽轮机惰走过程中确认润滑油泵、辅助油泵、顶轴油泵连锁自动启动成功，转速至零后确认盘车自动投入正常，检查大轴晃动度正常。

（5）检查并调整凝汽器、除氧器水位维持在正常范围。检查低压缸喷水阀自动打开。

（6）在转速下降的同时，进行全面检查，仔细倾听机组内部声音。

（7）完成正常停机的其他操作。

8-7　紧急故障停机破坏真空时有哪些注意事项？

（1）紧急故障停机在惰走的第一阶段由于转速下降较快，即没有必要也不应该开启真空破坏阀降低真空，因为在高转速时破坏真空可能会引起末级叶片的损坏。所以，紧急故障停机开启破坏真空破坏阀时，应确认汽轮机转速已降至1500～2000r/min左右。有些机组在连锁逻辑中会设置转速过高（>1500r/min）闭锁真空破坏阀开启的条件。

（2）当真空降至报警值时，应检查确认相关至凝汽器的汽、水控制阀连锁关闭，未设置连锁的至凝汽器的汽、水阀门应视具体情况关闭。

（3）当真空降至零后应及时关闭轴封供汽阀，切断汽轮机轴端汽封供汽。

（4）真空降降至零及相关阀门连锁关闭后，需注意相关设备的液位、管线的疏水情况，防止汽轮机进水。

（5）及时退出 CPP（凝结水精连处理）装置，防止凝结温度过高损坏树脂。

8-8　哪些情况下应按一般故障停机处理？

汽轮机一般故障停机是指所发生的异常情况，还不会立即造成汽轮机设备及系统的严重后果时的停机。一般在下列情况时，应采取不破坏真空的一般故障停机：

（1）主蒸汽或再热蒸汽参数异常变化，超过规定极限值。

（2）凝汽器真空下降到规定值。

（3）低压缸排汽温度超过规定值。

（4）机组无蒸汽运行超过规定的时间。

（5）汽轮机上、下缸温差超过规定值。

（6）控制油系统或汽轮机配汽机构故障，无法继续运行。

（7）润滑油系统漏油虽然可维持油位，但运行中无法消除漏点。

（8）DEH 电源失去或工作失常，汽轮机不能控制转速和负荷时。

（9）厂用电源除保安段外全部失去。

（10）EH 油泵及系统故障，危及机组安全运行时。

（11）汽轮机锅炉热工控制电源全部失去或仪表电源、计算机电源全部失去，不能马上恢复时。

8-9　汽轮机油系统工作失常主要表现在哪些方面?

汽轮机油系统工作失常主要表现为：主油泵工作失常、轴承断油、油压和主油箱油位同时下降、油压和主油箱油位不同时下降、辅助油泵故障及油系统着火等几个方面。

8-10　汽轮机主油泵（主轴驱动）工作失常如何处理?

（1）运行中主油泵有异音，但油系统中油压正常时，应仔细倾听主油泵及各部件的声音。注意润滑油压变化，必要时破坏真空，紧急停机。

（2）在下述情况下应启动相关油泵运行，同时迅速查明主油承失常的原因并处理。

1）主油泵（主轴驱动）工作失常时应特别注意润滑油压，当润滑油压有下降时应启动交流润滑油泵。

2）对于机械液压调节系统的汽轮机，发现调节油压持续下降时，应立即启动高压油泵。对于采用 DEH 系统的汽轮机，发现安全油压下降时应立即启动辅助油泵。

3）如果主油泵异常无法消除，虽然经过上述措施油压恢复正常，但仍应停机处理。

8-11　简述汽轮机轴瓦损坏的主要原因。

汽轮机轴瓦损坏的主要原因有：轴承断油、机组强烈振动、轴瓦制造不良、油温过高、油质恶化等。

8-12　汽轮机发生轴承断油的原因有哪些？如何处理?

汽轮机发生轴承断油的主要原因有：

（1）在汽轮机运行中进行油系统设备切换时发生误操作。

（2）油过滤器、冷油器切换时未按规定预先排除空气，会使大量的空气进入供油管道，造成轴瓦瞬间断油。

（3）主油泵失压而润滑油泵又未联动时，将引起断油。如果主油泵突然失压，即使润滑油泵连锁启动成功，也有可能会引起瞬间断油。

（4）启动、停机过程中润滑油泵故障失去供油能力时。

（5）主油箱油位过低，注油器进入空气，使主油泵断油。

（6）供油管道断裂，大量漏油造成供油中断。

（7）安装或检修时油系统存留有棉纱等杂物，造成进油堵塞。

（8）轴瓦在运行中位移，如轴瓦旋转，造成进油口堵塞。

汽轮机发生轴承断油时应按紧急故障停机处理。

8-13　防止汽轮机断油烧瓦的安全技术措施有哪些？

（1）加强油温、油压的监视调整，定期校验油位计、油压表、油温表。定期试验油系统设备自动联锁装置的可靠性。

（2）油净化装置运行正常，定期化验油质，油质应符合标准。

（3）严密监视轴承乌金温度，发现异常应及时查找原因并消除。注意监视机组的振动、串轴、胀差。防止汽轮机进水、大轴弯曲、轴承振动及通流部分损坏等原因导致轴瓦磨损。

（4）运行中的油泵或冷油器的投、停、切换应平稳谨慎，进行充分的排空气，严防润滑油中进入空气而造成断油烧瓦。

（5）运行中经常检查主油箱、高位油箱、油净化装置、密封油箱的油位和滤油机运行情况。发现主油箱油位下降快，补油无效时，应立即启动直流润滑油泵停机。

（6）油系统阀门不得垂直布置，大修完毕油系统应进行清理。汽轮发电机转子应可靠接地。

（7）机组检修时应认真按设计要求整定交、直流油泵的连锁定值，检查接线应正确。直流润滑油泵电源保险应有足够的容量并可靠。

（8）机组在正常停机打闸前，应启动 TOP、AOP，并确认其运行正常后再打闸停机。

(9) 机组启动定速并确认主油泵工作正常后，停运 TOP、AOP 时应密切监视润滑油压的变化，防止少油或断油。

(10) 每月定期进行主机各油泵试启动试验。

(11) 运行中不得随意退出或停运油系统中的主要监视仪表。

(12) 在汽轮机油系统放油等主要阀门挂“禁止操作”警示牌。

8-14 汽轮机主油箱油位和油压同时下降时如何处理?

油压和主油箱油位同时下降时主要由压力油管破裂、法兰处漏油，冷油器铜管破裂、油管道放油门误开等引起。针对以上情况，应做如下处理：

(1) 检查高压和低压油管是否破裂漏油，压力油管上的放油门是否误开，如误开应立即关闭。

(2) 如果是冷油器铜管大量泄漏，应迅速退出该泄漏冷油器运行并通知检修人员堵漏处理。

(3) 压力油管破裂时，应立即采取措施防止泄漏的润滑油喷射到高温部件引起火灾，并设法在运行中消除漏点。若漏点无法在运行中消除时，则应根据泄漏量的大小进行一般故障停机或紧急故障停机。有严重火灾危险时，应按油系统着火而紧急故障停机的要求进行操作。

(4) 若属于系统外漏（包括冷油器泄漏），要注意监视油箱油位，发现下降要及时补油，保持油位，找出泄漏的部位，采取措施处理。当运行中无法消除且油位降至极限值且补油又无效或油压下降危及机组安全运行时，应立即破坏真空，紧急故障停机。

8-15 汽轮机油压正常，主油箱油位下降时如何处理?

汽轮机油压正常，油位下降的原因有：油箱事故放油门、放水门或油系统有关放油门、取样门误开或泄漏，油净化装置抽水工作失常；压力油回油管道、管道接头、阀门漏油；轴承油挡严重漏油及冷油器漏油等。

出现该异常时应按以下方法处理：

（1）确认油箱油位指示正确。

（2）找出漏油位置，消除泄漏。

（3）联系检修加油，恢复油箱油位至正常。

（4）执行防火措施。

（5）如采取各种措施仍不能消除泄漏，且油箱油位下降较快，无法维持运行时，应立即破坏真空，紧急故障停机。

8-16 汽轮机润滑油温度高的原因及处理方法有哪些？

汽轮机润滑油温度高的原因包括：

（1）冷油器冷却水量少或冷却水温高。

（2）冷油器脏污。

（3）润滑油温自动调整失灵。

（4）主油箱电加热器误投。

（5）润滑油压力下降，油量减小。

（6）轴承负荷增大或损坏。

汽轮机润滑油温度高的处理方法如下：

（1）若冷油器冷却水量少，应启动备用循环水泵或开式水泵。

（2）若由于冷却水温度高，可投入串联冷油器冷却水。

（3）若冷油器脏污，切换到备用冷油器运行，并联系维护清理冷油器。

（4）若润滑油温自动调整失灵，应切至手动调整，调整门卡涩时使用旁路门调整。

（5）若主油箱电加热器误投，立即停止电加热器。

（6）润滑油压力下降，油量减小时，按润滑油压力下降处理。

（7）若轴承负荷高或损坏时，汽轮机按轴承温度高处理。

8-17　主油箱油位正常，油压下降时如何处理？

（1）检查主油泵工作是否正常，进口油压应不低于0.08MPa，如主油泵工作失常，应按规定设法处理。

（2）检查射油器工作是否正常，油箱、油系统滤网及射油器进口是否堵塞。

（3）检查油箱或汽轮机头前轴承箱内压力油管是否漏油，发现漏油应汇报有关人员，进行相应处理。

（4）检查溢油阀是否误动作，主油泵出口疏油门、油管放油门是否误开，并恢复其正常状态。

（5）检查各备用辅助油泵止回阀是否漏油，如漏油影响油压，应关闭该泵出口门（若有此出口门），解除其联动开关，通知检修处理。

（6）若润滑油供油系统设有滤网，当压差超过0.06MPa时，应切换至备用滤网并清洗脏污滤网。

（7）润滑油压下降至0.065MPa时，应启动交流润滑油泵；下降至0.055MPa时，应启动直流润滑油泵并打闸停机。如油压低于跳闸设定值则应破坏真空紧急停机。

（8）对液压调速系统，调速油压降低可旋转刮片滤油器几圈，并注意调节系统工作是否正常。润滑油压降低应注意轴承润滑油流量、油温等，发现异常情况应进行相应处理。

8-18　在汽轮机启、停过程中，辅助油泵（AOP）故障如何处理？

大型汽轮机辅助油泵（AOP）主要是在启停过程中向危急保安系统提供压力油，同时也作为密封油的备用油。另外，小型机组的高压启动油泵在启停过程中除了向危急保安系统提供压力油外，还通过射油器向轴承提供润滑油。

（1）对于大型机组，如果辅助油泵（AOP）故障不能正常工作时：

1）汽轮机转速在2500r/min以下辅助油泵（AOP）发生故障时，汽轮机可能会因为安全油压过低，隔膜阀开启而跳闸停机。否则，宜打闸停机处理辅助油泵故障。

2）汽轮机转速在2500r/min以上辅助油泵（AOP）发生故障时，应确认润滑油泵（交/直流）运行正常后，立即提高汽轮机转速至3000r/min，使主油泵能接替辅助油泵向危急保安系统提供压力油，然后处理辅助油泵故障。

（2）对于小型机组，如果高压启动油泵故障不能正常工作时，也可参照上述原则处理，但须注意：

1）因高压启动油泵除了向危急保安系统提供压力油外，还通过射油器供汽轮发电机组各轴承的润滑油，所以高压启动油泵故障时应立即启动交（直）流润滑油泵，防止润滑油中断。

2）高压启动油泵故障时，若交流润滑油泵或直流润滑油泵也发生故障，则应迅速破坏真空，紧急停机。

8-19　汽轮机油系统着火如何处理？

油系统的设备存在缺陷未及时发现，或者由于法兰紧力不够、法兰质量不良、运行中管线振动等均会导致漏油，漏油如果遇到未保温或保温不良的高温物体便会引起油系统着火。也有因为外部原因将油管击破，油漏到热体上造成火灾的案例。汽轮机油系统着火时应按以下措施处理：

（1）发现油系统着火应迅速采取措施，用泡沫灭火器灭火，并通知消防队，汇报有关领导。

（2）在消防队到来之前，注意尽可能不使火势蔓延到回转部位及电缆等处。

（3）若火势猛烈不能扑灭，直接威胁机组安全运行时，应立即启动交流润滑油泵或直流润滑油泵，严禁启动高压油泵，破坏真空紧急停机。若润滑油系统着火无法扑灭时，要将交流润滑油泵、直流润滑油泵的自启动开关连锁解除后，可降低润滑油压运行。火势特别严重时，经值长同意后可停运润滑油泵。

（4）油系统着火，危及主油箱时，在紧急停机的同时，应打开油箱事故放油门至事故油池放油。要根据实际情况控制放油速度，使转子静止前，润滑油不致中断。

（5）对氢冷发电机组，油系统着火造成密封油系统无法正常工作时，应立即排出发电机内的氢气；当氢压降至0.05MPa时，应将发电机内氢气置换成CO_2，发电机在充氢状态时，严禁将油箱内油放尽。

8-20 汽轮机轴向位移增大的原因有哪些？

（1）汽轮机发生水冲击。

（2）汽轮机单缸进汽。

（3）通流部分损坏或叶片结垢严重。

（4）推力轴承损坏。

（5）负荷或蒸汽流量突然有较大变化。

（6）主、再热蒸汽压力不匹配或凝汽器真空下降。

（7）蒸汽参数下降，汽轮机通流部分过负荷。

8-21 汽轮机轴向位移增大时有什么现象？如何处理？

轴向位移增大的现象：轴向位移表计指示增大或信号装置报警；推力瓦块温度升高；机组声音异常，振动增大；胀差指示相应变化等。其具体处理方法有：

（1）发现轴向位移指示增大时，应检查推力瓦块乌金温度、推力轴承回油温度并参考胀差表。倾听机组内部声音，确证轴向位移是否增大。

（2）当轴向位移达到报警值时，应首先采取减负荷措施，使其下降到正常值并汇报有关领导。同时，检查监视段压力、一级抽汽压力、高压缸排汽压力均不应高于规定值。

(3) 当推力轴承回油温度异常升高，相邻推力瓦块乌金温度超过规程规定值时，应故障停机。

(4) 轴向位移增大至报警值以上而采取措施无效，并且机组有不正常的噪声和振动，应迅速破坏真空，紧急故障停机。

(5) 若是汽轮机发生水冲击引起轴向位移增大或推力轴承损坏，应迅速破坏真空，紧急故障停机。

(6) 若是蒸汽参数不合格引起轴向位移增大，应立即调整恢复参数正常。

(7) 轴向位移达到正或负向极限值时，轴向位移保护装置应动作，若保护未动作，应紧急打闸停机。

8-22 在汽轮机运行时，推力轴承金属温度升高的原因有哪些？

(1) 发生水冲击异常。

(2) 轴向推力增大，具体原因有：负荷骤变、真空变化、蒸汽压力及温度变化、叶片结垢选成通流面积减小等。

(3) 润滑油系统异常，具体原因有：冷油器出口油温高、润滑油压低、推力轴承油量不足等。

(4) 推力轴承故障，具体原因有：瓦块磨损、瓦块支承不良、测温元件异常等。

8-23 在汽轮机运行时，推力轴承金属温度升高时如何处理？

(1) 当发现推力轴承金属温度任一点升高 5℃或持续升高，应确证温度测点正常并查明瓦块温度升高原因。

(2) 推力轴承金属温度异常，应检查冷油器出口温度、润滑油压、推力轴承回油流量是否正常，倾听机组内部有无异音，并检查负荷、汽温、汽压、真空、轴向位移、振动变化情况，若有异常应将其调整至正常。

(3) 当推力轴承金属温度或推力轴承回油温度达到报警值

时，应汇报值长，减负荷并密切监视。

（4）当推力轴承金属温度或轴承回油温度达停机值时，应按紧急故障停机处理。

8-24 在汽轮机运行时，径向轴承金属温度升高的原因有哪些？

（1）轴承本身损坏或油质不良。

（2）因为润滑油压低等原因，轴承缺油或断油。

（3）冷油器冷却水中断或油温自动调节失灵，油温异常升高。

（4）润滑油压、油温异常变化，造成油膜破坏。

（5）汽轮机负荷瞬间变化幅度大或汽轮机调节阀控制方式（单阀、顺序阀切换）改变。

（6）汽轮机发生水冲击或强烈振动时。

8-25 在汽轮机运行时，径向轴承金属温度升高时如何处理？

（1）轴承温度升高时应核对所有表计，当发现轴承进、出油温升突然增加3℃或轴承金属温度突然升高2～3℃时，应分析原因采取措施。

（2）若全部轴承温度都升高，可能是冷油器出口油温升高引起，此时应检查油温自动调节及冷却水情况。设法降低冷油器出口润滑油温度，恢复至正常范围内。若属于油质不良，则联系检修滤油。

（3）若个别轴承温度升高，应检查轴承进油压力、回油油流量、轴承振动、蒸汽参数、轴封或汽缸漏气情况，依据各种情况处理，恢复正常。

（4）当轴承润滑油进油温度超过49℃、轴承回油温度超过70℃或径向轴承金属温度超过107℃时，报警发出，此时应分析查找原因，及时处理，使之恢复正常。

(5) 若径向轴承金属温度超过 113℃或轴承回油温度超过 77℃，应立即紧急停机。

8-26　汽轮机径向轴承回油温度升高有哪些现象及原因?

(1) 所有径向轴承回油与轴瓦温度同时升高时，可能是因为温润滑油温度自动控制失常，润滑油冷油器出口温度高所致。

(2) 个别径向轴承回油温度升高，但轴瓦温度略有下降时，可能是因为轴承自动调心不好，如图 8-1 所示，轴瓦边缘与轴颈有碰磨。

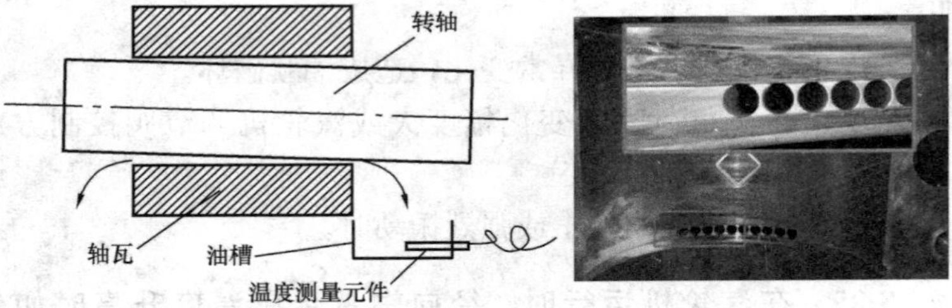

图 8-1　轴瓦边缘与轴颈碰损示意图

(3) 个别轴承负载较低，发生轴承自激振动时，回油温度会有显著的上升。在轴瓦温度较低时，回油温度甚至超过轴瓦温度。

8-27　如何防止汽轮机轴瓦损坏事故的发生?

根据《防止电力生产重大事故的二十五项重点要求》，防止汽轮机轴瓦损坏的措施主要有：

(1) 汽轮机的辅助油泵及其自启动装置，应按运行规程要求定期进行试验，保证处于良好的备用状态。机组启动前辅助油泵必须处于联动状态。机组正常停机前，应进行辅助油泵的全容量启动、连锁试验。

(2) 油系统进行切换操作（如冷油器、辅助油泵、滤网等）时，应在指定人员的监护下按操作票顺序缓慢进行操作，操作中严密监视润滑油压的变化，严防切换操作过程中断油。

（3）机组启动、停机和运行中要严密监视推力瓦、轴瓦乌金温度和回油温度。当温度超过标准要求时，应按规程规定的要求果断处理。

（4）在机组启停过程中应按制造厂规定的转速停起顶轴油泵。

（5）在运行中发生了可能引起轴瓦损坏（如水冲击、瞬时断油等）的异常情况下，应在确认轴瓦未损坏之后，方可重新启动。

（6）油位计、油压表、油温表及相关信号装置，必须按规程要求装设齐全、指示正确，并定期进行校验。

（7）油系统油质应按规程要求定期进行化验，油质劣化及时处理。在油质及清洁度超标的情况下，严禁机组启动。

（8）应避免机组在振动不合格的情况下运行。

（9）润滑油压低时，应能正确、可靠地联动交流、直流润滑油泵。为确保防止在油泵联动过程中瞬间断油的可能，要求当润滑油压降至 0.08MPa 时，报警；降至 0.070～0.075MPa 时，联动交流润滑油泵；降至 0.06～0.07MPa 时，联动直流润滑油泵，并停机投盘车；降至 0.03MPa 时，停盘车。

（10）直流润滑油泵的直流电源系统应有足够的容量，其各级熔断器应合理配置，防止故障时熔断器熔断使直流润滑泵失去电源。

（11）交流润滑油泵电源的接触器，应采取低电压延时释放措施，同时要保证自投装置动作可靠。

（12）油系统严禁使用铸铁阀门，各阀门不得水平安装。主要阀门应挂有“禁止操作”警示牌。润滑油压管道原则上不宜装设滤网，若装设滤网，必须有防止滤网堵塞和破损的措施。

（13）安装和检修时，要彻底清理油系统杂物，并严防检修中遗留杂物，堵塞管道。

（14）检修中应注意主油泵出口止回门的状态，防止停机过程中断油。

（15）严格执行运行、检修操作规程，严防轴瓦断油。

8-28　汽轮发电机组的振动过大对设备有什么危害?

（1）大型机组径向间隙要求较小，机组振动过大时可能会发生动静部分摩擦，如果处理不当还会引起弯轴、设备损坏等重大事故。

（2）机组振动过大，会加速一些零部件的磨损、断裂、松脱以及疲劳损坏，从而诱发其他的故障。

（3）机组振动过大有时会引起危急保安器和其他保护设备的误动作，造成不必要的停机事故。过大的振动还会造成铁芯片间和绕组绝缘损坏、水冷机组水管的漏水等事故。

（4）振动过大会造成基础裂纹、二次灌浆松裂等，有时振动传递至附近的建筑物上或引起共振，造成建筑物的损坏。

（5）过大的振动能造成汽封等通流部分间隙增大，从而降低机组运行的经济性。

8-29　相对小机组，大型机组的振动有哪些特征?

相对小机组，大型机组的振动特征有：

（1）临界转速低，轴系临界转速分布复杂。

（2）轴系的动平衡工作更加复杂。

（3）容易出现不稳定的振动现象。

（4）容易发生轴系扭振。

8-30　汽轮机的振动按激振源的不同可以分为哪两大类？各有什么特征?

汽轮发电机组的振动按激振源的不同，可分为强迫振动和自激振动两类。

强迫振动是由于外界的激励而引起的振动，主要特征是振动的主频率和转子的转速一致，振动的波形多是正弦波。

自激振动是由于振动系统内在的某种机制而激发的持续性振动，主要特征是振动的主频率和转子的转速不符而与其临界转速基本一致，振动的波形比较紊乱并含有低频谐波。

8-31　引起汽轮发电机组强迫振动的原因有哪些？

（1）转子质量不平衡或叶片断落。

（2）汽轮发电机转子中心不正或联轴器松动。

（3）汽轮机滑销系统卡涩，膨胀受阻，膨胀不均。

（4）发电机转子与定子之间磁场分布不均时，电磁干扰力引起振动。

（5）支承刚度不足，连接件螺栓松动和共振。

（6）轴瓦松动或轴承工作不正常。

（7）热不平衡使转子膨胀不均，转子产生了沿圆周方向的不规则变形。

（8）转子出现裂纹。

（9）转子受到不规则冲击力。

8-32　根据扰动力的性质，自激振动可分为哪些形式？

根据扰动力的性质，自激振动可分为轴瓦自激振动、摩擦自激振动、间隙自激振动等形式。

8-33　汽轮发电机组发生异常振动时如何处理？

（1）运行中机组突然发生强烈振动或清楚地听到机内有金属摩擦声时，应立即破坏真空，紧急停机。

（2）汽轮机振动超过正常值时，应及时检查主/再热蒸汽系统、抽汽系统、轴封系统、润滑油系统、密封油系统参数是否正常。必要时进行减负荷，使其恢复正常。振动过大超过规定极限值时，应紧急停机。

（3）机组发生异常振动时，还应检查负荷、调节阀开度、汽缸膨胀情况、机组内部声音，了解发电机、励磁机工作情况，蒸汽参数，真空、胀差、轴向位移、汽缸金属温度等是否发生了变化。

（4）在加、减负荷中出现异常振动时，应恢复原负荷。

（5）机组在启动升速中若出现异常振动且振动超出规定值，应立即打闸停机，并进行连续盘车，待查明原因，消除缺陷后再进行启动，再次启动时，应特别注意监视各轴承振动。

（6）引起振动的原因较多，值班人员发现振动增大时，要及时汇报，并对振动增大的各种运行参数进行记录，以便查明原因，加以消除。

8-34　在运行方面，如何防止汽轮发电机组异常振动？

（1）机组应有可靠的振动监测、保护系统，且正常投入，便于及时监视，对照分析。

（2）大轴晃动度，上、下缸温差、胀差和蒸汽温度任何一项不符合规定时，严禁启动机组。

（3）启动升速时，应迅速、平稳地通过临界转速。中速以下，汽轮机的任一轴承振动达到0.03mm以上或任一轴承处轴振动超过0.12mm时，不应降速暖机，应立即打闸停机，查找原因。

（4）运行中突然发生振动的常见原因是转子平衡恶化和油膜振荡。如因掉叶片或转子部件损坏，动、静磨损引起热弯曲而导致振动，应立即停机。如发生轻微的油膜失稳，则无须立即停机，应首先减负荷，提高油温，如果振动仍不见减小再停机。

（5）运行中的润滑油温度不应有大幅度的变化，尤其不能偏低。

（6）机组不允许在轴承振动不合格的情况下长期运行。

8-35　如何解释发电机密封油温度过低时轴振周期性波动的现象？

密封油温度过低时常会引起发电机及邻近轴振的周期性波

动，尽管不是所有的密封油温度低都会有该现象。

同径向轴承的轴颈一样，密封瓦处的轴颈在运行中也存在因摩擦而产生的热弯曲的可能，并且其方向是周期性变化的，这种热弯曲在正常运行时很小，产生的不平衡量并不显著，所以一般不易观察得到。

由于发电机密封瓦（铜）与轴颈（钢）材料的热膨胀系统数不同，在密封油温度降低时，密封瓦与轴颈的间隙变小，密封油流量减少，密封瓦处轴颈周向受热不均加剧，热弯曲增大，由此而产生的不平衡量也增大。当增加的不平衡量足够大或者该处不平衡灵敏度很高时，就会出现轴振同期性波动的现象。

图 8-2 为某厂 600MW 汽轮机密封油温度低引起轴振波动的趋势图记录。图 8-3 为密封油温度低对密封瓦与轴颈间隙的影响示意，密封油温度低时密封瓦与轴颈的间隙小，流量减少，轴颈周向受热不均加剧，轴振波动明显。

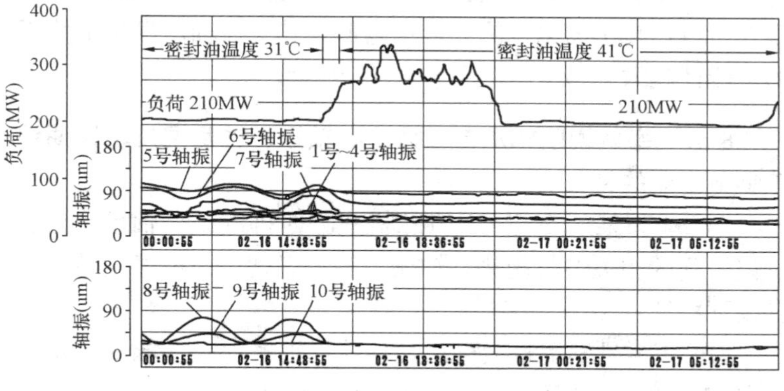

图 8-2　密封油温度低时轴振波动记录

8-36　什么叫油膜振荡现象？在什么情况下会发生油膜振荡？

（1）旋转的轴颈在滑动的轴承中带动润滑油高速流动，在一定条件下，高速油流反过来激励轴颈，产生一种强烈的自激振动

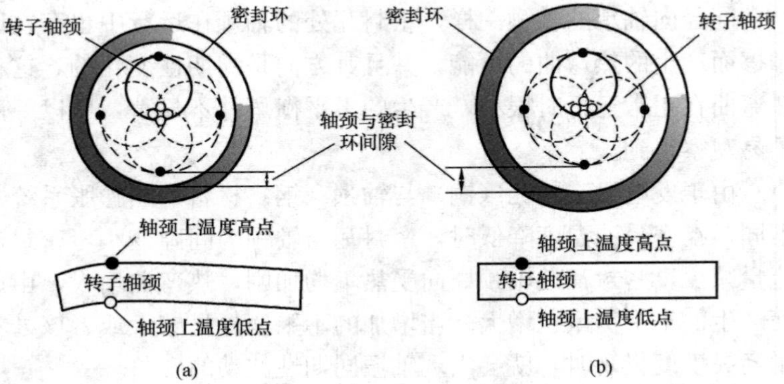

图 8-3 密封油温对密封与轴颈环间隙的影响示意图

（a）密封油温度偏低；（b）密封油温度正常

现象，这种现象即为油膜振荡现象。

（2）油膜振荡只在转速高于第一临界转速的 2 倍时才能发生。所以，转子的第一临界转速越低，其支撑轴承发生油膜振荡的可能性越大。

8-37 举例说明轴承自激振动时轴振、轴瓦温度、回油温度等参数变化的特征。

图 8-4 为某厂 600MW 汽轮机三缸四排汽 3 号轴承自激振动时记录到的相关参数趋势，轴振、轴瓦温度、回油温度参数变化有以下特征：

（1）该 3 号轴承自激振动发生前，轴振存在小幅的波动，幅值在 45～65μm 之间。然后突然升高。

（2）该 3 号轴承自激振动发生前，回油温度略低于轴瓦温度 1～2℃。随着机组负荷的下降回油温度与轴瓦温度趋于一致。轴承自激振动发生时，回油温度高于轴瓦温度 2～4℃。

（3）该 3 号轴承自激振动可以通过增加汽轮机负荷，从而增加轴承的负载得到抑制。

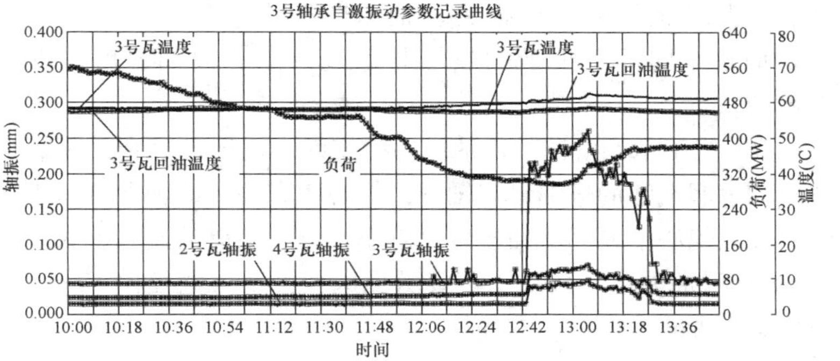

图 8-4　某厂 600MW 汽轮机三缸四排汽 3 号轴承自激振动时的相关参数趋势图

8-38　如图 8-5 所示，解释为什么轴承回油温度会高于轴承金属温度？

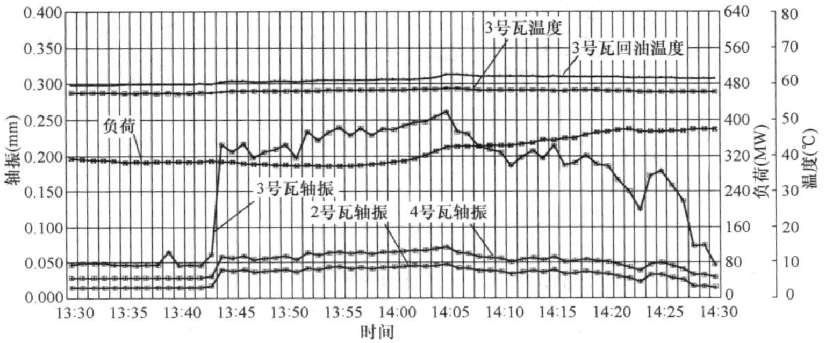

图 8-5　3 号轴承自激振动参数记录曲线（13：30-14：30）

（1）如图 8-5 所示，轴承回油温度高于轴承金属温度是发生在该轴承因负载太轻而发生自激振动时。

（2）轴承工作时的热平衡时条件为：单位时间内润滑油层摩擦产生的热量（即轴承的机械损失）等于同一时间内轴承端面回流的润滑油（轴承回油）所带走热量和轴承散发热量

之和。其中轴承的机械损失、轴承散发热量两者可近似为常量，而轴承回油所带走的热量与回流油量、回油温度、进油温度有关。

（3）当轴承润滑油的供油压力一定时，对于已确定的现场设备，轴承润滑油的进油量与轴颈的偏心率有关。即轴承负荷很轻时，轴颈偏心小，润滑油流量也就小，反之润滑油流量就大。图8-6为润滑油油量系数线图，表示了这种关系（宽径比 B/d、偏心率 x、油量系统数 $q/\psi vBd$）。

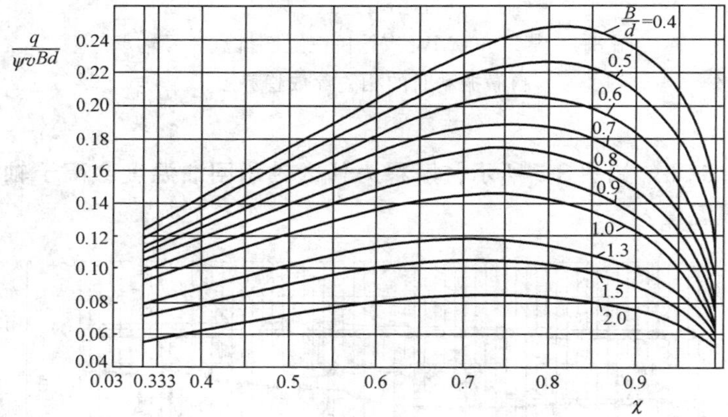

图 8-6　润滑油油量系数线图

（4）题中所示的轴承处在发生自激振动的轻载状态下，此时轴颈偏心小，润滑油流量也比正常载荷时小。当轴承的机械损失、进油温度不变时，润滑油流量的减小就使回油温度升高，甚至高于轴承的金属温度。

8-39　什么是汽轮机转速飞升、事故超速和严重超速？超速有什么危害？

机组的最高转速在汽轮机调节系统动态特性允许范围内称正常转速飞升，超过危急保安器动作转速至 3600r/min 称事故超速，大于 3600r/min 称严重超速。

严重超速可以导致汽轮发电机组严重损坏，甚至毁坏报废，是汽轮发电机组设备破坏性最大的事故。另外，由于轴承失稳和轴系临界转速偏低等原因所造成的事故超速，也往往会产生毁灭性的后果。

根据我国 12 台次毁机事故的统计表明，约 70％为严重超速，30％为事故超速。

8-40 汽轮机超速的原因主要有哪些?

（1）发电机甩负荷到零，汽轮机调速系统工作不正常。

（2）危急保安器超速试验时转速失控。

（3）发电机解列后高、中压主汽门或调节阀、抽汽止回门等卡涩或关闭不到位。

（4）汽轮机转速监测系统故障或失灵。

8-41 为了防止汽轮机超速，运行方面有哪些要求?

（1）各种超速保护装置应投入运行，超速保护装置不能可靠动作时，禁止将机组投入运行或继续运行。

（2）坚持定期活动汽轮机高中压主汽阀、调节阀，坚持定期执行抽汽止回阀关闭试验。

（3）坚持按规定进行危急保安器注油试验，注油试验不动作时，应消除缺陷。

（4）加强对蒸汽品质的监督，防止蒸汽带盐使门杆结垢，造成卡涩。

（5）对新装机组或对机组的调节系统进行技术改造后，应进行调节系统动态特性试验，以保证汽轮机甩负荷后，转速飞升不超过规定值。

（6）机组大修或安装后、危急保安器解体或调整后、停机一个月以后再次启动时、机组甩负荷试验前，都应做超速试验。

（7）正常停机时应先打闸，确认有功功率表为零后再解列或采用逆功率保护解列。

(8) 机组大修后必须按要求进行汽轮机调节系统的静态试验或仿真试验，确认调节系统工作正常。

(9) 机组大修后应进行汽门严密性试验，试验标准和方法应按制造厂的规定执行，运行中汽门严密性试验应每年进行一次。

(10) 汽轮机调节系统重大改造后的机组必须进行甩负荷试验。

(11) 调节保安系统投入前必须有油质化验合格报告，只有在系统油质合格后，才允许投入调节保安系统。

(12) 汽轮机超速试验前，必须进行主汽门、调节阀严密性试验且合格。

8-42 为了防止汽轮机超速，在检修方面有哪些要求？

(1) 坚持进行调速系统静态特性试验，调速系统的性能要满足发电机满负荷运行突然甩负荷时，能自动调节使飞升转速控制在危急保安器动作转速以下的要求。

(2) 保持汽轮机、控制油清洁良好，各项指标符合要求。

(3) 防止主汽阀、调节阀、抽汽止回阀卡涩不能关闭严密。

(4) 运行中发现主汽门、调节阀卡涩时，要及时消除汽门卡涩，消除前要有防止超速的措施，主汽门卡涩不能立即消除时，要停机处理。

(5) 对调速系统、保安系统不合理的现象，要及时提出并讨论，实施改善措施。

8-43 运行人员为什么要掌握危急保安器的复归转速？

所谓危急保安器的复归转速指危急保安器飞锤因机组超速而动作，恢复原平衡位置的转速。运行人员掌握挂闸时机，避免在危急保安器飞锤尚未回缩之前，过早地进行挂闸操作，致使飞锤与机械跳闸阀的拉钩碰撞损坏设备或因挂闸过迟，使机组转速下降过多，增加不必要的操作。

8-44　汽轮机超速限制功能（OPC）不能正常工作时有什么危害？

（1）汽轮机 OPC 是防止机组甩负荷超速的有效手段，汽轮甩负荷时 OPC 如不能正常工作，则汽轮机转速飞升不能控制在危急保安器动作范围之内，即使危急保安器正确动作也有可能仍会造成短时间的故障超速。

（2）图 8-7 为某 600MW 机组甩 50％额定负荷时因中压汽缸进汽压力未检测到，OPC 没有及时正确动作时的转速飞升曲线，最高转速达 3292r/min，危急保安器动作。而该机组 OPC 正确动作时，甩 100％额定负荷时最高转速为 3164r/min，小于危急保安器的动作转速 3270～3300r/min。

8-45　汽轮机发生水冲击时有什么现象？

（1）新蒸汽温度急剧下降，10min 内下降 50℃或 50℃以上。

（2）主汽门和调节阀的法兰、阀杆、轴封等处，汽缸的结合面处均可能冒出白汽或溅出水珠。

（3）蒸汽管道有水冲击声，机组发生强烈振动。

（4）负荷下降，汽轮机声音异常突变。

（5）轴向位移增大，推力瓦乌盘温度迅速升高，胀差减小或出现负胀差。

（6）汽缸上、下缸温差变大，下汽缸温度降低较多。

8-46　造成汽轮机水冲击的原因有哪些？

（1）锅炉负荷突增、蒸发量过大或蒸发不均引起汽水共腾等。

（2）锅炉燃烧不稳定、减温器泄漏、旁路减温水误动作或调整不当，运行人员误操作或给水自动调节失灵造成锅炉满水位，

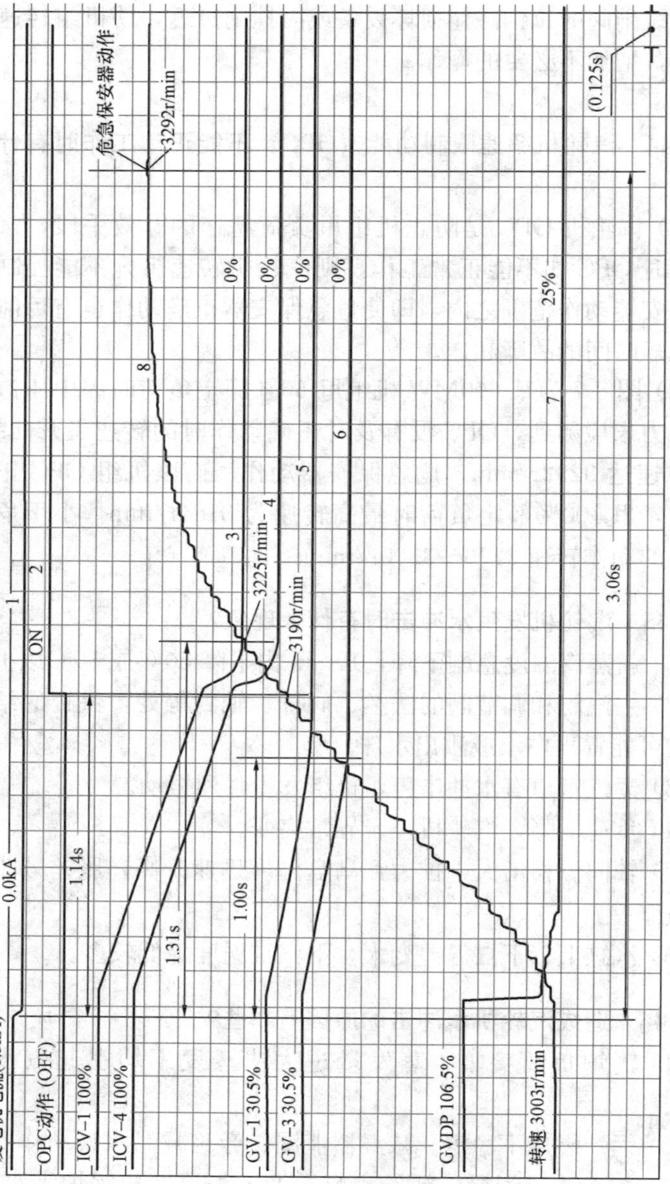

图 8-7 某 600MW 机组甩 50%电负荷参数记录曲线

使蒸汽带水。

(3) 汽轮机启动暖管不充分或疏水排泄不畅，主、再热蒸汽管道或锅炉过热器、再热器疏水系统不完善，可能把积水带入汽轮机。

(4) 高、低压加热器水管破裂，加热器满水，保护装置失灵，抽汽止回阀不严，水由抽汽管道返回汽轮机。

(5) 机组在启动时汽封供汽系统暖管疏水不充分，汽水混合物被送入轴封造成水冲击。或者机组在停机切换备用汽封汽源时，因备用汽源系统暖管疏水不充分，汽水混合物被送入轴封造成水冲击。

(6) 滑参数停机时，由于控制不当，降温过快，使汽温度低于当时汽压下的饱和温度而成为带水的湿蒸汽。

(7) 主、再热蒸汽过热度低时，调节阀大幅度摆动等。

8-47　如何预防汽轮机发生水冲击?

(1) 锅炉灭火或机组甩负荷后主、再热蒸汽温度下降较快，及时切断锅炉减温水。

(2) 汽轮机调节级金属内壁温度大于150℃时，不得进行锅炉水压试验。

(3) 机组停机后关闭与汽缸直接相通的疏水。

(4) 控制上、下缸温差不超过35℃，否则立即查找进水、进冷汽原因，最大不超过50℃。

(5) 汽轮机冲转后上、下缸温差大，若由于抽汽管道疏水不畅引起，应及时投入加热器汽侧。

(6) 汽轮机热态启动冲转前，开启各抽汽管道上的疏水门，必须保证主、再热蒸汽管道、导汽管疏水阀已连续疏水不少于5min。在阀座内外壁金属温度差在金属温差曲线要求范围内时，在冲转前必须进行不少于5min的疏水。

(7) 机组运行中，对比同负荷下各加热器疏水调节门的开度，若发现开度增大并确认加热器泄漏，及时解列加热器。

(8) 主蒸汽过热度较低，调节阀大幅度摆动时，严密监视机组振动，胀差、轴位移等，若有异常立即打闸停机。

(9) 机组停机后给水泵运行时，检查高压旁路减温水门关闭应严密。

(10) 停机后应认真监视凝汽器、高/低压加热器及除氧器水位，防止汽轮机进水。

(11) 轴封供汽母管疏水门在机组投轴封前开启，机组并网切缸后关闭。停机后若暂不停轴封时，在汽轮机打闸后开启轴封供汽母管疏水门。轴封停运后，严密关闭各供汽电动门，开启轴封供汽管道所有疏水门。

(12) 凝汽器灌水查漏时，应设专人监视水位，防止水进入汽轮机。

(13) 给水加热器检修做措施时，须注意加热器水位监视，汽侧隔离后水侧也应及时隔离，防止加热器泄漏造成汽轮机进水。

(14) 切换除氧器汽源时，四段抽汽至除氧器管道应充分疏水暖管且当四段抽汽压力大于除氧器压力方可由辅助蒸汽切换至四段抽汽供汽，切换期间密切监视四段抽汽管道上、下壁温度差，发现温差超过50℃，立即关闭四段抽汽至除氧器电动门。

8-48　汽轮机发生水冲击时如何处理?

水冲击事故是汽轮机运行中最危险的事故之一，运行人员必须迅速、准确地判断是否发生水冲击，一般应以新蒸汽温度是否急剧下降为依据，同时应注意检查汽轮机上、下缸温差的变化，确认发生汽轮机水冲击事故时，应立即迅速破坏真空，紧急停机。具体处理方法如下：

(1) 启动交流或直流润滑油泵，停止抽气设备运行，破坏真空，紧急打闸故障停机。

（2）开启汽轮机缸体和主、再热蒸汽管道上的所有疏水门，进行充分疏水。

（3）惰走过程中应仔细倾听汽缸内部声音，监视机组振动，正确记录转子惰走时间及真空数值，盘车后测量转子弯曲数值，盘车电动机电流应在正常范围内且稳定。

（4）检查并记录推力瓦乌金温度和轴向位移数值。

（5）注意机组惰走过程中的转动声音和推力轴承工作情况，如惰走时间正常，经过充分疏水，蒸汽温度恢复后，一切参数无异常，可以重新启动机组。但启动升速过程中应仔细倾听汽缸内部是否有异音，并监视机组振动是否增大，如发生异常应立即停止启动，揭缸检查。若惰走时间明显缩短或汽缸内有异音，推力瓦温度升高，轴向位移、胀差超限时，不经检查禁止机组重新启动。

（6）若因加热器铜（钢）管破裂造成机内进水，应迅速手动关闭抽汽止回阀，同时关闭加热器的抽汽电动阀，对抽汽管要充分疏水。

8-49　引起汽轮机大轴弯曲的原因是什么？

汽轮机大轴弯曲一般均是由热应力过大造成，导致大轴弯曲的具体原因可以是多方面的，从本质上讲可以分为两大类。一是局部碰摩产生局部过热所引起，二是汽轮机汽缸进水使转子骤冷所引起。

8-50　如何防止汽轮机大轴弯曲事故的发生？

《防止电力生产重大事故的二十五项重点要求》对防止汽轮机大轴弯曲事故从各方面列举了四十余条具体措施，这些措施主要包括：汽轮机技术资料、禁止启动条件、汽轮机启动与停止过程操作措施、汽轮机应立即打闸停机条件、防止汽轮机进水或冷汽的要求与措施、汽轮机保温要求等方面。

（1）严格执行预防汽轮机水冲击规定。

(2) 严格执行汽轮机热态启动规定。

(3) 对于布莱登汽封改造机组，升负荷时发现振动增大，应及时降低机组负荷，待振动恢复正常后，方可继续升负荷。

(4) 机组启、停及变工况运行过程中，按启、停机曲线规定控制主汽压力及温度的变化率，避免汽温大幅度变化。

(5) 机组启、停机期间，控制好轴封压力，若其他工况稳定时，真空下降，应提高轴封压力，但轴封不向外冒汽，尤其是汽轮机切缸前及打闸停机后应特别注意轴封压力的控制。

(6) 停机时记录惰走时间，发现异常及时查找原因。

(7) 大小修后首次启动盘车时，记录转子原始偏心及最高点的圆周相位。以后每次启机前、停机后都应对比，发现异常应分析处理。

(8) 严格执行启、停机中盘车的有关规定。

8-51　停机后盘车盘不动，如何处理？

(1) 禁止采用吊车强制盘车。

(2) 维持润滑油、顶轴油系统运行。

(3) 破坏真空，停止轴封。

(4) 严密关闭汽轮机各抽汽电动门及电动门前疏水门。

(5) 关闭主汽门上、下阀座疏水、中压主汽门阀座疏水。

(6) 关闭高压导汽管疏水门。

(7) 关闭至凝汽器的所有疏放水门。

(8) 严密监视和记录汽缸各部分的温度、温差和转子晃动随时间的变化趋势。

(9) 当汽缸上、下温差小于50℃时可手动试盘车，若转子能盘动，可盘转180°，采取自重法校直转子。

8-52　汽轮机叶片损坏或断落时有什么现象？如何处理？

汽轮机叶片损坏或断落时的现象有：

(1) 汽轮机内或凝结器内产生突然声响。

（2）机组突然振动增大或抖动。

（3）当叶片损坏较多时，若要维持负荷不变，则应增加蒸汽流量，即增大调门开度。

（4）断叶片落入凝结器时打坏冷却水管，凝结器水位升高，凝结水导电度增大，凝结水泵电流增大。

（5）断叶片进入抽汽管道可能造成阀门卡涩。

（6）在惰走、盘车状态下，可听到金属摩擦声。

（7）运行中，级间压力升高。

（8）确认汽轮机叶片损坏或断落后，应紧急故障停机。

8-53　汽轮机断叶片的原因有哪些?

（1）叶片存在缺陷。

（2）蒸汽品质不合格，叶片结垢引起局部过负荷或腐蚀破坏。

（3）长期超低周波或超高周波运行。

（4）汽轮机发生水冲击。

（5）汽轮机超负荷。

（6）汽温偏低。

（7）机组振动过大。

（8）动静之间发生摩擦。

8-54　运行中为防止叶片损坏应采取哪些措施?

（1）电网应保持正常频率运行，避免频率偏高、偏低引起某几级叶片进入共振区。

（2）运行中保持蒸汽参数和各监视段压力在正常范围内，超过极限值应限负荷运行。

（3）加强汽、水的化学监督，防止汽轮机转子发生应力腐蚀。

（4）运行中加强对振动的监视，防止汽轮机因进冷水、冷汽或其他原因导致受热不均变形、动静间隙减小，引起局部碰磨。

（5）机组大修中应对通流部分损伤情况进行全面细致地检查，做好叶片、围带、拉筋的损伤记录，做好叶片的调频工作。

8-55　汽轮机叶片的腐蚀可分为哪3类？

（1）溃疡性腐蚀。指由于腐蚀而使叶片发生馈疡状造成的损坏。机组在正常运行中一般不会发生溃疡性腐蚀，只有长期停用且保养不善时，才可能会发生。

（2）应力腐蚀。指叶片在有拉应的作用下结合化学腐蚀影响造成的损坏。汽轮机的蒸汽品质不合格或低压缸负压部分漏入空气（CO_2）都有可能引起叶片的应力腐蚀。

（3）腐蚀疲劳。指叶片在交变应力作用下结合化学腐蚀影响造成的损坏。腐蚀疲劳与一般的交变应力疲劳的不同之处在于腐蚀疲劳极限与循环次数的关系曲线没有水平段，只能定出条件疲劳极限，腐蚀疲劳极限与材料的抗拉强度不存在比例关系。

8-56　常用的提高叶片振动的安全措施有哪些？

（1）调整叶片的自振频率。

（2）调整激振力频率。

（3）降低激振力大小。

（4）提高叶片的耐振强度。

8-57　电网频率波动时应注意哪些问题？

（1）当电网频率变化时，严密监视机组的运行状况及运转声音是否正常；加强监视机组的振动、轴向位移、推力瓦温度的变化。

（2）当频率下降时，加强监视发电机定子（转子）的冷却水压力、温度以及发电机进、出口风温的变化，及时调整保持正常值。

（3）频率上升时，注意汽轮机的转速变化。

8-58　发电厂DCS系统故障时有哪些处理措施？

根据《防止电力生产重大事故的二十五项重点要求》，当发电厂 DCS 系统故障时，应根据现场规程及预案采取以下处理措施。

（1）当全部操作员站出现故障时（所有上位机“黑屏”或“死机”），若主要后备硬手操及监视仪表可用且暂时能够维持机组正常运行，则转用后备操作方式运行，同时排除故障并恢复操作员站运行方式，否则应立即停机、停炉。若无可靠的后备操作监视手段，也应停机、停炉。

（2）当部分操作员站出现故障时，应由可用操作员站继续承担机组监控任务（此时应停止重大操作），同时迅速排除故障，若故障无法排除，则应根据当时运行状况酌情处理。

（3）当系统中的控制器或相应电源故障时，应采取以下对策。

1）辅机控制器或相应电源故障时，可切至后备手动方式运行并迅速处理系统故障，若条件不允许则应将该辅机退出运行。

2）调节回路控制器或相应电源故障时，应将自动切至手动维持运行，同时，迅速处理系统故障，并根据处理情况采取相应措施。

3）涉及汽轮机、锅炉保护的控制器故障时，应立即更换或修复控制器模件，涉及汽轮机、锅炉保护电源故障时，则应采用强送措施，此时，应做好防止控制器初始化的措施。若恢复失败，则应紧急停机停炉。

（4）检查发现 CPU、网络、电源等故障时，应及时通知运行人员并迅速做好相应对策。

8-59　运行中发电机内氢气湿度超出允许值，用排污补氢方法处理无效时怎么办？

氢气湿度超标用排污补氢方法处理无效时，应从下列几方面查找原因并加以消除：

（1）复查供氢母管内氢气的湿度是否合格。

（2）检查发电机内油水检测器排出的液体中水分的含量，并鉴别水分的来源。

(3) 检查氢气冷却器有无漏水情况。

(4) 检查内冷水系统有无渗漏。

(5) 检查主油箱中有无存水，并取样化验润滑油中含水量。

(6) 检查内冷却水温若低于氢气温度，应立即提高内冷却水温度，并保持内冷却水温高于氢气温度。

(7) 检查氢气干燥装置工作是否正常。

8-60　运行中的发电机对冷却水温差或风温差有什么要求?

运行中应对定子线棒层间测温元件的温差和出水支路的同层各定子线棒引水管出水温差进行监视，温差控制值应按制造厂规定执行。制造厂对上述温差无明确规定时参照如下限额执行：

(1) 定子线棒最高与最低温度间的温差达 8℃或定子线棒引水管出水温差达 8℃时，应查明原因并加强监视。可降低负荷运行。

(2) 定子线棒温差达 14℃或定子引水管出水温差达 12℃、任一定子槽内层间测温元件温度超过 90℃或出水温度超过 85℃时，在确认测温元件无误后，为避免发生重大事故，应立即停机进行反冲洗及有关检查处理。

(3) 对于全氢冷发电机定子线棒出口风温差达到 8℃或定子线棒间温差超过 8℃时，应立即停机进行有关检查并排除故障。

8-61　全氢冷发电机在什么情况下应紧急排氢停机?

(1) 汽轮机油系统火灾危及密封油系统、氢气系统时，发电机应紧急排氢，并注入二氧化碳。

(2) 发电机内部有机械摩擦声或发生异常巨响并向外喷油时，应紧急排氢，并注入二氧化碳。

(3) 交直流密封油泵全失压、备用油压力也失去时，发电机应紧急排氢，降低氢压至 5kPa，然后通过主机润滑油向发电机密封瓦供油；同时，开始注入二氧化碳进行气体置换。

（4）厂用电全失去，密封油由直流油泵供油时，如果保安段不能及时恢复供电，则发电机应紧急排氢降低氢压，当氢压降至5kPa时，同时，开始注入二氧化碳进行气体置换。

8-62　发电机紧急排氢操作应注意哪些问题？

（1）紧急排氢时，应确认排气口不得有动火工作，排氢过程中排氢管无过热现象，否则，应降低排氢速度。同时，紧急排氢时禁止在厂房内动火，并加强通风。

（2）发电机如果已经解列，则紧急排氢时发电机内的氢压可降至最低的安全压力，否则，应与发电机负荷、发电机内冷水压力相适应。

（3）紧急排氢时，应确认发电机密封油压力跟踪氢压正常，否则，应降低排氢速度或手动调整密封油压正常。

（4）发电机紧急排氢时的排放速度要合理控制，防止因排放速度过快产生剧烈摩擦而引起氢气自燃。

8-63　防止氢冷发电机漏氢的措施有哪些？

《防止电力生产重大事故的二十五项重点要求》对防止发电机漏氢的措施主要有：

（1）大修后，气密性试验不合格的氢冷发电机严禁投入运行。

（2）为防止氢冷发电机的氢气漏入封闭母线，在发电机出线箱与封闭母线连接处应装设隔氢装置，并在适当地点设置排气孔和加装漏氢监测装置。

（3）应按时检测氢冷发电机油系统、主油箱内、封闭母线外套内的氢气体积含量，超过1%时，应停机查漏消缺。当内冷水箱内的含氢量达到3%时报警，在120h内缺陷未能消除或含氢量升至20%时，应停机处理。

（4）密封油系统平衡阀、压差阀必须保证动作灵活、可靠，密封瓦间隙必须调整合格。若发现发电机大轴密封瓦处轴颈有磨损的沟槽，应及时处理。

8-64 汽轮机通流部分结垢对汽轮机有什么影响？

（1）通流部分结垢对汽轮机的安全经济运行危害极大。汽轮机动、静叶片槽道结垢，将减小蒸汽的通流面积。在初压不变的情况下，汽轮机进汽量将减少，汽轮机出力降低。

（2）当通流部分结垢严重时，由于隔板和推力轴承有损坏的危险，不得不限制负荷。

（3）如果配汽机构结垢严重时，将破坏配汽机构的正常工作，并且容易造成自动主汽门、调节阀卡死的事故隐患，有可能导致汽轮机在事故状态下紧急停机时，自动主汽门、调节阀动作不灵活或拒动作的严重后果，导致汽轮机损坏。

（4）当在金属表面结垢、积盐条件满足时，会发生应力腐蚀，严重时造成汽轮机设备损坏。

8-65 大型机组进行水汽品质劣化处理时应遵循什么原则？

当进行水汽品质劣化时，应迅速检查取样的代表性、化验结果的准确性，并综合分析系统中水、汽质量的变化，确认判断无误后，按下列三级处理原则执行：

（1）一级处理：有因杂质造成腐蚀、结垢、积盐的可能性，应在72h内恢复至相应的标准值。

（2）二级处理：肯定有因杂质造成腐蚀、结垢、积盐的可能性，应在24h内恢复至相应的标准值。

（3）三级处理：正在发生快速腐蚀、结垢、积盐，如果4h内水质不好转，应停炉。

（4）在异常处理的每一级中，如果在规定的时间内尚不能恢复正常，则应采用更高一级的处理方法。

8-66 凝结水（凝结水泵出口）水质异常时的处理如何分级？

根据GB/T 12145—2008《火力发电机组及蒸汽动力设备水

汽质量》规定，凝结水（凝结水泵出口）水质异常时的处理的分级如表 8-1 所示。

表 8-1　　凝结水水质异常时的处理分级

项目		标准值	处理等级		
			一级	二级	三级
氢电导率（25℃，μS/cm）	有精处理除盐	≤0.30*	>0.30*	—	—
	无精处理除盐	≤0.30	>0.30	>0.40	>0.65
钠（μg/L）①	有粗处理除盐	≤10	>10	—	—
	无粗处理除盐	≤5	>5	>10	>20

① 用海水冷却的电厂，当凝结水中的含钠量大于 400μg/L 时，应紧急停机。

* 主蒸汽压力大于 18.3MPa 的直流炉，凝结水氢电导率标准值不大于 0.20μS/cm，一级处理大于 0.20μS/cm。

8-67　锅炉给水水质异常时的处理如何分级？

根据 GB/T 12145—2008《火力发电机组及蒸汽动力设备水汽质量》规定，锅炉给水水质异常时的处理分级如表 8-2 所示。

表 8-2　　锅炉给水水质异常时的处理分级

项目		标准值	处理等级		
			一级	二级	三级
pH*（25℃）	无铜给水系统**	9.2～9.6	<9.2	—	—
	有铜给水系统	8.8～9.3	<8.8 或>9.3	—	—
氢电导率（25℃，μS/cm）	无粗处理除盐	≤0.30	>0.30	0.40	0.65
	有精处理除盐	≤0.15	>0.15	>0.20	>0.30
溶解氧（μg/L）	还原性全挥发处理	≤7	>7	>20	—

* 直流炉给水 pH 值低于 7.0，按三级处理等级处理。

** 对于凝汽器管为铜管、其他换热器管均为钢管的机组，给水 pH 标准值为 9.1～9.4，则一级处理 pH 值小于 9.1 或大于 9.4。

8-68　锅炉炉水水质异常时处理如何分级?

根据GB/T 12145—2008《火力发电机组及蒸汽动力设备水汽质量》规定，锅炉炉水水质异常时的处理分级如表8-3所示。

表8-3　锅炉炉水水质异常时的处理分级

锅炉汽包压力（MPa）	处理方式	pH（25℃）标准值	处理等级		
			一级	二级	三级
3.8～5.8	炉水固体碱化剂处理	9.0～11.0	<9.0或>11.0	—	—
5.9～10.0		9.0～10.5	<9.0或>10.5	—	—
10.1～12.6		9.0～10.0	<9.0或>10.0	<8.5或>10.3	—
>12.6	炉水固体碱化剂处理	9.0～9.7	<9.0或>9.7	<8.5或>10.0	<8.0或>10.3
	炉水全挥发处理	9.0～9.7	9.0～8.5	8.5～8.0	<8.0

注　炉水pH值低于7.0，应立即停炉。

8-69　汽轮机主油箱油位升高的原因有哪些？如何处理？

主油箱油位升高的原因主要有：

（1）油系统进水。引起油系统进水的原因有轴封汽压过高或轴封蒸汽冷凝器负压过低、润滑油冷油器水压大于油压且有泄漏、密封油冷油器水压大于油压且有泄漏。

（2）密封油氢侧油箱油位控制不良，油位偏低。

（3）机组启动过程中油温升高，油受热膨胀使油位正常升高。

主油箱油位有上升时的处理：

（1）应立即检查密封油箱油位是否正常。

（2）检测主油箱润滑油和水分，如果通过检测确认是油中进水，则应逐一检查可能引起油中进水的所有设备，然后消除引起油中进水的原因。

8-70 汽轮机润滑油中含有水（水分含量过高）时有哪些危害?

（1）当润滑油含有较多的水分时，油的黏度降低、润滑性能下降，降低轴承的承载能力，甚至发生机械摩擦，损坏轴瓦。

（2）当润滑油含有较多的水分时，油的氧化物与水化合形成酸类，会对金属部套（比如危急保安器、油压调节阀等）造成腐蚀，增加油中杂质，进一步加快油质的恶化。

（3）氢冷发电机的润滑油中含有较多水分时，润滑油中的水分会通过密封油混到氢气中，降低氢气的露点，影响发电机的绝缘。

（4）在汽轮机的轴承箱中常布置了一些如转速、轴振、轴向位移、偏心、胀差等参数的测量仪表设备，这些测量设备是汽轮机保安系统的重要组成部分。润滑油中水分过高时会降低这些测量设备的可靠性，影响机组安全运行。

8-71 汽轮机润滑油中带水的原因有哪些?

（1）轴封系统工作失常，轴封蒸汽大量外冒，水蒸汽进入轴承箱造成油中带水。

（2）当轴封蒸汽稍有外冒时，如果轴承回油管负压过大，水蒸汽也会进入轴承箱造成油中带水。

（3）润滑油冷却器、密封油冷却器泄漏，且油压低于水压时，会造成油中带水。

（4）润滑油的油净化装置工作失常，润滑油中的水分不能及时除去，日积月累造成明显的油中带水。

8-72 汽轮机润滑油中水分含量过高时如何处理?

（1）分析查找润滑油中水分含量过高的原因，消除造成油中带水的缺陷。

（2）保持油净化装置连续运行，确认油净化装置自动除水能力正常。

（3）必要时可外接真空滤油机对润滑油进行滤油除水。

8-73　汽轮机 EH 油箱为什么不装设底部放水阀？运行中应如何保证 EH 油水分合格？

由于 EH 系统使用的是抗燃油，在工作温度下抗燃油的密度一般在 1.11～1.17，比水的密度大，因此，即使 EH 油箱中有水，也只能浮在油面上，无法在油箱具体位置安装放水阀。

在运行中保证 EH 油水分合格的措施有：

（1）定期检查 EH 油箱上呼吸器中空气干燥剂的失效情况，失效时及时更换。

（2）维持 EH 油温在允许范围内。

（3）保持抗燃油再生系统正常投运。

8-74　汽轮机 EH 油温高的原因有哪些？如何处理？

汽轮机 EH 油温高的原因有：

（1）EH 油温度自动调节失灵。

（2）闭式水至 EH 油冷却器冷却水量少或中断。

（3）闭式水温度高。

（4）EH 油泵故障或出口压力过高造成压力释放阀动作。

汽轮机 EH 油温高的处理方法如下：

（1）若油温度自动调节失灵，应切至手动调整，调整门卡涩时，使用旁路门调整。

（2）检查闭式水压力、温度是否正常，否则设法恢复。

（3）若 EH 油泵故障，切换 EH 油泵。

（4）检查调整 EH 油泵出口压力及压力释放阀的整定值。

8-75　汽轮机 EH 油箱油位异常的原因及处理方法有哪些？

汽轮机 EH 油箱油位异常的原因如下：

（1）EH 油系统泄漏。

（2）EH 油冷却器泄漏。

（3）滤油机跑油。

汽轮机 EH 油箱油位异常的处理方法如下：

（1）当 EH 油箱油位下降至低报警值时，立即联系补油，并查找油位下降原因。

（2）若 EH 油系统泄漏，应在确保 EH 油压不低于保护动作值的前提下，隔离泄漏点，并防止人员受伤或接触到 EH 油。若泄漏点无法隔离油位继续下降且无法维持 EH 油泵运行时，应故障停机。

（3）若 EH 油冷油器泄漏，应立即切换冷油器，隔离泄漏冷油器。

（4）若滤油机跑油，立即停止其运行并隔离。

8-76　引起汽轮机抗燃油油酸值过高的原因有哪些?

（1）抗燃油工作温度过高或者存在局部过热。

（2）抗燃油中水分含量超限，加速 EH 油的水解。

（3）抗燃油系统中压力释放阀异常，长期处于动作状态，使泄放的 EH 油温度升高，加速老化。

（4）抗燃油再生装置运行不正常或失效。

8-77　凝汽器真空下降的处理应遵循哪些原则?

（1）发现真空下降时，首先要对照表计，判断指示是否正确。如真空表指示降低，排汽缸温度升高，即可确认为真空下降。在其他参数保持不变的情况下，随着真空的降低，电负荷会自动地减少。

（2）确认真空下降后应迅速查明原因，根据真空下降原因采取相应的处理措施。

（3）真空持续下降，应将备用抽气设备投入。注意在启动备用抽气设备前应确认设备的水位正常。

(4) 在处理过程中，若真空不能维持时，则按规程规定减负荷，直至负荷到零，打闸停机，以免排汽缸温度过高，低压缸大气安全门动作。

8-78　凝汽器真空缓慢下降的原因有哪些?

(1) 真空系统不严密，有空气漏入真空系统。

(2) 凝汽器水位偏高，淹没了部分换热管。

(3) 抽气设备的出力下降。

(4) 凝汽器换热管脏污或闭式循环水系统的冷却设备异常。

(5) 循环水流量不足。

(6) 轴封蒸汽压力偏低。

8-79　防止真空缓慢下降的措施有哪些?

(1) 定期进行真空系统的严密性测试，严密性有变差时及时组织查漏、堵漏工作。有停机机会时可按规程进行汽侧灌水检查。

(2) 做好凝汽器胶球装置的投运工作，确保凝汽器换热管清洁。做好冷却塔的运行维护，保证冷却塔换热效率正常。

(3) 应根据环境温度及时调整循环水泵的运行方式，避免循环水流量不足。

(4) 凝汽器水位及轴封蒸汽压力的控制应投自动控制，以保证凝汽器水位与轴封蒸汽压力正常。

(5) 定期检查抽气设备的工作状况。比如射水抽汽器的工作水温度、水环式真空泵的工作温度等，并及时调整这些与抽气设备出力有关的参数在正常范围内。

8-80　凝汽器真空快速下降的原因有哪些?

(1) 循环水中断或水量突减，系统阀门误动作。厂用电中断、循环水泵跳闸、循环水管爆破均能导致循环水中断。

(2) 抽气设备工作失常。比如，射汽式抽气器喷嘴堵塞或冷却水满水；射水式抽气器的射水泵故障、射水池水位降低；真空泵气水分离器水位过低等。

(3) 凝汽器满水。凝结水泵故障或运行人员维护不当，都可以造成凝汽器水位满水，造成真空剧降。

(4) 轴封供汽中断。汽封压力自动调整装置失灵、供汽汽源中断或汽封系统进水等，均可使轴封供汽中断，导致大量的空气进入排汽缸，使凝汽器真空急剧下降。

(5) 真空系统大量漏气。真空系统管道、法兰、阀门等零、部件损坏破裂，引起大量空气漏人凝汽器。

(6) 排汽缸安全门薄膜破损。

8-81　凝汽器真空快速下降如何处理?

(1) 循环水泵跳闸时，应确认循环水泵出口阀连锁关闭正常。备用泵自动启动成功，否则，应手动启动备用泵。循环水系统阀门有误动作时应立即纠正，确保循环水不中断。

(2) 大型汽轮机凝汽器的抽气设备多为水环式真空泵，如果真空泵入口止回阀工作失常，而真空泵又出现故障时应立即关闭真空泵入口气动阀，并启动备用真空泵运行，然后将故障真空泵停运并排除故障。

(3) 凝汽器满水时，应检查凝结水泵工作是否正常，热水井水位自动控制是否正常，除氧器上水流量是否正常等。确认上述检查的正常后，可以开启凝结水精处理出口至凝结水补水箱的放水气动阀，以降低热水井水位至正常值。

(4) 轴封蒸汽中断时，应立即检查轴封汽源是否正常。轴封汽源正常时，可将轴封蒸汽供汽与溢流阀切手动，提高轴封蒸汽压力至正常值。

(5) 真空系统大量漏空气时，应立即启动备用抽气设备，并尽快找到漏点并隔离。

8-82　汽轮机启动时排汽缸温度升高有什么危害? 如何

处理？

排汽缸温度升高的危害主要有：使低压缸轴封热变形增大，易使汽轮机洼窝中心发生偏移，导致振动增大，动、静之间摩擦增大，严重时低压缸轴封损坏。

汽缸温度升高的处理：

（1）当排汽缸温度达到80℃以上，排汽缸喷水会自动打开进行降温。

（2）如果汽轮机在空载运行时排汽缸温度高，则应设法提高凝汽器的真空，适当降低再热蒸汽温度。

（3）如果汽轮机在低负荷运行时排汽温度高，则应设法提高凝汽器真空，同时，提高机组负荷。

（4）排汽缸温度达到120℃时，应确认排汽温度高保护正确动作，否则应故障停机。

8-83　主、再热蒸汽温度异常的现象及原因有哪些？

主、再热蒸汽温度异常的现象有：

（1）主、再热蒸汽温度异常声光报警。

（2）CRT上汽温异常报警。

（3）主、再热蒸汽温度过高或过低。

（4）机组负荷变化。

（5）主机轴向位移、胀差等参数变化。

主、再热蒸汽温度异常的原因如下：

（1）温度调节系统故障或减温水调整不当。

（2）机组突然甩负荷。

（3）高压加热器突然解列。

（4）蒸汽系统安全阀突开。

8-84　主、再热蒸汽温度异常如何处理？

（1）汽轮机前主、再热蒸汽温度异常升高至超过额定温度8～14℃之间运行时，及时调整恢复正常。主、再热蒸汽温度在超过额定温度 8～14℃之间，一年累计不得超过 400h，每次运行时间不得超过 30min，否则故障停机。

（2）汽轮机前主、再热蒸汽温度异常升高至超过额定温度 14～28℃之间运行时，一年累计时间不得超过 80h，每次连续运行时间超过 15min 时应故障停机。

（3）主、再热蒸汽温度超过额定温度 28℃时，立即打闸停机。

（4）汽轮机组负荷大于 50％额定负荷，机侧主蒸汽温度与再热蒸汽温度之差不得超过设计值的±（28～42）℃，否则故障停机。

（5）额定蒸汽压力条件下，汽轮机前主、再热蒸汽温度下降到低于额定温度，尽快恢复汽温；若主、再汽温持续下降无法回升，机组应减负荷，降低主汽压力，必须保证主、再蒸汽温度高于调节级金属温度 50℃。

（6）汽轮机前主、再热蒸汽温度在 10min 内急速下降超过 50℃应紧急停机。

（7）汽温降至低汽温保护动作值时保护不动作，应手动停机。

（8）主、再热蒸汽温度超限时，应分别记录高至超过额定温度 8～14℃及超过额定温度 14～28℃区间的运行时间。

8-85 主、再热蒸汽压力高的现象、原因有哪些？如何处理？

主、再热蒸汽压力高的现象有：

（1）主、再热蒸汽压力异常声光报警。

（2）CRT 显示主、再热蒸汽压力升高。

（3）锅炉安全门可能动作。

主、再热蒸汽压力高的原因有：

（1）CCS（协调控制系统）故障或手动调整不当。

（2）高、中压主汽门、调节阀误关或门芯脱落。

（3）机组负荷突降。

（4）煤质突变。

主、再热蒸汽压力高的处理方法有：

（1）发现主蒸汽压力变化时，应立即核对各主蒸汽压力表计是否真实变化。

（2）若 CCS 故障，切换至手动方式调整压力为正常。

（3）若负荷调节速度过快，应适当减小负荷变化率。

（4）当汽轮机侧主汽压力严重超压时，应故障停机。

（5）若汽轮机组启动过程中再热蒸汽压力升高，立即关小高压旁路或开大低压旁路。

8-86　汽轮机汽水管道故障的现象及原因有哪些？

汽轮机汽水管道故障的现象有：

（1）高、中压蒸汽管道发生泄漏时，发出刺耳的啸叫声，但看不到雾状蒸汽。

（2）低压蒸汽管道发生泄漏时，有明显的泄漏声且能见到雾状蒸汽。

（3）水管道发生泄漏时，有水冲出，高温给水将带有大量蒸汽。

汽轮机汽水管道故障的原因有：

（1）冲刷减薄、疲劳损伤、焊接不良、振动。

（2）选材不符、支吊架不合理。

（3）操作不当引起超温、超压、水冲击等。

8-87　汽轮机汽水管道故障如何处理？

（1）主、再热蒸汽及主给水管道破裂时，应立即紧急停机，高温蒸汽外泄时应防止烫伤，并做好防火措施。

（2）高压导汽管道疏水、抽汽等管道破裂时，停机后可能造成汽缸进冷汽，打闸后立即破坏机组真空。

（3）蒸汽、给水管道或法兰、阀门破裂，且影响到人身、设备安全或机组无法运行时，应故障停机。在停机的同时，尽快隔离故障点泄压，开启汽机房的窗户排汽。管子爆破时，切勿乱跑，以防被汽、水烫伤、吹伤。

（4）蒸汽管路发生水击，应进行疏水并查明原因，设法消除。抽汽管发生水击，除作上述处理外，必须仔细检查除氧器、加热器水位和加热器疏水是否正常。

（5）蒸汽及给水、凝结水管路发生较大振动时，应检查支吊架及蒸汽管的疏水情况，如威胁设备安全时，应减负荷或作必要的隔离工作；主、再热蒸汽管道及抽汽管道发生振动，应注意主、再热蒸汽及抽汽温度的变化，必要时打开有关疏水阀，严防汽轮机水冲击的发生。

（6）若有高压水倒入低压管路，应先将高压水源隔绝，以防低压管路爆裂。

（7）凝结水管道（或法兰、阀门）等破裂时，应先采取制止或减少泄漏的措施，隔绝故障点，维持机组运行。若故障点无法隔绝而且影响机组正常运行时，应申请停机处理。

（8）循环水管道破裂，设法制止或采取减少泄漏的措施，同时监视真空、油温、风温的变化，泄漏严重时，要注意防止水淹设备，若威胁到人身或设备安全时，应故障停机，并按循环水中断处理。

8-88　汽轮机管道故障的隔离原则是什么？

（1）尽可能避免人员伤害和设备损坏，尤其是要注意不要使高温、高压管道故障危及人身安全。在查找泄漏部位时，应特别小心谨慎，使用合适的工具，如长柄鸡毛掸等。检查人员应根据声音大小和温度高低与泄漏点保持足够的距离并做好防止他人误入危险区的安全措施。

（2）隔离时应先关来汽、来水阀，后关送汽、送水阀。

（3）先隔离近事故点阀门，如因汽、水弥漫而无法接近事故点，可先扩大隔离范围，待条件允许后再缩小隔离范围。

（4）要防止水、汽对电气绝缘造成损害。

8-89　汽轮机组甩负荷的现象及原因有哪些？

汽轮机组甩负荷的现象有：

（1）机组负荷突降，就地声音突变，轴向位移变化。

（2）蒸汽压力升高，锅炉安全阀可能动作。

（3）各段抽汽压力下降。

（4）汽轮机转速升高。

汽轮机组甩负荷的原因有：

（1）发电机出口开关因电气保护跳闸，汽轮发电机组与系统解列。

（2）机、炉、电大连锁（B-T-G 连锁）未正常动作，发电机跳闸后未连锁跳闸汽轮机和锅炉。

8-90　汽轮机组甩负荷如何处理？

（1）调整燃料量与机组甩负荷后状态相匹配，维持主蒸汽压力稳定；否则，锅炉手动 MFT，汽轮机手动打闸停机。

（2）检查厂用电运行正常。

（3）调整凝汽器、除氧器、加热器水位正常。

（4）检查辅助蒸汽、轴封供汽压力正常。

（5）若汽轮机超速，确认汽轮机打闸后可适当降低真空，加速转速回落。

（6）机组甩负荷手动停机后，若主再热蒸汽下降较快，应及时切断锅炉减温水。

8-91　汽轮机胀差增大的原因有哪些？

（1）汽轮机启动时，暖机不充分。

（2）汽轮机滑销系统卡涩，汽缸膨胀受阻。

(3) 汽轮机进水。

(4) 停机过程中，主、再热蒸汽温度下降太快。

(5) 轴向位移变化。

(6) 汽轮机转速变化。

(7) 轴封温度变化。

8-92 汽轮机胀差增大如何处理?

(1) 高中压缸正胀差增大，应降低主蒸汽温度或降低机组负荷。

(2) 高中压缸负胀差增大，应提高主蒸汽温度或增加机组负荷。

(3) 低压缸正胀差增大，应降低再热蒸汽温度或逐渐降低机组负荷。

(4) 低压缸正胀差增大而未达极限时，不要冒然停机，以免胀差超限过多，造成动静摩擦。

(5) 低压缸负胀差增大，应增加再热蒸汽温度或增加机组负荷。

(6) 低压缸胀差增大时，要同时检查排汽温度是否正常。

8-93 循环水泵跳闸应如何处理?

(1) 复位联动泵、跳闸泵操作开关。

(2) 检查跳闸泵出口快关门连锁关闭。

(3) 解除“连锁”开关。

(4) 迅速检查跳闸泵是否倒转，发现倒转立即将出口电动门关闭严密。

(5) 检查联动泵运行情况。

(6) 备用泵未联动应迅速启动备用泵。

(7) 无备用泵或备用泵联动后又跳闸，应立即报告班长、值长。

(8) 检查跳闸泵的跳闸原因。

8-94　故障停用循环水泵应如何操作？

（1）启动备用泵。

（2）停用故障泵，注意惰走时间，如倒转，应关闭出口电动门。

（3）无备用泵或备用泵启动不起来，应请示上级领导后停用故障泵或根据故障情况紧急停泵。

（4）检查备用泵启动后的运行情况。

8-95　沿海电厂凝汽器发生钛管泄漏时如何处理？

（1）首先应根据凝汽器检漏装置及凝泵出口凝结水氢电导、钠值确认凝汽器已发生钛管泄漏。加氧机组应立即提高给水 pH 值到 9.3～9.6，并停止加氧。

（2）根据凝汽器检漏装置各点的氢电导初步判断漏点所在位置，并将该位置海水彻底隔离并完全放尽，然后观察检漏点及凝结水泵出口水质变化。机组负荷应根据规程中凝汽器海水侧部分隔离的要求调整。

（3）如果初步判断的漏点隔离有效，则安排进一步对该路凝汽器钛管查漏、堵漏。水质正常后恢复给水加氧及相应的 pH 值。

（4）如果凝汽器钛管漏点不能及时有效的隔离，应按 GB/T 12145—2008《火力发电机组及蒸汽动力设备水汽质量》规定的汽水品质劣化三级处理要求执行。

（5）根据 GB/T 12145—2008《火力发电机组及蒸汽动力设备水汽质量》规定，用海水冷却的电厂，当凝结水的钠含量大于 400ug/L 时，应按一般故障停机处理。

8-96　为什么循环水中断后要等到凝汽器外壳温度降至 50℃以下才能恢复供循环水？

因为循环水中断后如果由于设备问题循环水泵不能马上恢复供水，排汽温度将会很快升高，凝汽器的拉筋、低压缸、换热管均作横向膨胀。此时，若通入循环水，换热管首先受到冷却，而低压缸、凝汽器的拉筋却得不到冷却，维持原来的膨胀状态。这样，换热管会因冷却收缩而产生很大的拉应力，这个拉应力能够将换热管的端部胀口等薄弱环节拉松，造成凝汽器循环水泄漏。

8-97　凝结水泵在运行中发生汽化的征象有哪些？应如何处理？

凝结水泵在运行中发生汽化的主要征象是：在水泵入口处发出噪声，同时水泵入口的真空表、出口的压力表、流量表和电流表急剧晃动。

凝结水泵发生汽化时，不宜再继续保持低水位运行，而应采用调整凝结水再循环门的开度，同时向凝汽器内补充除盐水的方法，来提高凝汽器的水位，以消除水泵汽化。

8-98　闭式冷却水中断时汽轮机应如何处理？

(1) 应设法恢复闭式冷却水系统正常，确认闭式冷却水压力短时间内无法恢复时，应果断打闸停机，以确保主设备与主要辅助设备的安全。

(2) 闭式冷却水中断期间，应加强发电机氢气及励磁机风温、密封油温度、内冷却水温度、定子绕组温度，汽轮发电机润滑油温度、轴瓦温度、轴承回油温度的监视。任一参数达到报警值或上升速度迅速而闭式冷却水仍未恢复时，应手动打闸停机，以确保主设备的安全。

(3) 汽轮机惰走期间应根据汽轮发电机组轴瓦温度上升的情况，决定是否破坏真空，以缩短汽轮机的惰走时间。

(4) 闭式冷却水中断期间加强监视主要辅助设备（比如汽动给水泵组、凝结水泵等）轴承及相关参数的监视，监视参数达报警值而闭式冷却水仍未恢复时，应手动打闸停运该辅机，以确保主要辅助设备的安全。

(5) 如果闭式冷却水有供仪用空压机等公用用户时，应及时将这些公用用户的冷却水切至邻机供给。

(6) 闭式冷却水中断期间应关闭相关蒸汽及给水取样，防止相关汽水品质表计因高温损坏。

8-99　除氧器发生“自生沸腾”现象有什么不良后果?

(1) 除氧器发生“自生沸腾”时，除氧器内压力超过正常工作压力，严重时发生除氧器超压事故。

(2) 除氧器发生“自生沸腾”时，使原设计的除氧器内部汽、水逆向流动受到破坏，除氧塔底部形成蒸汽层，使分离出来的气体难以逸出，因而使除氧效果恶化。

8-100　滑压运行时除氧器超压的原因有哪些?

大型机组除氧器都无一例外的采用了滑压运行，正常运行中加热汽源来自汽轮机抽汽，一般不会发生超压。除氧器超压一般都发生在机组启动过程中用压力较高的备用汽源加热时，其原因有以下几点。

(1) 除氧器压力自动控制异常，压力控制阀不正常开大。

(2) 高压加热器水位过低，蒸汽从疏水管直接进入除氧器。

(3) 除氧器进水流量大幅减小或中断，除氧器压力控制阀未及时关小（关闭)。

(4) 对于采用直流锅炉的机组，汽水分离器疏水回收到除氧器时，如果回收量过大或除氧器进水流量太小（中断）时也会造成除氧器超压。

(5) 因其他原因造成除氧器发生严重的“自生沸腾”时除氧器也会超压。

8-101　除氧器在哪些情况下应紧急停运?

(1) 除氧器的汽、水管道、阀门、水位计等爆破，危及人身及设备安全。

(2) 除氧器满水，水位高处理无效。

（3）除氧器水位达高Ⅲ值，保护拒动。

（4）除氧器超压运行，安全阀拒动。

（5）除氧器就地水位计及对应的DCS显示均失灵，无法监视水位。

8-102 表面式加热器满水的原因有哪些？

（1）加热器管子大量泄漏。

（2）加热器疏水自动调节阀装置工作失常。

（3）抽汽电动隔离阀或止回阀未全开，导致加热器压力偏低，使上一级来水增加，而往下一级疏水减少。

（4）低负荷阶段抽汽压力低，疏水区间压差小，疏水能力不够。

8-103 高压加热器钢管泄漏应如何处理？

（1）高压加热器钢管漏水，应及时停止运行，安排检修，防止泄漏突然扩大引起其他事故。

（2）若加热器泄漏引起加热器满水，而高压加热器保护又未动作，应立即手动停止加热器工作。然后应及时调整机组负荷，作好隔绝工作，安排检修。

8-104 简述高压加热器紧急停用的操作步骤。

（1）关闭高压加热器进汽门及止回门，并就地检查在关闭位置。

（2）开启高压加热器旁路电动门（或关闭联成阀），关闭高压加热器进、出口门。

（3）开启高压加热器危急疏水门。

（4）关闭高压加热器正常疏水门。

（5）其他排气门、汽水侧放水门的操作同正常停运的操作。

8-105 给水泵汽蚀的原因有哪些？

（1）除氧器内部压力降低。

（2）除氧水箱水位过低。

（3）给水泵长时间在较小流量或空负荷下运转。

（4）给水泵再循环门误关或开度过小，给水泵打闷泵。

8-106　给水泵倒转有什么危害？如何处理？

给水泵倒转一般是出口止回阀或中间抽头止回故障不能关闭严密所致。给水泵的倒转转速一般都很高，如果倒转时润滑油系统没有正常工作则可会造成烧瓦。

给水泵发生倒转时，应在第一时间确认润滑油泵（或辅助油泵）运行正常，润滑油压力及温度正常。立即关闭倒转给水泵的出口隔离闸阀或中间抽头隔离阀，对于倒转的给水泵严禁关闭入口隔离阀。

8-107　配置50%×2汽动给水泵的机组，给水泵跳闸一台时如何处理？

大型机组采用的DCS自动控制程序中一般都设置了主要辅机跳闸的RUNBACK程序。两台给水泵运行跳闸一台给水泵，只要条件满足就会触发给水泵跳闸RUNBACK程序，控制方式自动切为汽轮机跟随模式，锅炉通过顺序跳闸磨煤机快速切除部分燃料，以保证燃烧率与给水流量的基本匹配。

对于没有RUNBACK功能的机组或RUNBACK没有正确触发时，跳闸一台给水泵后应立即降载至50%负荷左右，并保持工况稳定。具体操作要点有：

（1）立即将机组控制模式切为汽轮机跟随模式，设定锅炉负荷目标值为50%，变化率尽可能快，可选100%/min。

（2）可通过手动打跳磨煤机的方式迅速将燃料量减至与给水流量大致相适应，并且确认燃料量自动控制、锅炉减温水自动控制正常，防止蒸汽温度大幅波动。

（3）确认锅炉负荷目标按设定值及速率下降，给水自动控制正常，运行给水泵流量不超上限。

上述燃料、给水、减温水自动控制明显失常时可切手动，通过手动干预尽量使机组负荷及各方面参数较平稳的过渡到新的工况。

8-108 什么叫水锤(水击)?如何防止?

在压力管路中，由于液体流速的急剧变化，从而造成管中的液体压力显著、反复、迅速地变化，对管道有一种“锤击”的特征，这种现象称为水锤（水击）。

为了防止水锤现象的出现，可采取增加阀门启、闭时间，尽量缩短管道的长度，在管道上装设安全阀门或空气室，以限制压力突然升高或压力降得太低。

8-109 蒸汽、抽汽管道水冲击时如何处理?

（1）蒸汽、抽汽管道发生水冲击，一般是在管道内产生二相流体流动或温度急剧变化所引起，特别是蒸汽，抽汽管道通汽初期，由于暖管不当极易产生上述情况，水冲击时，管道将发生强烈冲击振动。

（2）当蒸汽抽汽管道发生水冲击时，应开启有关疏水阀，不影响主机运行时，应尽量停用水冲击管道（如抽汽），并查明原因消除。若已发展到汽轮机水冲击时，则按汽轮机水冲击事故处理。

8-110 管道振动时如何处理?

（1）管道振动可由水冲击、管道流速（汽量）过大、管道支吊架不良，水管道发生水锤等原因引起。

（2）若是流速过大引起，则应适当减少管道通流量，若是流量不稳波动大引起，则应设法保持流量稳定。

（3）若是管道支吊架不良引起，则应设法修复加固支吊架。

（4）若是水冲击引起则按管道水冲击规定处理。

（5）水管道水锤引起管道振动时，可设法缓慢关闭或开启发生水锤管段的阀门。

（6）管道发生振动，经处理无效且威胁与其相连接的设备安全运行时，应设法隔绝振动大的管段。

8-111　高压、高温汽水管道或阀门泄漏应如何处理？

（1）应注意人身安全，在查明泄漏部位的过程中，应特别小心谨慎，运行人员不得敲开保温层。

（2）高温高压汽水管道、阀门大量漏汽，响声特别大，运行人员应根据声音大小和附近温度高低，保持一定的安全距离。同时，做好防止他人误入危险区的安全措施。

（3）按隔绝原则及早进行故障点的隔绝，无法隔绝时，应按一般故障停机处理。

8-112　离心式空压机喘振的现象和原因有哪些？运行中应如何避免发生喘振？

离心式空压机喘振的现象有：

（1）空压机声音异常增大。

（2）空压机振动增大。

（3）各级进排气压力摆动。

（4）空压机电动机电流摆动。

离心式空压机喘振的原因有：

（1）入口过滤器脏污，差压过大。

（2）中间级冷却器故障，中间级压缩空气温度高。

（3）最小电流设定太低或电流传感器故障。

（4）卸载阀故障，空压机出力降至低限时得不到及时卸载。

为了避免空压机喘振：运行中应定期检查入口滤网差压、中间冷却器后空气温度、运行电流等参数，有异常时及时处理。维护方面应定期对空压机进行维护保养，包括入口阀、卸载阀、冷却器等部件的检查，定期保养后应通过喘振试验确定空压机正确的最小运行电流。

8-113　辅机电动机着火应如何扑救？

电动机着火应迅速停电。凡是旋转电动机在灭火时要防止轴与轴承变形。灭火时使用二氧化碳或 1211 灭火器，也可用蒸汽灭火，不得使用干粉、沙子、泥土灭火。

8-114　火灾报警时有哪些要点？

（1）火灾地点。

（2）火势情况。

（3）燃烧物和大约数量。

（4）报警人姓名及电话号码。

8-115　电力生产现场的电气设备发生火灾灭火时应注意哪些事项？

（1）电气设备发生火灾首先报告当值值长和有关调度。

（2）电气设备发生火灾时应立即将有关设备的电源切断、采取紧急隔离措施。

（3）电气设备灭火，仅准许在熟悉该设备带电部分负责人员的指挥或带领下进行。

（4）灭火的人员应防止被火烧伤或被燃烧物所产生的气体引起中毒、窒息以及防止引起爆炸，还应防止触电。

8-116　消防队员未到现场前，应由谁担任灭火指挥员？

（1）临时灭火指挥员应由下列人员担任：运行设备火灾时由当值值（班）长担任；其他设备火灾时由现场负责人担任。临时灭火指挥人应戴有明显标志。

（2）消防队到达火场时，临时灭火指挥员应立即与消防队负责人取得联系并交代失火设备现状和运行设备状况，然后协助消防队负责人指挥灭火。

8-117　事故分析有哪“四不放过”？

（1）事故原因没有查清不放过。

（2）事故责任者没有吸取教训不放过。

（3）没有制定相应的防范措施不放过。

（4）事故责任者没有受到处罚不放过。

第九章

汽轮机及其系统设备的检修

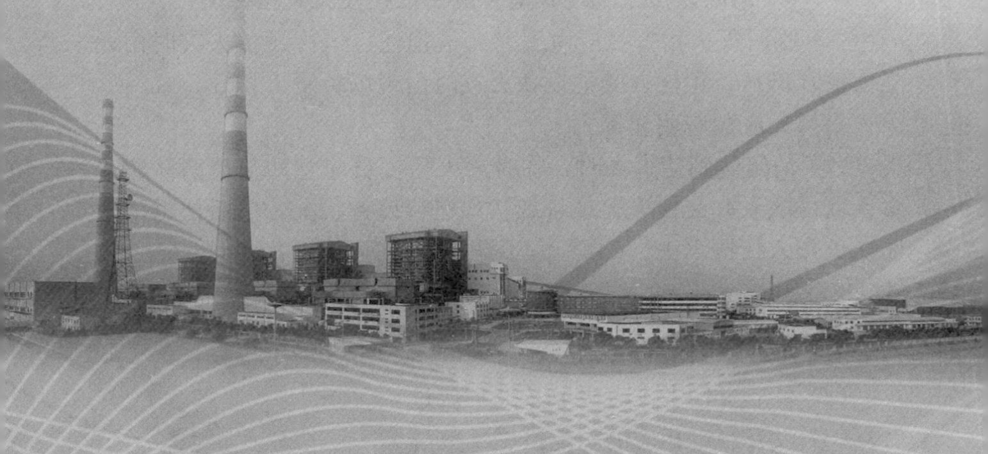

9-1　大型汽轮机的检修有什么特点?

大功率汽轮机与中小型汽轮机相比，检修中有如下特点：

（1）结构复杂，工艺技术要求高。如多转子轴系校中心，轴系校平衡，多层缸套装，各类轴瓦修刮等项目检修难度均很大，必须具有技术素质较好的检修人员，小心从事，方能完成。

（2）多缸、多层缸结构的检修工作量，比中小型机组大几倍甚至十几倍。检修中工序严格，各工种互相牵制，在某些环节常常出现有劲使不上的局面。因此必须有一套科学管理办法。

（3）大机组一般采用汽轮机、锅炉单元制，在常规检修中，汽轮机检修往往是主要矛盾，而汽轮机方面的主要矛盾又往往体现在本体的检修。所以，必须加强对汽轮机本体检修项目的管理。

（4）备品配件多，技术要求高，加工周期长。原材料品种多，采购困难，往往会出现备品、材料供应不上而影响大修工作的正常进行的现象。因此，大修用料和备品计划必须在大修开工一年前就编制，并需制订切实可行的实施细则。

（5）机组容量大，价值高，检修工期长，对电网和工农业生产影响较大。同时，检修人员常有厌倦情绪和疲劳感觉，容易延长进度。因此，必须运用网络图技术和计算机管理。

9-2　大型汽轮机的检修管理一般分为哪几个阶段?

大型汽轮机的检修管理一般分为“准备计划阶段”、“开工解体阶段”、“修理装复阶段”、“验收试转与评价阶段”、“总结提高阶段”五个阶段。实际上是P（计划）—D（实施）—C（检查）—A（处理）全面质量管理循环在汽轮机检修过程中的应用。

9-3　汽轮机检修的准备计划阶段主要包括哪些工作?

汽轮机检修准备计划阶段的主要工作包括：

（1）组织运行分析、设备调查与普查。

（2）根据运行分析、设备调查与普查情况，找出设备存在的主要问题，分析原因。明确大修重大特殊项目，提出检修目标。

（3）编制检修计划，根据特殊检修项目制订措施，修订年度检修计划。

（4）定期检查准备工作的落实情况，组织有关检修人员学习检修计划、安全工作规程、质量标准。

（5）机组大修停机前，应对大修准备工作进行全面仔细地检查，检查的主要内容有：准备工作的实施情况，重大特殊项目的各项措施、分工落实情况，设备缺陷的消除，安排是否逐条落实到人，措施是否齐全等。

9-4　汽轮机检修的开工、解体阶段主要包括哪些工作?

（1）停机前后的测量试验。

（2）开工、拆卸、解体检查。

（3）修正检修项目。

9-5　汽轮机检修的修理、装复阶段主要包括哪些工作?

（1）适时召开有关人员研究协调平衡，找出检修中的主要矛盾及主要项目的安全、质量、进度的关键所在。

（2）按照质量标准组织检修。

（3）搞好人身和设备安全。

（4）做好检修技术记录。

9-6　汽轮机检修的验收、试转与评价阶段主要包括哪些工作?

（1）按设定好的见证点和停工待检点做好分段验收。

（2）系统与设备分部试转。

（3）机组整组启动投运。

（4）初步评价检修质量。

（5）检修质量的试验鉴定与复评。

9-7　汽轮机检修的总结、提高阶段主要包括哪些工作？

（1）认真总结成功的经验与不足，形成书面大修总结报告、技术总结报告、重大特殊项目的专题报告。

（2）修订大修项目、质量标准、工艺规程，以便在同类型机组或下次大修时改进。

（3）提出检修后仍存在的问题与应采取的措施。

9-8　大型汽轮机高、中压缸螺栓拆卸时应注意哪些事项？

（1）螺栓拆卸时汽缸温度应低于规定值。

（2）对于采用上汽缸猫爪支撑（下汽缸吊在上汽缸上）汽轮机，螺栓拆卸前必须放置安装垫片。

（3）在螺栓拆卸前 4h 应在螺栓螺纹上浇渗透液，以减少螺栓咬死现象。

（4）拆卸螺栓用的电加热器（加热棒）的功率应合适，加热时间一般控制在 15～30min。

（5）在螺栓拆卸时，须注意采取措施保护螺纹不被意外碰伤。另外，注意螺栓与螺帽的编号清晰可辨，以免复装时搞错。

（6）应根据汽缸上次的检修记录、螺栓是否可加热等因素合理确定螺栓的松紧顺序。

（7）正确的处理咬死的螺栓。

9-9　为什么高、中压缸螺栓拆卸时要求汽缸温度须低于规定值？

高、中压缸螺栓的拆卸一般要求汽缸壁温降到 120～180℃以下才可开始，过早地拆卸螺栓，会因为高温时金属硬度较低，容易引起螺栓咬死、汽缸变形异常。

9-10　为什么有些高、中压汽缸的螺栓在拆卸前须先放置安装垫片？

对于高、中压汽缸由上汽缸猫爪支撑在轴承座水冷垫块上的机组，当汽缸螺栓紧固后，下汽缸便吊在上汽缸上，若松去汽缸螺拴，下汽缸将失去支撑而下沉，此时汽缸洼窝中心将被破坏。这样不仅会损坏汽缸内部零件，而且使汽缸洼窝失去依据，给检修工作带来很多麻烦。所以该类机组在拆卸高、中压汽缸螺栓前，应先将下汽缸猫爪安装垫片垫妥。而对于高、中压缸采用下缸穹形猫爪支撑的汽轮机则在拆卸螺栓前没有这一工作。

9-11 高温汽缸螺栓的检修包括哪几方面的内容?

(1) 螺栓、螺帽的清理与检查。

(2) 螺栓、螺帽的研磨。

(3) 螺栓蠕变量的测量。

(4) 螺栓裂纹与脆断的检查。

(5) 螺栓的硬度、金相组织、伸长量等监督。

(6) 螺栓垫圈与法兰面的修整、研磨。

9-12 什么是高、中压汽缸螺栓的冷紧? 冷紧的目的是什么?

高、中压汽缸螺栓的紧固一般分为冷紧和热紧两步进行。螺栓在不加热状态下的紧固称为冷紧，冷紧的目的是消除汽缸结合面的间隙，使螺栓在热紧前稍有应力，以确保热紧的值为有效值。螺栓冷紧前必须涂二硫化钼润滑剂，防止螺纹受热咬死。

9-13 什么是高、中压汽缸螺栓的热紧? 热紧的目的是什么?

高、中压汽缸螺栓冷紧后，再在加热状态下的紧固称为热紧。热紧的目的是为了使螺栓的紧力达到厂家设计值要求，以保证汽缸结合面不漏汽。热紧的转角均由制造厂提供。

9-14 引起高温汽缸螺栓咬死的原因有哪些?

引起高温汽缸螺栓咬死的原因主要有：螺栓拆装工艺不当；螺栓材料选用不当；加工精度不高，螺纹间配合间隙过小，螺纹顶端太尖等；螺栓长期在高温下工作，表面高温氧化严重等原因。

9-15 汽轮机吊大盖时一般应注意哪些事项？

（1）吊汽缸大盖前，应对吊车制动器、钢丝绳等进行仔细检查，确认正常后方可进行起吊工作。

（2）吊汽缸大盖，必须由熟练的起重工一人指挥，其他人员应分工明确，各就各位，密切配合。

（3）起吊前，应全面检查汽缸螺栓是否全部拆除，定位销是否拿掉，与汽缸上盖相连接的管道是否拆除，热电偶线是否拆掉等。

（4）汽缸四角应有专人扶稳，并特别注意当汽缸与吊缸用的导杆脱开时的突然摆动。

（5）行车吊钩上设置必要的链条葫芦，以便汽缸找平衡和及时校正四角的荷重。

（6）当汽缸吊起高度在100mm以上时，每升高50mm左右，应全面检查汽缸的水平情况，并及时校正不平或歪斜现象。

（7）在吊大盖时，任何人发现内部有碰擦、别劲等现象，应立即发出停止吊起的信号，待排除故障后继续起吊。

（8）汽缸大盖吊出后应放在指定地点，用道木垫平垫稳。并注意道木不能垫在留在上汽缸的螺栓上，以免损坏螺栓。同时，应做好排汽口、进汽口等封闭保卫工作。

（9）吊大盖应用专用钢丝绳或专用吊架，并按制造厂规定放准吊架位置。

（10）拧入汽缸顶起螺栓前，应将螺孔用压缩空气吹扫干净，螺栓螺纹上应涂擦二硫化钼油剂或粉剂，以润滑螺纹，防止咬死。

（11）导杆的安装位置应准确，导杆应无毛刺、凸起等情况，并涂黄油作润滑。

（12）汽缸大盖吊去后，应立即将内、外缸夹层排汽口、抽汽口等处用专用铝板盖好或用棉絮胎塞好，防止工具或杂物落入。

（13）在揭汽缸大盖时，必须在相应的转子前后端架设百分表，监视转子是否被一起吊起，以免损坏设备。

9-16　汽缸裂纹容易发生在哪些部位？

（1）各种变截面处，如调节阀座、抽汽口与汽缸连接处、隔板套槽道洼窝处、汽缸壁厚薄变化处等。

（2）汽缸法兰结合面，裂纹多集中在调节级的喷嘴室区段及螺孔周围。

（3）汽缸上的制造厂原补焊区。

9-17　汽缸补焊区产生裂纹的原因有哪些？裂纹有什么特征？

汽缸补焊区产生裂纹的主要原因有：

（1）焊条选用不当。

（2）焊接操作技术水平低，发生未焊透、夹渣、气孔等缺陷。

（3）焊接前、后热处理工艺不合标准，造成焊接热应力很大。

汽缸补焊区裂纹的特点：

（1）裂纹走向为横断补焊区或沿熔合线和热影响区。

（2）裂纹表面很细小，不打磨难以发现。

（3）裂纹深度较大，多和补焊区深度相当。

9-18　消除汽缸法兰结合面泄漏的方法有哪些？

（1）涂料密封法。当汽缸泄漏面积较小，结合面间隙在0.10mm以下时，可用适当的涂料密封。

（2）加密封带法。当汽缸泄漏处于高温区域且漏汽不严重时，可以在汽缸结合面泄漏区域的上缸离内壁 20～30mm 处开一条宽 10mm、深 8mm 的槽，然后在槽内镶嵌 1Gr18Ni9Ti 钢条，借 1Gr18Ni9Ti 膨胀系数较汽缸材料大来密封。

（3）结合面涂镀法。当低压汽缸结合面漏汽面积较大时，为了减小研刮汽缸结合面的工作量，可采用涂镀工艺。

（4）结合面研刮法。当汽缸结合面出现多处泄漏，且结合面间隙大部分偏大时，应考虑研刮汽缸结合面。

9-19 为什么要对汽缸进行变形及静垂弧的测量与分析？

（1）汽缸结合面存在间隙是汽缸残余变形与汽缸在自重、保温材料、进汽管、抽汽管等重力作用下产生静垂弧共同作用的结果。

（2）对于刚性较差的汽缸结合面漏汽与间隙，不可盲目用研刮的方法消除。应该对汽缸的残余变形与静垂弧进行测量、分析，然后采取措施、消除漏汽。

9-20 简述用间隙传感器测量汽缸静垂弧及汽缸变形量的方法。

用间隙传感器测量汽缸静垂弧及汽缸变形量比用百分表测量方法劳动强度更低，测量精度更高。测量的步骤与工艺如下：

（1）将下缸清理干净，吊进下缸静叶环、平衡鼓环等部件，吊进假轴支座及假轴。将假轴中心调整到与汽轮机转子中心相同。

（2）选择好测量位置，将间隙传感器端部与被测物体之间的间隙调整到 1.5mm（传感器测量范围 0～3mm），盘动假轴，并使传感器停留在左、右、下三个位置，读出各测点读数，作好记录。

（3）吊进上缸静叶环、平衡鼓环等部件，盘动假轴读取左、右、上、下四个位置测量数值，作好记录。紧中分面螺栓后，用同样的方法读数并记录。

（4）吊进内上缸，测出未紧中分面螺栓时的数值。然后紧一半螺栓使中分面无间隙，再测取各位置数值。

（5）扣外缸，测出紧中分面螺栓前的数值，然后紧 1/3 螺栓，使中分面无间隙，测出各数值。

（6）用逆顺吊出各汽缸部件，并测量各顺序中的数值。

（7）整理汇总各测量数值并列于表中，将变形量绘制成曲线，计算出各点静垂弧。

9-21　简述汽缸试扣大盖的目的与方法。

汽缸变形和静垂弧的影响，使汽缸内部各动静间隙在扣缸紧螺栓前后有较大变化，这些因素虽然在调整间隙时作了修正，但为了更安全可靠，一般在最后组装工作开始前，应对大盖进行试扣，冷紧螺栓使结合面无间隙，然后盘动转子，倾听确认汽缸内部无碰擦等异音。

汽缸试扣大盖方法分为吊进转子试扣大盖和用假轴试扣大盖两种方法。其中吊进转子试扣大盖是常用的方法，该方法与正式扣大盖唯一区别是结合面之间不加涂料，具体步骤如下：

（1）将汽缸内隔板、隔板套、轴封壳、转子、轴承等全部吊到汽缸外，取出抽汽口、轴封泄汽管、排汽口等孔洞的堵板、布头，并用压缩空气吹扫干净。

（2）检查内外缸夹层无杂物遗留，开始吊装隔板套、隔板、轴封壳、静叶环、平衡鼓环、轴承、猫爪等部件。

（3）各零件吊装完毕后，可将汽轮机转子校准水平后吊入汽缸，检查下缸动静部分间隙是否合格。

（4）下缸间隙合格后可扣内缸大盖，冷紧螺栓至结合面无间隙后盘动转子确认动静部分无碰摩。

（5）扣外缸大盖，冷紧螺栓至结合面无间隙，当冷紧无法消除间隙时可在间隙处选择几个汽缸法兰螺栓进行热紧，热紧转角应比正式热紧转角小，能消除间隙即可。

（6）外缸法兰结合面间隙消除后，盘动转子，确认动静部分无碰摩。试扣大盖工作结束。

9-22 汽轮机大修时哪些滑销需要解体检查？哪些不需要解体检查？

滑销系统的正常工作是保证汽轮机能自由膨胀的前提条件，大修中应对滑销系统的纵销、横销、立销解体检查清理，调整键销间隙。对于轴承座与台板之间的纵销、横销、立销原则上不予解体检查。对于由于工作位置限制而解体困难的键销一般也不予解体检查。

9-23 汽轮机轴承座台板在哪些情况下才需要翻修？

由于汽轮机轴承座台板翻修的工作量很大，因此只有在严重影响机组安全运行或机组经过 10 年左右的运行需要进行恢复性大修时才考虑该项目。

9-24 汽轮机转子叶片的清理方法有哪些？各有什么特点？

汽轮机转子叶片的清理方法较多，但使用广泛的有手工清理、喷沙清理和水力清理三种方法。其特点如下：

（1）手工清理的工作效率低，对叶片的根部、内弧部位很难清理干净。

（2）喷沙清理又分为干式喷沙和水力喷沙两种方式，该方法有速度快、效率高、费用少、清洁效果好的特点，但是会增加叶片表面的粗糙度。不适于腐蚀少、表面本来就比较光洁的叶片。

（3）水力清理是利用高压、高速射流对叶片进行除垢的一种方法，该清理方法效率高、不会造成环境污染。只要清洗压力与喷头选择合适，清理效果与安全性都能得到保证。

9-25 汽轮机转子的表面检查分为哪几类？各有什么特点？

汽轮机转子的表面检查一般有宏观检查、无损探伤检查、微观检查、测量检查四类。其特点如下：

（1）宏观检查是用肉眼对转子作一次全面的仔细的检查，宏观检查必须查全、查细、查透，要杜绝流于形式的检查。

（2）无损探伤检查包括着色检查、超声波检查、射线检查等。

（3）微观检查是指对可疑的某级叶轮的根部圆角和其他可疑处进行的显微组织检查。

（4）测量检查包括扬度测量、晃度测量、瓢偏值测量、轴颈椭圆度及椎度测量等。

9-26 如何进行转子扬度的测量？

（1）转子扬度测量一般在修前、修后以及联轴器螺栓连接前后各测量一次。

（2）扬度测量时应检查轴颈上是否有毛刺，轴颈和水平仪是否有垃圾，每次测量时，应在同一位置，测量时将水平仪放在转子轴颈的中央，并在转子中心线上左右微动，待水平仪水泡稳定后读数。

（3）将水平仪转 180°角，再读数，取两次读数的平均值即为转子的扬度。

（4）将测得的扬度与制造厂要求和安装记录或前次检修记录进行比较，掌握轴系的扬度变化趋势，每次检修前后应基本一致。

9-27 如何进行转子晃度的测量？

（1）转子晃度测量均在汽轮机轴承上进行，先用细砂纸将各测量部位的结垢、锈蚀、毛刺等打磨光滑。

（2）对于没有推力盘的转子应做好防止转子串动的措施。

（3）在防止转子串动的撑板和轴承处加清洁的机油，防止转子盘动时拉毛轴颈和损坏轴承。

（4）将转子圆周八等分，以第一只危急保安器位置为 1 开始逆时针方向编号。将百分表固定在轴承或汽缸等水平接合面上，表的测量杆支在转子被测表面，百分表的大指针放在 50 刻度上。

（5）将转子盘至测量杆指向编号 1 的位置，记录百分表读数。然后按转子运转方向盘动转子，依次对各分点进行读数、记录。最后回到编号1的位置时应与开始时的读数相同，否则应查明原因。

（6）最大晃度是圆周方向相对180°处数值的最大差值。正常情况下测量晃度（不需测量最大晃度的位置，晃度小于0.05mm）不需将转子八等分，只需连续盘动转子，读取百分表的最大值与最小值之差即为晃度值。

9-28　如何测量转子部件的瓢偏值？

（1）在转子部件的盘面轮缘选择一固定方位为“1”，通常选择危急遮断器撞击转子飞出的方位。

（2）如图9-1所示，将盘面分成8等分，并做好标记。

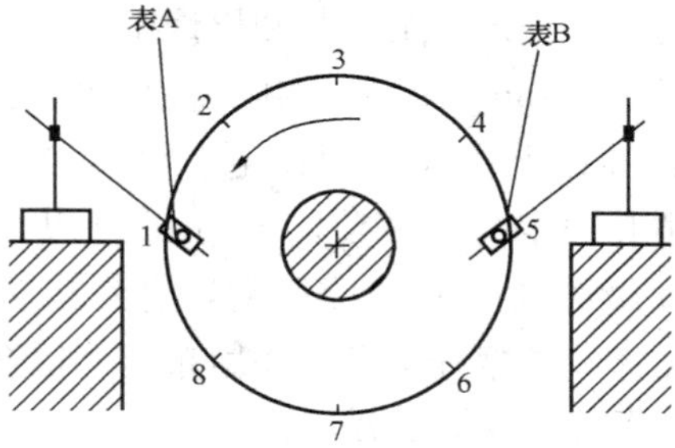

图9-1　将盘面分成8等分示意图

（3）在直径相对180°的轮缘平面上架设两只百分表，测量杆对准1和5位置。

（4）盘动转子在每个等分点上记录A、B两只表的读数值，填写在表9-1内。

表9-1　　A、B两只表读数记录表

A表	1	2	3	4	5	6	7	8
数值								
B表	5	6	7	8	1	2	3	4
数值								
差值								

（5）计算（A表-B表）数值之差，并选择相对应数值（如B-5与A-1，A-6与B-2，A-7与B-3，A-8与B-4）之差的最大值除以2，便得出最大瓢偏值。

（6）盘动转子两周，计算两次的瓢偏值，该部件的瓢偏数值取两次的平均数，且要求两次误差不大于0.015mm，否则，必须重新测量。

（7）正常情况下测量瓢偏值（瓢偏度小于0.03mm）不需将转子八等分，只需连续盘动转子读出百分表的最大与最小值，两表最大和最小的差数算术平均值即为被测端面的瓢偏值。

9-29　如何测量转子轴颈的椭圆度及锥度?

（1）汽轮机转子轴颈加工工艺和检修工艺要求均很高，其椭圆度和锥度小于0.03mm。但是，由于润滑油中有杂质，经过一段时间运行后，轴颈上往往出现拉毛、磨出、凹痕等现象。所以，在测量轴颈椭圆度和锥度前，先用M10以上金相砂纸和细油石涂上透平油沿圆周方向来回移动，直到将轴颈打磨光滑为止，最后用煤油将砂粒擦洗干净，并用布揩擦检查。

（2）用外径千分尺在同一横断面上测出上、下、左、右四个直径的数值，其最大值与最小值之差即为椭圆度。

（3）用外径千分尺在同一轴颈的不同横断（一般测前、后、中间三处）面上测量各横断面的上、下、左、右的直径，计算出算术平均值，其最大值与最小值即为该轴颈的锥度。

（4）一般情况下将转子吊入汽缸内，用百分表测得的晃度包含着椭圆度。锥度一般不作测量。

9-30　汽轮机转子的检修包括哪些方面?

（1）转子表面损伤的检修。

（2）转子轴颈的研磨。

（3）转子轴封梳齿的检修。

9-31　简述转子表面轻微损伤的处理方法。

对于汽轮机转子表面轻微的磨损、拉毛、毛刺、凹坑等，可用细齿锉刀修整和倒圆角，并用细油石或金相砂纸打磨光滑，最后着色检查修复部位应无裂纹存在即可。

9-32　简述转子轴颈损伤的处理方法。

当轴颈被润滑油中的杂质磨出高低不平的线条状凹槽时，其表面的粗糙度会大大增加，不符合 Ra 为 0.025 的要求。所以检修时必须对此类轴颈进行研磨，具体方法如下：

（1）首先，用长砂纸绕在被研磨的轴颈上，加适量的汽轮机油，由 1～2 人将长砂纸牵动作往复移动。

（2）研磨约 0.5h，应停下，将磨下的污物清理后再继续研磨，直至轴颈表面的粗糙度 Ra 为 0.05 时，将长砂纸调到对面 180°方向，用同样方法对轴颈另一半进行研磨。

（3）最后用 M10 金相砂纸贴在轴颈上，外面仍用长砂纸绕着用同样方法进行精磨，直到表面粗糙度 Ra 为 0.025～0.05 时，可认为轴颈合格。

（4）当转子轴颈磨损和拉毛严重或椭圆度、锥度大于标准时，应用专用工具车削和研磨轴颈。一般情况下，该工作可送制造厂进行。

9-33　简述汽轮机转子轴封齿梳损坏时旧梳齿的拆除工艺。

（1）将损坏的梳齿用专用凿子将捻压嵌条的一端起出约 10mm，然后用钢丝钳将梳齿和嵌条一起缓慢拉出。

（2）拉时钳子尖端压在转子上，易产生印痕和毛刺，所以必须在钳子尖端垫好厚度为 1.5～2.0mm 的铜皮。

（3）对于捻压嵌条过紧，梳齿与嵌条易拉断的轴封梳齿，可设法用薄车刀将嵌条车去，然后拉出旧的梳齿。

（4）旧的梳齿取出后，应对梳齿槽进行清理检查，并修去毛刺和整修不平的地方。

9-34 汽轮机转子轴封齿梳更换时如何核对备品?

(1) 新梳齿尺寸与相应的轴颈直径两者误差应小于10%,梳齿厚度误差应小于30%,梳齿弯钩宽与转子上梳齿槽宽应相等,梳齿高度的余量应小于3mm,梳齿材料为1Cr18Ni9Ti不锈钢。

(2) 捻压嵌条宽度应等于槽宽度减二倍的梳齿厚度,使其正好压入梳齿槽内。其高应等于槽深减梳齿厚度再减0.3～0.4mm,嵌条断面呈椭圆形,嵌条材料为1Cr18Ni9Ti不锈钢丝,轧制后应退火处理。

9-35 简述汽轮机转子轴封新梳齿的安装工艺。

(1) 新梳齿的装入、捻压:

1) 正确的截取梳齿与嵌条。

2) 将截下的整圈梳齿套在转子上,把一端弯钩部分嵌进槽内,并用木锤将梳齿击到槽底,然后用嵌条捻压,同时注意嵌条头应比梳齿端部长100～200mm,以使两者接头交叉,增加强度。

3) 捻压嵌条的捻子刀口应大于1mm,并根据槽宽尽可能放厚一些,以免捻打时切断嵌条。一旦发现切断,应拉出嵌条并查出原因后,重新开始安装工作。

4) 用重量约500g的专用手锤按梳齿嵌入端向另一端沿圆周方向进行捻打,重复捻打1～3遍,但不得反向捻打。当每周安装尚余200mm左右时,应将余量截去一部分。然后,用锉刀修到使2个接头有0.5mm左右的间隙,同时测量好嵌条的长度,截去余量,用起始端预留的嵌条捻压。

5) 梳齿整个安装过程应本着边装边查的原则,以便及时查明原因,及时纠正不符合质量要求的工艺。

6) 为了减少漏汽损失,各圈梳齿的接口应错开40mm以上。

(2) 新梳齿直径的车削:

1) 新梳齿安装好后,其直径一般留有余量,需要切削加工才能达到轴封径向间隙的要求。如果条件允许，可将转子放在机床上车削。

2）如果没有条件上机床车削时，只能将汽缸内轴封壳等拆除，吊进转子。当被车削的梳齿数量较多时，可用铜质或浇有轴承合金的假轴承作支撑，用减速齿轮或动力头或盘车装置作动力盘动转子，用小车床刀架进行车削工作。

3）盘动转子前都应设好临时加油油箱，并保证在转子转动时连续供油润滑。车削时，其梳齿外径的圆周速度约为 1m/s，每转的进刀量在 0.1mm 以下，以免进刀过量损坏梳齿。当梳齿外径车削到离要求尺寸还有 0.2mm 左右的余量时，应停止车削。吊出转子，装复轴封壳及轴封块；吊进转子，检查轴封间隙。若间隙过小，可用上述方法继续车削，直到符合标准为止。

4）梳齿车削完毕，应修去毛刺，外圆用砂纸打磨光滑，并全面检查各梳齿是否符合质量要求。对于不合格梳齿，应拔去重装。

9-36　汽轮机转子直轴的方法有哪些?

汽轮机转子直轴的方法有捻打法、加压法、局部加热法、局部加热加压法、内应力松弛法几种。对于大功率汽轮机由于转子强度高，用前三种方法基本没有效果，所以大功率汽轮机的直轴选用内应力松弛法较合适。

9-37　汽轮机大修时叶片的检查宜在什么时候进行?

汽轮机大修时叶片的检查一般分两步进行。第一步在揭开汽缸大盖后立即用肉眼检查一遍。因为此时叶片尚有余热，比较干燥，没有或很少有锈斑，对裂纹、碰摩痕迹等可以看得比较清晰。第二步在叶片经喷沙或用其他方法清理后立即进行，此时也比较有利于叶片的检查。

9-38　汽轮机叶片常有哪些检查方法?

汽轮机叶片常见的检查方法有：目视检查、小撬棒轻撬叶片检查、小铜锤轻击叶片检查、着色检查、超声波检查、射线检查、频率测量检查等。

9-39　汽轮机叶片损伤可分为哪几类?

汽轮机叶片损伤可分为机械损伤、水击损伤、水蚀损伤、腐蚀和锈蚀损伤四大类。

9-40　对机械损伤的汽轮机叶片应如何处理?

对于叶片的机械损伤，应首先找出原因，然后视实际情况进行处理。

(1) 对叶片被打毛的缺陷，仅用细锉刀将毛刺修光即可。

(2) 对打凹的叶片，若不影响机组安全运行，原则上不作处理，一般不允许用加热的办法将打凹处敲平。因为加热不当会使叶片金相组织改变，机械性能降低，另外，由于叶片打凹处敲平，材料又一次受扭曲，往往在打凹处产生微裂纹，成为疲劳裂纹的发源处。只有在有把握控制加热温度的情况下，才可采取加热法整平叶片。但加热温度应适当，以防叶片产生裂纹。

(3) 对机械损伤在出口边产生的微裂纹，通常用细锉刀将裂纹锉去，并倒成大的四角，形似月亮弯。

(4) 对机械损伤造成进、出口边有较大裂纹的叶片，一般采取截去或更换措施。当截去某一叶片时，应在对角 180°处截去同等质量的叶片或重新校动平衡。

(5) 对于机械损伤的叶片，处理应仔细，严防微裂纹遗漏，造成事故隐患。

9-41　对水击损伤及水蚀损伤的叶片如何处理?

对水击损伤的叶片损伤严重时应予以换新，对于损伤轻微的叶片一般不作处理。

对水蚀损伤的叶片一般不作处理，不可用砂纸、锉刀等把水蚀区产生的尖刺修光。因为这些水蚀区的尖刺能起着刺破水滴，缓解水蚀的作用。

9-42　如何防止汽轮机转子和叶片的腐蚀和锈蚀损伤？

防止汽轮机转子和叶片的腐蚀和锈蚀损伤的主要措施有：

（1）必须严格控制进入汽轮机（包括启动阶段和正常运行阶段）的蒸汽品质，防止汽轮机积盐，产生应力腐蚀。

（2）保持汽轮机真空系统严密性合格，防止 CO_2 进入汽轮机低压部分，产生应力腐蚀。

（3）汽轮机停机后应根据相关规范要求做好汽轮机保养，保持汽轮机内的干燥度，防止发生锈蚀。

9-43　在现场检修时，有哪些叶片调频的方法？

（1）改变叶片组的刚度。拉筋补焊、改变拉筋尺寸和位置、捻铆围带铆头。

（2）提高叶片安装质量。叶片根部的装配紧固程度对叶片的自振频率影响很大，叶片与叶片之间、叶片与叶片槽之间的接触面积应大于总接触面积的 75%，0.03mm 塞尺塞不进。

（3）改变叶片高度。叶片高度的改变对其自振频率影响很大，但叶片只能改短，一般增加高度是不可能的。缩短叶片高度除了考虑其自振频率外还应考虑机组的出力和经济性，以及对下级隔板吹损等不利因素。

（4）改变叶片和叶片组的质量。叶片顶部钻减荷孔、采用空心接筋、改变成组片数或改单片等。

（5）其他方法，比如增加拉筋、增加阻尼环、改变高频扰动力的频率等。

9-44　汽轮机更换叶片时，对新领用的叶片应做哪些处理？

（1）用煤油洗净新叶片上的防腐油类，挑选出加厚或减薄的非标准片，分别放在专用箱、盒、盘内。

（2）核对各部分尺寸，其长度应用钢皮制的专用样板检查，长者应修整。若新叶片有拉筋孔，其高度和中心偏差应小于0.5mm。不符合要求的应另外放置，以便数量不够时备用，用轮槽样板检查叶根的加工情况，对其他尺寸按图核对。

（3）将叶片的叶根处棱角倒钝，尖角及拉筋孔倒圆。进行宏观检查和着色法探伤。清点数量，作好记录。

（4）对标准叶片进行称重，并将质量基本相同（误差小于2g）的叶片放在一起，待全部称完后按质量和数量在圆周上进行初步排列，同时对称地加进加厚和减薄片，使圆周各方向上的叶片总质量基本相等。排列好后立即在叶根的外露部分打上钢印号码。

（5）平叶根的平面应先在平板上检查并研刮，然后将相邻两叶片的叶根进行检查，并进行初步研刮。

（6）用清洁煤油把叶片擦揩干净，用清洁白布包好，放平放整齐。

9-45　简述枞树形叶根叶片的组装工艺。

（1）枞树形叶根与叶轮的接触靠加工来保证，而且整级叶片没有锁紧叶片和隔金，叶片组装时，首先将叶轮与叶片叶根上的毛刺、锈垢用细锉刀或细砂纸清除掉，然后将叶片自出汽侧向进汽侧装在叶轮上。

（2）叶根底部的斜销应用红粉检查并研合，将研合好的斜销截好长度，其紧力用1kg手锤能轻轻敲进即可。装入后销子薄端应比叶根厚度短4mm，并与叶轮平齐，厚端比叶轮端面低2mm。

（3）将叶片轴向位置放正后，由出汽侧向进汽侧打入楔形销。

（4）将叶根上的两斜劈半圆销（或倒梯形销）研刮，使接触面达到70%以上，并截好长度，其紧力同楔形销一样。装时两销头同时从两面打，装入后两斜劈半圆销大头端应比叶根低2mm，小头与叶根齐平。

（5）最后用0.03mm塞尺片检查应无间隙，并用辐向和轴向样板检查，误差符合标准要求。

9-46　整级叶片更换后应做哪些测试？如何进行？

（1）测量叶片的自振频率。对于更换的新叶片，若没有作改进的叶片，只要测量其分散率（<8%）和切向 A_0 型振动频率，即可鉴定叶片的换装质量。对于更换的改进叶片，应测定叶片与叶轮的固有振动频率。但不管叶片是否改进，其分散率应小于8%。其余均应满足部颁的叶片安全准则的要求。

（2）测量动静间隙。将隔板或静叶环及转子吊入汽缸，放对轴向位置，使转子放在相对于1号超速保安器朝上及顺转向转90°或各厂自定的特定位置。测量更换叶片与隔板的轴向、径向间隙，并与修前测量记录进行比较，应无大的变化，并符合检修质量标准，否则应分析原因和进行调整。

（3）转子校动平衡。转子经过更换叶片后一般应作动平衡试验。只有在确实没有条件校验平衡，且更换叶片时新旧叶片质量均调整到相等时，才可免予校验动平衡，但必须作好高速动平衡的准备。

9-47　汽轮机轴系找中心的目的是什么？

汽轮机轴系找中心的目的如下：

（1）使汽轮发电机组的转动部分的中心与静止部分中心保持一致，即动静两部分的中心线应重合（实际上只能保持允许范围内的基本重合），以免动静部分发生碰擦。

（2）使汽轮发电机组多根转轴中心连续平滑地连成一根曲线，以保证各联轴器将各转子连成一根同心连续的长轴，同时，通过找中心保证各轴承负荷分配合理，从而使在转动时不会因各转子中心不一致而导致轴振大。

9-48　汽轮发电机组轴系找中心的依据是什么？是否需要考虑转轴静挠、轴承热态膨胀等因素？

汽轮发电机组轴系找中心是依据制造厂提供的联轴器中心标

准进行的，制造厂在设计计算转子中心标准时一般都考虑了转轴静绕、轴承热态膨胀、润滑油膜影响等各方面的因素，因此，汽轮机轴系找中心只需按制造厂提供的标准值调整即可。

9-49 试简述多汽缸的汽轮机组在正常大修找中心时的主要工作内容。

（1）测量汽缸，轴承座水平，即用水平仪检查汽缸，轴承座位置是否发生偏斜。

（2）测量轴颈扬度，转子对汽缸前后轴封套洼窝和对油挡找中心，按汽缸中心来调整转子的中心。

（3）汽轮机全部组合后，进行汽轮机各转子按联轴器找中心，汽轮机转子与发电机转子、发电机转子与励磁机转子按联轴器找中心。

（4）对轴封套，隔板按转子找中心，调整汽封间隙。

9-50 汽轮机用联轴器找中心的方法，两个假设前提条件是什么?

按联轴器进行找中心的两个假设条件如下，在此前提下只要做到两转子联轴器外圆同心和端面平行，那么两转子的轴中心一定是同心的。

（1）两转子的联轴器外圆是光滑的绝对正圆，并且与各自的转子同心。

（2）联轴器的轴向平面和端面是垂直于转子中心线的绝对平面。

9-51 联轴器进行找中心时不能符合两个假设条件有什么措施?

由于两个转子中心线不一致而产生的圆周偏差和端面偏差不随转子转动而改变，而晃动度和瓢偏度则随转子转动而在各个位置不断变化的特性。在转子联轴器找中心时，将两个转子同时转动，使晃动度和瓢偏度分别包含在上、下、左、右各点的圆周和面的测量值内。当计算圆周差和端面张口时，晃动度和瓢偏度就自动抵消了。

为了消除转子在转动时的轴向位移，在端面相对 180°处各装一只百分表，使转子的窜动包含在相对的两个读数内，其端面距离的差值保持不变。

9-52　大功率汽轮机转子找中心应注意哪些事项?

（1）前、后各转子轴颈的扬度符合允许值，超过标准太多对汽轮机的振动不利。

（2）通流部分静体中心线与转子中心线基本保持一致。

（3）各轴承调整垫块的数量不能超过 3～5 块，并掌握各轴承的最大允许调整量，当超过最大允许调整量时应考虑对相关零件进行加工和改进。

（4）对于挠性较大的波形联轴节必须用螺栓与轴撑紧。

（5）测量中心时，转子联轴器不能有与销子、钢丝绳蹩劲的现象。

（6）转子和轴承的位置准确，不能有转子搁在油挡、齿封等静体上的现象。

（7）中心偏差太大时，应进行周密调查与调整量估算，综合考虑各种利害因素，最后确定调整方案。

（8）汽轮机中心找正须由熟练的技术工人和技术人员承担，以保证找中心的质量和检修工期。

9-53　按联轴器进行找中心工作产生误差的原因有哪些?

（1）在轴瓦及转子的安装方面，例如翻瓦刮垫铁后回装时位置发生变化，底部垫铁太高使两侧垫铁接触不良等，使找中心的数据不稳定。

（2）在测量工作方面，例如千分表固定不牢、钢丝绳和对轮活动销子蹩劲等，也会使找中心数据不真实。

（3）垫片方面，例如垫片超过三片、有毛刺、垫铁方向放置颠倒等。

（4）轴瓦在垂直方向调整量过大。

（5）环境条件方面，比如某些季节日夜环境温差大。

9-54　简述汽轮机转子刚性联轴器的连接工艺。

（1）连接前的准备。工器具准备、螺栓和螺孔径测量、螺栓长度测量、螺栓称重并修正到对角相等或所有螺栓质量相等。

（2）连接前的清理检查。

1）对螺孔、螺栓、垫片检查，应无毛刺、凸起等异常。

2）测量联轴器的同心度和瓢偏度，用螺旋千斤顶将联轴器记号与螺孔对准，用抬轴架将中心低的转子抬高至与另一转子同心。

3）在两侧各穿锥形定位销，用两个假螺栓对角穿进螺栓孔，并逐步均匀紧固，使两联轴器端面靠紧。

4）螺栓用对号的螺母试拧应活络无卡涩，然后用空气吹扫干净，在螺栓部位涂上二硫化钼粉，螺母与螺栓的螺纹部分涂刷二硫化钼润滑剂。

（3）联轴器螺栓紧固。

1）按螺栓和螺孔编号用铜棒将螺栓轻轻敲入螺孔。全部螺栓穿好后应先将对角螺栓同时均匀对称的上紧，然后用吊车顺转转子90°，再将对角螺栓同时均匀对称的紧固。

2）测量螺栓的伸长量和联轴器的同心度，调整到符合标准后，开始按制造厂提供的螺栓紧力用力矩扳手将螺栓依次逐只紧固。

（4）联轴器同心度测量。

1）对紧四只螺栓后应测量联轴器的同心度。

2）全部螺栓上紧后应复测同心度，其不同心度应小于0.03mm。

9-55　简述汽轮机转子刚性联轴器连接的要领。

（1）低压转子与发电机转子联轴器连接时，必须将两联轴器中间的盘车齿轮向低压转子靠紧，嵌合部分涂二硫化钼润滑剂，对准记号用4个M16螺栓临时固定。

（2）对准两联轴器记号，用两个专用圆锥销穿入相对180°螺孔，再用两个临时螺栓接联轴器。当两联轴器中心标准规定有高低时，在插入盘车齿轮时，必须将联轴器抬高，使两联轴器同心，否则不能连接。

（3）联轴器螺孔必须对准，否则应检查圆锥销(导杆)是否合适。

（4）螺栓与螺纹必须用清洁的煤油或清洗剂清洗得非常干净，除去油质，确认无异物粘在上面后涂刷二硫化钼润滑剂，然后穿入螺孔。

（5）联轴器上半部螺栓临时紧固后，将转子盘动180°，穿入下半部螺栓。

（6）全部螺栓穿好后，放松螺母，测量各螺栓自由长度，作好记录。

（7）参照测得的同心度，紧固其余螺栓。

（8）全部螺栓上紧后应复测同心度，其不同心度应小于0.03mm。

9-56　汽轮机转子刚性联轴器拆卸应注意什么？

（1）联轴器的拆卸工艺一般不复杂，但是由于联轴器传递的功率大，若装置工艺不良或螺栓选材不当时，往往产生螺栓与螺孔咬死的现象。

（2）卸转子联轴器前应测量联轴器的瓢偏度及晃动度。

（3）螺栓取出时，应向穿进的一侧退出，而不能继续向穿出方向打出，以减少咬死的机会。

（4）螺栓拆下后应将螺母按编号旋在原螺栓上，决不能搞错，以免引起质量不平衡，同时，也可以减少螺栓、螺母咬死。

（5）螺体拆下来后要妥善保管，防止弄脏和碰坏，联轴器螺孔应用细油石打磨光滑。

9-57　隔板的清理方法有哪些？

（1）人工用刮刀、砂布、钢丝刷等工具进行清扫。

（2）喷砂清理。

（3）高压水力清理。

（4）化学除垢。

9-58　隔板常见的缺陷有哪些？

（1）喷嘴片被打击弯曲损坏。

（2）隔板裂纹。

（3）叶轮与隔板发生碰磨。

9-59　隔板和静叶环外观检查的内容有哪些？

（1）进、出汽侧有无与叶轮摩擦的痕迹。

（2）导叶有无伤痕、卷边、松动、裂纹等。

（3）隔板腐蚀及蒸汽结垢情况。

（4）挂耳及上下定位销有无损伤及松动。

（5）隔板或静叶环水平中分面是否有漏汽痕迹。

9-60　隔板和静叶环除了外观检查还应做哪些检测？

（1）隔板挠度测量。

（2）隔板加压试验。

（3）隔板或静叶环上下结合面间隙及接触面积检查。

（4）隔板或静叶环与汽缸之间的径向、轴向间隙测量。

（5）隔板或静叶环键销检查与测量。

（6）隔板及轴封壳椭圆度的测量。

9-61　如何进行隔板的挠度测量？

将隔板平放在地上，进汽侧朝下，把直尺搁在隔板水平中分面处，在固定地点测量直尺平面与隔板的距离。一般在左右两侧各选择对称点，用深度游标尺进行测量。与原始数据进行比较，其挠度的增值应小于 0.5mm。否则，应查找原因。

9-62　在什么情况下要做隔板加压试验？怎么做加压试验？

（1）当隔板的挠度明显增大累增值超过 1mm 或存在其他较大缺陷时，为了确保安全需鉴定隔板的刚度与强度时需进行隔板加压试验。

（2）隔板的加压试验一般送制造厂在试验台上进行，具体方法可参阅 JB/T 4274—1999《汽轮机隔板挠度试验方法》。

9-63　如何进行隔板和隔板套水平结合面间隙的测量？间隙标准是多少？

隔板组装入隔板套之后，将上隔板套扣到下隔板套上，用塞尺先进行隔板套结合面严密性检查，确认合格后，再对各级隔板结合面进行严密性检查。

严密性要求标准，一般以 0.1mm 塞尺塞不进，并且接触面积大于总面积的 60%为合格。

9-64　如何测量隔板或静叶环与汽缸之间的轴向、径向间隙？

隔板或静叶环与汽缸轴向间隙测量：将隔板或静叶环分别吊进上、下汽缸，将百分表的测量杆架在隔板或静叶环的轴向平面上，用撬棒将隔板向前、后撬足，百分表的读数差即为其轴向间隙。隔板的轴向间隙一般为 0.05～0.15mm，静叶环的轴向间隙一般为 0.15～0.25mm。

隔板或静叶环与汽缸径向间隙只要用塞尺测量即可，隔板径向间隙一般大于 2mm，静叶环径向间隙一般大于 3mm。

9-65　对汽轮机隔板套应做哪些检查？

隔板套的构造比较简单，只对其进行宏观检查，要求无严重变形、腐蚀、吹损等现象，螺栓无伸长、咬毛，定位销光滑、无弯曲等现象即可。

9-66　用假轴测量隔板及轴封壳洼窝中心时，影响测量结果的因素有哪些？

（1）隔板与轴封壳的变形。

（2）汽缸静垂弧及汽缸的变形。

（3）假轴与转子挠度不同。

（4）轴承油膜厚度的影响。

（5）上、下汽缸温度差的影响。

9-67　汽轮机隔板及轴封壳洼窝中心的测量有哪些方法？

汽轮机隔板及轴封壳洼窝中心的测量除了用假轴方法测量外，还可以用转子压铅方法、间隙传感器方法来测量。

9-68　拆汽封块时，若汽封块锈死较严重，汽封块压下就不能弹起来，怎样处理？

一般先用铁柄起子插在汽封齿之间，用手锤垂直敲打起子柄，振松汽封块，若汽封块锈死较严重，则可用起子插入T形槽内将它撬起，再打下，来回活动，直至汽封块能自动弹起后再拆。用起子振松汽封块后，再倾斜着敲打起子柄，使汽封块端面接缝打开之后，用手锤垫弯成弧形的细铜棍敲打汽封块端面。不能用扁铲或起子打入汽封块接缝中去撑开汽封块。

9-69　怎样调整隔板汽封块的轴向位置？

隔板汽封轴向间隙不合格时，不允许用改变隔板轴向位置的方法来调整，以免影响隔板与叶轮的轴向相对位置。为调汽封轴向间隙可将汽封块的一侧车去所需的移动量，另一侧焊上三点并车平。这是临时措施，应在下次大修时，更换汽封块。

9-70　大修中如何检修旋转隔板？

（1）应将旋转隔板分解，清扫锈垢并检查各部件是否有损伤。

（2）回转轮与隔板及半环形护板之间的滑动面，隔板与半环形护板之间结合面，均应抹红丹来检查接触情况，如接触不良时，应进行研刮处理，用塞尺检查测量各部件的配合间隙，应符合规定。

9-71　简述测量 *K* 值的重要性。

测量 *K* 值是为了核实汽轮机的动静部分之间轴向距离是否满足设计要求，从而保证动、静部分不会发生摩擦。

9-72　如何测量汽轮机转子动、静间隙？

汽轮机转子动、静间隙的测量是在转子轴向定位完成，验收合格之后进行的。

汽轮机转子动、静叶片的轴向间隙一般用专用推拔（斜楔形）塞尺进行，将推拔塞尺插入动、静叶片的轴向间隙中，把塞尺上的指针滑片向下推到与静叶或隔板中分面接触，然后取出塞尺，指针所指的读数即为该级动、静叶片的轴向间隙。当使用无指针滑片的推拔塞尺时，可用在推拔面上涂粉笔用千分卡尺测量的方法。

汽轮机转子动、静叶片的径向间隙一般用普通塞尺测量即可，对于上、下方向的径向间隙可用压铅块的方法测量。

9-73　汽轮机转子轴窜测量的目的是什么？怎么测量转子的轴窜量？

汽轮机转子轴窜测量的目的是为了鉴定汽轮机各转子动、静部分最小轴向间隙，以确定汽轮机运行时的胀差限值。

转子的轴窜量的测量步骤如下：

（1）测量时各转子应相互脱开，有推力瓦的转子应将瓦块取出。

（2）将转子用螺旋千斤顶向前推足，读出百分表读数。然后将转子用螺旋千斤顶向后推足，读出百分表读数。两次读数差就是转子的轴窜量（最小间隙）。

（3）各转子测量完毕后，把各转子联轴器连接起来，用同样的方法测出总窜动量。其值应等于或略小于单根转子的最小间隙量。

无论是单根转子的轴窜动量，还是轴系的轴窜动量，测量值均应符合设计要求。

9-74 汽轮机轴承的解体应注意哪些事项？

（1）三油楔轴承应顺转动方向翻转35°，使其中分面与水平中分面平齐，拆去结合面螺栓，即可吊出上轴瓦。可倾瓦必须用专用螺栓将瓦块固定在支持环上，然后吊出上瓦，否则，起吊支持环时瓦块将突然掉下而损坏。圆筒瓦和椭圆瓦解体时，只要从外层向内层逐层解体即可。

（2）起吊轴承盖、压盖、瓦枕及轴瓦时，应做好记号，标明方向，以防回装时弄错方向。

（3）翻转下瓦时应在轴颈上垫以胶皮或石棉纸，以防损伤轴颈。

（4）吊出下瓦及瓦枕后，应立即堵好轴瓦油孔和顶轴油口，以防异物掉入油孔内。

（5）轴承解体后必须将各零件上的油垢、铁锈清理干净，轴瓦合金应向下放平，并放在质软的物体上，如木板、橡胶垫等。

9-75 汽轮机轴承解体后应对轴承进行哪些检查？

（1）轴承合金表面接触部分是否符合要求，该处研刮花纹是否被磨去。

（2）轴承合金表面是否有划伤、电蚀麻坑等现象。

（3）用着色探伤法检查轴瓦合金是否有裂纹、脱胎和龟裂等现象，并与上次检修比较是否有发展。

（4）垫块或球面接触是否良好，是否有腐蚀凹坑，固定螺栓是否有松动，垫片是否有损坏等现象。

（5）浮动油挡或内油挡和外油挡是否有磨损，间隙是否正常。

（6）推力瓦块上的工作印痕应大致相等，工作印痕如大小不等，说明各瓦块受载不均匀，应作好记录以便检修时查找原因并消除。

（7）推力瓦支持环上的销钉及瓦块上销钉孔是否磨损而变浅变小。活络铰接支承环是否有裂纹、变形等异常情况。

9-76　简述支持轴承的检修内容。

支持轴承解体后，应进行下述工作：

（1）轴瓦各部清理干净，并在转子未吊出前，检查轴颈下沉值及测量各部间隙。

（2）检查轴瓦部件有无裂纹和损伤，乌金有无磨损脱落。

（3）检查轴瓦乌金和轴颈的接触情况。

（4）检查轴瓦垫铁接触情况。

9-77　如何测量圆筒形及椭圆形轴承的轴瓦间隙？

圆筒形及椭圆形下瓦间隙用塞尺在轴瓦水平结合面的前、后、左、右四角进行测量，塞尺插入深度为15～20mm，四角间隙应基本相等。

轴瓦顶部间隙用压铅丝法测量，纯铅丝的直径应比顶部间隙大1/3左右，铅丝弯成U形，一般取3～5个连在一起的U形铅丝，轴瓦前后各放一盘U形铅丝的直段与轴线平行。然后合上上瓦，拧紧结合面螺栓，并用塞尺检查结合面应无间隙。再揭上瓦，小心地取下铅丝，平放在平板上，用外径千分尺测量其厚度，并按轴瓦的对应位置作好记录。对于圆筒形轴瓦，应取最大厚度作为顶部间隙；对于椭圆形轴瓦，应取最小厚度作为顶部间隙。

9-78　如何测量三油楔轴承的轴瓦间隙？

由于三油楔轴承轴瓦在工作状态时中分面不在水平面上，所以左、右、顶部间隙均在轴瓦上下组合一起时，用塞尺或千分尺进行测量。实际上测出的间隙为阻流边间隙。三油楔轴瓦本身油楔一般不予测量和研刮。只有在轴瓦合金磨损严重时，才用内径千分尺在轴承座外组合测量，并按图纸要求进行研刮。

9-79　如何测量可倾瓦轴承的轴瓦间隙？

可倾瓦轴承的轴瓦间隙的测量有以下两种方法：

（1）可倾瓦轴瓦间隙测量只能在组合状态进行，测量时在转子轴颈处和轴瓦支持环外圆上各架一只百分表，然后用抬轴架将轴略微提升。同时监视两只百分表，当支持环上百分表指针开始移动时，读出轴颈上的百分表读数，最后将读数减去原始读数，两者之差除以$\sqrt{2}$（对四瓦块式可倾瓦）即为轴瓦间隙。

（2）测量时先将上瓦块专用吊瓦螺栓松掉，使瓦块紧贴轴颈，用深度千分尺测量瓦块到支承环的深度。然后用专用吊瓦螺栓将瓦块吊起，使瓦块支点与支承环紧密接触，再用深度千分尺测量瓦块到支承环的深度。两次深度之差即为可倾瓦间隙。

9-80　如何测量推力轴承的间隙？

（1）在2号轴承座左、右各打一只千分表座，千分表测量杆指向高、中压转子联轴器端面。

（2）在2号轴承座上打一只千分表座，千分表测量杆指向2号轴承壳体轴向端面。

（3）启动顶轴油系统，用千斤顶向前推足转子，记录千分表指示，然后向后推足转子，记录千分表指示。

（4）转子在前和后两个位置时，对轮端面上千分表指示变化值减去轴承壳体上千分表指示的变化值就是推力轴承的间隙。

9-81　如何测量径向轴瓦的紧力？

（1）分解轴承上部的调整垫片。测量调整垫片的厚度并记录。

（2）从调整垫片中取出一张 0.2mm 的垫片，重新装好调整垫，紧固螺栓。

（3）就位轴承上部定位销，在调整垫的上部放一根 ϕ0.3mm 的铅丝，固定好。用行车就位上瓦枕，注意不要碰掉铅丝。

（4）就位瓦枕结合面定位销，紧固螺栓。用 0.02mm 塞尺塞瓦枕结合面塞不进。

（5）分解瓦枕结合面定位销和螺栓，用行车吊出上瓦枕，注意保护铅丝。

（6）测量被压铅丝的厚度并记录，轴承紧力 C=0.2－（铅丝厚度）。

9-82　为什么要测量轴颈的下沉量？如何测量？

轴颈下沉的测量是为了监视轴瓦在运行中的磨损量和轴承垫片及垫块的变化。

进行轴颈下沉量测量时，用各轴承在安装时配置的专用桥规进行，由于轴瓦及垫片的变化量极小，所以桥规应平稳地放在规定的记号上，用塞尺插入桥规凸肩与轴颈之间的间隙，塞尺片应不多于三片，以免测量误差过大。

对于三油楔轴承，因上、下瓦组合后，需转 35°角度，所以无法用桥规监视轴瓦的磨损和垫块的变化。但下瓦顶轴油池的深度是监视轴瓦磨损的依据。

9-83　相对轴承的常规检修项目，推力轴承有哪些特别之处？

（1）推力瓦块厚度的测量。每块瓦块厚度误差应小于 0.02mm，接触面积大于总面积的 75%。

（2）推力瓦轴承球面座检查。推力轴承球面座接触情况的好坏，影响到各瓦块的温度，所以应认真检查和研刮球面与球面座接触面。

（3）温度元件的检查和更换。温度元件的安装孔离瓦块轴承合金工作面距离为2～3mm，温度元件需用环氧树脂固定好，引出线须用塑料套管保护。

9-84　简述汽轮机轴承的装配工序。

（1）轴承箱和进、出油孔的清理。

（2）轴瓦、球衬、球面座等部件检查。

（3）核对零件组装位置。

（4）全面复查各零件的装配情况。

（5）核对胀差、轴向位移和各测温元件等测量元器件。

（6）装复轴承盖上的元件。

（7）清理检查各轴承座、疏油槽、疏油管。

9-85　简述轴承箱台板加油工艺。

（1）清扫供油管和油嘴的外面脏物。

（2）使用注油枪从油嘴向滑动板和纵销注入二甲基硅油，滑动板的一根油管注油20次，纵销的一根油管注油10次。观察到滑动板端面溢油为止。

（3）注油后封闭油嘴。

9-86　轴瓦轴承合金有气孔或夹渣，怎样处理？

采取剔除气孔或夹渣后，进行局部堆焊办法处理。其步骤是应先将气孔和夹渣等杂物用尖铲剔除干净，并把准备堆焊的表面清洗干净，再采用局部堆焊处理。施焊过程中要采取措施，既保证堆焊区新旧合金熔合，又要保证非堆焊区温度不超过100℃，防止发生脱胎或其他问题。

9-87　如何调整圆筒形和椭圆形轴瓦间隙？

（1）如果瓦口间隙小，可修刮乌金。

（2）如果顶部间隙变大，则需进行补焊处理。

9-88　推力轴承瓦块常见的缺陷和事故有哪些？

推力轴承瓦块常见的缺陷一般是瓦块的轴承合金产生磨损、裂纹及电腐蚀。

常见的事故是推力轴承瓦块轴承合金熔化。

9-89　简述推力轴承巴氏合金磨损的原因。

（1）推力盘表面不光滑。

（2）巴氏合金质量差。

（3）供油量不足。

（4）轴电流腐蚀。

9-90　简述顶轴油压将大轴顶起高度的测量方法。

这项工作应在轴承检修前后进行，具体步骤如下：

（1）在轴承附近静止部件上，从水平和垂直方向打两块千分表座，千分表测量杆垂直指向转子的轴线，转子的测量位置应清洁干净。

（2）停止顶轴油泵，千分表指示对0，正负要留有一定行程。

（3）启动顶轴油泵。读取并记录千分表指示值即为顶轴油压将大轴顶起的高度。

（4）停止顶轴油泵，观察千分表指示是否回至原来位置。

（5）再试验一次，重复以上步骤，拆除千分表。

（6）顶轴油压将大轴顶起的高度取两次试验的平均值。

9-91　发电机密封瓦解体后，应如何进行宏观检查与清理？

（1）发电机密封瓦拆下后应用煤油或洗涤剂清洗干净，用肉眼进行宏观检查，瓦面应无压伤、凹坑、磨损、毛刺和变形。然后，用着色法探伤检查瓦面轴承合金，应无裂纹、气孔、脱胎等现象。瓦面毛刺、棱角等应用细油石修光。

（2）将上、下密封瓦合在一起，用百分表测量水平中分面前、后、左、右错口，应小于 0.02mm，上、下结合面间隙小于 0.03mm，接触良好，接触面积占总结合面积的 80%以上。

（3）检查水平中分面定位销应无弯曲、咬毛。用红丹粉检查接触面积应占总接触面积的 80%以上。打入定位销后，密封环错口等无明显变化，且符合标准。

（4）清理检查密封环上各油孔，应清洁无垃圾，各孔均畅通。

（5）密封环必须放在清洁橡皮垫或海绵垫上，绝不可与硬质物体相碰。

9-92　如何测量发电机密封瓦的轴向间隙？

（1）测量密封瓦轴向间隙时，应分别测出密封瓦厚度及密封瓦壳体槽的宽度，两者之差即为密封瓦的轴向间隙。如图 9-2 所示，将密封瓦与壳体在圆周方向上分 18 等分，测出每等分线上沿半径方向三个点的值，求出算术平均值。

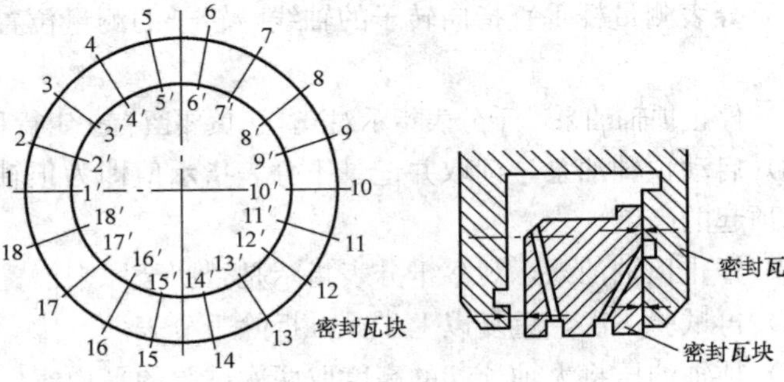

图 9-2　发电机密封瓦轴向间隙测点

（2）将密封瓦放入壳体槽内进行临时组装，用四把塞尺把密封瓦轴向塞紧，用塞尺在轴向每侧测量 18 点，求出算术平均值，与上述测量比较，误差小于 0.03mm。

9-93　如何测量发电机密封瓦的径向间隙？

测量密封瓦径向间隙时，应分别测量密封瓦的内径和转子轴颈的外径。并分别将密封瓦和轴颈在圆周方向上分成 16 等分，在每等分点上沿轴向按前、中、后三处测出三个值，如图 9-3 所示。

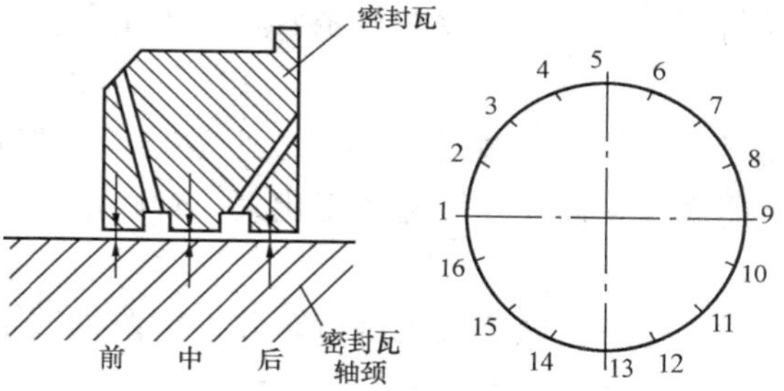

图 9-3　发电机密封瓦径向间隙测点

分别求出密封瓦和轴颈的算术平均值即可。测量完毕后，应将测量结果按温度进行修正。

9-94　为什么要对密封瓦的径向间隙进行修正？如何修正？

（1）为了防止氢气泄漏，密封瓦的加工精度很高，它与发电机转子的径向间隙要求在 0.23～0.28mm。由于密封环与转子材质不同，其线膨胀系数也不同，因此，必须对密封瓦所测的间隙进行修正。

（2）一般将间隙修正到环境温度为 20℃时的值，然后与质量标准进行比较。如密封环（黄铜）线膨胀系数为 $18.8\times10^{-6}℃^{-1}$，转子（钢）线膨胀系数为 $11.8\times10^{-6}℃^{-1}$，转子轴颈直径为 450mm，当温差（测量时环境温度与 20℃之差）为 1℃时，膨胀差为

$$(18.8-11.8)\times10^{-6}\times450=0.00315\ (\text{mm})$$

根据这个原则，对有关密封瓦各零件进行修正到温度为 20℃时的值，并用此值与标准值进行比较，不符标准的应报上级同意后进行调整。

9-95　发电机密封瓦轴向和径向间隙测量有哪些注意事项？

（1）测量前 12h 应将密封环和内、外径千分尺等测量工具放

在同一地点，以便被测物和工具的温度保持一致，便于对测量间隙的修正。

（2）密封环和工具禁止放在日光下照射或在高温环境下受到热辐射。

（3）测量时密封环应清理干净，放平放稳，保持环境清洁，测量时间不能太长，以免环境温度变化大，对修正带来困难和影响其正确性。

（4）测量工作应由熟练技工进行，并带精白棉纱手套，严禁用手直接触摸密封瓦。

（5）测量前应对内外径千分尺校正“0”位，严禁用不符合精度要求的工具进行测量。

（6）测量时应如实记录实测数值及环境温度值，测量工具、密封瓦、密封瓦壳体、转子轴颈等温度值。

9-96　简述发电机密封瓦的组装工序。

发电机密封瓦的组装工序包括密封瓦组装准备、下半密封瓦壳体组装、上部密封瓦的组装。

9-97　简述发电机密封瓦组装的准备工作有哪些内容。

（1）制作密封瓦纸板垫片，垫片用绝缘清漆处理。

（2）检查密封瓦处轴颈椭圆度和锥度，均应小于 0.02mm，表面粗糙度 Ra 为 1.6～3.2。

（3）密封瓦壳体清理干净，各油孔均畅通。

（4）各油挡齿整修光滑，齿尘厚度小于 0.15mm。

（5）组装前检查记号，前、后、上、下不可装错、装反。

9-98　简述发电机密封瓦下半瓦的组装工艺。

（1）将垫片和端盖的密封面用清洗剂洗去油及垃圾。

（2）在垫片及下端盖上涂一层环氧绝缘清漆，用专用样板压紧 24h 以上，使垫片粘在端盖上。

（3）拆除样板，对密封油孔进行修正，防止阻塞油孔。

（4）在密封瓦下半壳体的密封面上涂一层环氧绝缘清漆，待略干后（约3h），可临时紧固端面螺栓。

（5）放入密封瓦下半瓦，检查径向和轴向的接触情况，不符要求的应进行研刮，直到接触面积占总接触面的80%以上。然后用塞尺测量径向和轴向间隙，并与组装前测得的间隙进行比较。不符合质量标准时，应查明原因消除后才可继续组装。

（6）测量密封瓦壳绝缘，并经电气专职人员验收合格。

（7）测量调整油挡间隙应符合如下标准。下部间隙为0.05～0.20mm，左、右间隙为0.45～0.65mm，顶部间隙为0.75～1.00mm。

（8）用力矩为490～588N·m的力矩扳手将密封面螺栓正式紧固。

9-99　简述发电机密封瓦上部瓦的组装工艺。

（1）将上半密封瓦壳体清理干净，各油孔应畅通，密封端面光滑、无毛刺。

（2）上半密封瓦壳体端面及垫片应涂环氧绝缘清漆，用样板压牢。

（3）吊进上端盖，并检查垂直和水平结合面间隙应小于0.03mm。

（4）用力矩为617～755N·m的力矩扳手，初紧外端面上水平结合面螺栓；用力矩为1656～2029N·m的力矩扳手，紧固内端面上的水平结合面螺栓；用力矩为882～1078N·m的力矩扳手，紧固垂直结合面螺栓。热紧外端面上水平结合面螺栓100°～120°。

（5）各螺栓按要求上紧后，复测水平和垂直结合面间隙，0.03mm塞尺应塞不进。

（6）用力矩为490～588N·m力矩扳手，紧固上密封瓦壳体与端盖的垂直结合面螺栓。

9-100　简述汽轮机汽门油动机的拆卸及检修工艺。

（1）拆除与其相连的油管道。拆除关节轴和连接销。

（2）测量记录反馈系统（LVDT）各反馈连杆、调整螺钉位置，并做好相应的记号。

（3）拆下油缸盖螺栓，取出活塞和活塞杆，用专用工具取下活塞环。

（4）检查油缸、活塞表面应光滑、无毛刺、划痕，活塞环表面应光洁、无变形、无裂纹，弹性良好，轴向总间隙为0.04～0.08mm，与缸壁接触良好。

（5）检查活塞杆弯曲小于规定值，表面光滑无磨损，活塞杆密封件完好。

（6）检查油缸及连接体内部清理干净，各油孔畅通，两端盖结合面光洁、平整、无沟槽。更换所有O形密封圈、油封等密封组件。

（7）与解体相反的顺序装复。

（8）活塞装复后在缸体内上、下移动灵活、无卡涩。

（9）油动机活塞环相邻接口位置错开180°左右。

（10）各连杆、接头丝扣完好，螺杆与螺母配合松紧适宜。

9-101　液压控制系统中的油动机大幅度晃动的原因有哪些?

因为油动机已接近调节系统的终端，在其以前的任何一个环节的不稳定均会导致油动机的不稳定。在机械液压控制系统中导致油动机晃动的主要原因有：

（1）各种原因引起的各级脉冲油压的波动。

（2）调节系统中有关滑阀、活塞因油污染而卡涩，如继动器或断流式错油门卡涩。

（3）断流式错油门过封度为负值。

（4）调节阀过封度为负值，使油动机出现空行程。

（5）油系统中空气排除不畅，使调节油中存在空气。

在数字电液调节系统中导致油动机晃动的主要原因有控制油压不稳定，伺服阀、LVDT、伺服卡等元件异常等。

9-102　简述汽轮机主汽门的拆装工序。

（1）拆除与主汽阀相连的所有油管道，拆除行程开关。

（2）拆卸主汽阀与汽缸连接螺栓及门杆漏汽疏水管，平稳缓慢地将主汽阀阀盖、阀碟阀杆、活塞缸体整体吊至检修场地。

（3）拆卸滤网并清理干净，检查无损伤。

（4）拆卸油缸盖板，取出试验活塞、弹簧、弹簧盘。松开门杆螺帽，取出活塞盘。

（5）将阀杆往阀碟侧退出一段后，取出挡汽盘键，再继续完全退出阀杆，取出门杆汽封挡圈。

（6）所有部件全部清理干净，门杆、汽封挡圈、螺栓全部擦抹干黑铅粉。

（7）测量门杆弯曲；门杆与汽封挡圈间隙；活塞与油缸间隙；未装弹簧测量活塞行程；测量试验活塞、活塞盘与油缸间隙；门杆与油缸盖密封间隙。

（8）只装阀盖、阀碟、阀杆部分，检查阀头密封形线，采用涂红丹粉检查方法，装正紧平。

（9）按与解体时相反的工序装复。

（10）装好后试油压严密不漏油，快关动作正确，灵活，无卡涩现象，试验阀手柄位置正确。

9-103　高压调节调在检修时应进行哪些检查、测量和修复工作？

（1）用直观和放大镜检查蒸汽室的内壁有无裂纹。

（2）检查阀座与蒸汽室的装配有无松动。

（3）测量门杆与门杆套之间的间隙，应符合规定。

（4）检查门杆的弯曲度，清理表面污垢及氧化皮，打磨光滑。

（5）有减压阀的调节阀应检查减压阀的行程、门杆空行程、密封面的接触情况，以及销钉的磨损程度。

（6）检查门杆套密封环与槽的磨损情况，装复时注意对正泄气口。

（7）检查门盖结合面的密封有无氧化皮。

9-104　如何除去汽轮机汽门的有害氧化层？

（1）对于零件外圆表面的氧化层，可用外圆磨床将氧化层磨去。

（2）零件形状复杂无法用磨床时，可用砂轮碎片手工打磨，然后用细砂纸磨光。

（3）对于内孔表面可用芯棒加研磨砂研磨。

9-105　如何研磨汽轮机汽门座？

（1）检修中如发现接触面接触不良时，应按阀座形线作研磨胎具进行研磨。

（2）根据接触面的磨损情况选用粗、细不同的研磨剂，最后不加研磨剂加机械油研磨。

（3）当研磨量大时应用样板检查研磨胎具的形线，不符合时应及时修理。阀碟与阀座分别研好后，用红丹粉检查接触情况，要求圆周均匀连续接触。

9-106　防止汽轮机汽门因氧化皮卡涩的措施有哪些？

（1）增加阀杆与阀套等配合间隙，一般在原有间隙的基础上增加 0.1～0.2mm。

（2）定期检修时，彻底清除汽门的有害氧化层，对因氧化层胀死的零件设备，也应设法解体检修。

（3）装配汽门时，阀杆、阀套等零件一定要涂擦二硫化钼粉，要涂均匀、涂足，避免漏涂。

（4）选择抗氧化性能好的材料，将门杆表面进行渗铬处理等，以有效提高门杆的抗氧化性能。

9-107 汽轮机大修时油系统的清理包括哪些内容？

（1）油系统阀门的清理检查。

（2）冷油器清理检查及试压。

（3）油系统滤网的清理检查。

（4）射油器的清理检查。

（5）主油箱的清理检查。

（6）主油箱排油烟风机的清理检查。

9-108 清理主油箱时应注意哪些事项？

（1）工作人员的服装应清洁，扣子要牢，衣袋里不许带杂物，尤其是金属物。

（2）进入油箱的一切工器具要清点登记，工作结束后要清点无误。

（3）照明行灯要按进入金属容器内部的要求，一般应为 24V 及以下，外面应有人监护。

（4）清洗时应使用煤油，不要用汽油，现场不许吸烟及其他明火。

（5）油箱里面通风应良好，监护人应定时与工作人员联络，遇有异常，立即将人拉出。

9-109 汽轮机大修后为何要进行油循环？

（1）开机前通过油循环可对油系统进行彻底清洗，去掉一切杂物，同时用临时滤网将油中杂质滤去，确保油质良好，系统清洁。

（2）经过大修，油管道均充满了空气，开机前高压调速油泵及润滑油泵启动后，空气将进入调节油系统及润滑油系统，这将导致调节系统故障及轴承润滑不良，经过一定时间的油循环可将空气排出。

9-110　油系统中的阀门为什么不许将门杆垂直安装？

（1）油系统担任着向调速系统和润滑系统供油的任务，而供油一秒钟也不能中断，否则会造成损坏设备的严重事故。

（2）阀门经常操作，可能会发生掉门芯的事故。如果运行中阀门掉门芯，而阀门又是垂直安装，可能造成油系统断油，轴瓦烧毁，汽轮机损坏的严重事故。所以油系统中的阀门一般都水平安装或倒置。

9-111　一般离心式水泵检修质量有哪些要求？

（1）轴及转子的技术要求：

1）泵叶轮、导叶和诱导轮表面应光洁无缺陷，泵轴跟叶轮、轴套、轴承等的配合表面应无缺陷和损伤，配合正确。

2）组装泵叶轮时对泵轴和各配合件的配合面，应清理干净，涂擦粉剂涂料。

3）组装好的转子，其叶轮密封环和轴套外圆的径向跳动值不大于规定值。

4）泵轴径向跳动值应不大于0.05mm。

5）叶轮与轴套的端面应跟轴线垂直，结合面接触严密。

（2）泵体组装要求：

1）套装叶轮时注意旋转方向是否正确，应同壳体上的标志一致，固定叶轮的锁母应有锁紧位置。

2）密封环同泵壳间应有0～0.03mm的径向间隙，密封环与叶轮配合处每侧径向间隙应符合规定，一般约为叶轮密封环处直径的（1～1.5）/1000，但最小不得小于轴瓦顶部间隙，且应四周均匀。排污泵和循环水泵可采用比上述规定稍大的间隙值。

3）密封环处的轴向间隙应大于泵的轴向窜动量，并不得小于0.5～1.5mm（小泵用小值）。

4）大型水泵的水平扬度，一般应以精度为0.1mm/m的水平仪在联轴器侧的轴颈处测量调整至零。

5）用于水平结合面的涂料和垫料的厚度，应保证各部件规定的紧力值。用于垂直结合面的，应保证各部件规定的轴向间隙值。

6）装配好的水泵在未加密封填料时，转子转动应灵活，不得有偏重、卡涩、摩擦等现象。

7）填料函内侧、挡环及轴套的每侧径向间隙，一般应为0.25～0.50mm。

9-112　简述射水抽气器的检修过程和要求。

（1）拆前将各法兰打好记号，以便按号组装。

（2）检查喷嘴、扩散管的结垢和冲刷情况，将结垢除去，对冲刷部分进行补焊，损坏严重的进行更换。

（3）检修抽气止回门，使之严密性好，销子装设牢固。

（4）组装时必须将喷嘴与扩散管中心对正。

（5）回装各法兰应满足严密性要求。

9-113　凝结器冷却水管脏污一般有几种清洗方法?

（1）机组运行中采用胶球自动清洗。

（2）机组在运行中调整机组负荷进行反冲洗或停止半面进行清扫。

（3）停机后（或停止半面）进行机械清洗或用高压水冲洗。

9-114　凝汽器内部清扫检查包括哪些内容?

（1）水室、二次滤网、胶球收球网的清扫、目视检查。

（2）水室防腐层、牺牲阳极板目视检查。

（3）热水井、疏水扩容器清扫。

（4）汽侧冷却水管、隔板、加强筋目视检查。

9-115　简述高压加热器水室检查的内容。

（1）检查水室隔板金属有无裂纹。

（2）检查水室隔板密封铜垫密封良好、不漏泄。

（3）检查水室隔板螺栓及止退垫无冲刷，固定良好。

（4）检查人孔门金属缠绕垫密封良好、无漏泄。

9-116　简述安全门校核的工艺步骤。

（1）分解各安全门并吊至工作平台。

（2）连接打压法兰及打压泵。

（3）打压三次并记录安全门的开启压力。

（4）如开启压力不合格则需调整弹簧紧力或研磨阀头及阀瘗至开启压力符合标准。

（5）回装安全门。

9-117　对管道支吊架检查的内容有哪些？

（1）当为固定支架时，管道应无间隙地放置在托枕上，卡箍应紧贴管子支架。

（2）当为活动支架时，支吊架构件应使管子能自由或定向膨胀。

（3）当为变力弹簧支吊架时，吊杆应无弯曲现象，弹簧的变形量不得超过允许值，弹簧和弹簧盒无倾斜、过度压缩、失载等现象。

（4）当为恒力弹簧支吊架时，其转体位移指示不应超限。

（5）所有固定支吊架和活动支吊架的构件内不得有任何杂物。

9-118　检修阀门用的研磨材料有哪些？用途怎样？

研磨材料的种类有棕刚玉、白刚玉、碳化硼、黑色碳化硅、绿色碳化硅、320号磨粉、M28～M14磨粉、M7磨粉，还有粗、细磨膏。其用途如下：

（1）棕刚玉：适用于研磨碳钢、合金钢可锻铸铁等阀件。

（2）白刚玉：适用于淬硬钢阀件的精度研磨。

（3）黑色碳化硅：适用于灰铸铁、铝、黄铜、紫铜等阀件。

（4）绿色碳化硅、碳化硼：适用于研磨硬质合金、高硬度等阀件。

（5）磨粉：标号大的磨粉颗粒粗，用于普通阀件的粗研磨。

标号小的磨粉颗粒细，适用于精研磨。

（6）磨膏：磨膏由油脂与细磨粉调和而成，一般用于细研磨或精研磨。

9-119　如何保养、使用和检验千斤顶？

（1）千斤顶应放置在干燥无尘的地方，使用前检查活塞升降和各部件应灵活、无损坏现象，油液干净。

（2）千斤顶不可超载使用，顶升高不得超过螺纹杆或活塞总高度的3/4，以免将套筒或活塞全部顶出，从而使千斤顶损坏而发生事故。

（3）千斤顶顶物应垂直，底部的垫板应平整牢固，在顶升过程中，如千斤顶发生偏斜，必须将其松下处理后重新顶物，物件上升一定高度后，下面垫好保险枕木，以防止千斤顶倾斜或回油引起活塞突然下降的危险。

（4）油压千斤顶放低时，应微开回油门，不能突然下降，以免损坏内部皮碗。

（5）千斤顶螺纹磨损率应小于20%，自动装置须良好。

（6）新的或经过大修后应以1.25倍容许工作荷重进行10min的静力试验，以1.1倍容许工作荷重做动力试验，并检查不应有裂纹及显著的局部变形现象，一般每年试验一次。

9-120　钢丝绳作为吊装绳具有哪些优点？

（1）钢丝绳具有质量轻，挠性好，能够灵活运用，弹性大，韧性好，能承受冲击载荷的优点。

（2）破断前有断丝的预兆，整根钢丝绳不会立即折断，安全性好。

9-121　检修吊装设备时，如何选择合适的钢丝绳？

（1）如不在较高温度下和重压条件下工作，可选用油浸的麻或棉绳芯的钢丝绳，其比较柔软，容易弯曲，绳芯中有较多的含油量可以油润钢丝。

（2）如在较高温度和不需重压条件下工作，可选用石棉绳芯制成的钢丝绳。

（3）当需要在较高温度下又需耐重压的条件下工作时，选用金属绳芯的钢丝绳，但其太硬不易弯曲。

9-122　哪些调整和检修工作经分场领导批准并得到值长的同意后，可以在运行的汽轮机上进行？

（1）在汽轮机的调速系统或油系统上进行调整工作（例如调整油压、校正调速系统连杆长度等）时，应尽可能在空负荷状态下进行。

（2）在内部有压力的状况下紧阀门的盘根或在水、油或蒸汽管道上装卡子以消除轻微的泄漏。

以上工作须由分场领导指定的熟练人员担任，并在工作负责人亲自指导下进行。

9-123　工作票签发人应对哪些事项负责？

（1）工作是否必要和可能。

（2）工作票上所填写的安全措施是否正确和完善。

（3）经常到现场检查工作是否安全地进行。

9-124　工作票负责人应对哪些事项负责？

（1）正确地和安全地组织工作。

（2）对工作人员给予必要的指导。

（3）随时检查工作人员在工作过程中是否遵守安全工作规程和安全措施。

9-125　工作票许可人应对哪些事项负责？

（1）检修设备与运行设备确已隔断。

（2）安全措施确已完善和正确地执行。

（3）对工作负责人正确说明哪些设备有压力、高温和有爆炸危险等。

参 考 文 献

［1］ 中国动力工程学会主编．火力发电设备技术手册．第二卷·汽轮机．北京：机械工业出版社，2002.
［2］ 中国动力工程学会主编．火力发电设备技术手册．第四卷·火电站系统与辅机．北京：机械工业出版社，2002.
［3］ 翦天聪．汽轮机原理．北京：水利水电出版社，1992.
［4］ 王国清．火力发电职业技能培训教材．汽轮机设备运行．北京：中国电力出版社，2006.
［5］ 钟洪，张冠坤．液体静压动静压轴承设计使用手册．北京：电子工业出版社，2006.
［6］ 王爽心，葛晓霞．汽轮机数字电液控制系统．北京：中国电力出版社，2004.
［7］ 沈英林，张瑞祥．汽轮机运行与维护技术问答．北京：化学工业出版社，2009.
［8］ 河南省电力公司．火电工程调试技术手册．北京：中国电力出版社，2003.
［9］ 刘凯．汽轮机试验．北京：中国电力出版社，2005.
［10］ 施维新，石静波．汽轮发电机组振动及事故．北京：中国电力出版社，2008.
［11］ 周礼泉．大功率汽轮机检修．北京：中国电力出版社，1997.
［12］ 李培元．发电机冷却介质及其监督．北京：中国电力出版社，2008.
［13］ 曹祖庆，江宁，陈行庚．大型汽轮机组典型事故及预防．北京：中国电力出版社，1999.